科学出版社"十四五"普通高等教育本科规划教材
基础化学创新课程系列教材

无 机 化 学

(下册)

主　编　李瑞祥
副主编　曾红梅　高道江　高文亮

科 学 出 版 社
北　京

内 容 简 介

全书共24章，分为上、下两册。上册共12章，讲述化学基本原理，包括物质的聚集状态、原子结构及元素性质的周期性、化学键与分子结构、配位化合物结构、化学热力学、化学反应速率、化学平衡、溶液、电解质溶液、难溶强电解质的沉淀溶解平衡、氧化还原反应、配位平衡。下册共12章，讲述元素及其化合物的基础知识，包括氢和稀有气体，碱金属和碱土金属，硼族元素，碳族元素，氮族元素，氧族元素，卤素，铜、锌副族，过渡金属(一)，过渡金属(二)，f区元素，放射化学。本书重点体现无机化学的基础性、专业性，知识内容的条理性、系统性。

本书可作为高等学校化学类专业本科生的无机化学教材，也可作为其他相关专业学生的参考书。

图书在版编目(CIP)数据

无机化学：全2册／李瑞祥主编. —北京：科学出版社，2022.4

科学出版社“十四五”普通高等教育本科规划教材 基础化学创新课程系列教材

ISBN 978-7-03-071972-0

Ⅰ. ①无… Ⅱ. ①李… Ⅲ. ①无机化学-高等学校-教材 Ⅳ. ①O61

中国版本图书馆CIP数据核字（2022）第048357号

责任编辑：侯晓敏 李丽娇 / 责任校对：杨 赛

责任印制：赵 博 / 封面设计：迷底书装

科学出版社 出版

北京东黄城根北街16号

邮政编码：100717

http://www.sciencep.com

三河市骏杰印刷有限公司印刷

科学出版社发行 各地新华书店经销

*

2022年4月第 一 版 开本：787×1092 1/16

2024年7月第二次印刷 印张：17 1/4 插页：1

字数：442 000

定价：118.00元（上、下册）

(如有印装质量问题，我社负责调换)

目　录

第 13 章　氢和稀有气体

13.1　氢

13.1.1　氢在自然界的分布

1776 年，卡文迪许(Cavendish)在研究金属 Zn 与盐酸溶液反应时，发现了一种易燃的气体，当时他称之为“易燃空气”。直到 1788 年，拉瓦锡(Lavoisier)才将其命名为氢，源自希腊字母“hydro”和“genes”，意为“来自水”。氢产生于宇宙大爆炸的初期，是宇宙中含量最丰富的元素，主要以单原子和等离子体的形式存在，是星球上发生核聚变反应的根源。然而，氢在地球的含量较少，在地球元素丰度中排行约占第十位，主要以化合态的形式存在，广泛分布在海洋、矿物及生命体中。自由态的氢气较为稀少，在大气中约占 $1/10^7$，常存在于火山气或者夹藏在矿物中。由于其较小的密度和较大的平均扩散速度，氢气很容易从大气圈中扩散到外层空间。

在元素周期表中，H 原子处于一个独特的位置，其基态电子构型为 $1s^1$。尽管外层只有一个电子，然而 H 原子却有着异常丰富的化学性质，作为 H^-能体现出强的路易斯碱特征，作为 H^+则表现出强的路易斯酸性质。几乎可以说，H 原子可以与周期表中的所有元素形成化合物。在某些特殊条件下，H 原子甚至可以同时与多个原子形成化学键。此外，氢键在生命体中发挥着重要作用。没有氢键，水就是气体而不是液体，蛋白质与氨基酸就不能发生结构折叠从而表现出生命体功能特性。总之，氢是一种独特且重要的化学元素，在现代科学中发挥着重要的作用。

13.1.2　氢的成键特征

1. 共价键

H 原子可以利用外层的 1s 轨道与其他原子的价轨道相互重叠以共用电子对的形式形成共价单键。这种键可以是非极性的，如 H_2；也可以是极性共价键，如 HCl、H_2O、NH_3 及 CH_4 等。

2. 离子键

(1) H 失电子形成 H^+：轨道 $1s^1$ 失去 1 个电子后可以形成 H^+，也称为质子。这个失电子过程表现为吸热过程，其焓变 ΔH 约为 1312 $kJ \cdot mol^{-1}$。由于裸露的质子具有较强的极化电场，可以极大程度地使其他原子或分子的外层电子云发生形变。例如，H^+易与含有孤电子对的分子形成稳定的离子，如 H_3O^+、NH_4^+等。

(2) H 得电子形成 H^-：轨道 $1s^1$ 得到 1 个电子后形成具有氦原子的 $1s^2$ 电子构型的 H^-。这种离子往往与碱金属或碱土金属形成较为活泼的金属氢化物，具有离子化合物的特征。

3. 多中心氢桥键

在某些缺电子的硼烷化合物中可以形成 B—H—B 的三中心两电子键(3c-2e)。如图 13-1 所示，B_2H_6 分子中 3c-2e 化学键是由两个 B 原子的 sp^3 杂化轨道和 H 的 1s 轨道耦合而成，这种键不属于经典的共价键，因为它不是两个原子共用一对电子所形成的。

这种 3c-2e 键也在某些金属氢化物(M—H—M)和金属硼氢化物(M—H—B)中被发现，形成这类化学键中的 M 可以是主族金属如 Be、Mg 或 Al 等，也可以是过渡金属元素，如 Cr、Fe 和 Re 等(图 13-2)。

此外，还存在(μ_3-H)M_3 桥键，在这种化学键中，1 个 H 原子可以同时与 3 个金属原子结合，如图 13-3 所示。

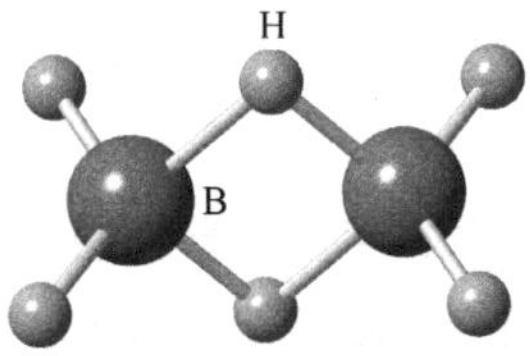

图 13-1　B_2H_6 分子中的三中心两电子键(3c-2e)

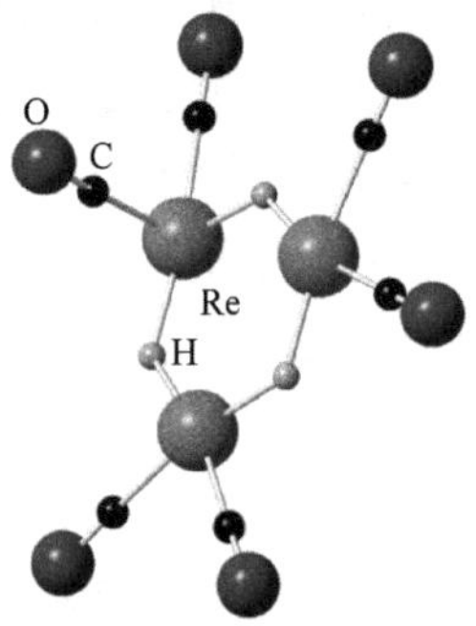

图 13-2　$[(CO)_6Re_3](\mu_2\text{-}H)_3$ 分子中的 Re—H—Re 金属氢桥键

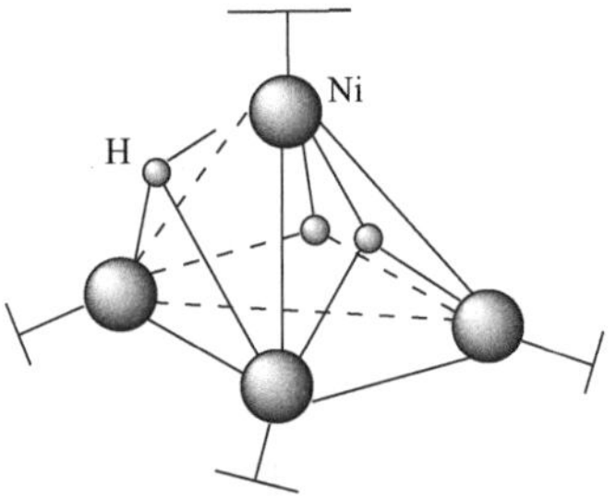

图 13-3　某分子中的(μ_3-H)M_3 桥键

4. 金属键

在极端条件下，如超高压或极低温时，往往出现特殊的物态。例如，在压力为 250 GPa，温度为 77 K 条件下，H_2 分子可以凝聚转变为具有直线形结构的金属相，内部以金属键的形式相互连接，表现出导电行为。

5. 氢键

氢键通常以 X—H⋯Y 表示，其 X 和 Y 都为具有较高电负性的原子，如 F、Cl、Br、S、O 和 N。Y 原子往往有一个孤电子对，称为质子受体，而 X—H 则称为质子给体。氢键既可以在分子内形成，也可以在分子间形成。近年来，随着对物质科学的深入研究，在超分子化学、分子识别及晶体工程等领域，氢键在设计分子聚集体和构建定向功能材料方面发挥着重要的作用。尤其是有关生命科学的相关领域，氢键越来越显示出其独特的重要性。例如，在蛋白质的多级结构中，由氨基酸构成的蛋白质分子链之间就是通过氢键相互结合的。图 13-4(a)给出的是羰基上的氧可以与氨基上的氢形成氢键。此外，在遗传分子 DNA 中，两条双螺旋的分子链也是通过氢键的作用而构建成超分子结构[图 13-4(b)]。

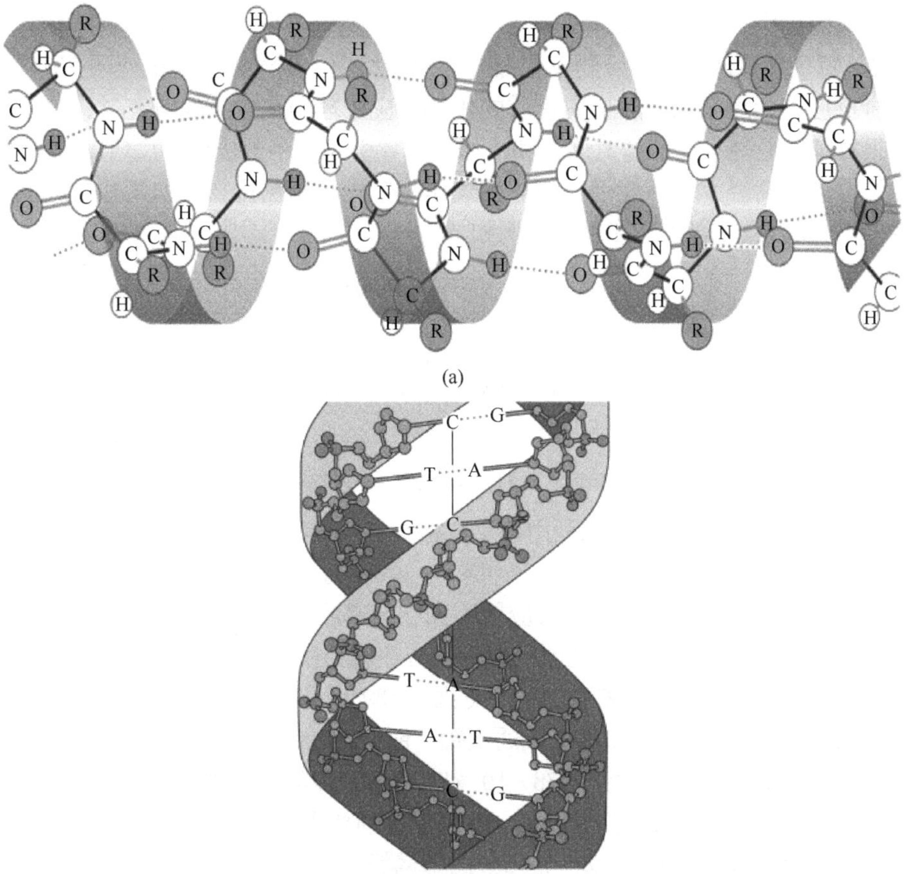

(a)

(b)

图 13-4　(a)某蛋白质结构中的氢键；(b)DNA 双螺旋链结构中的氢键

13.1.3　氢的性质和用途

氢有三种同位素，分别是普通氢气(${}^{1}_{1}H$,H)，重氢氘(${}^{2}_{1}H$,D)和氚(${}^{3}_{1}H$,T)。其中，在自然界中普通氢${}^{1}_{1}H$约占 99.98%，而重氢占极少数，约为 0.02%。考虑到氢的同位素之间具有相同的核外电子数，故它们具有相似的化学性质。而三者中子数目的不同导致了其单质和形成的化合物具有不同的物理性质。例如，H_2的沸点为 20.4 K，熔点为 14.0 K，相应的D_2的沸点为 23.5 K，熔点为 18.65 K。常温下，氢气是一种无色无味的气体，密度为 0.08988 g · L^{-1}，约为空气密度的 1/14，其在水中的溶解度较小，273 K 时，1 L 水约能溶解 20 mL 氢气。此外，在常见的气体中氢气的热导率较高，约为空气的 5 倍。H_2分子具有较小的相对分子质量，分子间的相互作用较弱，大约在 20.4 K 开始液化，在 13.9 K 开始凝固。总体上，无论处于气态、液态还是固态，H_2都是绝缘体。

在H_2分子中，H—H 单键的键能比一般的单键键能大，约为 435.9 kJ · mol^{-1}，接近于一般双键的键能，因此常温下氢气表现出某种程度上的惰性行为。然而，氢气能与单质氟发生快速的化学反应，即使在−250℃左右也能与液态甚至固态氟反应。但同样在低温条件下，氢气则不与其他卤素和氧气发生反应。在引燃或光照诱导的情况下，氢气则与卤素或氧气剧烈化合，并且伴随放热现象。例如，在室温下，由H_2(g)和O_2(g)反应每生成 1 mol H_2O(l)，放热 285.8 kJ；H_2(g)和Cl_2(g)生成 1 mol HCl(g)，放热 91.1 kJ。另外，在某些特定的浓度和温度下会发生爆炸式的反应。氢气含量在 6%～67%的氢气和空气混合气体是爆炸性气体。当温度高于 400℃时，氢气和氯或溴的混合物发生爆炸性化合反应。氢气与单质硫或硒在 250℃可以直接发生化合反应。上述氢气与非金属单质的化学反应机理均被详细地研究过，这些反应动力学机制都很复杂，但基本上都是氢原子和卤原子诱导引发的多分子链式反应。

许多纯金属在高温无氧环境下也能与氢气作用生成金属氢化物，如某些碱金属和碱土金属、一些稀土金属及 5d 金属钯和铌等。例如，

$$H_2 + 2Na \xlongequal{653\,K} 2NaH$$

产物 NaH 为离子型氢化物，其中 H 为−1 价，Na 为+1 价。

在室温条件下，只有很少的化合物可以直接被氢气还原，如氯化钯可以在常温下被氢气还原成金属钯：

$$PdCl_2 + H_2 \xlongequal{\quad} Pd + 2HCl$$

使用 1%的氯化钯水溶液，可以利用该反应检查氢气的存在，并且该反应还可用于定量测定氢气。

氢气与其他化合物进行反应时，反应行为和它与单质的反应类似。绝大部分反应需在加热条件下进行，但反应一经开始，还原反应的反应热就会使反应顺利地进行。

许多金属的卤化物或其他盐都能被氢气还原。例如，铁、银和钯的氯化物很容易被氢气还原生成金属和氯化氢。在 100℃将氢气通入铂、钯、铑、铱或金的盐溶液时，可以完全还原到金属。在温度达 200℃和压力达 6.078×10^4 kPa 时，许多盐可以被氢气还原成金属。

在 125℃将氢气通入 VCl_4，然后将 H_2-VCl_4 混合物加入到一只预热到 700℃的反应室中，可以得到纯度为 99.5%、粒度为 0.2～0.3 μm 的金属钒。

许多硫化物可以被氢气还原成金属。对黄铁矿 FeS_2 来说，温度低于 900℃时，还原反应如下：

$$FeS_2 + H_2 \xlongequal{\quad} FeS + H_2S$$

而在 900℃或高于 900℃时，还原产物是金属铁和 H_2S。

氢气可以通过加热、光照及放电等手段活化产生活性原子 H，这类原子 H 具有很强的还原性，可以直接与某些金属或者半导体等作用生成相应的氢化物，也可以用于还原某些金属氯化物等。

$$S + 2H \xlongequal{\quad} H_2S$$

$$CuCl_2 + 2H \xlongequal{\quad} Cu + 2HCl$$

氢气最重要的用途之一就是作为工业合成氨的基础原料，氨又可以进一步用来生产氮肥。在高温下，氢气能够用来还原金属氧化物或金属氯化物以制备金属单质，如

$$WO_3 + 3H_2 \xlongequal{\triangle} W + 3H_2O$$

氢气在空气中燃烧时，火焰温度可以达到 3000℃左右，工业上主要用于切割和焊接金属。

13.1.4 氢的制备

在实验室中，通常使用稀盐酸或稀硫酸与金属 Zn 或两性金属 Al 等活泼金属反应制取氢气，由于金属中常含有一些杂质，生成的气体中常含有 PH_3 或 H_2S 气体，因此需要经过纯

化后才能制备纯净的 H_2。野外制取氢气往往使用金属氢化物 NaH 或 CaH_2 与水直接作用而得到。

工业上制取氢气主要有水煤气法和电解法。

(1) 水煤气法。使用天然气和水蒸气作用首先得到水煤气(CO 和 H_2 混合气)：

$$C + H_2O \xlongequal{100℃} CO\uparrow + H_2\uparrow$$

$$CH_4 + H_2O \xlongequal{800℃催化剂} CO\uparrow + 3H_2\uparrow$$

进一步，水煤气再与水蒸气反应，混合气中的 CO 被氧化成 CO_2，同时 H_2O 被还原为 H_2：

$$CO + H_2O \xlongequal{500℃催化剂} CO_2\uparrow + H_2\uparrow$$

最后，分离除去混合气中的 CO_2，就能得到比较纯的 H_2。这是目前工业上氢的主要来源。

(2) 电解法。用电解法制备的 H_2 纯度较高，通常使用 15%～20% NaOH 或 KOH 溶液为电解液进行电解，电极反应如下：

阴极　$$2H^+ + 2e^- \xlongequal{} H_2\uparrow$$

阳极　$$4OH^- - 4e^- \xlongequal{} 2H_2O + O_2\uparrow$$

阴极产生的氢气其纯度可达 99.5%～99.9%。此方法原料较为便宜，但缺点是耗电量较大。

(3) 制氢新技术。近年来一些新型的制氢手段在实验室被开发研究，如利用半导体光催化全分解水技术。这些半导体如 TiO_2 等可以吸收太阳光产生光生电子与空穴，其中导带中的光生电子可以实现 H^+的还原，产生 H_2。另外，电催化分解水也是近年来产氢的重要研究方向，金属 Pt 是目前报道的最好的电催化分解水催化剂。但是由于其价格昂贵，一些非贵金属的电催化剂先后被开发，如金属硼化物和金属磷化物等体系。目前这些技术由于其产氢效率低或材料稳定性不好，仍处于实验室的开发和设计阶段，但是这些新技术为制备廉价氢展现了美好的前景。

13.1.5　氢化物

1. s 区离子型氢化物

s 区碱金属和碱土金属中的 Mg、Ca、Sr 和 Ba 在高温下与氢气反应可以生成离子型氢化物。例如，

$$2Li + H_2 \xlongequal{\triangle} 2LiH$$

$$Ca + H_2 \xlongequal{423\sim573\ K} CaH_2$$

常温下，这些离子型氢化物往往具有典型的离子化合物的特征，白色晶体、较高的熔点和沸点、在熔融时表现出导电行为。此外，碱金属氢化物表现出 NaCl 型晶体结构，而 Ca、Sr 和 Ba 的氢化物则拥有 $PbCl_2$ 晶体结构。在热稳定性上，这些氢化物的热稳定性差异也较大，分解温度各不相同。其中，在碱金属氢化物中，LiH 最稳定，其分解温度大约为 850℃。将 LiH 溶于熔融的 LiCl 中，电解时在阳极产生 H_2，这一事实可以证明 H^-的存在。碱土金属离子型氢化物的热稳定性普遍比碱金属离子型氢化物要高，如 BaH_2 的熔点约为 1200℃。离子型氢化物的另一个重要特征是可以与水发生剧烈的化学反应而释放出 H_2。例如，

$$MH + H_2O = MOH + H_2\uparrow$$

$$MH_2 + 2H_2O = M(OH)_2 + 2H_2\uparrow$$

该反应的本质其实是 H^+与 H^-的反应。利用这类反应特征，CaH_2 常在野外工作时被当作生氢剂。在非水溶剂中，由于 H^-是很强的路易斯碱，离子型氢化物与硼基、铝基等一些缺电子化合物作用形成复合氢化物。例如，LiH 和无水 $AlCl_3$ 在乙醚溶液中可以生成氢化铝锂：

$$4LiH + AlCl_3 = Li[AlH_4] + 3LiCl$$

在 $Li[AlH_4]$中，锂以 Li^+存在。$Li[AlH_4]$在干燥空气中较稳定，然而遇水则发生剧烈的反应：

$$Li[AlH_4] + 4H_2O = LiOH\downarrow + Al(OH)_3\downarrow + 4H_2\uparrow$$

离子型氢化物都有很强的还原性，即 $E^\ominus(H_2/H^-) = -2.23\ V$。在高温 400℃时，NaH 能将 $TiCl_4$ 还原为金属 Ti。

$$TiCl_4 + 4NaH = Ti + 4NaCl + 2H_2\uparrow$$

复合氢化物 $Li[AlH_4]$也具有很强的还原性，在有机合成中发挥着重要的作用。其可将许多有机化合物中的官能团还原，如将醛、酮、羧酸等还原为醇，将硝基还原为氨基等。

2. p 区元素共价型氢化物

氢与ⅢA～ⅦA 族元素形成的氢化物基本上属于共价型氢化物，在这些化合物中其化学键主要是共价键，但是键的极性取决于ⅢA～ⅦA 族元素与 H 原子的电负性差异。总体上这类分子具有较低的熔沸点，且大多数在通常情况下为气体。ⅦA 族的氢化物，如 HCl、HBr 和 HI 在水中完全解离，为强电解质，是无机强酸。ⅥA 族氢化物，如 H_2S 在水溶液中是弱电解质，表现出弱酸性质。而ⅤA 族的氢化物，如 NH_3 和 PH_3 在水溶液中则表现出弱碱性。ⅣA 族的氢化物 SiH_4 与水反应生成含氧酸和氢气。

从成键角度来看，氢的共价化合物一般可分为以下三类：

(1) 足电子氢化物：中心原子的所有价电子参与形成化学键，如 CH_4、SiH_4、GeH_4 及其同族的氢化物。其化学键特征是 2c-2e 键，中心原子上不存在孤电子对。

(2) 富电子氢化物：在形成化学键时，中心原子上存在更多的电子对，即中心原子上存在孤电子对，如 NH_3、H_2O 等。

(3) 缺电子氢化物：电子太少，不足以填满成键和非键轨道。例如，B_2H_6 中 B 原子为满足 8 电子的稳定构型，两个 B 原子通过 3c-2e 氢桥键键合。

在上述足电子和富电子化合物的分子结构中，其分子形状都可以由价层电子对互斥理论规则做出判断。例如，CH_4 为四面体，NH_3 为三角锥，H_2O 等为三角形。

3. 过渡金属氢化物

d 区过渡金属与 f 区稀土金属均能与氢形成金属氢化物。这些化合物是深色的或有金属外貌，大多是脆性的固体。所有这些化合物都具有金属的电传导性和磁性。大部分的这类氢化物是用单质直接化合的方法来制备的，重要的一点是要想得到含氢量最高的产物则必须用极纯的金属样品作原料。一些高氢含量的相，以及靠后的过渡金属的氢化物，则往往需要高达数个大气压的氢气才能制得。从组成上来看，有些是整比型氢化物，如 NiH、CuH 和 TiH_2；有的则是非整比化合物，如 $PdH_{0.8}$ 和一部分稀土氢化物等。

在 d 区金属中，Ti 和 Zr 金属在高温下可以直接氢化，生成整比化合物 MH_2。TiH_2 在制备电子显像管中可以作为吸气剂，可以在金属陶瓷封接中供给钛。ZrH_2 在工业上用于焰火或引燃剂等，在核反应堆中作为减速剂。V、Nb 和 Ta 生成的氢化物往往是非整比化合物 $VH_{0.71}$、$NbH_{0.94}$ 和 $TaH_{0.76}$。

稀土金属可以与氢气直接反应，La 和 Ce 加热到 300℃进行活化后，可以在室温下直接吸收氢气。氢化镧 LaH_3，密度 5.14 $g \cdot cm^{-3}$，生成热−207.9 $kJ \cdot mol^{-1}$。氢化铈 CeH_3，密度 5.4 $g \cdot cm^{-3}$，生成热 176.8 $kJ \cdot mol^{-1}$。LaH_3 和 CeH_3 都是黑色粉末，能在空气中自燃，组成是可变的，它们的化学性质都很活泼。新制成的样品在室温下能与氮气反应，在 0℃时也能猛烈地与水反应产生氢氧化物。Pu、Sm、Gd 和 Y 等都能在高温下生成组成可变的氢化物，极限组成为 LnH_3，但也能生成确定的 LnH_2 相。在锕系元素氢化物中，仅 U 和 Th 的氢化物被详细研究过，其他锕系元素氢化物仅以小量被制备过。金属单质与氢气的直接反应是强放热的，生成的产物是易自燃的粉末。近年来，在高压下合成的稀土氢化物存在大量的超导体，其中在压力为 130～220 GPa 的高压下，具有立方结构的 LnH_{10} 的超导转变温度可以达到 259 K，非常接近室温超导。

13.1.6　氢能源

氢能是一种公认的二次清洁能源，不同于传统的化石燃料(煤、石油和天然气)，作为一种零碳能源备受关注。因此，我国及欧美各国都制定了详细的氢能发展计划。目前，我国在氢能源领域取得了重要的进展，在未来很有希望成为率先实现氢燃料电池和氢能汽车的国家。氢能作为一种清洁能源具有如下优点：

(1) 氢气燃烧的产物为水，无污染，无毒。例如，利用氢能源的汽车排出的废物只有水，因此可以再次分解制氢，再次回收利用。

(2) 较高的发热值：除核燃料外，氢的发热值是所有化石燃料、化工燃料和生物燃料中最高的，为 142.351 $kJ \cdot kg^{-1}$，是汽油发热值的 3 倍。

(3) 储量丰富：氢元素占宇宙质量的 75%，它主要以化合物的形态储存于水中。据推算，如果把海水中的氢全部提取出来，它所产生的总热量比地球上所有化石燃料放出的热量大 9000 倍。

(4) 减弱温室效应：氢取代化石燃料能最大限度地减弱温室效应。

(5) 导热性好：氢的导热系数比大多数气体高出 10 倍。

自 1965 年，美国人开发研制液氢发动机以来，许多航空航天设备开始使用液氢作为燃料，其中我国的长征 2 号及 3 号就是如此。在民用上，研制高效的以氢燃料或氢燃料电池为动力的氢能汽车得到了广泛的关注。

因此，如何获取大量廉价的氢气成为世界各国关注的重点。其中一个研究方向就是利用半导体吸收太阳能来分解水。在光的作用下，半导体可以将水分解成氢气和氧气，其中寻找高效稳定的催化剂是核心。但受限于其分解效率，至今尚未有重大突破。人们预计，当更有效的催化剂问世时，水中取“火”——光催化制氢就成为可能。理想的情况是，人们只要在机车等的油箱中装满水，再加入半导体光催化剂，在阳光照射下，水便能不断地分解出氢，成为发动机的能源。

13.2 稀有气体

13.2.1 稀有气体的发现

稀有气体，又称为惰性气体，包括氦(He)、氖(Ne)、氩(Ar)、氪(Kr)、氙(Xe)和氡(Rn)共六种元素。其基态的外层电子构型除了 He 的 ns^2 外，其余均为 ns^2np^6。稀有气体在自然界中的含量极少，且化学性质稳定，因此稀有气体的发现经历了一个漫长的过程。

1785 年，英国科学家卡文迪许在研究空气时发现，当排除空气中的水蒸气、二氧化碳、氧气和氮气后，仍然含有残余气体。谁也没有想到，就在这少量气体中竟藏着整整一个族的化学元素。卡文迪许的这个发现是稀有气体存在的第一个实验证据，但他的发现并没有引起人们的普遍关注。直到 1868 年，法国人严森(Yansen)和英国人洛克耶(Lockyer)从日冕光谱中发现了一条新的黄色谱线 D_3，但当时仅认为它属于太阳上的一种未知元素，取名为氦。后来英国物理学家瑞利(Rayleigh)和苏格兰人拉姆塞(Ramsey)合作研究空气时，当把氮气和氧气除去后，用光谱学的方法确定了剩余气体中含有氩。实验发现，氩极不活泼，与许多试剂都不发生反应，故取名为 Argon，希腊文为懒惰的意思。此后，拉姆塞和英国人特拉弗斯(Traverse)在低温下对空气进行蒸馏，先后发现了氪、氖和氙。1900 年，德国人道恩(Down)等在研究镭的放射性时，发现了最后一种放射性稀有气体氡。至此，氦、氖、氩、氪、氙、氡六种稀有气体作为一个族全被发现了。这六种气体元素由于其化学惰性，称为“惰性气体元素”，直到 1962 年，巴特利特(Bartlett)在室温下才将 Xe 与 PtF_6 反应获得了化合物 $Xe^+[PtF_6]^-$。

13.2.2 稀有气体的性质

稀有气体在宇宙中的分布很不均衡，在地球、太阳及其他星球上都存在。宇宙中的元素按照质量计算，氢约占 75%，氦约占 23%，氦在宇宙中的元素分布位居第二。稀有气体外层的价电子构型都有相对饱和的结构，除氦有 2 个电子外，其余元素都达到 8 个电子的稳定结构。因此，稀有气体元素的电离能普遍较高(表 13-1)，通常情况下不容易得失电子，化学性质较为稳定。

表 13-1 稀有气体元素及单质的物理性质

元素	氦	氖	氩	氪	氙	氡
元素符号	He	Ne	Ar	Kr	Xe	Rn
价电子构型	$1s^2$	$2s^22p^6$	$3s^23p^6$	$4s^24p^6$	$5s^25p^6$	$6s^26p^6$
范德华半径/pm	93	112	154	169	190	220
第一电离能/($kJ \cdot mol^{-1}$)	2372	2081	1521	1351	1170	1037
熔点/K	0.95	24.48	83.95	116.55	161.15	202.15
沸点/K	4.25	27.25	87.45	120.25	166.05	208.15
溶解度/($mL \cdot L^{-1}$ 水)	13.8	14.7	37.9	23	110.9	使水分解

稀有气体原子均为单原子分子，分子间存在微弱的范德华力，其在水中的溶解度都很小，且随原子序数的增加而逐渐增大。氦是沸点最低的物质且最难液化，在常压下不能凝固，当压力大于 2.5×10^6 Pa 时，温度降至约 1 K 才能形成固体。此外，氦在冷却到 4.2 K 时发生相变形成正常液体 He(Ⅰ)。有趣的是，当冷却到 2.2 K 以下时，会形成一种特殊的液体 He(Ⅱ)。在此状态下，He(Ⅱ)具有许多反常的物理性质，如超流性，在容器中的 He(Ⅱ)会自动沿器壁流出容器外，直到内外液面高度相等为止；He(Ⅱ)还具有低黏滞性，流动时几乎无摩擦力，具有超导性等新奇的物理特征。

13.2.3　稀有气体的用途

稀有气体可以提供一种惰性的保护环境。在冶炼钛时需要使用金属 Mg 还原 $TiCl_4$，为避免 Ti 被氧化或者氮化，需要使用稀有气体营造惰性环境。在焊接精密零件时，为防止金属在高温下被氧化，需要用氩气来保护从而隔绝空气。电灯泡里充氩气可以减少钨丝的汽化和防止钨丝氧化，以延长灯泡的使用寿命。在医疗上，利用氙能溶解到细胞中，从而达到麻醉作用。氪、氙的同位素还被用来测量脑血流量。使用人造空气(氦与氧的混合气体)可以避免潜水员潜入深海中氮气溶解在血液中而造成微血管阻塞，引起气塞症。氡在医学上用于恶性肿瘤的放射性治疗。但氡吸入人体内是很危险的，应防止放射性污染。稀有气体在电场作用下可以发出不同颜色的光，可作为电光源。霓虹灯就是由氖气制成的，因此也称为氖灯，其发出的红光具有很强的穿透力。因此，氖灯常被用于仪器中的指示灯，机场、港口及水路交通灯的广告牌和标识牌上。填充氙气的高压长弧氙灯在通电时能发出比荧光强几万倍的强光，称为“人造小太阳”，常用于体育场、机场等的照明。氖气、氪气、氙气还可用于激光技术，其中氦-氖激光器常用于拉曼光谱的测量。氦气是除了氢气之外最轻的气体，不能燃烧也不助燃，用于填充气球和汽艇。在低温物理的相关研究中，利用液氦可以获得接近绝对零度的超低温，用于低温物理输运性质的相关研究。

13.2.4　稀有气体的化合物

尽管对稀有气体的研究取得了一定的进展，但是与其他元素相比，此类化合物极其有限。在已知的稳定化合物中，主要是 Xe 的化合物，包括 Xe—F 键和 Xe—O 键的研究。

1. 氙的氟化物

氙的氟化物主要包括 XeF_2、XeF_4 和 XeF_6，可以由两种元素单质在镍制的反应器中直接反应而得到。反应前，容器事先用 F_2 钝化使表面生成 NiF_2 保护层，从而可以除去金属表面的氧化物，避免生成的氙氟化物被氧化。产物的控制与反应物的浓度比例密切相关。对于 XeF_2 的制备，要确保 Xe 过量，从而避免 XeF_4 生成。当反应物 $n(Xe):n(F_2)=1:5$ 时，可制备 XeF_4，要控制反应时间不要过长，从而避免 XeF_6 的生成。若要制备 XeF_6，则需要 $n(Xe):n(F_2)=1:20$ 且要保证反应时间足够长。总体上，较高的氟/氙比和较高的总压力有利于生成较高氧化态的氟化物。

$$Xe(g)+F_2(g)\xlongequal{400℃,\ 1\ atm}XeF_2(g) \qquad (Xe 过量)$$

$$Xe(g)+2F_2(g)\xlongequal{600℃,\ 6\ atm}XeF_4(g) \qquad (Xe:F_2=1:5)$$

$$Xe(g) + 3F_2(g) \xrightarrow{300℃,\ 60\ atm} XeF_6(g) \qquad (Xe : F_2 = 1 : 20)$$

还可以通过密封石英管或玻璃管的方法制备上述化合物。将氙气和氟气密封于预先干燥(以防止生成 HF)的石英管或玻璃管中并将其暴露在日光下，经过一段时间，管中缓慢结晶出 XeF_2 化合物。

这几种氟化氙遇水可发生化学反应，其中 XeF_2 可溶于水，在酸性条件下缓慢水解，而在碱性条件下则迅速分解为 Xe 并生成 O_2，而 XeF_4 遇水发生反应，具体化学反应如下：

$$2XeF_2 + 2H_2O = 2Xe\uparrow + 4HF + O_2\uparrow$$

$$6XeF_4 + 12H_2O = 4Xe\uparrow + 2XeO_3 + 3O_2\uparrow + 24HF$$

XeF_6 与水发生剧烈反应：

$$XeF_6 + 3H_2O = 6HF + XeO_3(\text{完全})$$

$$XeF_6 + H_2O = XeOF_4 + 2HF(\text{不完全})$$

这些氟化物也都是强氧化剂，可以氧化一些通常情况下很难氧化的物质，且其还原产物多数情况下是气体单质 Xe。其反应方程式如下：

$$XeF_2 + 2HCl = 2HF + Xe\uparrow + Cl_2\uparrow$$

$$2XeF_2 + 2H_2O = 2Xe\uparrow + 4HF + O_2\uparrow$$

$$2XeF_2 + 2H_2 = 2Xe\uparrow + 4HF$$

$$XeF_4 + Pt = Xe\uparrow + PtF_4$$

XeF_2 可以与路易斯酸反应生成氟化氙阳离子，反应如下：

$$XeF_2(s) + SbF_5(l) = [XeF]^+[SbF_6]^-(s)$$

由于氙的氧化物的 $\Delta_f G_m^\ominus > 0$，氙的氧化物不能直接由单质氙和氧直接反应来制备。目前氙的氧化物及其氟氧化物主要是由氟化氙与水反应转化而来。例如，XeO_3 与 $XeOF_4$ 是由 XeF_4 或 XeF_6 水解生成。因此，从某种意义上来说，氙的氧化物和氟氧化物可以看作是氟化氙的衍生物。

$$XeF_6 + 3H_2O = XeO_3 + 6HF$$

$$3XeF_4 + 6H_2O = XeO_3 + 2Xe(g)\uparrow + 3/2\ O_2(g)\uparrow + 12HF$$

$$XeF_6 + H_2O = XeOF_4 + 2HF$$

XeO_3 是无色透明晶体，吸湿性很强，极易发生强烈爆炸，反应式为

$$XeO_3 = Xe\uparrow + 3/2\ O_2\uparrow$$

XeO_3 的水溶液是一种无色的液体且不导电，表明其在水溶液中主要是以分子的形式存在。在酸性溶液中，XeO_3 是很强的氧化剂，其 $E^\ominus(XeO_3/Xe) = +2.10\ V$，能将 Fe^{2+} 氧化成 Fe^{3+}，将 Br^- 氧化成 BrO_3^-，Mn^{2+} 氧化成 MnO_4^-，也可以将甲酸、脂肪族和芳香族的伯醇或仲醇氧化为二氧化碳和水：

$$XeO_3 + HCOOH = XeO_2 + CO_2\uparrow + H_2O$$

在碱性水溶液中，XeO_3 与 OH^- 反应生成阴离子 $HXeO_4^-$：

$$XeO_3 + OH^- \longrightarrow HXeO_4^-$$

此时，向碱性溶液中通入臭氧，则生成高氙酸盐：

$$XeO_3 + 4NaOH + O_3 + 6H_2O \longrightarrow Na_4XeO_6 + 8H_2O + O_2\uparrow$$

得到的高氙酸盐通常为白色结晶型固体，其中含有八面体 XeO_6^{4-} 单元，在酸性溶液中往往表现出强氧化性：

$$Na_4XeO_6 + 2H_2SO_4(浓) \longrightarrow XeO_4 + 2Na_2SO_4 + 2H_2O$$

固态的 XeO_4 极其不稳定，将爆炸分解为 Xe 和 O_2。而气态的 XeO_4 相对稳定，在室温下将缓慢地转变成 XeO_3。

此外，含有 Xe—C 键的有机氙化合物也被报道出来。例如，三(五氟苯基)硼烷与 XeF_2 在二氯甲烷中反应生成芳基氙(Ⅱ)的氟硼酸盐：

$$(C_6F_5)_3B + XeF_2 \xrightarrow{CH_2Cl_2} [C_6F_5Xe]^+ + [(C_6F_5)_nBF_{4-n}]^- \quad (n=1,2)$$

一些含有稀有气体的配合物也先后被研究。第一个合成的稀有气体的稳定配合物是 $[AuXe_4]^{2+}[Sb_2F_{11}]^{2-}$，其中的阳离子 $[AuXe_4]^{2+}$ 为平面四方结构，该化合物是在气体氙中 HF/SbF_5 还原 AuF_3 时制备的，反应中生成在−78℃下能稳定存在的暗红色晶体。

2. 稀有气体化合物的结构

在掌握了稀有气体相关化合物的性质之后，根据上述实验结果，从理论上来理解其相关的化学键性质。考虑到稀有气体特殊的价电子构型，尽管学者们提出了不同的理论解释，但目前仍然还没有一个统一的认识，稀有气体结构的解释仍然是一个开放的问题。下面主要是从现代价键理论和分子轨道理论的角度简单分析其化学键。另外，鉴于目前只有氟化氙的数据积累得较多，在讨论和理解稀有气体化合物的化学键时，主要以氟化氙的相关分子为例。

1) 价键理论

依据价层电子对互斥理论，在 XeF_2 分子中，Xe 原子最外层有 8 个电子($5s^25p^6$)，两个 F 原子各提供一个 2p 电子，使 Xe 原子价电子有 5 对电子，其电子对构型为三角双锥。

如图 13-5(a)所示，其中 3 个孤电子对占据三角双锥中底面三角形的三个顶点上，从而使 XeF_2 呈现出直线形的分子结构。杂化轨道理论认为，在 XeF_2 分子中，中心原子 Xe 采用 sp^3d 的杂化类型，形成的 5 个杂化轨道在空间分布为三角双锥结构(图 13-6)。

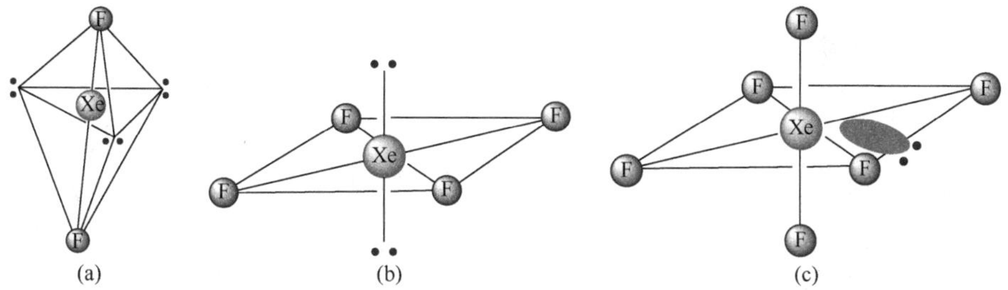

图 13-5　XeF_2(a)、XeF_4(b)、XeF_6(c)的分子结构

同样，在 XeF_4 分子中，共有 6 个价电子对，电子构型为正八面体。其中，两个孤电子对占据八面体的顶角，在四边形的平面内形成 4 个 Xe—Fσ 键，XeF_4 的分子构型为平面正方形，如图 13-5(b)所示。杂化轨道理论认为，其中的 Xe 采用 sp^3d^2 杂化形成 6 个杂化轨道(图 13-6)。XeF_2 和 XeF_4 的分子结构与多卤阴离子 I_3^- 和 ClF_4^- 类似。

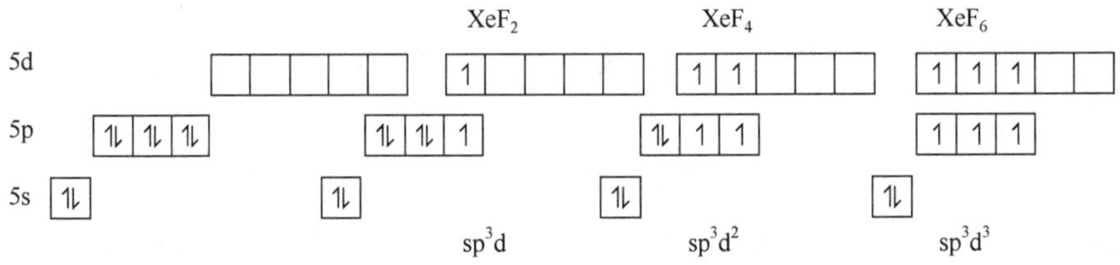

图 13-6　XeF_2、XeF_4 和 XeF_6 原子轨道杂化方式

在 XeF_6 分子中，Xe 原子有 7 对价电子，其中 6 对电子占据八面体顶点分别与 6 个 F 原子成键，另一个孤电子对伸向八面体一个棱边的中心或者某个面的中心。由于孤电子对对其他电子产生较强的排斥作用，因此 XeF_6 表现为畸变八面体[图 13-5(c)]。杂化轨道理论认为在 XeF_6 中，Xe 原子采用 sp^3d^3 杂化(图 13-6)。

总体上，考虑到稀有气体原子的价电子层全充满，电子构型相对稳定。但是当其与电负性较大的原子相互作用时，*n*p 轨道上的电子被激发到 *n*d 轨道上，从而形成了单电子态，这些单电子进一步进行化学成键。例如，在 XeF_2、XeF_4 和 XeF_6 中，分别有 1 个、2 个和 3 个 *n*p 电子被激发到相应的 *n*d 轨道上，然后中心原子 Xe 再以 sp^3d、sp^3d^2 和 sp^3d^3 杂化轨道与 F 原子进行成键。尽管人们提出一些质疑认为在 XeF_6 中，5p 电子跃迁到 5d 轨道上需要的激发能较高，但总体上价键理论在解释稀有气体化学成键上是有效的。

2) 分子轨道理论

以 XeF_2 和 XeF_4 为例，使用分子轨道理论来理解其化学成键。在 XeF_2 中，Xe 原子的 1 个 $5p_x$ 轨道与 2 个 F 原子的 $2p_x$ 轨道通过线性组合形成 3 个新的分子轨道：1 个成键轨道、1 个非键轨道和 1 个反键轨道，见图 13-7。

由图 13-7 可知，在基态下，参与线性组合的 3 个原子轨道中的 4 个电子，有 2 个填在成键轨道上，2 个填在非键轨道上，反键轨道处于空轨道状态。此时 XeF_2 的键级为 1，且属于σ键，说明 Xe 原子能与 2 个 F 原子形成 XeF_2 分子。由于分子轨道中没有单电子，XeF_2 为抗磁性分子。

在 XeF_4 中，Xe 原子的 1 个 $5p_x$ 轨道与 4 个 F 原子的 $2p_x$ 轨道通过线性组合形成 6 个分子轨道(图 13-8)。其中 3 个为全占据的成键轨道，包括 2 个σ轨道和一个π轨道。另外 3 个

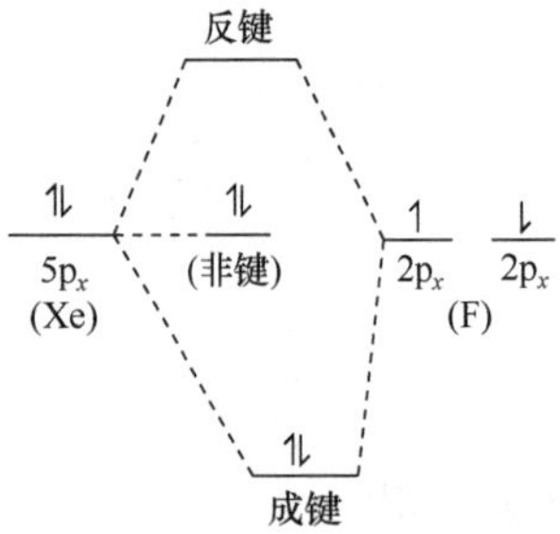

图 13-7　XeF_2 分子的分子轨道能级图

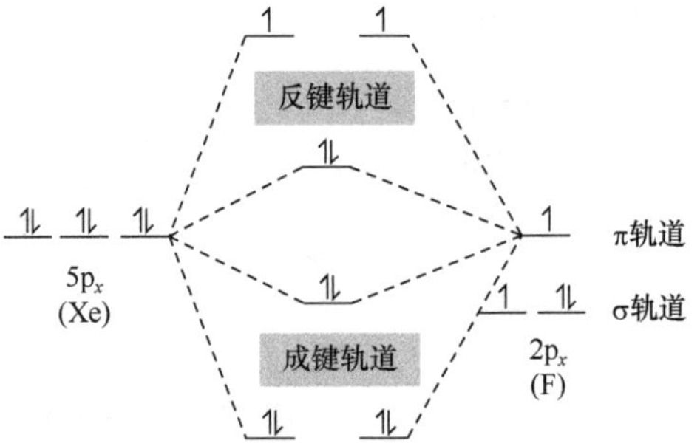

图 13-8　XeF_4 分子的分子轨道能级图

反键轨道中，1 个为满填充的 π 反键轨道和 2 个为半填充的 σ 反键轨道。XeF_4分子的键级为 1，说明 Xe 原子能与 4 个 F 原子形成稳定的 XeF_4分子。由于体系中存在单电子，XeF_4表现出顺磁性。

习 题

13-1 名词解释

(1) 共价型氢化物 (2) 离子型氢化物 (3) 金属氢化物

(4) 多中心氢桥键 (5) 缺电子氢化物 (6) 氢键

13-2 完成并配平如下反应

(1) $H_2 + Na \xlongequal{\triangle}$

(2) $PdCl_2 + H_2 =\!=\!=$

(3) $WO_3 + H_2 \xlongequal{\triangle}$

(4) $NaH + H_2O =\!=\!=$

(5) $LiH + AlCl_3 \xlongequal{\text{无水乙醚}}$

(6) $Li[AlH_4] + H_2O =\!=\!=$

(7) $TiCl_4 + NaH \xlongequal{400℃}$

(8) $Xe(g) + F_2(g) \xlongequal{400℃, 1\,atm}$

(9) $Xe(g) + F_2(g) \xlongequal{600℃, 6\,atm}$

(10) $Xe(g) + F_2(g) \xlongequal{300℃, 60\,atm}$

(11) $XeF_2 + H_2O =\!=\!=$

(12) $XeF_4 + H_2O =\!=\!=$

(13) $XeF_6 + H_2O \xlongequal{\text{不完全}}$

(14) $XeF_6 + H_2O \xlongequal{\text{完全}}$

(15) $XeF_2 + SbF_5 =\!=\!=$

(16) $XeO_3 + HCOOH =\!=\!=$

13-3 简答题

(1) 根据氢的电子构型 H $1s^1$，简述 H 的成键特征。

(2) 简述工业生产氢气的几种方法和基本原理。

(3) 氢能作为一种二次清洁能源，其优点有哪些?

(4) 查阅文献，了解稀土氢化物高温超导体的研究现状。

(5) 查阅文献，简述无机半导体光催化剂分解水的基本原理及相关进展情况。

(6) 查阅文献，简述非贵金属电催化剂分解水的研究情况。

(7) 以 Xe 单质和 F_2 单质为例，说明如何制备较为纯净的 XeF_2、XeF_4和 XeF_6。

(8) 以 Xe 单质为起始物，如何制备高氙酸钠 Na_4XeO_6?

(9) 使用 VSEPR 理论和杂化轨道理论判断 XeF_2、XeF_4、XeF_6和 $XeOF_4$、XeO_3F_2的空间结构和中心原子 Xe 的杂化方式。

(10) 运用分子轨道理论判断 HeH、HeH^+、HeH^{2+}是否存在。解释为什么 He_2双原子分子不存在。

第 14 章　碱金属和碱土金属

14.1　碱金属和碱土金属的通性

元素周期表中的ⅠA 族，包括锂(Li)、钠(Na)、钾(K)、铷(Rb)、铯(Cs)、钫(Fr)六种金属元素，由于它们的氢氧化物都是易溶于水的强碱，所以称为碱金属。ⅡA 族包括铍(Be)、镁(Mg)、钙(Ca)、锶(Sr)、钡(Ba)、镭(Ra)六种金属元素，该族元素由于钙、锶和钡的氧化物在性质上介于“碱性的”(碱金属的氧化物和氢氧化物表现明显的碱性)和“土性的”(黏土的主要成分如 Al_2O_3 等表现的难溶和难熔)之间而得名碱土金属。碱金属和碱土金属属 s 区元素。钫和镭为放射性元素，在本章不做介绍。

碱金属元素的价电子构型为 ns^1，次外层为稳定的 8 电子结构(Li 除外，为 2 电子)，所以碱金属的第一电离能在同一周期中是最低的，在反应中极易失去一个电子而呈现 +1 氧化态(特征氧化态)。原子半径和离子半径在同周期元素中是最大的。同一族内，从上到下原子半径和离子半径依次增大，它们的电离能、电负性依次减小。电离能最小的铯最容易失去电子，当受到光照射时，铯表面的电子逸出，产生光电流，这种现象称为光电效应。因而铯等活泼金属常用来制造光电管。

碱土金属元素的价电子构型为 ns^2，次外层为稳定的 8 电子结构(Be 除外，为 2 电子)。易失去 2 个电子呈现 +2 氧化态(特征氧化态)。碱土金属与同周期碱金属相比，由于多了一个核电荷，原子核对核外电子的吸引力增大。M^{2+}半径都比同周期的碱金属 M^+半径要小。与碱金属一样，同一族中，自上而下，碱土金属的原子半径和离子半径依次增大，电离能和电负性依次减小。

碱金属元素的第二电离能远大于其第一电离能，它们通常只显示 +1 氧化态，而不显示其他氧化态。从元素的电离能来看，碱土金属要失去第二个电子似乎很困难(第二电离能约为第一电离能的 2 倍)，但实际上由于生成化合物时所释放出的能量较大，足以使第二个电子也失去。碱土金属的第三电离能太大，要失去第三个电子几乎是不可能的。因此，碱土金属元素的主要氧化态为 +2。ⅠA 族元素和ⅡA 族元素的特征氧化态分别为 +1 和 +2，但还存在低氧化态，如 Be^+、Ca^+、Na^-(在特定条件下)等。

从标准电极电势($E^{\ominus}$)看，它们均具有较大的负值，因此碱金属和碱土金属的单质都是强还原剂(如钾、钠、钙等常用作化学反应的还原剂)。由于它们都是活泼的金属元素，只能以化合态存在于自然界。例如，钠和钾的主要来源为岩盐 NaCl、KCl、光卤石($KCl \cdot MgCl_2 \cdot 6H_2O$)等；钙和镁主要存在于白云石 $CaCO_3 \cdot MgCO_3$、方解石 $CaCO_3$、菱镁矿 $MgCO_3$、石膏 $CaSO_4 \cdot H_2O$ 等矿物中；锶和钡的矿物有天青石 $SrSO_4$、菱锶矿 $SrCO_3$、重晶石 $BaSO_4$ 等。

碱金属和碱土金属元素在化合时，以形成离子键为主要特征，如 NaCl、$CaCl_2$ 都是典型的离子化合物。锂和铍由于原子半径和离子半径小，且为 2 电子构型，有效核电荷大，极化力特别强，因此它们的化合物具有明显的共价性，表现出与同族元素不同的化学性质。碱金属元素的原子也可以共价键结合成分子，如气态 Na_2 等碱金属单质的双原子分子就是共价分子。氢氧化物除 $Be(OH)_2$ 具有两性、$Mg(OH)_2$ 为中强碱外，其他均是强碱。

ⅠA 和ⅡA 族金属的一些基本性质列于表 14-1 和表 14-2 中。

表 14-1　碱金属元素的基本性质

元素	锂(Li)	钠(Na)	钾(K)	铷(Rb)	铯(Cs)
原子序数	3	11	19	37	55
相对原子质量	6.941	22.9898	39.0983	85.4678	132.9054
价层电子构型	$2s^1$	$3s^1$	$4s^1$	$5s^1$	$6s^1$
单质的熔点/℃	180.5	97.8	63.2	38.9	28.4
单质的沸点/℃	1342	883	760	686	669
单质的密度/($g \cdot cm^{-3}$)(293 K)	0.535	0.968	0.856	1.532	1.8785
单质的硬度(金刚石=10)	0.6	0.4	0.5	0.3	0.2
原子半径/pm(金属半径)	155	190	235	248	267
M^+半径/pm	60	95	133	148	169
第一电离能/($kJ \cdot mol^{-1}$)	520	469	419	403	376
第二电离能/($kJ \cdot mol^{-1}$)	7298	4562	3051	2633	2230
电负性	0.98	0.93	0.82	0.82	0.79
标准电极电势 $E^\ominus$/V	−3.045	−2.714	−2.925	−2.925	−2.923
原子化焓/($kJ \cdot mol^{-1}$)	161	108	90	82	78

表 14-2　碱土金属元素的基本性质

元素	铍(Be)	镁(Mg)	钙(Ca)	锶(Sr)	钡(Ba)
原子序数	4	12	20	38	56
相对原子质量	9.012	24.305	40.078	87.62	137.327
价层电子构型	$2s^2$	$3s^2$	$4s^2$	$5s^2$	$6s^2$
单质的密度/($g \cdot cm^{-3}$)	1.86	1.74	1.55	2.60	3.59
单质的硬度(金刚石=10)	4	2.0	1.5	1.8	—
单质的熔点/℃	1278	649	839	769	725
单质的沸点/℃	2970	1107	1484	1384	1640
第一电离能/($kJ \cdot mol^{-1}$)	899.4	737.7	589.9	549.5	502.9
第二电离能/($kJ \cdot mol^{-1}$)	1757	1451	1145	1064	965.3
第三电离能/($kJ \cdot mol^{-1}$)	14849	7733	4912	4207	3575
电负性	1.57	1.31	1.00	0.95	0.89
M^{2+}水化焓/($kJ \cdot mol^{-1}$)	−2494	−1921	−1577	−1443	−1305

续表

元素	铍(Be)	镁(Mg)	钙(Ca)	锶(Sr)	钡(Ba)
标准电极电势 $E^{\ominus}$/V					
$M^{2+} + 2e^- = M$	−1.85	−2.37	−2.87	−2.89	−2.91
$M(OH)_2 + 2e^- = M + 2OH^-$	−2.28	−2.69	−3.03	−2.99	−2.97

14.2 碱金属和碱土金属的单质

14.2.1 物理性质

碱金属和碱土金属的单质具有金属光泽，有良好的导电性和延展性。

由于碱金属元素的原子半径大，价电子少(只有 1 个)，故金属的内聚力很弱。因此，碱金属单质的密度小(其中 Li、Na、K 的密度比水小，Li 是最轻的金属，其密度约为水密度的一半)，都是典型的轻金属；硬度小，通常可用小刀切割；熔点低(除锂以外都在 100℃以下，铯的熔点最低，人的体温就可以使其熔化)，在常温下就能形成液态合金，其中最重要的合金有钾钠合金及钠汞齐。例如，组成为 77.2%钾和 22.8%钠的合金，其熔点为 260.7 K，用作核反应堆的冷却剂。

碱土金属原子有 2 个价电子。与同周期碱金属相比，核电荷数较大，它们的原子半径较小，因此本族元素形成的金属键比碱金属的强得多，有较强的内聚力，它们的熔沸点、密度、硬度都比碱金属的大。由于本族金属的晶体结构不同(铍、镁六方晶格，钙、锶立方晶格，钡体心立方晶格)，因此熔点变化没有很强的规律。

14.2.2 化学性质

碱金属和碱土金属都是非常活泼的金属元素。若单纯从电离能来考虑金属的活泼性，则这两族元素的活泼性顺序分别是从 Li 到 Cs 和从 Be 到 Ba 依次增大。但是在水溶液中的反应，不能只考虑失去电子变成离子所需要的能量，还要考虑生成水合离子产生的热。这样情况就比较复杂，通常用标准电极电势来说明金属的活泼性。用标准电极电势的大小顺序表示的金属活泼性顺序称为电位顺序。这两族金属在水溶液中的电位顺序为

Li，Rb，K，Cs，Ba，Sr，Ca，Na，Mg，Be

按照标准电极电势的定义及其测定原理，电对 M^{n+}/M 的标准电极电势的值实际上就是电极 M^{n+}/M 与氢电极组成的原电池的标准电动势，该原电池及反应为

$$(-)M \mid M^{n+}(1\ mol \cdot L^{-1}) \parallel H^+(1\ mol \cdot L^{-1}) \mid H_2(100\ kPa) \mid Pt(+)$$

$$M(s) + nH^+(aq) = M^{n+}(aq) + \frac{n}{2}H_2(g)$$

它们之间的关系为

$$E^{\ominus}_{M^{n+}/M} = -E^{\ominus} = \frac{\Delta_r G^{\ominus}_m}{nF} = \frac{\Delta_r H^{\ominus}_m - T\Delta_r S^{\ominus}_m}{nF}$$

为了简化讨论过程，将熵变项对电极电势的影响略去进行近似计算，则

$$E^{\ominus}_{M^{n+}/M} \approx \frac{\Delta_r H^{\ominus}_m}{nF}$$

式中，$\Delta_r G^{\ominus}_m$、$\Delta_r H^{\ominus}_m$、$\Delta_r S^{\ominus}_m$ 分别为上述电池反应的标准摩尔吉布斯自由能变化、标准摩尔焓变和标准摩尔熵变；n 为得失电子数；F 为法拉第常量，96500 C · mol^{-1}。依据玻恩-哈伯循环：

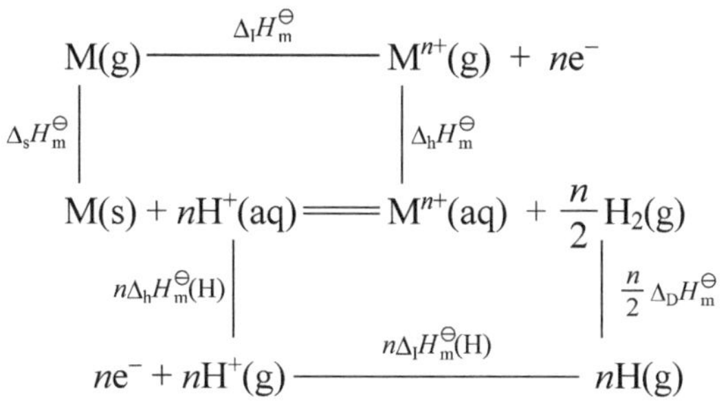

$$\begin{aligned}\Delta_r H^{\ominus}_m &= \Delta_f H^{\ominus}_m[M^{n+}(aq)] - n\Delta_f H^{\ominus}_m[H^+(aq)] \\ &= (\Delta_s H^{\ominus}_m + \Delta_I H^{\ominus}_m + \Delta_h H^{\ominus}_m) - n\left[\frac{1}{2}\Delta_D H^{\ominus}_m + \Delta_I H^{\ominus}_m(H) + \Delta_h H^{\ominus}_m(H)\right]\end{aligned}$$

式中，$\Delta_f H^{\ominus}_m[M^{n+}(aq)]$和$\Delta_f H^{\ominus}_m[H^+(aq)]$分别为水合金属离子和水合氢离子的生成焓(相对于稳定单质)；$\Delta_s H^{\ominus}_m$、$\Delta_I H^{\ominus}_m$ 和 $\Delta_h H^{\ominus}_m$ 分别为金属的升华热、电离能和金属离子的水合热；$\Delta_D H^{\ominus}_m$、$\Delta_I H^{\ominus}_m(H)$和 $\Delta_h H^{\ominus}_m(H)$分别为氢分子的解离能、氢原子的电离能和氢离子的水合热，其值分别是 436 kJ · mol^{-1}、1312 kJ · mol^{-1} 和−1090 kJ · mol^{-1}，所以

$$\begin{aligned}\Delta_r H^{\ominus}_m &= (\Delta_s H^{\ominus}_m + \Delta_I H^{\ominus}_m + \Delta_h H^{\ominus}_m) - n\left(\frac{1}{2}\times 436 + 1312 - 1090\right)\text{kJ}\cdot\text{mol}^{-1} \\ &= (\Delta_s H^{\ominus}_m + \Delta_I H^{\ominus}_m + \Delta_h H^{\ominus}_m) - n\times 440\ \text{kJ}\cdot\text{mol}^{-1}\end{aligned}$$

现以金属锂为例，水合金属锂离子的生成焓(相对于金属锂)为

$$\begin{aligned}\Delta_f H^{\ominus}_m[Li^+(aq)] &= \Delta_s H^{\ominus}_m + \Delta_I H^{\ominus}_m + \Delta_h H^{\ominus}_m \\ &= (150.5 + 520 - 509)\text{kJ}\cdot\text{mol}^{-1} \\ &= 161.5\ \text{kJ}\cdot\text{mol}^{-1}\end{aligned}$$

$$E^{\ominus}_{Li^+/Li} \approx \frac{161.5 - 440}{96.5} = -2.89\ (\text{V})$$

近似计算结果与实际测定值−3.045 V 有一定的差别，但从这一计算过程中可以理解影响标准电极电势大小的主要因素。在碱金属中，尽管锂的升华热和电离能都是最大的，但因 Li^+ 的半径很小，水合时所放出的能量特别大，从而导致整个过程的 $\Delta_r H^{\ominus}_m$ 最小，所以电对 Li^+/Li 的标准电极电势最小，或者说 Li 形成 $Li^+(aq)$的倾向最大。同样，碱土金属的升华热和电离能都大，但因 +2 价金属离子的水合作用较碱金属强许多，水合所放出的能量足以补偿大部分的能量，所以其相应的标准电极电势也较小。碱金属与碱土金属形成水合离子的能量变化及标准电极电势值列于表 14-3 中。

表 14-3　金属形成水合离子的能量变化及标准电极电势

元素	Li	Na	K	Rb	Cs
$\Delta_s H_m^\ominus$ /(kJ · mol^{-1})	150.5	109.5	91.5	86.1	79.9
$\Delta_I H_m^\ominus$ /(kJ · mol^{-1})	520	496	419	403	376
$\Delta_h H_m^\ominus$ /(kJ · mol^{-1})	−509	−405.6	−322.9	−300.3	−274.2
$\Delta_r H_m^\ominus$ /(kJ · mol^{-1})	−278.5	−240.1	−252.4	−251.2	−258.3
$E^\ominus_{M^+/M}$ (近似计算值)/V	−2.89	−2.49	−2.62	−2.60	−2.68
$E^\ominus_{M^+/M}$ (实验值)/V	−3.045	−2.714	−2.925	−2.925	−2.923
元素	Be	Mg	Ca	Sr	Ba
$\Delta_s H_m^\ominus$ /(kJ · mol^{-1})	322	150	177	163	176
$\Delta_I H_m^\ominus$ /(kJ · mol^{-1})	2656	2188	1737	1613	1468
$\Delta_h H_m^\ominus$ /(kJ · mol^{-1})	−2426.8	−1904.9	−1574.8	−1441.8	−1301.5
$\Delta_r H_m^\ominus$ /(kJ · mol^{-1})	−328.8	−446.9	−542.8	−545.8	−537.5
$E^\ominus_{M^{2+}/M}$ (近似计算值)/V	−1.70	−2.31	−2.81	−2.83	−2.79
$E^\ominus_{M^{2+}/M}$ (实验值)/V	−1.85	−2.37	−2.87	−2.89	−2.91

从表 14-3 可知，由于其标准电极电势都呈较大的负值，碱金属和碱土金属都显示很强的还原性，它们可以与许多非金属单质直接反应生成离子化合物。在绝大多数化合物中，它们以阳离子形式存在。

碱金属及钙、锶、钡与水反应生成氢氧化物和氢气，其反应方程式如下：

碱金属　　$2M + 2H_2O = 2MOH + H_2\uparrow$

碱土金属　　$M + 2H_2O = M(OH)_2 + H_2\uparrow$

锂、钙、锶、钡与水反应比较平稳，而其他的碱金属与水反应非常激烈而放出大量的热，甚至会发生爆炸。电对 Li^+/Li 的标准电极电势值虽然最小，但 Li 与水反应并不如其他碱金属激烈。应当注意，电极电势(或金属的离子化趋势)是热力学范畴的问题，而反应速率则是动力学的问题，两者不可混淆。锂与水反应较平稳，一方面是锂的熔点、沸点较高，升华热较大；另一方面则是由于 LiOH 的溶解度较小，生成的氢氧化物覆盖在金属表面阻碍了水与金属表面的接触，从而减缓了金属锂与水的反应速率。其他碱金属的氢氧化物溶解度很大，反应中生成的氢氧化物完全溶于水，不会对反应起阻碍作用，而且这些金属的熔点很低，与水反应时所放出的热使其熔化，更有利于反应的进行。铍和镁的金属表面由于形成致密的氧化物保护膜，常温下它们对水是稳定的。镁在热水中才能缓慢地发生反应，而铍与热的水蒸气也难发生反应。

碱金属及钙、锶、钡都可溶于液氨中生成蓝色的导电溶液(铍、镁通过电解可以生成稀溶液)。在溶液中含有金属离子和溶剂化的自由电子，这种电子非常活泼，因此金属的液氨溶液是一种能够在低温下使用的、非常强的还原剂。当长期放置或有催化剂(如过渡金属氧化物)存在时，金属的液氨溶液可以发生如下反应：

$$M + NH_3 \xlongequal{\quad} MNH_2 + \frac{1}{2}H_2\uparrow$$

或更确切地写为

$$e^-(\text{溶剂化}) + NH_3 \xlongequal{\quad} NH_2^- + \frac{1}{2}H_2\uparrow$$

由于碱金属和碱土金属单质大多能与水发生反应，因此尽管它们具有强还原性，但实际上不能用来还原水溶液中的其他物质，而通常是在干态和一些有机溶剂中用作还原剂。例如，在高温下 Na、Mg、Ca 能夺取许多氧化物中的氧或氯化物中的氯：

$$NbCl_5 + 5Na \xlongequal{\quad} Nb + 5NaCl$$

$$ZrO_2 + 2Ca \xlongequal{\quad} Zr + 2CaO$$

$$TiCl_4 + 2Mg \xlongequal{\quad} Ti + 2MgCl_2$$

目前，一些稀有金属通常可采用金属 Na、Mg、Ca 作为还原剂，在高温和真空或稀有气体保护下通过还原其氧化物或氯化物来制备。

碱金属与碱土金属的挥发性的化合物在高温火焰中，可以使火焰呈现特征颜色，这种现象称为焰色反应。金属原子的电子受高温火焰的激发而跃迁到高能级轨道上，当电子从高能级轨道返回到低能级轨道时，便以光能的形式释放出能量，而发射出一定波长的光，从而使火焰呈现特征颜色，如钙使火焰呈橙红色、锶呈洋红色、钡呈绿色、锂呈红色、钠呈黄色，钾、铷、铯呈紫色。在分析化学中，常利用这种性质来定性鉴定这些金属。实际使用中，将硝酸锶或硝酸钡和硫等以适当比例混合，可制成红色或绿色的信号弹；将锶、钡、钾等元素的硝酸盐或氯酸盐、硫磺粉以及镁粉、松香、火药等按一定的比例混合，可以制成各种焰火剂。

14.2.3　金属单质的制备

碱金属和碱土金属的化学性质十分活泼，它们不可能以单质的形式存在于自然界。它们主要以氯化物、碳酸盐、硫酸盐及硅酸盐等离子化合物的形态存在于地壳中。钠、钾、镁、钙、锶、钡在地壳中的含量丰富，而锂、铍、铷、铯含量很低，属于稀有金属。

由于碱金属和碱土金属的标准电极电势都是很大的负值，不可能从水溶液中制备出它们的单质。制备这些金属单质只能采用熔盐电解法和高温热还原法。

锂和钠常用电解熔融氯化物的方法来大量生产，而钾、铷、铯则通过以金属为还原剂的热还原法来制备。下面以钠和钾为例介绍这两种制备过程。

制备金属钠的电解槽如图 14-1 所示。电解槽的外壳是钢，内衬是耐火材料，在阳极石墨 A 和阴极铁环 K 之间装有网状隔膜 D，阳极上方有收集氯气的抽气罩 H，阴极上方有倒置的环形槽 R，上面连一根铁管 F，液钠经环形槽、铁管可流至收集器 G 中。

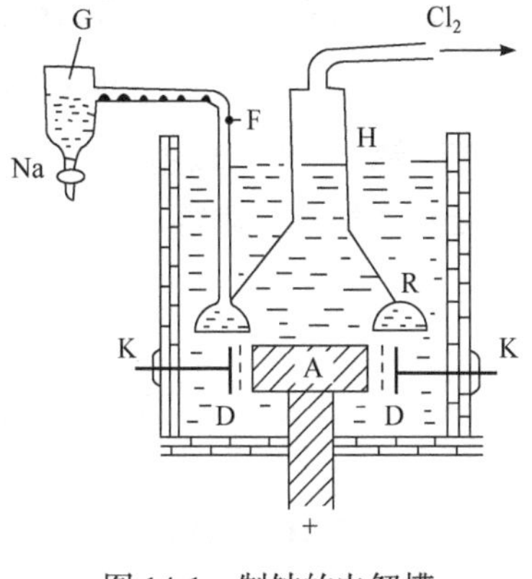

图 14-1　制钠的电解槽

A. 阳极石墨；K. 阴极铁环；D. 网状隔膜；H. 抽气罩；R. 环形槽；F. 铁管；G. 收集器

电解用的原料为氯化钠和氯化钙的混合盐，加入一

定比例的 $CaCl_2$ 后，盐的熔点可以大幅度降低。NaCl 的熔点为 803℃，而实际电解操作的温度为 580℃左右。加入氯化钙降低电解的操作温度，既可以降低能耗和减少产品被污染的可能，还可以降低电解生成的金属钠在熔融液中的溶解度，有利于产品的分离(因为熔融的混合盐密度大于金属钠，使液钠浮在上面)。当混合盐在电解槽中熔化后，即进行电解，电极反应如下：

阳极 $$2Cl^- = Cl_2 + 2e^-$$

阴极 $$2Na^+ + 2e^- = 2Na$$

总反应 $$2NaCl = 2Na + Cl_2\uparrow$$

工业上一般不采用电解熔融氯化物的方法来制备金属钾。这是因为金属钾极易溶于熔融的氯化物中，以致难以将其分离出来，而且金属钾的沸点低，钾蒸气也容易从电解槽中逸出，增加不安全因素。此外在电解槽中还容易生成超氧化物，此化合物与金属钾会发生爆炸性反应。因此，通常采用热还原法来制备金属钾，即在 850℃用金属钠还原氯化钾，其反应式如下：

$$Na(l) + KCl(l) = NaCl(l) + K(g)$$

在温度较低的情况下，由于 $\Delta_f G_m^\ominus(NaCl) > \Delta_f G_m^\ominus(KCl)$，上述反应的 $\Delta_r G_m^\ominus = \Delta_f G_m^\ominus(NaCl) - \Delta_f G_m^\ominus(KCl) > 0$，反应不能从左向右进行。但由于钠的沸点高于钾，在 850℃时金属钾只能以气态形式存在(K 的沸点为 765.5℃)，而金属钠仍为液体(Na 的沸点为 881.4℃)，反应生成的钾蒸气迅速逸出，促进了化学平衡向右进行，使反应不断从左向右进行。将逸出的蒸气冷凝就可以得到金属钾，经分馏提纯，金属钾的纯度可达 99.99%。

金属铷、铯的制备方法与钾的制备方法类似。以金属钙、铝为还原剂，在约 750℃的温度下还原铷、铯的氯化物即可制得铷、铯。

$$2RbCl + Ca = CaCl_2 + 2Rb$$

铍通常是用金属镁在大约 1300℃下还原 BeF_2 来制取的，也可以用电解熔融 $BeCl_2$(加入碱金属氯化物作助熔剂)的方法制得。镁是这两族金属中生产规模最大的金属，世界年产量在几十万吨以上。电解法和硅热还原法是工业上生产镁的主要方法。电解法是在 750℃的温度下，通过电解熔融的无水 $MgCl_2$ 来获得镁。硅热还原法则是在减压和 1150℃的温度下，用硅铁与煅烧过的白云石进行反应而制得镁：

$$2(MgO \cdot CaO) + FeSi = 2Mg + Ca_2SiO_4 + Fe$$

钙、锶、钡都可以用相应的氯化物熔盐电解制得，锶和钡还可以用金属铝在高温和真空条件下还原其氧化物制得：

$$3CaO + 2Al = Al_2O_3 + 3Ca$$

14.3 碱金属和碱土金属的化合物

14.3.1 M^+和 M^{2+}的特征

碱金属和碱土金属化合物大多数是离子化合物。它们的离子很容易和水分子结合成稳定的水合离子 $M^+(aq)$和 $M^{2+}(aq)$。从酸碱质子理论的观点看，$M^+(aq)$和 $M^{2+}(aq)$都是很弱的酸，而相应的氢氧化物 MOH 和 $M(OH)_2$ 则是强碱(Be 的氢氧化物除外)。碱和它们的盐大多是强电解质，除 Be^{2+}外，阳离子水解程度很小或基本上不水解。碱金属的氢氧化物和盐大多数易溶于水，比碱土金属氢氧化物和盐的溶解度大。此外，M^{+}和 M^{2+}都是无色的。

14.3.2　氧化物

碱金属和碱土金属与氧形成的二元化合物可分为普通氧化物、过氧化物、超氧化物和臭氧化物，在这些氧化物中碱金属和碱土金属的氧化态分别为 +1 和 +2，但氧的氧化数则分别为 −2、−1、−1/2 和−1/3。这些氧化物都是离子化合物，在其晶格中分别含有氧负离子、过氧离子、超氧离子和臭氧离子。s 区元素形成的氧化物列于表 14-4。

表 14-4　s 区元素形成的氧化物

氧化物类型	空气中与氧气反应直接形成	间接形成
普通氧化物	Li、Be、Mg、Ca、Sr、Ba	s 区元素
过氧化物	Na	除 Li、Be 外的 s 区元素
超氧化物	K、Rb、Cs	除 Be、Mg、Li 外的 s 区元素

1. 普通氧化物

除锂在空气中燃烧主要生成 Li_2O 外，其他碱金属在空气中燃烧生成的主要产物都不是 M_2O，尽管在含氧量不足的空气中也可生成这些金属的普通氧化物，但这种条件不易控制，难以制得纯净的氧化物。除氧化锂以外，为了得到纯净的碱金属氧化物，可以用碱金属单质或叠氮化物还原过氧化物、硝酸盐或亚硝酸盐：

$$2Na + Na_2O_2 \longrightarrow 2Na_2O$$

$$10K + 2KNO_3 \longrightarrow 6K_2O + N_2\uparrow$$

$$3NaN_3 + NaNO_2 \longrightarrow 2Na_2O + 5N_2\uparrow$$

在氢气气氛中加热碳酸锂、硝酸锂或氢氧化锂也可以制得氧化锂。

碱土金属的普通氧化物 MO 可通过碱土金属在空气中燃烧直接生成，也可以通过加热其碳酸盐或硝酸盐制得。

$$CaCO_3 \longrightarrow CaO + CO_2\uparrow$$

$$2Sr(NO_3)_2 \longrightarrow 2SrO + 4NO_2\uparrow + O_2\uparrow$$

加热硝酸镁和在还原气氛中加热硫酸镁也可制得氧化镁。纯净的氧化铍则可用纯氢氧化铍热分解制得。

碱土金属的氧化物全都是白色的固体，而碱金属的氧化物中除 Li_2O 和 Na_2O 为白色固体外，其他金属的氧化物为有色固体，K_2O 为淡黄色、Rb_2O 为亮黄色、Cs_2O 为橙红色。

碱金属和碱土金属的氧化物都是很稳定的化合物，其标准生成焓都是绝对值相当大的负值。但生成热的绝对值从 Li 到 Cs 和从 Be 到 Ba 有逐渐减小的趋势。氧化物的熔点从 Li 到 Cs 和从 Be 到 Ba 也有逐渐降低的趋势，而且碱土金属氧化物的熔点远高于碱金属氧化物的熔点。其原因是碱土金属离子带两个正电荷，且离子半径较小，其氧化物的晶格能很大，因此熔点高。

碱金属和钙、锶、钡的氧化物与水反应生成相应的氢氧化物，并放出大量的热。例如，

$$Na_2O(s) + H_2O(l) \xlongequal{\quad} 2NaOH(s) \qquad \Delta_r H_m^{\ominus} = -115.17\ kJ \cdot mol^{-1}$$

$$CaO(s) + H_2O(l) \xlongequal{\quad} Ca(OH)_2(s) \qquad \Delta_r H_m^{\ominus} = -65.17\ kJ \cdot mol^{-1}$$

经过煅烧的 BeO 和 MgO 极难与水反应，它们的熔点很高[BeO 为(2530±50)℃，MgO 为(2850±30)℃]，常用来制造耐火材料和陶瓷。特别是 BeO，还具有反射放射性射线的能力，常用来制作原子反应堆外壁砖块材料。经特定过程生产的轻质氧化镁粉末是一种很好的补强材料，常用作橡胶、塑料和纸张的填料。

2. 过氧化物

除了铍未发现过氧化物外，碱金属和其他碱土金属元素都能形成过氧化物。过氧化物含有过氧离子(O_2^{2-})，可以将它们看成是过氧化氢的盐。过氧离子与 F_2 是等电子体，其分子轨道式为：$(\sigma_{1s})^2(\sigma_{1s}^*)^2(\sigma_{2s})^2(\sigma_{2s}^*)^2(\sigma_{2p_x})^2(\pi_{2p_y})^2(\pi_{2p_z})^2(\pi_{2p_y}^*)^2(\pi_{2p_z}^*)^2$，其键级为 1。

除过氧化锂外，碱金属的过氧化物都是直接用单质合成的。例如，金属钠在空气中燃烧可制得过氧化钠，但为了获得纯度较高的过氧化钠还需要控制一定的制备条件。其制备方法是将钠加热熔化，通入一定量除去 CO_2 的干燥空气，维持温度在 180～200℃，钠即被氧化为 Na_2O，接着增大空气流量并迅速提高温度至 300～400℃，即可生成 Na_2O_2。

碱土金属的过氧化物可用间接方法制得。例如，在低温和碱性条件下，用氯化钙与过氧化氢反应可以制得过氧化钙：

$$CaCl_2 + H_2O_2 + 2NH_3 \cdot H_2O + 6H_2O \xlongequal{\quad} CaO_2 \cdot 8H_2O + 2NH_4Cl$$

含结晶水的过氧化钙在 100℃左右的温度下脱水即可生成米黄色的无水过氧化钙。

在室温下以氨水为介质，使 $Ba(NO_3)_2$ 和 H_2O_2 作用可制得 BaO_2：

$$Ba(NO_3)_2 + 3H_2O_2 + 2NH_3 \cdot H_2O \xlongequal{\quad} BaO_2 \cdot 2H_2O_2 + 2NH_4NO_3 + 2H_2O$$

然后加热到 110～115℃，脱去 H_2O_2 即得到过氧化钡。工业上也可在高温、加压条件下将 BaO 与 O_2 作用制得 BaO_2。

下面以过氧化钠为代表介绍过氧化物的主要性质。

过氧化钠是黄色粉末状固体，易吸潮。它与水或稀酸作用生成过氧化氢：

$$Na_2O_2 + 2H_2O \xlongequal{\quad} H_2O_2 + 2NaOH$$

$$Na_2O_2 + H_2SO_4 \xlongequal{\quad} H_2O_2 + Na_2SO_4$$

过氧化钠是一种强氧化剂，它能强烈地氧化一些金属。例如，熔融的过氧化钠能将 Fe 氧化成 FeO_4^{2-}；用过氧化钠与一些不溶于酸的矿石共熔可使矿石氧化分解；甚至在常温下过氧化钠也能将一些有机物转化为碳酸盐。不过过氧化钠也具有还原性，当遇到像 $KMnO_4$ 这样的强氧化剂时，过氧化钠被氧化放出氧气。此外，Na_2O_2 具有强碱性，熔融时不宜使用石英或陶瓷容器，可采用铁或镍制的容器。

在潮湿的空气中过氧化钠吸收空气中的 CO_2 并放出 O_2：

$$2Na_2O_2 + 2CO_2 \xlongequal{\quad} 2Na_2CO_3 + O_2\uparrow$$

因此过氧化钠是一种供氧剂，可以用于潜水艇或防毒面具中应急供氧。

在碱金属的过氧化物中只有过氧化锂的稳定性稍差，在 195℃以上即分解为 Li_2O 和 O_2，其余的过氧化物稳定性很高。例如，在没有氧或其他氧化性物质存在的条件下，过氧化钠的分解温度为 675℃。碱土金属过氧化物的热稳定性不如碱金属过氧化物的高，且从 Mg 到 Ba 稳定性逐渐增大。

3. 超氧化物

超氧化物中含有顺磁性的超氧离子 O_2^-，它比 O_2 多一个电子，其分子轨道式为：$(\sigma_{1s})^2(\sigma_{1s}^*)^2(\sigma_{2s})^2(\sigma_{2s}^*)^2(\sigma_{2p_x})^2(\pi_{2p_y})^2(\pi_{2p_z})^2(\pi_{2p_y}^*)^2(\pi_{2p_z}^*)^1$，有一个成单电子，键级为 1.5。钾、铷、铯、钙、锶、钡的超氧化物是稳定的。纯净的超氧化钠获得较晚，在 450℃和 15 MPa 的压力下，O_2 与钠反应能够制得纯净的超氧化钠。KO_2、RbO_2 和 CsO_2 分别为橙色、暗棕色和橙色的固体。碱土金属的超氧化物是在高压下，将氧气通过加热的过氧化物来制备，产品为不纯的超氧化物 MO_4。

超氧化物是很强的氧化剂，与水或其他质子溶剂发生激烈反应生成氧气和过氧化氢，在高温下分解则产生氧气和过氧化物：

$$2MO_2 + 2H_2O = O_2\uparrow + H_2O_2 + 2MOH$$

$$2MO_2 = M_2O_2 + O_2\uparrow$$

超氧化物也是一种供氧剂，在与 CO_2 反应时生成碳酸盐并放出氧气：

$$4MO_2 + 2CO_2 = 2M_2CO_3 + 3O_2\uparrow$$

所以超氧化物的一个重要用途就是作为一种应急的氧气源，可为急救和防毒面具供氧。

4. 臭氧化物

干燥的钠、钾、铷、铯的氢氧化物固体与臭氧反应，可以生成臭氧化物。例如，

$$6KOH + 4O_3 = 4KO_3 + 2KOH\cdot H_2O + O_2\uparrow$$

产物在液氨中重结晶，可以得到橙红色的 KO_3 晶体。碱金属臭氧化物与水激烈反应：

$$4MO_3 + 2H_2O = 4MOH + 5O_2\uparrow$$

碱金属臭氧化物在室温下放置会缓慢分解，生成超氧化物和氧气：

$$2KO_3 = 2KO_2 + O_2\uparrow$$

臭氧化物中含有臭氧离子 O_3^-，臭氧离子比 O_3 分子多一个电子，键级为$1\frac{1}{2}$，极不稳定，是顺磁性物质，具有“V”形结构。实验测得 O_3^-的键长为 135 pm，键角为 108°。

14.3.3　氢氧化物

碱金属和碱土金属的氢氧化物都是白色固体，其中氢氧化铍与氢氧化铝很相似，是典型的两性氢氧化物，它可以溶于强碱中形成$[Be(OH)_4]^{2-}$。氢氧化镁为中强碱，其他氢氧化物都是强碱。碱金属氢氧化物都溶于水，在空气中很容易吸潮，它们溶于水时都会放出大量的热。除氢氧化锂的溶解度稍小外，碱金属的氢氧化物在水中的溶解度都很大，在常温下可以形成很浓的溶液，如氢氧化钠溶液的百分比浓度可达 50%以上。它们在低级醇中也有相当大的溶解度，如 28℃时，100 g 乙醇中可溶解 7.2 g NaOH 或 386 g KOH。碱土金属氢氧化物在水中的溶解度要

小得多。氢氧化铍和氢氧化镁难溶于水，氢氧化钙与氢氧化锶微溶，氢氧化钡可溶但溶解度不大。

对于氢氧化物的酸碱性及其强弱可以做如下考虑，若以 MOH 代表氢氧化物，它可以有两种解离方式：

酸式解离　　$M—O—H \longrightarrow MO^- + H^+$

碱式解离　　$M—O—H \longrightarrow M^+ + OH^-$

究竟是以哪一种方式解离或两者兼有，与离子 M 的电荷数 Z 及离子半径 r 有关。令 $\phi = Z/r$ 为离子势。显然 ϕ 值越大，离子 M 产生的静电场越强，对氧原子上的电子云的影响也就越强：

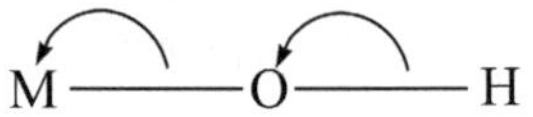

使 O—H 键的极性被进一步加强，极性共价键转变为离子键的倾向越大，结果 MOH 按酸式解离的趋势越大。反之，M 对氧上的电子云吸引越弱，O—H 键的极性被加强得也越少，MOH 按酸式解离的趋势越小，而按碱式解离的趋势则越大。

当 r 的单位为 pm 时，有人提出了一个判别主族金属氢氧化物酸碱性的经验规则：

$\sqrt{\phi}<0.22$　　金属氢氧化物为碱性

$0.22<\sqrt{\phi}<0.32$　　金属氢氧化物为两性

$\sqrt{\phi}>0.32$　　金属氢氧化物为酸性

按这一经验规则，碱金属和碱土金属氢氧化物碱性递变规律如下，

MOH	$\sqrt{\phi}$	$M(OH)_2$	$\sqrt{\phi}$
LiOH	0.115	$Be(OH)_2$	0.27
NaOH	0.099	$Mg(OH)_2$	0.167
KOH	0.085	$Ca(OH)_2$	0.141
RbOH	0.081	$Sr(OH)_2$	0.13
CsOH	0.077	$Ba(OH)_2$	0.122

碱性增强（左列向下）　碱性增强（右列向下）

碱性增强（从右向左）

表 14-5 列出了ⅡA 族元素和第三周期元素最高氧化态氢氧化物的酸碱性与 $\sqrt{\phi}$ 的关系。

表 14-5　第ⅡA 族和第三周期元素最高氧化态氢氧化物的酸碱性与 $\sqrt{\phi}$ 的关系

物质	$Be(OH)_2$	$Mg(OH)_2$	$Ca(OH)_2$	$Sr(OH)_2$	$Ba(OH)_2$		
$\sqrt{\phi}$	0.27	0.167	0.141	0.13	0.122		
酸碱性	两性	中强碱	强碱	强碱	强碱		
物质	NaOH	$Mg(OH)_2$	$Al(OH)_3$	H_2SiO_3	H_3PO_4	H_2SO_4	$HClO_4$
$\sqrt{\phi}$	0.099	0.167	0.234	0.316	0.383	0.447	0.518
酸碱性	强碱	中强碱	两性	弱酸	中强酸	强酸	极强酸

由表 14-5 可归纳出以下几点：①对同一族元素而言，R^{n+}的电荷数相同，但 R^{n+}的半径从上到下依次增大，ϕ值递减，$R(OH)_n$ 的碱性增强；②对同一周期的元素而言，从左到右 R^{n+}的电荷数依次增大，半径依次减小，ϕ值递增，$R(OH)_n$ 的酸性增强；③对同一元素不同氧化态的 $R(OH)_n$ 而言，高氧化态时ϕ值大酸性强，低氧化态时ϕ值小碱性强。

应当说明的是，对于碱金属和碱土金属及一些 8 电子结构的阳离子的氢氧化物，以$\sqrt{\phi}$值判别氢氧化物的解离方式及酸碱性强弱是相当可靠的，但对另一些元素的氢氧化物来说则不一定可靠。因为氢氧化物的酸碱性除与中心离子的电荷、半径有关外，还与离子的电子层结构、氢氧化物的结构及溶剂效应等因素有密切的关系，因此它只是一种粗略的经验方法。

氢氧化钠是一种十分重要的基本化工原料，工业上称为烧碱。电解氯化钠水溶液是生产烧碱的主要方法。由于在电解氯化钠水溶液的过程中还会同时产生另一种重要的化工原料氯气，所以这一工业部门称为氯碱工业。氯碱厂的主要电解方法有隔膜法、汞阴极法和离子膜法等。

隔膜法的电解槽中阳极和阴极用多孔石棉隔膜分开，避免两极产物混合。过去生产用人造石墨作阳极，现在许多工厂已经改用金属阳极。这种金属阳极是用钛为基体，在钛上涂一层 TiO_2 和 RuO_2 而制成的。电解反应为

阳极　$$2Cl^- - 2e^- = Cl_2\uparrow$$

阴极　$$2H_2O + 2e^- = H_2\uparrow + 2OH^-$$

总电解反应为

$$2NaCl + 2H_2O = Cl_2\uparrow + H_2\uparrow + 2NaOH$$

通入电解槽的 NaCl 溶液接近饱和，随着电解过程的进行，NaCl 的浓度逐渐下降，NaOH 的浓度逐渐上升，当 NaOH 的浓度达 10%时，即可从阴极区放出。放出的溶液为 NaCl 和 NaOH 的混合溶液，将此溶液进行蒸发浓缩，使 NaCl 结晶析出，当 NaOH 的浓度达 40%以上时，溶液中的 NaCl 的含量就很少了。浓度为 50%左右的 NaOH 溶液可以作为工业碱液供应市场，继续蒸发浓缩最后可以制得固体烧碱产品。

汞阴极法的电解槽是以汞为阴极，石墨或金属为阳极。电解槽分为电解室和解汞室两部分。在电解室的电极反应为

阳极　$$2Cl^- - 2e^- = Cl_2\uparrow$$

阴极　$$2Na^+ + 2e^- = 2Na$$

在电解过程中，Na^+在阴极放电生成的金属钠与汞迅速形成钠汞齐($NaHg_n$)。钠汞齐与盐水反应极为缓慢，可以安全地流入解汞室。在解汞室，钠汞齐与热水迅速反应生成 NaOH 并放出 H_2，留下汞循环使用：

$$2NaHg_n + 2H_2O = 2NaOH + H_2\uparrow + 2nHg$$

汞阴极法所得到的烧碱溶液纯度较高，而且不用蒸发浓缩即可得到浓度达 50% 左右的不含 NaCl 的碱液，其缺点是存在汞污染环境的问题。

传统的石棉隔膜由于能耗高、污染严重，现已逐渐被氯碱行业摒弃，取代它的是新型的只允许单一离子通过的离子交换膜。离子膜法是 20 世纪 70 年代发展起来的一种更先进的电解工艺。离子膜法的电解槽用阳离子交换膜将阳极和阴极分开，这种离子交换膜只允许阳离子和水通过而不允许阴离子通过。电解时向阳极室通入浓 NaCl 溶液，向阴极室通入水，Cl^-在阳极

上失去电子生成 Cl_2 放出，Na^+ 透过离子交换膜进入阴极室，水在阴极上电解放出氢气，并生成 OH^-，这样从阴极室流出的就是纯 NaOH 溶液。离子膜法与其他方法相比，有明显的优势，具有生产能力大、产品质量高、能耗低、污染小等优点。随着离子交换膜性能的不断改进，离子膜法有逐步取代其他方法的趋势。

　　NaOH 的碱性很强，有强烈的腐蚀性，能侵蚀衣服、玻璃、陶瓷，甚至可侵蚀极为稳定的金属铂，因此用氢氧化钠熔融或分解试样时要用银、镍或铁制容器。NaOH 能严重烧伤皮肤及眼睛的角膜，在处理 NaOH 溶液，尤其在处理浓的或热的溶液时要注意防护，不要让其溅到皮肤上和眼睛中。KOH 与 NaOH 性质相似，但价格更贵。$Ca(OH)_2$ 来源充足，常用来调节溶液的 pH 或沉淀分离某些物质。

14.3.4　盐类

　　碱金属的盐类基本上都是离子化合物，其卤化物在气态主要以离子形式存在，但经键长和偶极矩测定，也存在一定程度的共价性。锂离子的半径特别小，其卤化物的共价程度更大一些。碱土金属的盐类大多为离子化合物，但其共价特征明显高于碱金属。铍的卤化物基本上是共价化合物，熔融状态的氟化铍几乎不导电，在 750℃ 的蒸气中，氯化铍为直线形分子，而在温度较低的蒸气中则主要以二聚体形式存在：

$$Cl-Be \begin{array}{c} \diagup Cl \diagdown \\ \diagdown Cl \diagup \end{array} Be-Cl$$

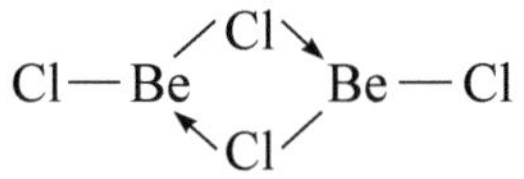

固态氯化铍是一种链状结构。其他碱土金属卤化物也有不同程度的共价特征，不过随着离子半径的增大共价特征越来越小。

　　1. 水解

　　除 Be^{2+} 容易水解，Mg^{2+} 和 Li^+ 稍有水解外，其他碱金属和碱土金属离子基本上不发生水解，这些离子的盐类水解生要是阴离子的水解，如果阴离子也不发生水解，则其盐类的水溶液基本上为中性，加热其水合盐可以脱水形成无水盐。碱金属的弱酸盐一般具有很强的碱性，如 Na_2CO_3、K_2CO_3、Na_2S 等是常用的碱性物质。这些盐类的强碱性是阴离子在水中水解造成的。

　　水合铍离子极易水解，蒸发浓缩氯化铍的水溶液就会发生水解，为了从水溶液中获得水合氯化铍的固体，可以在浓缩的同时通入氯化氢气体。制备无水氯化铍必须采用干法，一种方便的制备方法按下式进行：

$$BeO + Cl_2 + C \xrightarrow{600\sim800℃} BeCl_2 + CO$$

锂和镁的卤化物都有一定程度的水解，但从它们的水溶液中可以结晶出水合盐，这些水合盐在受热时水解程度加大。例如，加热水合氯化锂和水合氯化镁晶体在脱水的同时发生水解：

$$LiCl \cdot H_2O \xrightarrow{\triangle} LiOH + HCl\uparrow$$

$$MgCl_2 \cdot 6H_2O \xrightarrow{大于135℃} Mg(OH)Cl + HCl\uparrow + 5H_2O\uparrow$$

$$MgCl_2 \cdot 6H_2O \xrightarrow{大于500℃} MgO + 2HCl\uparrow + 5H_2O\uparrow$$

因此，要将这些水合盐转化为无水盐时，必须在 HCl 气氛中加热脱水，否则得到的产物将不是无水氯化物，而可能是碱式盐、氢氧化物或氧化物。

2. 溶解性

碱金属的大多数盐都是易溶于水的，但由于 Li^+ 半径特别小，不少锂的盐都是难溶的，如氟化物、碳酸盐和磷酸盐等。一些大阴离子的钾盐，如 $KClO_4$、$KB(C_6H_5)_4$、$K_2[PtCl_6]$、$K_3[Co(NO_2)_6]$ 和酒石酸氢钾等在水中的溶解度很小。铷和铯的类似盐也是难溶的，且溶解度比相应的钾盐更小。钠的难溶盐不多，仅有 $Na[Sb(OH)_6]$ 等少数几种盐难溶。碱土金属的难溶盐相当多，如氟化物(除 BeF_2 外)、碳酸盐、磷酸盐、铬酸盐、草酸盐等都是难溶盐。碱土金属的硫酸盐在水中的溶解度从 Be 到 Ba 依次减小，$BeSO_4$ 和 $MgSO_4$ 易溶，而 $CaSO_4$ 微溶、$BaSO_4$ 难溶。

3. 热稳定性

碱金属的盐一般都具有较高的热稳定性。但硝酸盐的热稳定性稍差，在加热时会分解放出氧气，其中硝酸锂的分解方式与其他碱金属硝酸盐不同：

$$4LiNO_3 \xlongequal{70℃} 2Li_2O + 4NO_2\uparrow + O_2\uparrow$$

$$2NaNO_3 \xlongequal{730℃} 2NaNO_2 + O_2\uparrow$$

$$2KNO_3 \xlongequal{670℃} 2KNO_2 + O_2\uparrow$$

亚硝酸钠在 800℃以上会很快分解，但亚硝酸钾在 1000℃以上才会分解：

$$4NaNO_2 \xlongequal{800℃} 2Na_2O + 2N_2\uparrow + 3O_2\uparrow$$

$$4KNO_2 \xlongequal{1000℃} 2K_2O + 2N_2\uparrow + 3O_2\uparrow$$

碳酸锂的热稳定性也较差，在 720℃时分解为 Li_2O 和 CO_2，其他碱金属碳酸盐相当稳定，如 Na_2CO_3 在 1000℃时仍无明显分解。碱金属的硫酸盐十分稳定，如 K_2SO_4 在 1069℃熔化而不分解。值得注意的是，碱金属的酸式盐均不及正盐稳定，酸式碳酸盐受热即分解为正盐，如碳酸氢钠的分解温度约为 100℃，在 190℃温度下加热 30 min，即可完全分解为碳酸钠。酸式磷酸盐受热时会发生缩聚(见第 17 章氮族元素)。

碱土金属盐的热稳定性不如碱金属盐，表 14-6 列出了三种常见盐的分解温度。由表中的数据可见，从 Be 到 Ba，盐的分解温度逐渐上升，铍盐的热稳定性较差，而其他碱土金属盐一般是相当稳定的。

表 14-6　碱土金属盐的分解温度(101325 Pa)

硝酸盐	$Be(NO_3)_2$	$Mg(NO_3)_2$	$Ca(NO_3)_2$	$Sr(NO_3)_2$	$Ba(NO_3)_2$
分解温度/℃	约 100	约 129	＞561	＞750	＞590
碳酸盐	$BeCO_3$	$MgCO_3$	$CaCO_3$	$SrCO_3$	$BaCO_3$
分解温度/℃	＜100	540	900	1290	1360
硫酸盐	$BeSO_4$	$MgSO_4$	$CaCO_4$	$SrSO_4$	$BaSO_4$
分解温度/℃	550～600	1124	＞1450	1580	＞1580

将氯化铍溶于乙酸乙酯与 N_2O_4 的混合物中，则生成淡黄色的 $Be(NO_3)_2 \cdot 2N_2O_4$ 结晶，在真空下加热此结晶，首先分解为 $Be(NO_3)_2$，进一步升高温度则生成挥发性的碱式硝酸铍 $Be_4O(NO_3)_6$。它与碱式乙酸铍 $Be_4O(CH_3CO_2)_6$ 的结构类似，4 个 Be 原子围绕一个氧原子按四面体排列，而每个酸根则作为二齿配体桥连两个 Be 原子，占据四面体的一条边(图 14-2)。

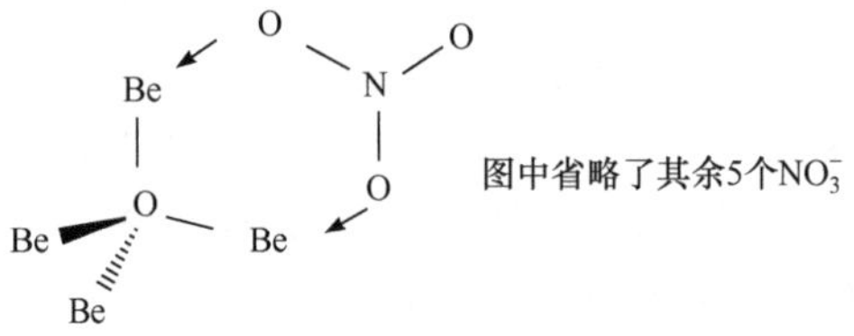

图 14-2　碱式硝酸铍的四面体结构

硝酸镁的热分解与 $LiNO_3$ 的分解相似，Ca、Sr、Ba 的硝酸盐的分解则与其他的碱金属硝酸盐相同。

碱土金属碳酸盐的热稳定性可以用离子极化理论说明。CO_3^{2-}可以看成是 C^{4+}与 O^{2-}组成的，由于 C^{4+}对 O^{2-}的强烈极化作用，而使碳与氧之间的化学键成为共价键。当 CO_3^{2-}与金属离子形成碳酸盐后，金属离子也对 CO_3^{2-}产生极化作用，这种极化作用主要作用在 O^{2-}上。金属离子的极化作用随 Z/r 的增大而增大，因此碱土金属离子对 CO_3^{2-}的极化作用从 Be 到 Ba 减小。Be^{2+}半径最小，极化作用最强，$BeCO_3$ 中 Be^{2+}对 CO_3^{2-}的强烈极化作用使 C—O 键削弱，从而使 $BeCO_3$ 容易分解为 BeO 和 CO_2。Sr^{2+}和 Ba^{2+}半径较大，对 CO_3^{2-}的极化作用较弱，$SrCO_3$ 和 $BaCO_3$ 的分解温度较高。Li_2CO_3 的热稳定性较差也可以用极化作用来说明。而酸式碳酸盐热稳定性较正盐低，可看作 H^+由于半径小具有更强的极化作用所致。

14.3.5　配位化合物

碱金属离子是很差的电子接受体，它们一般很难与简单的无机配体形成稳定的配合物。但碱金属的碘化物可溶于液氨，这种溶解可认为是形成氨配合物的结果，一种不够稳定的配合物 $[Na(NH_3)_4]I$ 甚至已被分离出来，并证明氨是按四面体围绕钠离子配位的。碱土金属离子的电荷密度较高，其形成配合物的能力比碱金属离子大得多。氟化铍、氯化铍可以分别与碱金属的氟化物、氯化物形成分子式为 $M_2[BeF_4]$和 $M_2[BeCl_4]$的配合物，氯化钙的配合物有相当程度的稳定性。在锅炉用水中加入焦磷酸盐和多聚磷酸盐，利用这种盐与 Ca^{2+} 形成相当稳定的配合物而溶解，可以防止锅炉结垢。

有些有机螯合剂可以与碱金属离子形成具有一定稳定性的配合物。例如，水杨醛与钠离子可以形成配位数为 4 的配合物：

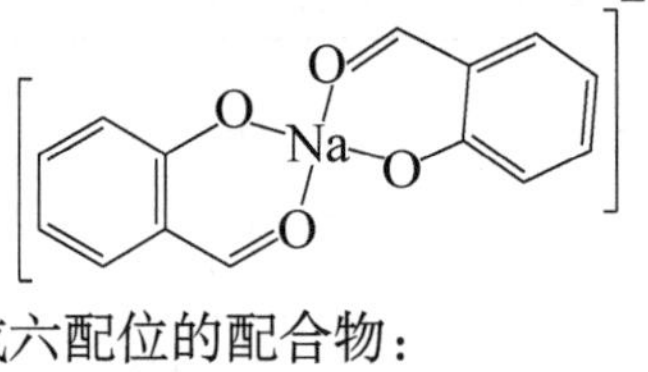

钾、铷、铯也可以与水杨醛形成六配位的配合物：

$$M(OC_6H_4CHO)(HOC_6H_4CHO)_2$$

20 世纪 60 年代中期，发展起来一大类具有很强配位能力的化合物，这类化合物称为大环多元醚。其中大的单环多元醚称为冠醚，如图 14-3(a)所示的二苯并-18-冠-6。还有含桥头氮原子的二环多元醚[图 14-3(b)]，称为窝穴体。它们都可以与碱金属或碱土金属离子形成相当稳定的配合物。这类配体与金属离子形成的配合物的稳定性主要由环的空腔结构及金属离子的体积大小决定，当两者匹配得当时，可以形成异常稳定的配合物。按传统观点，形成配合物的能力是按顺序 $Li^+>Na^+>K^+>Rb^+>Cs^+$下降的，但当这些离子与大环多元醚形成配合物时，稳定性最高的配合物是配体空腔尺寸与离子的半径匹配最适当的，所以稳定性最高的配合物常是 K^+、Na^+或 Rb^+的配合物，而不是 Li^+的配合物。

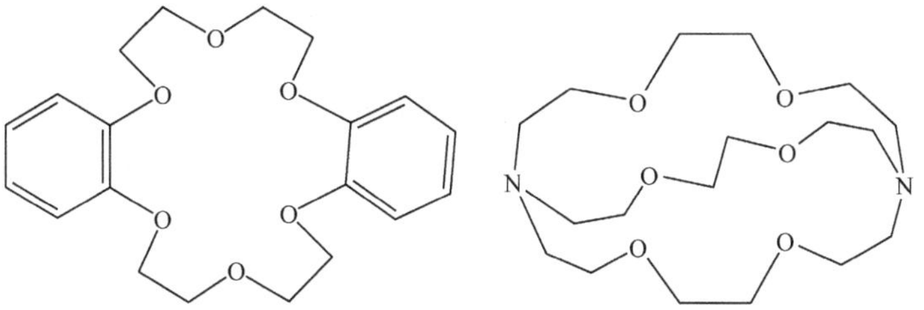

(a) 冠醚　　(b) 窝穴体

图 14-3　大环多元醚

这些配合物的合成通常是在极性有机溶剂中进行的，同时由于阳离子被配位在大环多元醚的空腔中后，作为外壳的链段是亲脂的，因此生成的配合物能溶解于非极性的有机溶剂中。由于这类配体形成的配合物的稳定性对阳离子尺寸的变化很敏感，用于溶剂萃取分离金属离子有十分诱人的应用前景。

碱土金属离子与一些有机螯合剂可以形成相当稳定的螯合物。草酸铍是可溶的，在其溶液中存在$[Be(C_2O_4)_2]^{2-}$。碱土金属离子都能与乙二胺四乙酸根(EDTA)形成相当稳定的 1∶1 螯合物，分析化学中应用这种配合物的形成来对钙、镁的含量进行测定。碱土金属离子与乙酰丙酮能形成如下结构的螯合物：

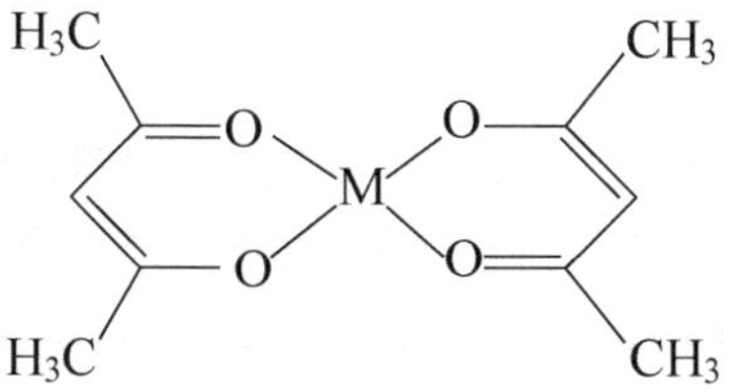

在绿色植物的光合作用中发挥核心作用的是叶绿素。叶绿素是一种镁的配合物(图 14-4)，在这种配合物中，镁处于卟啉环的中心，环上的 4 个氮原子与镁配位。

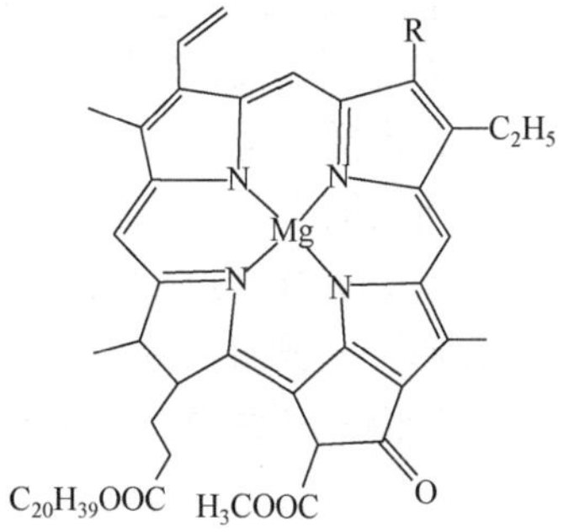

叶绿素a(R = CH_3)　　叶绿素b(R = CHO)

图 14-4　镁在叶绿素中的配位

14.3.6　生物效应

钠和钾是生物体内所必需的元素，在生物的生长发育和正常的生命活动中起着十分重要的作用。植物和动物对钠和钾的需求是不一样的，对人和动物来说依靠正常的饮食，即通过食用蔬菜和各种植物性食品可摄入适量的钾，但需要补充食盐以获取钠。对植物来说，钾是较重要的碱金属元素，植物根系对土壤中钾的选择性吸收远大于对钠的吸收，钾在植物体内的生理作用与光合作用和呼吸作用有关。缺钾会引起植物叶片收缩、发黄，根系生长延缓，植株茎秆易倒伏等，农作物的产量会大大降低，因此对于缺钾的农田，必须适量地施用钾肥。

在人和动物的体内，Na^+和 K^+是体液中的主要阳离子，它们在维持体液的酸碱平衡、渗透压及保持神经、肌肉系统的应激能力等方面有重要的作用。Na^+和 K^+在细胞内外的分布是高度有序的。Na^+主要分布在细胞外液中，占阳离子的 90%～92%，而 K^+仅占 3%。在细胞内液中，K^+则占 70%～80%，Na^+只占 6%左右。这种有序的分布在细胞膜两边造成膜电势，这种膜电势对神经细胞传递信号及肌肉刺激反应起支配作用。Na^+和 K^+在许多代谢过程中的生理活性是很不一样的，有时甚至起对抗作用。例如，K^+是丙酮酸酶的激活剂，而 Na^+却对其起抑制作用；K^+能促进蛋白质的合成和细胞内的糖代谢，而 Na^+则参与氨基酸和糖类的吸收。高血压、心脏病等疾病的发生可能与钠的摄入量过多有关，这类患者要适当减少钠的摄入量，而对于肾病患者尤其要控制钠的摄入量。锂、铷、铯是生物体内的非必需元素，但这些元素在生物体内仍有一定的存在量。研究表明，锂离子可以引起肾上腺素及神经末梢的胺量降低，影响神经递质的量。Li_2CO_3 是一种治疗狂躁型抑郁症的有效药物。

镁和钙是生命过程中所必需的元素。如前所述，绿色植物进行光合作用的叶绿素是镁的配合物。人们观察营养液中 Ca^{2+}、Mg^{2+}浓度对谷物光合作用的影响，发现只有当 Mg^{2+}浓度达到一定值时，才能生成叶绿素，Ca^{2+}的含量对光合作用的活性也有一定的影响。

人体内钙含量约为 25%，其中的 99%是在骨骼和牙齿中。羟基磷灰石[$Ca_5(PO_4)_3OH$]是这些硬组织的主要无机成分。钙除参与骨骼和牙齿的形成外，还在神经传导、血液凝聚和充当细胞内的“信使”等方面起着重要作用。Ca^{2+}在细胞内的浓度很低，而在细胞外液中的浓度是其在细胞内液中的浓度的 1000～10000 倍。在通常情况下细胞膜外的 Ca^{2+}很难进入膜内，而在细胞受到刺激时，细胞膜对 Ca^{2+}的透过性暂时增加，瞬间即出现 Ca^{2+}浓度升高和降低的脉冲，这时 Ca^{2+}就充当了传递信息的“信使”。

人体血液中钙的正常浓度为 90～115 $mg \cdot dm^{-3}$，其中一部分以 Ca^{2+}存在，一部分钙结合到血蛋白上。血中钙的浓度能够自动维持在正常的范围内，如果血中钙的浓度水平变得很低，甲状旁腺将受到刺激，骨中不易溶的结构物质会溶解下来使血中的钙浓度达到正常水平。成人每天钙的正常摄入量为 0.7～1.0 g，长期摄入量不足将造成人体缺钙，缺钙会引起骨骼畸形、抽搐、凝血功能下降等病症。

人体内镁的含量约为钙含量的 1/40，镁离子主要集中在细胞内，细胞外的含量很低。镁离子主要作为细胞内一些酶的激活剂，只有在镁离子存在时，这些酶才能发挥生物功能。例如，镁离子激活磷酸酶使聚磷酸酯水解，在此过程中镁离子与聚磷酸酯的磷酸基配位，其水解过程可表示如下：

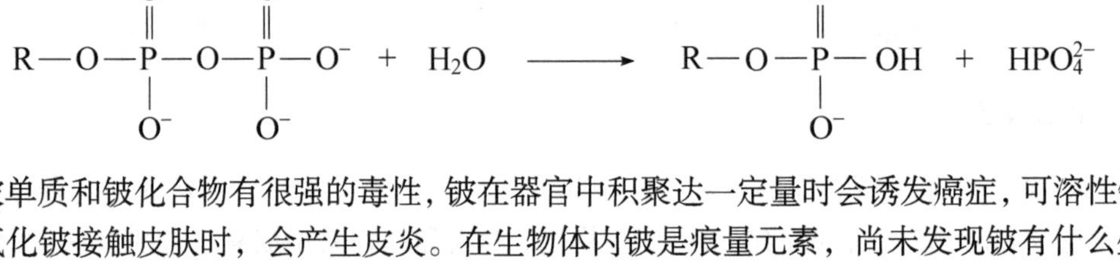

铍单质和铍化合物有很强的毒性，铍在器官中积聚达一定量时会诱发癌症，可溶性铍盐特别是氟化铍接触皮肤时，会产生皮炎。在生物体内铍是痕量元素，尚未发现铍有什么生理作用。硫化钡、碳酸钡及钡的可溶性盐都是极具毒性的，钡中毒的症状是过量流涎、呕吐、腹痛、腹泻、痉挛性地发抖，肾、肠、胃出血等。由于硫酸钡不溶于水也不溶于酸，因此 $BaSO_4$ 乳剂可以口服作为 X 射线透视胃肠道的造影剂。

14.4　碱金属和碱土金属的应用

碱金属和碱土金属用途十分广泛，其应用领域涉及冶金、化工、电子、核工业、航天航空等许多领域，下面仅就应用较多的几种金属及钠的几种化合物做简单的介绍。

锂用来制备有机锂化合物，是有机合成中的重要试剂，在有机合成的生产及研究中应用很广。锂也用于制造合金，在 Al、Mg 等合金中含少量的锂可以提高合金的硬度。锂、铍合金尤其重要，是一种比重仅为 1～1.5 的超轻合金，它具有很高的硬度，又有很高的耐蚀性，并且在加入铝和锌后，这些特性更有所加强，这种超轻合金在航空航天技术中有重要意义。锂也是制造电池的一种重要原料，锂电池是发展前景广阔的高能电池。$LiBH_4$是一种良好的储氢材料。金属钠和金属钾主要用作还原剂。另外钠和钾的合金在很宽的温度范围内为液态，这种合金因其比热大、液化范围宽，可用作核反应堆的冷却剂(被用作原子能增殖反应堆的交换液)，通过循环将反应堆核心的热能转移出来。钠汞齐因还原性缓和，常用作有机合成反应中的还原剂。钠化合物还可以制作高效光源钠灯，铷和铯可用来制成非常准确的原子钟。此外，碱金属单质都具有良好的导电性和延展性，对光也十分敏感，其中铯是制造光电池的良好材料。

铍对 X 光是透明的，是一种很好的窗口材料。金属铍的熔点高，中子截面小，其表面有一层氧化物保护膜，在空气中加热至 500～600℃时仍然保持稳定，因此金属铍广泛用于核工业中。另外，铍在合金生产中也相当重要，如含铍 2%～22.5%、镍 0.25%～0.5%的铜合金具有很高的硬度，而且弹性也非常好。镁主要用于制作轻合金，铝镁合金是飞机制造业中的重要材料。镁也可以与锌、锰、锡、锆、铈等金属一起制造轻合金。同时金属镁也是冶金或其他生产中常用的还原剂。

氢氧化钠(NaOH，俗称烧碱、火碱、苛性钠)是化学实验室一种必备的化学品，也是常见的化工原料之一。在化学实验除了用作试剂以外，由于它有很强的吸水性和潮解性，可用作碱性干燥剂，也可以吸收酸性气体。氢氧化钠在国民经济中有广泛应用，许多工业部门都需要氢氧化钠。使用氢氧化钠最多的部门是化学药品的制造，其次是造纸、炼铝、炼钨、人造丝、人造棉和肥皂制造业。另外，在生产染料、塑料、药剂及有机中间体，旧橡胶的再生，制金属钠、水的电解及无机盐生产中，制取硼砂、铬盐、锰酸盐、磷酸盐等，也要使用大量的氢氧化钠。

碳酸钠(Na_2CO_3，俗称纯碱、苏打)是重要的化工原料之一，绝大部分用于工业，小部分为民用。在工业用纯碱中，主要是轻工、建材、化学工业，约占 2/3；其次是冶金、纺织、石油、国防、医药及其他工业。玻璃工业是纯碱的最大消费部门，每吨玻璃消耗纯碱 0.2 t。化学工业中，纯碱用于制水玻璃、重铬酸钠、硝酸钠、氟化钠、小苏打、硼砂、磷酸三钠等。冶金工业中，纯碱用作冶炼助熔剂、选矿浮选剂、炼钢和炼锑脱硫剂。印染工业中，纯碱用作软水剂。制革工业中，纯碱用于原料皮的脱脂、中和铬鞣革和提高铬鞣液碱度。还用于生产合成洗涤剂、添加剂三聚磷酸钠和其他磷酸钠盐等。

碳酸氢钠($NaHCO_3$，俗称小苏打)可用作食品工业的发酵剂、汽水和冷饮中二氧化碳的发生剂、黄油的保存剂。可直接作为制药工业的原料，用于治疗胃酸过多。还可用于电影制片、鞣革、选矿、冶炼、金属热处理，以及用于纤维、橡胶工业等。也可用作羊毛的洗涤剂、泡沫灭火剂，以及用于农业浸种等。在消防器材中，用于生产酸碱灭火器和泡沫灭火器。橡胶工业中，利用其与明矾、H 发孔剂配合起均匀发孔的作用用于橡胶、海绵生产。冶金工业中，用作浇铸钢锭的助熔剂。机械工业中，用作铸钢(翻砂)砂型的成型助剂。印染工业中，用作染色印花的固色剂、酸碱缓冲剂、织物染整的后处理剂。

14.5　离子晶体盐类的溶解性

由于溶解过程是一个相当复杂的过程，到目前为止，还没有一种成熟的理论能够对各种物质的溶解性做出准确的预测。不过，人们也发现了离子晶体溶解性的一些经验规律，这些规律是：电荷小、半径大的阳离子的盐一般是易溶的(碱金属的盐大多易溶，碱金属的氟化物、碳酸盐、硫酸盐比碱土金属的相应盐溶解度大得多)；阴离子半径较大时，电荷相同的阳离子的盐的溶解度随阳离子半径的增大而减小(如碱土金属的硫酸盐、铬酸盐，碱金属的碘化物、高氯酸盐)；当阴离子半径较小时，电荷相同的阳离子的盐的溶解度随阳离子半径的增大而增大(如碱金属的氟化物、碱土金属的氢氧化物等)。

下面从热力学的角度来讨论离子晶体盐类在水中的溶解过程。对于离子晶体 MX，其在水中的溶解过程如下：

$$MX(s) \xlongequal{} M^+(aq) + X^-(aq) \qquad \Delta G_s^{\ominus}$$

$\Delta G_s^{\ominus}$ 是这一过程的吉布斯自由能变化，在恒温、恒压下有如下关系：

$$\Delta G_s^{\ominus} = \Delta H_s^{\ominus} - T\Delta S_s^{\ominus}$$

式中，$\Delta H_s^{\ominus}$ 和 $\Delta S_s^{\ominus}$ 分别为溶解过程的焓变和熵变。用 $\Delta G_s^{\ominus}$ 的大小预测盐类的溶解性应该是可行的，但由于缺乏熵变数据，很难做出准确和系统的分析。下面不考虑熵效应，仅从溶解过程的热效应进行粗略的分析：

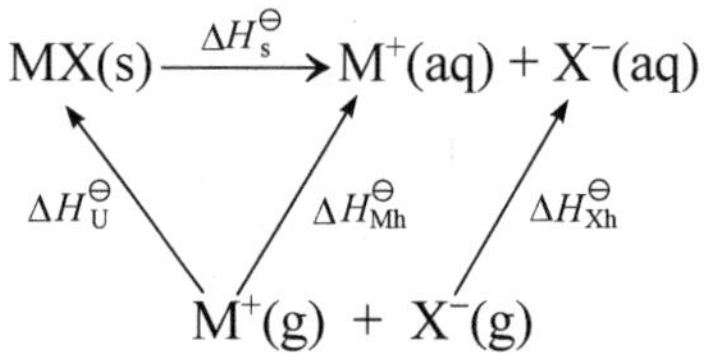

$$\Delta H_S^{\ominus} = \Delta H_{Mh}^{\ominus} + \Delta H_{Xh}^{\ominus} - \Delta H_U^{\ominus}$$

式中，$\Delta H_U^{\ominus}$、$\Delta H_{Mh}^{\ominus}$、$\Delta H_{Xh}^{\ominus}$ 分别为盐 MX 的晶格焓、正离子 M^+的水合热和负离子 X^-的水合热。晶格焓与离子的水合热对溶解过程起相反的作用。晶格焓的值($-\Delta H_U^{\ominus}$)越大，溶解过程需要克服的能量障碍越大，溶解越困难。而离子的水合热的值 $-(\Delta H_{Mh}^{\ominus} + \Delta H_{Xh}^{\ominus})$ 越大，溶解过程放出的能量越多，越有利于溶解。表 14-7 列出了碱金属氟化物和碘化物的溶解度及溶解过程的焓变数据。

表 14-7　碱金属氟化物及碘化物的溶解焓和溶解度

MX	$\Delta H_U^{\ominus}/(kJ \cdot mol^{-1})$	$\Delta H_{Mh}^{\ominus}/(kJ \cdot mol^{-1})$	$\Delta H_{Xh}^{\ominus}/(kJ \cdot mol^{-1})$	$\Delta H_s^{\ominus}/(kJ \cdot mol^{-1})$	溶解度/$(mol \cdot L^{-1} H_2O)$
LiF	−1035	−509	−515	+11	0.12
NaF	−908	−406	−515	−13	0.98
KF	−803	−323	−515	−35	13.6

续表

MX	$\Delta H_U^\ominus$/(kJ·mol^{-1})	$\Delta H_{Mh}^\ominus$/(kJ·mol^{-1})	$\Delta H_{Xh}^\ominus$/(kJ·mol^{-1})	$\Delta H_s^\ominus$/(kJ·mol^{-1})	溶解度/(mol·L^{-1}H$_2$O)
RbF	−770	−300	−515	−45	12.4
CsF	−720	−274	−515	−69	24.1
LiI	−740	−509	−305	−74	12.3
NaI	−690	−406	−305	−21	11.9
KI	−636	−323	−305	+8	8.7
RbI	−615	−300	−305	+10	5.9
CsI	−590	−274	−305	+11	2.8

由表 14-7 中数据可知，同类型化合物溶解过程中放出的热量越多，即$-\Delta H_s^\ominus$的值越大时，物质的溶解度一般越大。另外大阴离子盐(碘化物)与小阴离子盐(氟化物)溶解度变化趋势刚好相反，这与离子的水合热及晶格焓和离子的半径大小有关，下列式子可以近似表示这种关系：

$$-\Delta H_U^\ominus \propto \left(\frac{1}{r_{M^+}+r_{X^-}}\right) \tag{14-1}$$

$$-(\Delta H_{Mh}^\ominus+\Delta H_{Xh}^\ominus) \propto \left(\frac{1}{r_{M^+}+r_{X^-}}\right) \tag{14-2}$$

对于阴离子半径很小的盐，阳离子半径的变化对式(14-1)的作用较大，溶解热的变化顺序主要由晶格焓控制，因此碱金属氟化物的溶解度随阳离子半径的减小而减小。而对于阴离子半径很大的盐，阳离子半径的变化对式(14-2)的作用大，溶解热的变化顺序主要由阳离子的水合热控制，因此碱金属碘化物的溶解度随阳离子半径的增大而减小。

由于溶解过程中所涉及的熵效应通常是不可忽略的，特别是当一些盐溶解的热效应不是很大时，熵效应将是溶解过程的主要驱动力，因此对有些盐类上述讨论可能会与实际情况有较大出入。

习　题

14-1　简要解答下列问题。

(1) 在以水为溶剂的反应体系中，为什么不能用碱金属作还原剂？

(2) 商品 NaOH 中为什么常含有杂质 Na_2CO_3?怎样配制不含 Na_2CO_3 杂质的 NaOH 溶液？

(3) 实验室中盛放强碱的试剂瓶为什么不能用玻璃塞？

(4) 工业 NaCl 和 Na_2CO_3 中都含有 Ca^{2+}、Mg^{2+}、Fe^{3+}，通常可采用沉淀法除去。为什么在 NaCl 溶液中除加 NaOH 外还要加 Na_2CO_3？在 Na_2CO_3 溶液中要加 NaOH？

(5) 钾比钠活泼，但在金属钾的制备中，为什么用钠置换钾？

(6) 酸性介质中 Ba 的还原能力比 Ca 强，碱性介质中 Ba 的还原能力却比 Ca 弱，为什么？

14-2　碱金属(Li、Na、K、Rb、Cs)在过量的氧气中燃烧时，其产物各是什么？它们与水反应的情况如何？(用反应方程式表示)

14-3 粗食盐中常含有 $CaCl_2$、$MgCl_2$、Na_2SO_4，如何将粗食盐提纯？用反应式表示。

14-4 用反应方程式写出以食盐为原料制备金属 Na、NaOH、Na_2O 及 Na_2CO_3 的过程。

14-5 用反应方程式写出以重晶石为原料制备 $BaCl_2$、$BaCO_3$、BaO、BaS 及 BaO_2 的过程。

14-6 解释下列事实。

(1) 锂的标准电极电势比钠低，但锂与水反应时却不如钠反应剧烈。

(2) 金属钠着火时不能用水或二氧化碳灭火，只能用石棉毯扑灭。

(3) 碱土金属单质比同周期的碱金属单质熔点高、硬度大。

(4) 碱土金属碳酸盐的热分解温度从 Be 到 Ba 递增。

(5) 铍和锂的化合物在性质上与本族元素同类化合物相比较常有许多差异。

(6) 钙在空气中燃烧所得产物与水反应时放出大量的热，并能嗅到氨的气味。

(7) $BaCO_3$ 能溶于 HAc 和稀硫酸，$BaSO_4$ 不能溶于 HAc 和稀硫酸却能溶于浓硫酸。

14-7 金属钠是强还原剂，写出它与下列各种物质的化学反应方程式：H_2O，NH_3，C_2H_5OH，Na_2O_2，NaOH，$NaNO_2$，MgO，$TiCl_4$。

14-8 写出过氧化钠与下列物质的反应方程式：$NaCrO_2$，CO_2，H_2O，H_2SO_4(稀)。

14-9 写出向 $BaCl_2$ 和 $CaCl_2$ 的水溶液中分别加入碳酸铵，接着加入乙酸，再加入铬酸钾时的反应方程式。

14-10 完成下列各步反应：

(1) $MgCl_2 \underset{2}{\overset{1}{\rightleftharpoons}} Mg \xrightarrow{3} Mg(OH)_2$, $MgCO_3 \xrightarrow{6} Mg(NO_3)_2 \xrightarrow{7} MgO$ (5,4)

(2) $CaCO_3 \underset{2}{\overset{1}{\rightleftharpoons}} CaO \underset{4}{\overset{3}{\rightleftharpoons}} Ca(NO_3)_2$, $CaCl_2 \xrightarrow{7} Ca \xrightarrow{8} Ca(OH)_2$ (5,6,9)

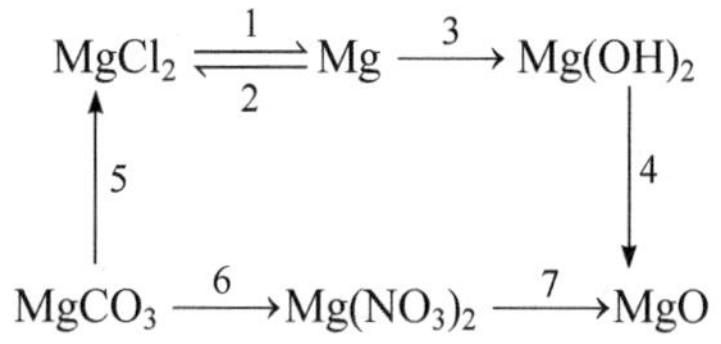

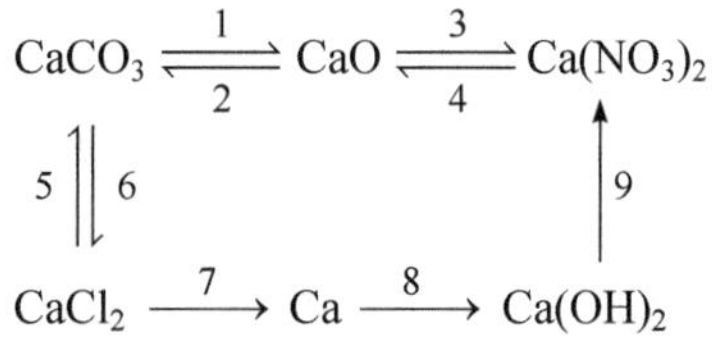

14-11 在六个没有标签的试剂瓶中，分别装有白色固体试剂，已知它们是：Na_2CO_3、KOH、$Mg(OH)_2$、$CaCO_3$、$CaCl_2$ 和 $BaCl_2$，怎样鉴别它们？

14-12 某固体混合物中可能含有 $MgCO_3$、Na_2SO_4、$Ba(NO_3)_2$、$AgNO_3$ 和 $CuSO_4$。此固体溶于水后得到无色溶液和白色沉淀。无色溶液与盐酸无反应，其焰色反应呈黄色，白色沉淀溶于稀盐酸并放出气体。试判断存在、不存在或可能存在的物质各是什么？

14-13 某金属 A 与水反应激烈，生成的产物 B 呈碱性。B 与强酸溶液 C 反应得到溶液 D，D 在无色火焰中燃烧呈黄色火焰。在 D 中加入硝酸银溶液有白色沉淀 E 生成，E 可溶于氨水溶液形成无色溶液 F，请确定 A～F 所代表的物质。

第 15 章　硼 族 元 素

15.1　硼族元素的通性

硼族元素处于周期表中第ⅢA 族，包括硼、铝、镓、铟和铊 5 种元素。硼是该主族元素中唯一的非金属元素，在自然界中含量较少，其质量分数仅为 $1.2\times10^{-3}\%$，主要以硼酸盐的矿物质形式存在，如硼砂($Na_2B_4O_7\cdot10H_2O$)、硼镁矿($Mg_2B_2O_5\cdot H_2O$)、硬硼酸钙石($Ca_2[B_3O_4(OH)_3]_2\cdot2H_2O$)等。铝在自然界中的分布十分广泛。在组成地壳的全部元素中，铝的含量仅次于氧和硅，在金属元素中居首位，主要以铝硅酸盐的形式存在，如高岭土($Al_2O_3\cdot2SiO_2\cdot2H_2O$)、铝土矿($Al_2O_3\cdot nH_2O$)等。镓、铟和铊在自然界中较分散，没有单独的矿物存在，如铝矾土中含有 0.003%的镓。

硼族元素中原子的价层电子构型为 ns^2np^1，它们的最高氧化数为+3。在该族元素中，随着原子序数的增大，稳定的氧化数逐渐由+3 变为+1。其中硼和铝基本以+3 氧化数存在，元素铊的两个 6s 电子成为“惰性电子对”而不参与成键，结果铊失去 p 轨道上的 1 个电子而显+1 价。

硼族元素原子的核外有 3 个价电子，价电子的轨道数为 4，这种价电子数小于价电子轨道数的原子称为缺电子原子，可形成缺电子化合物。缺电子化合物有空的价键轨道，能接受电子对形成聚合型分子(如 Al_2Cl_6)和配合物(如$[B(OH)_4]^-$)。在这个过程中，中心原子的杂化方式由 sp^2 转化为 sp^3，分子构型由平面结构转化为立体结构。

除硼原子外，本族其他元素的外层 d 轨道可以参与成键，因此硼原子的最高配位数是 4，而其他原子的最高配位数可达 6。

硼族元素的电势图如下：

酸性溶液中 $E_A^\ominus/V$	碱性溶液中 $E_B^\ominus/V$
$B(OH)_3 \xrightarrow{-0.89} B$	$[B(OH_4)]^- \xrightarrow{-1.68} B$
$Al^{3+} \xrightarrow{-1.68} Al$	$[Al(OH)_4]^- \xrightarrow{-2.31} Al$
$Ga^{3+} \xrightarrow{-0.549} Ga$	$[Ga(OH)_4]^- \xrightarrow{-1.22} Ga$
$In^{3+} \xrightarrow{-0.338} In$	$In(OH)_3 \xrightarrow{-1.0} In$
$Tl^{3+} \xrightarrow{1.25} Tl^+ \xrightarrow{-0.34} Tl$	$Tl(OH) \xrightarrow{-0.34} Tl$

15.2　硼和铝的单质及其化合物

15.2.1　硼和铝的单质

1. *硼单质*

硼单质有无定形硼和晶态硼两大类。无定形硼为棕色粉末，化学性质比较活泼。晶态硼呈黑灰色，硬度大，活性较低；晶态硼的基本结构是以正三角形组成的多面体，在多面体中除了正常的共价键外，还存在多中心键，如三中心两电子键，这与硼的缺电子性质相关。

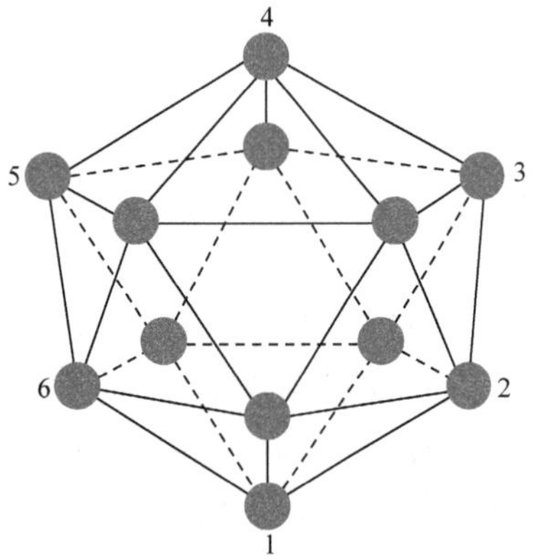

图 15-1　B_{12}的正十二面体结构单元

晶态硼的基本结构单元为正三角形构成的正十二面体(B_{12})，即由 20 个等边三角形组成的正十二面体，每个硼原子位于正十二面体的一个顶点，这种结构单元上面、下面各有 3 个硼原子构成三角形，且相互平行，中间 6 个硼原子并不在同一平面。图 15-1 给出了晶态硼的结构示意图。

B_{12}结构单元的不同空间排布方式，形成不同晶型的硼单质，其中人们对α-菱形硼研究较为深入。α-菱形硼为原子晶体，由B_{12}结构单元形成层状结构，每一层中位于中部的B_{12}结构单元 6 个硼原子(图 15-1 中 1、2、3、4、5、6)与同一层中的 6 个B_{12}结构单元的硼原子以硼硼化学键相连接，构成片层结构。这种位于中部的B_{12}结构单元硼原子与同层的硼原子形成的化学键属于三中心两电子键，而正十二面体片层之间以 B—B 共价键连接。所以，在α-菱形硼中，既有 σ 键，又有三中心两电子键。

1) 硼单质的化学性质

晶态硼单质化学活性低，但无定形硼单质比较活泼。

硼单质在空气中燃烧生成B_2O_3，放出大量的热。

$$4B + 3O_2 \xlongequal{\triangle} 2B_2O_3 \qquad \Delta_r H_m^{\ominus} = -2547\ kJ \cdot mol^{-1}$$

硼和氧形成的 B—O 键的键能(561 $kJ \cdot mol^{-1}$)大，具有亲氧性，它能从氧化物SiO_2、H_2O中夺取氧。硼在赤热条件下与水蒸气作用：

$$2B + 6H_2O(g) \xlongequal{\triangle} 2B(OH)_3 + 3H_2\uparrow$$

常温下硼能与F_2直接化合，高温下可以与N_2、S、X_2等非金属单质反应。

$$2B + 3F_2 \xlongequal{} 2BF_3$$

$$2B + N_2 \xlongequal{高温} 2BN$$

$$2B + 3S \xlongequal{高温} B_2S_3$$

在高温下硼也能与金属反应生成金属硼化物，如LiB_4、CaB_6、AlB_{12}等，它们都具有特定的空间结构。硼化物一般具有高的硬度和熔点。

硼能与热的氧化性浓酸HNO_3、热浓H_2SO_4反应：

$$B + 3HNO_3(浓) \xlongequal{\triangle} B(OH)_3\downarrow + 3NO_2\uparrow$$

$$2B + 3H_2SO_4(浓) \xlongequal{\triangle} 2B(OH)_3\downarrow + 3SO_2\uparrow$$

硼单质在氧化剂存在时，能与强碱 NaOH 共熔反应得到偏硼酸盐：

$$2B + 2NaOH + 3KNO_3 \xlongequal{\triangle} 2NaBO_2 + 3KNO_2 + H_2O$$

2) 硼单质的制备

高温下用活泼金属还原B_2O_3得硼单质，常用的活泼金属有 Na、K、Mg、Zn 等。

$$B_2O_3 + 3Mg \xlongequal{\triangle} 3MgO + 2B$$

采用这种方法得到无定形硼，纯度为 95%～98%。

在热的钽(Ta)金属丝上，用氢气还原挥发性的三卤化硼 BBr_3，得到纯度为 99.9%硼单质。

$$2BBr_3(g) + 3H_2(g) \xlongequal[\text{钽丝}]{\text{高温}} 2B(s) + 6HBr(g)$$

热分解卤化硼可制得晶态硼单质。

$$2BI_3 \xlongequal[\text{钽丝}]{\text{高温}} 2B + 3I_2$$

2. 铝单质

铝单质呈银白色，密度为 2.6 g · cm^{-3}，具有良好的导电性和延展性。纯铝的导电能力是等体积铜的 64%，由于铝的资源比铜丰富，又比铜轻，因此在许多场合用铝代替铜作导线。铝也能与多种金属形成合金，因此铝及合金常用作电信器材、建筑设备、汽车、飞机和宇航器的材料。

1) 铝单质的化学性质

铝的化学性质非常活泼，标准电极电势为−1.662 V，与氧气接触时，铝表面立即生成一层致密的氧化膜，使铝的反应活性降低，不能与水和酸反应。因此，铝用来制造日用器皿或运输浓硝酸的容器。

铝和硼都属于亲氧元素，铝在氧气中燃烧放出大量的热(−1675.7 kJ · mol^{-1})，能从其他金属氧化物中夺取氧，可用作还原剂。例如，Al 粉和 Fe_2O_3 粉反应：

$$2Al + \frac{3}{2}O_2(g) \xlongequal{\triangle} Al_2O_3(s) \qquad \Delta_r H_m^{\ominus} = -1675.7\ kJ \cdot mol^{-1}$$

$$2Al + Fe_2O_3 \xlongequal{\text{点燃镁条}} 2Fe + Al_2O_3$$

上述反应释放出大量的热，使反应体系温度升高至 3000℃以上，使产物中的 Fe 熔化。这种方法称为铝热法，在工业上用来焊接，如焊接铁轨。

铝在周期表中位于金属元素和非金属元素的交界区，是典型的两性元素。可以与盐酸反应，也可以与氢氧化钠反应：

$$2Al + 6HCl(aq) \xlongequal{} 2AlCl_3 + 3H_2\uparrow$$

$$2Al + 2NaOH + 6H_2O \xlongequal{} 2Na[Al(OH)_4] + 3H_2\uparrow$$

2) 铝单质的制备

工业上制备铝是以铝矾土矿($Al_2O_3 \cdot nH_2O$)为原料，将其粉碎后用碱液浸取，加压煮沸条件下得到四羟基合铝(Ⅲ)酸钠：

$$Al_2O_3(\text{铝矾土}) + 2NaOH + 3H_2O \xlongequal{} 2Na[Al(OH)_4]$$

经沉降、过滤后，在溶液中通入 CO_2 生成氢氧化铝 $Al(OH)_3$ 沉淀：

$$2Na[Al(OH)_4] + CO_2 \xlongequal{} 2Al(OH)_3\downarrow + Na_2CO_3 + H_2O$$

将沉淀分离后干燥、煅烧得到 Al_2O_3：

$$2Al(OH)_3 \xlongequal{\triangle} Al_2O_3 + 3H_2O$$

将 Al_2O_3 溶解于熔融的冰晶石 Na_3AlF_6 中，在 1300 K 下进行电解，在阴极上得到熔融的金属铝，纯度高达 99%左右。

$$2Al_2O_3 \xrightarrow[Na_3AlF_6]{电解} 2Al + 3O_2\uparrow$$

15.2.2　硼的氢化物

硼氢化合物是指硼和氢形成的一系列共价型氢化合物，如 B_2H_6、B_5H_9、B_6H_{10}、$B_{10}H_{14}$、B_4H_{10} 和 B_5H_{11} 等。该化合物的物理性质与烷烃相似，故又称为硼烷。其通式为少氢型 B_nH_{n+4} 和多氢型 B_nH_{n+6}，前者较稳定，后者稳定性较差。在目前已知的 20 多种硼烷中，最简单的是乙硼烷(B_2H_6)，而不是 BH_3。

硼烷的标准摩尔生成焓都为正值，因此不能通过硼和氢气的直接化合制得，可以通过间接的方法来制备，如用还原剂(LiH、NaH 或 $NaBH_4$)与卤化硼作用可以得到高纯度的 B_2H_6。

$$3NaBH_4(s) + 4BF_3(g) \xrightarrow{乙醚} 3NaBF_4(s) + 2B_2H_6(g)$$

该反应介质可以用乙醚而不能用水，因为还原剂将与水发生剧烈作用。

硼原子是缺电子原子，B_2H_6 中仅有 12 个价电子，根据共价键理论，形成乙硼烷分子需要 14 个价电子，所以乙硼烷为缺电子化合物。乙硼烷的分子结构示意图如图 15-2 所示。在乙硼烷分子中，硼原子采取不等性 sp^3 杂化，形成 4 个杂化轨道。其中 2 个 sp^3 杂化轨道与 2 个氢原子形成 B—H σ 键。2 个硼原子与其形成 σ 键的 4 个氢原子位于同一平面。每个硼原子另外的 2 个 sp^3 杂化轨道则分别与 2 个氢原子形成两个三中心两电子键，位于平面的上方和下方，且与平面垂直。平面上方氢原子的 1s 轨道(1e)与左边硼原子 sp^3 杂化轨道(1e)及右边硼原子空的 sp^3 杂化轨道相互重叠，这种由 2 个硼原子和 1 个氢原子共用 2 个电子形成的键称为三中心两电子键，平面下方的键与此相似。三中心键常以弧线表示，氢原子像桥一样连接着两个硼原子，故称其为氢桥键。

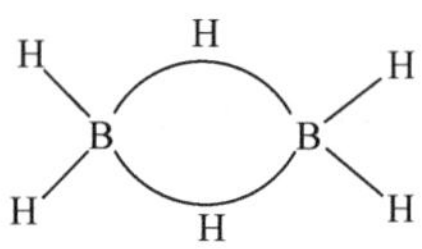

图 15-2　乙硼烷的分子结构示意图

1960 年，美国科学家利普斯科姆(Lipscomb)提出多中心键的理论，促进了硼结构化学的发展，荣获了 1976 年的诺贝尔化学奖。硼烷中经常出现 5 种类型的化学键，包括 2 种类型两中心两电子键及 3 种类型的三中心键，见表 15-1。在丁硼烷(B_4H_{10})分子中，包括 6 个硼氢键、1 个硼硼键及 4 个氢桥键，丁硼烷的分子结构图如图 15-3 所示。

表 15-1　硼烷中五种类型的化学键

化学键名称	化学键表达式	硼原子成键
硼氢键	B—H	正常 σ 键
硼硼键	B—B	正常 σ 键
氢桥键	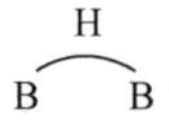	三中心两电子键
开放式硼桥键	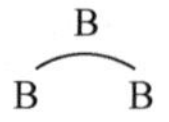	三中心两电子键
封闭式硼桥键	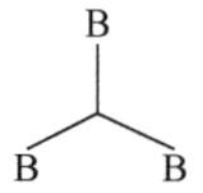	三中心两电子键

乙硼烷为无色剧毒气体。在空气中最高允许含量为 0.1 μg · g^{-1}，比氰化氢 HCN 和光气 $COCl_2$ 的最高允许量还低得多。因此，在使用乙硼烷时要注意安全。

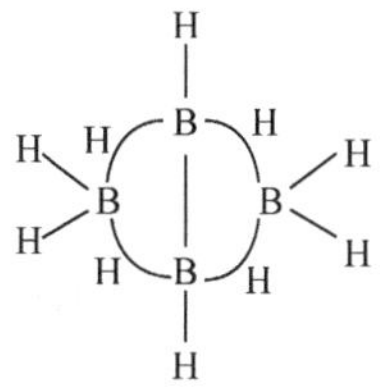

图 15-3　丁硼烷(B_4H_{10})的分子结构图

乙硼烷稳定性差，在空气中极易燃烧生成三氧化二硼和水，释放出大量的热。例如，

$$B_2H_6(g) + 3O_2(g) \xlongequal{\quad} B_2O_3(s) + 3H_2O(g)$$

$$\Delta_r H_m^\ominus = -2033.8\ \text{kJ} \cdot \text{mol}^{-1}$$

乙硼烷可用作火箭和导弹上的高能燃料。

乙硼烷是强还原剂，能与氧化剂反应。例如，与卤素反应生成卤化硼：

$$B_2H_6(g) + 6Cl_2(g) \xlongequal{\quad} 2BCl_3(l) + 6HCl(g)$$

乙硼烷极易水解生成硼酸：

$$B_2H_6(g) + 6H_2O(l) \xlongequal{\quad} 2H_3BO_3(s) + 6H_2(g) \quad \Delta_r H_m^\ominus = -509.3\ \text{kJ} \cdot \text{mol}^{-1}$$

由于该反应放热量较大，人们曾把乙硼烷作为水下火箭燃料考虑。

乙硼烷是缺电子化合物，能接受 CO、NH_3 等分子中的孤电子对。例如，

$$B_2H_6 + 2CO \xlongequal{\quad} 2[H_3B \leftarrow CO]$$

$$B_2H_6 + 2NH_3 \xlongequal{\quad} [BH_2 \cdot (NH_3)_2]^+ + [BH_4]^-$$

乙硼烷可以与还原剂 LiH、NaH 发生反应：

$$2LiH + B_2H_6 \xlongequal{\quad} 2LiBH_4$$

$$2NaH + B_2H_6 \xlongequal{\quad} 2NaBH_4$$

生成的优良还原剂 $LiBH_4$ 和 $NaBH_4$ 可用于有机合成。乙硼烷可用作制备各种硼烷的原料。

15.2.3　硼和铝的卤化物

1. 三卤化硼

硼与卤素单质在加热的条件下反应生成三卤化硼(BX_3)。三卤化硼都是共价化合物，熔、沸点都低，并随相对分子质量的增大而升高，它们的挥发性随相对分子质量的增大而降低。

三氟化硼可以通过加热萤石(CaF_2)、浓 H_2SO_4 和 B_2O_3 的混合物来制取：

$$B_2O_3 + 3H_2SO_4 + 3CaF_2 \xlongequal{\quad} 2BF_3\uparrow + 3CaSO_4 + 3H_2O$$

BX_3 的中心硼原子采用 sp^2 杂化，分子构型为平面三角形。中心硼原子以 sp^2 杂化轨道分别与 3 个卤素原子形成 3 个 σ 键。但是实验测得 B—X 键长(如 B—F 键为 130 pm)比理论 B—X 单键短(如 B—F 为 152 pm)。这与 BX_3 分子中存在 Π_4^6 键有关，硼原子 1 个 2p 空轨道与具有孤电子对的 3 个卤素原子 p 轨道形成离域大 π 键。

BX_3 比较容易水解，如将 BF_3 通入水中，生成硼酸和氟化氢：

$$BF_3 + 3H_2O \xlongequal{\quad} B(OH)_3\downarrow + 3HF\uparrow$$

生成的氟化氢又与反应物 BF_3 反应生成氟硼酸：

$$BF_3 + HF \xlongequal{} H[BF_4]$$

氟硼酸 $H[BF_4]$是一种强酸。除了 BF_3 外，其他三卤化硼一般不与相应的氢卤酸加合形成 BX_4^-。这是因为中心硼原子半径很小，随着卤素原子半径的增大，在硼原子周围容纳 4 个较大的原子更困难。BX_3 虽然是缺电子化合物，但它们不能形成二聚分子，这一点与卤化铝不同。

BX_3 作为很强的路易斯酸，能与路易斯碱(如氨、醚等)发生反应生成酸碱配合物。例如，

$$BF_3 + NH_3 \xlongequal{} F_3B \leftarrow NH_3$$

BX_3 能被碱金属、碱土金属还原为单质硼，与某些强还原剂如 NaH 和 $LiAlH_4$ 等作用则被还原为乙硼烷：

$$3LiAlH_4 + 4BCl_3 \xlongequal{} 3LiCl + 3AlCl_3 + 2B_2H_6\uparrow$$

2. 铝的卤化物

在铝的三卤化物 AlX_3 中，AlF_3 与其他三卤化物的性质不同。AlF_3 是离子化合物，难溶于水[其溶解度 0.56 g · (100 g H_2O)$^{-1}$]，在气相时以单分子形式存在。其他三卤化物为共价化合物，易溶于水，气相时均为二聚分子，这与铝的缺电子性有关。图 15-4 为 Al_2Cl_6 分子的结构示意图。在 Al_2Cl_6 分子中，铝原子采用 sp^3 杂化轨道分别与 4 个氯原子成键，形成了以 Al 为中心的四面体结构。与 B_2H_6 的桥式结构相似，该分子中存在氯桥键，位于平面上方的氯原子与左边的铝原子形成 σ 键的同时，提供孤电子对与右边的铝原子发生配位作用，形成 Cl→Al 配位键，构成了三中心四电子键。平面下方也有一个氯桥键，即下方的氯原子与右边的铝原子形成 σ 键的同时，提供孤电子对与左边的铝原子发生配位作用，形成 Cl→Al 配位键。氯桥键所形成的平面与四面体垂直。

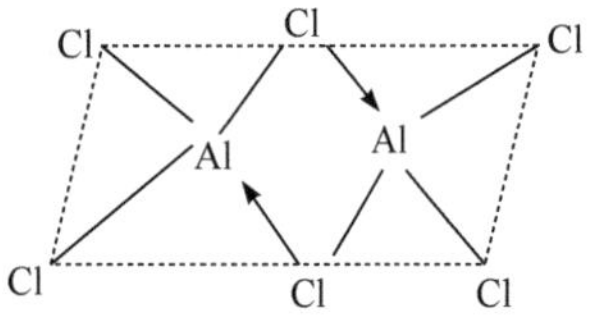

图 15-4　Al_2Cl_6 分子的结构示意图

$AlCl_3$ 和 BX_3 都是典型的路易斯酸，除了形成二聚体 Al_2Cl_6 外，也能与路易斯碱(有机胺、醚、醇等)发生加合反应。

溴化铝 $AlBr_3$ 和碘化铝 AlI_3 的性质与 $AlCl_3$ 类似，它们在气相时也是二聚分子，与 Al_2Cl_6 的结构相似。

$AlCl_3$ 遇水发生强烈的水解，甚至在潮湿的空气中也能冒烟。通常采用干法制备无水 $AlCl_3$，如在氯气或氯化氢气流中加热金属铝可得无水 $AlCl_3$：

$$2Al + 3Cl_2(g) \xlongequal{\triangle} 2AlCl_3$$

$$2Al + 6HCl(g) \xlongequal{\triangle} 2AlCl_3 + 3H_2(g)$$

$AlCl_3$ 溶解在水中水解生成絮状氢氧化铝，是水处理中广泛应用的无机絮凝剂。

15.2.4　含氧化合物

1. 三氧化二硼和硼酸

硼元素具有亲氧性，与氧形成的 B—O 键键能(806 kJ · mol^{-1})大，因此硼的含氧化合物具有很高的稳定性。硼的含氧化合物的基本结构单元是平面三角形的 BO_3 和四面体形的 BO_4，

这与硼元素的亲氧性和缺电子性质有关。

1) 三氧化二硼

B_2O_3 是白色固体，有晶态和玻璃态两种类型，晶态 B_2O_3 比较稳定。一般来说，在较低温度时，硼酸脱水得到的是 B_2O_3 晶体，而高温灼烧后得到的是 B_2O_3 玻璃态。

B_2O_3 是硼酸的酸酐，溶于水后生成硼酸，但在热的水蒸气中形成挥发性的偏硼酸 HBO_2：

$$B_2O_3(s) + 3H_2O\ (l) === 2H_3BO_3(aq)$$

$$B_2O_3(s) + H_2O\ (g) === 2HBO_2\ (g)$$

在熔融条件下，酸性氧化物 B_2O_3 可以溶解某些金属氧化物，生成具有特征颜色的玻璃状偏硼酸盐。

$$CuO + B_2O_3 \xrightarrow{熔融} Cu(BO_2)_2\ (蓝色)$$

$$Fe_2O_3 + 3B_2O_3 \xrightarrow{熔融} 2Fe(BO_2)_3\ (黄色)$$

这是分析化学中的硼砂珠实验，可以鉴定某些金属离子。

2) 硼酸

硼酸包括正硼酸 H_3BO_3、偏硼酸 HBO_2 和多硼酸 $xB_2O_3 \cdot yH_2O$。正硼酸简称为硼酸。

硼酸为层状晶体结构，层与层之间通过分子间作用力结合起来，因此硼酸晶体具有解理性，可作润滑剂。在 H_3BO_3 分子中，中心 B 原子以 sp^2 杂化分别与 3 个氧原子形成平面三角形结构。H_3BO_3 分子之间通过氢键连接起来，形成层状结构，如图 15-5 所示。

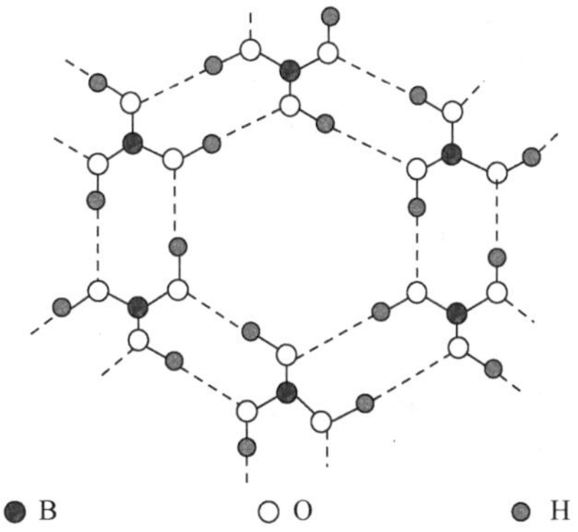

B 原子除了形成 3 条 sp^2 杂化轨道，还有 1 条没有参加杂化的空轨道。当溶于水后，B 原子空轨道能接受来自 H_2O 分子中的 OH^- 的孤电子对，形成以 B 为中心的正四面体结构 $[B(OH)_4]^-$，此时 B 原子为 sp^3 杂化，而释放出的 H^+ 显酸性，硼酸是一元弱酸。H_3BO_3 与水的反应如下：

图 15-5　H_3BO_3 的层状结构

- B　○ O　● H

$$B(OH)_3 + H_2O === [B(OH)_4]^- + H^+ \qquad K_a^\ominus = 5.8\times10^{-10}$$

硼酸是典型的缺电子路易斯酸，向硼酸中加入多羟基化合物如甘油、甘露醇 $[CH_2OH(CHOH)_4CH_2OH]$ 等，硼酸的酸性增强：

$$\begin{array}{c}\text{HO}\\ \qquad\ \ \text{B—OH}\\ \text{HO}\end{array} + \begin{array}{c}\text{CH}_2\text{—OH}\\ \text{CH—OH}\\ \text{CH}_2\text{—OH}\end{array} \longrightarrow \left[\begin{array}{c}\text{O—CH}_2\\ \text{O—B}\qquad\text{CH—OH}\\ \text{O—CH}_2\end{array}\right]^- + H^+ + 2H_2O$$

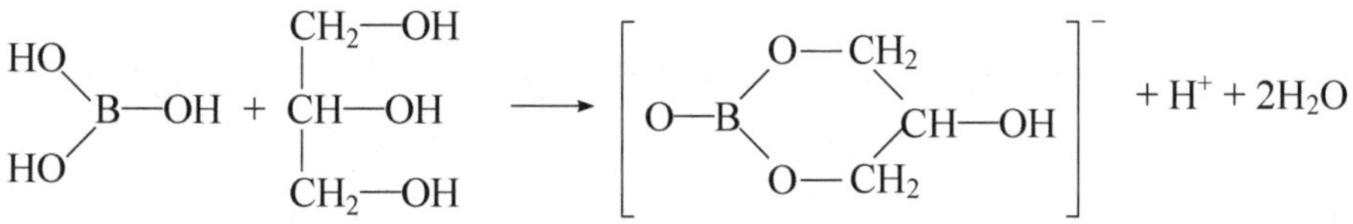

硼酸与甲醇(或乙醇)在浓硫酸催化作用下生成硼酸酯：

$$H_3BO_3 + 3CH_3OH \xrightarrow{浓H_2SO_4} B(OCH_3)_3 + 3H_2O$$

硼酸三甲酯燃烧时火焰呈现绿色，利用这一性质可以鉴定硼酸根。

硼酸用于陶瓷工业，也用于阻燃材料，在医药卫生方面也有广泛的用途。

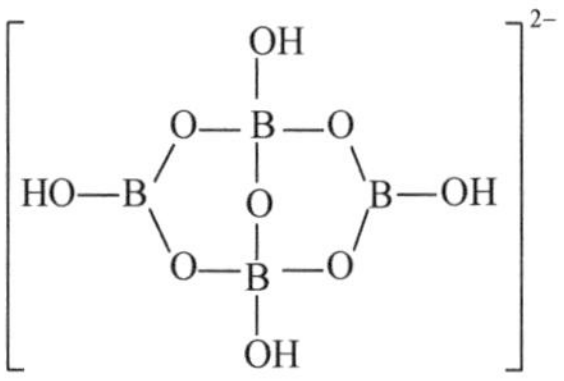

图 15-6 含 BO_3 平面三角形和 BO_4 四面体结构单元的 $[B_4O_5(OH)_4]^{2-}$

3) 硼酸盐

硼酸盐中最重要的是四硼酸钠，俗称硼砂。硼砂晶体的化学式为 $Na_2B_4O_5(OH)_4 \cdot 8H_2O$，$[B_4O_5(OH)_4]^{2-}$是由两个平面三角形的 BO_3 和两个四面体形的 BO_4 通过共用顶角氧原子连接而成。$[B_4O_5(OH)_4]^{2-}$的结构如图 15-6 所示。

硼砂是无色透明的晶体，在干燥的空气中容易失去水而风化。加热至 400℃左右，脱水形成无水四硼酸钠 $Na_2B_4O_7$。硼砂的化学式也可以写作 $Na_2B_4O_7 \cdot 10H_2O$。

硼砂易溶于水，$[B_4O_5(OH)_4]^{2-}$水解生成强碱弱酸盐：

$$[B_4O_5(OH)_4]^{2-} + 5H_2O \rightleftharpoons 4H_3BO_3 + 2OH^- \rightleftharpoons 2H_3BO_3 + 2[B(OH)_4]^-$$

硼砂水解时得到物质的量相等的 H_3BO_3 和 $[B(OH)_4]^-$，该溶液具有缓冲作用。20℃时，硼砂溶液的 pH 为 9.24，在实验室中可用它配制缓冲溶液。

2. 铝的含氧化合物

Al_2O_3 主要有 α-Al_2O_3 和 γ-Al_2O_3 两种晶型。α-Al_2O_3 可由铝在氧气中燃烧或高温灼烧使 $Al(OH)_3$ 脱水制得。α-Al_2O_3 不溶于水，也不溶于酸或碱。自然界中存在的刚玉属于 α-Al_2O_3，其硬度仅次于金刚石。刚玉因含有不同的杂质而呈现出鲜艳的色彩，成为名贵的宝石。

在 723 K 下加热分解 $Al(OH)_3$ 可制得 γ-Al_2O_3。γ-Al_2O_3 可溶于酸或碱，其化学性质比较活泼。在 1000℃高温下 γ-Al_2O_3 可以转化为 α-Al_2O_3。

在铝酸盐的溶液中加入 CO_2，可以得到 $Al(OH)_3$ 沉淀：

$$2[Al(OH)_4]^- + CO_2 = 2Al(OH)_3\downarrow + CO_3^{2-} + H_2O$$

$Al(OH)_3$ 是两性氢氧化物，能与酸、碱发生反应：

$$Al(OH)_3 + 3HCl = AlCl_3 + 3H_2O$$

$$Al(OH)_3 + NaOH = Na[Al(OH)_4]$$

生成的铝酸钠也可能是 $Na_3[Al(OH)_6]$。铝酸钠的脱水产物均为偏铝酸钠($NaAlO_2$)。

15.3 镓、铟、铊

15.3.1 镓、铟、铊的单质

镓、铟和铊属于分散性稀有元素，在自然界中以杂质的形式与其他矿物共生。例如，镓与 Zn、Cr、Al 矿物共生，铟则分散在闪锌矿(ZnS)中，铊与碱金属共存。镓、铟和铊都是银白色的软金属，熔点低。镓的熔点为 29.77℃，沸点为 2403℃，液态镓的温度范围是所有金属中最大的，常用来制造测量高温的温度计。

镓、铟和铊能与非氧化性酸反应，镓和铟主要生成氧化态为+3 的化合物，铊则生成氧化态为+1 的化合物：

$$2Ga + 3H_2SO_4(稀) = Ga_2(SO_4)_3 + 3H_2\uparrow$$

$$2In + 3H_2SO_4(稀) = In_2(SO_4)_3 + 3H_2\uparrow$$

$$2Tl + H_2SO_4(稀) = Tl_2SO_4 + H_2\uparrow$$

它们也可以与氧化性酸如浓 HNO_3 反应：

$$Ga + 6HNO_3(浓) = Ga(NO_3)_3 + 3NO_2\uparrow + 3H_2O$$

$$Tl + 2HNO_3(浓) = TlNO_3 + NO_2\uparrow + H_2O$$

镓与铝相似，属于两性金属，能与 NaOH 溶液发生反应放出氢气，而铟和铊均无此性质。

$$2Ga + 2NaOH + 2H_2O = 2NaGaO_2 + 3H_2\uparrow$$

15.3.2 镓、铟、铊的化合物

在 M^{3+}(M = Ga、In、Tl)盐溶液中加入碱，将生成 $M(OH)_3$。$Ga(OH)_3$ 具有两性，而 $In(OH)_3$ 和 $Tl(OH)_3$ 显碱性。在本族中，M(Ⅲ)的化合物的稳定性从镓到铊依次降低。$Tl(OH)_3$ 不稳定，将其加热至 100℃便生成 Tl_2O 化合物。硼(Ⅲ)和铝(Ⅲ)的化合物很稳定，镓(Ⅲ)与铟(Ⅲ)的化合物较(Ⅰ)的化合物稳定，铊以+1 价存在。

铊的价电子构型为 $6s^26p^1$，由于惰性电子对效应，$6s^2$ 电子易失去，所以 Tl(Ⅲ)的氧化性很强，其标准电极电势为 1.252 V，能与还原剂 Fe^{2+}、SO_2 等发生氧化还原反应：

$$Tl_2(SO_4)_3 + 4FeSO_4 = Tl_2SO_4 + 2Fe_2(SO_4)_3$$

$$Tl(NO_3)_3 + SO_2 + 2H_2O = TlNO_3 + H_2SO_4 + 2HNO_3$$

而 Ga(Ⅰ)和 In(Ⅰ)具有很强的还原性，易被氧化成+3 价。

15.4 硼族元素及化合物的应用

硼是制备硼砂、硼酸及其他化合物的重要原料，广泛应用在化工、建材、医药和农业等领域。无定形硼用于生产硼钢合金，硼钢主要用于制造喷气发动机和原子核反应堆的控制棒，前一种用途基于其优良的抗冲击性，后一种用途基于硼吸收中子的能力。

铝的密度小($2.6999\ g \cdot cm^{-3}$)，具有良好的延展性和导电性。铝也能与多种金属形成合金，常用作电信器材、建筑设备、汽车、飞机和宇航器的材料。

乙硼烷是制备各种硼烷的主要原料，是一种高能燃料，可用在火箭和导弹上。但由于毒性很大，在使用时必须十分小心。

硼酸用于生产高级玻璃和玻璃纤维，也可作为防锈剂、润滑剂和热氧化稳定剂，在化学工业中用于生产各种硼酸盐类。

硼砂在陶瓷工业中用来制备低熔点釉。硼砂也用于制造耐温度骤变的特种玻璃和光学玻璃。由于硼砂能溶解金属氧化物，焊接金属时可以用作助熔剂，以去除金属表面的氧化物。此外，硼砂还用作防腐剂。在农业中可用作微量元素肥料，对农作物小麦、棉花等起增产作用。

15.5 惰性电子对效应和周期表中的对角线关系

15.5.1 惰性电子对效应

在硼族元素中，氧化数为+3 的化合物稳定性从镓到铊依次降低。Tl(Ⅲ)化合物不稳定，加

热后便转化为 Tl(Ⅰ)化合物，这种从上到下低氧化数化合物比高氧化数化合物变得更稳定的现象称为惰性电子对效应。p 区下方的金属元素，即 Tl、Pb、Bi 和 Po 趋于形成低氧化数化合物，即 Tl(+1)、Pb(+2)、Bi(+3)和 Po(+4)的化合物最稳定。

一般认为，随着原子序数的增加，原子半径增大，$6s^2$ 电子对很难失去，这种现象被西奇威克(Sidgwick)最先注意到，并称之为惰性电子对效应。这是由于随着原子半径增大，电子云重叠程度差；同时内层电子数目增多，这些内层电子与其键合原子的内层电子间的斥力较大，从而导致 $6s^2$ 电子对成键能力较弱。当然，也可以从影响氧化态相对稳定性的热力学因素，如激发能、键能等变化情况来解释。

由于惰性电子对效应，失去 $6s^2$ 电子对的 Tl(Ⅲ)、Pb(Ⅳ)、Bi(Ⅴ)和 Po(Ⅵ)具有强烈夺回这对电子的趋势，表现出较强的氧化性。当 Tl^{3+}与还原剂 S^{2-}反应时，Tl^{3+}被还原为 Tl(Ⅰ)：

$$2Tl^{3+} + 3S^{2-} = Tl_2S\downarrow + 2S\downarrow$$

15.5.2 周期表中的对角线关系

在周期表中，相邻两族处于对角线的元素及其化合物的性质呈现相似性，构成了周期表中的对角线(斜线)规则，如 Li 和 Mg，Be 和 Al，B 和 Si。

Li　Be　B　C
　＼　＼　＼
Na　Mg　Al　Si

对角线规则可以用离子极化作用解释。处于对角线位置上的两种元素，其离子所带的电荷与其半径的比值 Z/r 接近，即两者的离子势相近，对于相同的阴离子具有相似的极化能力，因此它们的物理性质和化学性质都有许多相似之处。

1. 锂与镁的对角线相似性

锂和镁都能与过量的氧气反应生成普通氧化物，也能与氮气直接化合生成氮化物。

锂和镁的氢氧化物都是中强碱，溶解度都不大，在加热时分解为氧化物。

锂和镁的一些盐类如氟化物、碳酸盐、磷酸盐均难溶于水。它们的碳酸盐在加热下均能分解为相应的氧化物和二氧化碳。

锂和镁的氯化物均能溶于有机溶剂(如乙醇)，表现出共价特征。

2. 铍与铝的对角线相似性

铍和铝都是两性金属，其化学性质比较活泼，它们的标准电极电势相似，$E^\ominus(Be^{2+}/Be) = -1.968$ V，$E^\ominus(Al^{3+}/Al) = -1.68$ V。它们都能被冷的浓硝酸钝化。

铍和铝的氧化物均是熔点高、硬度大的物质。

铍和铝的氢氧化物 $Be(OH)_2$ 和 $Al(OH)_3$ 都是两性氢氧化物，而且都难溶于水。

铍和铝的氟化物都能与碱金属的氟化物形成配合物，如 $Na_2[BeF_4]$和 $Na_3[AlF_6]$。

铍和铝的氯化物 $BeCl_2$ 和 $AlCl_3$ 都是缺电子化合物，在气相时都以缔合分子的状态存在。

3. 硼和硅的对角线相似性

硼和硅都能与非金属作用，与碱液反应放出氢气。

硼和硅的氢化物都比较活泼，在空气中燃烧生成氧化物。

硼和硅的氧化物是酸性氧化物，都能与金属碱性氧化物反应分别生成偏硼酸盐和硅酸盐。硼和硅的卤化物极易水解，分别生成硼酸和硅酸，硼酸和硅酸都是弱酸。

习 题

15-1 总结硼原子的成键特征，并举例说明哪些硼化合物是缺电子化合物。

15-2 α-菱形硼以 B_{12} 为结构单元，讨论其分子结构。

15-3 试用多中心键的理论分析 B_4H_{10} 分子中存在的各种化学键，并画图指出各化学键的位置。

15-4 分析硼酸的结构，并说明为什么硼酸是一元酸，而不是三元酸。

15-5 写出硼砂的化学式，并说明四硼酸根阴离子$[B_4O_5(OH)_4]^{2-}$的结构。

15-6 比较 Al_2Cl_6 中氯桥键与 B_2H_6 的氢桥键。

15-7 比较三氯化铝在不同状态下的存在形式。

15-8 为什么 Tl(+1)的化合物最稳定？如何理解惰性电子对效应？

15-9 完成并配平下列反应方程式。

(1) $B + H_2O(g) \xlongequal{\triangle}$　　(2) $B + N_2 \xlongequal{高温}$

(3) $NaBH_4(s) + BF_3(g) =\!=\!=$　　(4) $B_2H_6(g) + O_2(g) =\!=\!=$

(5) $NaH + B_2H_6 =\!=\!=$　　(6) $LiAlH_4 + BCl_3 =\!=\!=$

(7) $CuO + B_2O_3 \xlongequal{熔融}$　　(8) $Ga + H_2SO_4(稀) =\!=\!=$

(9) $Tl^{3+} + S^{2-} =\!=\!=$　　(10) $Ga + NaOH + H_2O =\!=\!=$

15-10 写出并配平下列各反应的方程式。

(1) 硼单质与强碱 NaOH 的共熔反应。　　(2) 乙硼烷与氯气反应。

(3) 乙硼烷在空气中燃烧。　　(4) 乙硼烷与 NH_3 反应。

(5) 三氟化硼水解。　　(6) 硼酸与甲醇在浓硫酸催化下反应。

(7) 三氧化二硼溶于水。　　(8) 铟与稀硫酸反应。

15-11 以硼砂为原料制备下列物质，写出有关的反应方程式。

(1) H_3BO_3　　(2) B_2O_3　　(3) BF_3　　(4) B

15-12 以铝土矿($Al_2O_3 \cdot nH_2O$)为原料制备铝，写出有关的反应方程式。

15-13 根据硼砂珠实验，说明硼砂焊接某些金属的化学原理。

15-14 怎样鉴别下列各组物质？

(1) 硼酸和硼砂　　(2) MnO 和 NiO

15-15 分析乙硼烷的分子结构，说明乙硼烷分子中的成键情况。它与共价键有什么不同？

15-16 解释下列实验现象。

(1) 硼砂的水溶液是缓冲溶液；

(2) 硼酸加入甘油后酸性增强；

(3) 刚玉α-Al_2O_3是无色的，但刚玉含有 Cr^{3+}则呈现红色；

(4) BH_3 能形成二聚体，而 BCl_3 却为单分子结构。

15-17 $AlCl_3$ 溶液和 Na_2S 溶液混合产生沉淀和刺激性气体，而 $TlCl_3$ 和 Na_2S 溶液混合仅产生沉淀，解释并写出相关的化学反应方程式。

15-18 BX_3 是缺电子化合物，为路易斯酸。解释 BX_3 的酸性：$BI_3 > BBr_3 > BCl_3 > BF_3$。

15-19 已知 Tl 在酸中的元素电势图为：$Tl^{3+} \xrightarrow{1.25\,V} Tl^{+} \xrightarrow{-0.336\,V} Tl$，计算 $E^{\ominus}(Tl^{3+}/Tl)$，并计算 $3Tl^{+}(aq) \rightleftharpoons 2Tl + Tl^{3+}(aq)$的热力学平衡常数 $K^{\ominus}$。

15-20 单质 A 为棕色粉末，A 能与水蒸气反应生成 B 和气体 C，B 溶液显弱酸性。将化合物 B 加热，有物质 D 生成，若 B 溶于氢氧化钠溶液中生成物质 F 的溶液。A 的卤化物 E 水解强烈，产生 B 和刺激性气体 G。试写出 A、B、C、D、E、F 和 G 所代表的物质的化学式，并用化学反应方程式表示各过程。

第 16 章　碳 族 元 素

16.1　碳族元素的通性

碳族元素包括碳、硅、锗、锡、铅五种元素，位于周期表第ⅣA 族。

碳族元素从上到下金属性逐渐增强，碳、硅为非金属，锗、锡、铅为金属，其中硅、锗表现出金属和非金属两种性质，称为准金属或半金属，硅、锗是常用的半导体材料。除铅外，其他元素有同素异形体。

碳族元素原子的价电子构型为 ns^2np^2，有 4 个价电子，难以形成 M^{4+}，但是存在共价型氧化物 SnO_2 和 PbO_2。碳、硅、锗可形成氧化数为+4 的共价化合物，锡、铅形成氧化数为+2、+4 的化合物。另外，本族元素也难以结合电子形成阴离子，只有在碳化物中，碳可以形成阴离子 C^{4-}、C_2^{2-}和 C_3^{4-}。由于惰性电子对效应，Pb(Ⅳ)具有强的氧化性，易被还原为 Pb(Ⅱ)，所以铅的化合物以 Pb(Ⅱ)为主。

碳族元素的基本性质列于表 16-1。

表 16-1　碳族元素的基本性质

	碳(C)	硅(Si)	锗(Ge)	锡(Sn)	铅(Pb)
原子序数	6	14	32	50	82
相对原子质量	12.01	28.09	72.59	118.7	207.2
价电子层结构	$2s^22p^2$	$3s^23p^2$	$4s^24p^2$	$5s^25p^2$	$6s^26p^2$
主要氧化数	0，2，4	0，4	0，2，4	0，2，4	0，2
熔点/℃	＞3550(金刚石)	1410	937	232(白锡)	327
原子共价半径/pm	77	117	137	162	175
离子(M^{4+})半径/pm	15	41	53	71	84
离子(M^{2+})半径/pm	260	271	272	294	—
电离能 I_1/(kJ · mol^{-1})	1086	787	762	709	716
电子亲和能/(kJ · mol^{-1})	−122	−120	−116	−121	−100
电负性	2.55	1.90	1.8	1.8	1.6

碳族元素价层电子组态为 ns^2np^2，可见要将 4 个电子全部失去成为+4 价离子是十分困难的，事实上也不存在游离的+4 价离子。另外由于它们的电负性不大，吸引电子的能力较弱，−4 价离子也不存在。只有半径较大的 Ge、Sn、Pb 可失去 2 个 p 电子成为+2 价离子，而且仅有 Pb^{2+}才有稳定的水合离子。所以形成共价化合物是本族元素的特征，碳、硅主要形成氧化数为+4 的化合物，而氧化数为+4 和+2 的锗、锡化合物都常见。

碳和硅虽然都是本族的非金属元素，但在形成化合物时都有各自的特点。碳是第二周期元素，外层有效轨道是 s、p，它能以 sp、sp^2、sp^3 等不同杂化方式形成数目不等的 σ 键，其配位数最高可达到 4。又因它的半径较小，除了形成 σ 键外，还可以形成 p-p π 键(双键、三键)。硅是第三周期元素，它的外层除了 s、p 轨道外，还有 d 轨道可以参与成键，因此配位数最高可达到 6，但因半径较大，一般不能形成多重 π 键。因此，在成键方式上，碳比硅更多样化，能形成种类繁多的化合物。

自连接作用也是本族元素的共性。自连接作用的趋势大小与键能有关，键能越大，自连接作用就越强。表 16-2 列出某些单键的键能。可见本族元素的自连接趋势碳最强，从 C 至 Sn 减弱。碳原子通过自连接形成的碳链或碳环可以包含数以万计的碳原子(如聚乙烯、天然橡胶及合成橡胶)，硅也可以形成不太长的硅链，而锡最多只有两个原子连接。另外，由于 Si—O 键的键能很高，在有氧条件下，Si—Si 键容易转变成 Si—O 键，造成 Si—Si 键不稳定。C—H 键的键能较大，因此在自然界中存在一系列含 C—H 键的化合物，如有机物中的烃类等，这也是碳元素化合物众多的一个重要原因。

表 16-2　某些单键的键能(kJ · mol^{-1})

键	键能	键	键能
C—C	356	C—H	411
Si—Si	226	Si—H	318
Ge—Ge	167	C—O	358
Sn—Sn	155	Si—O	452

从本族元素的元素电势图(图 16-1)可见：在锗、锡、铅中，稳定氧化态逐渐由+4 变为+2。Ge^{2+}是不稳定的，易发生歧化：

$$2Ge^{2+} + 2H_2O = Ge + GeO_2 + 4H^+$$

而 Sn^{2+}和 Pb^{2+}则比 Ge^{2+}稳定，特别是 Pb^{2+}。

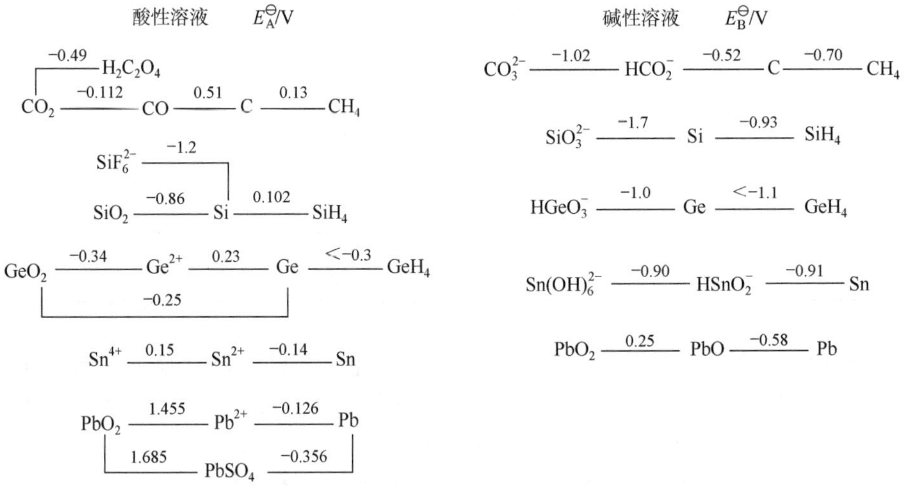

图 16-1　碳族元素的元素电势图

16.2 碳族元素的单质及其化合物

16.2.1 碳族元素在自然界中的分布

碳在自然界中分布很广，地壳中的质量百分含量为 0.027%，以单质和化合物两种形态存在。单质状态的碳主要有石墨和金刚石。石墨的分布很广，但大的石墨晶体主要存在于硅酸盐中，矿石经选矿后用氢氟酸和盐酸处理，然后在真空中加热到 1500℃即可得到石墨。1896 年，在 2500℃左右通过硅石(SiO_2)与焦炭反应，第一次用人工方法制得石墨：

$$SiO_2 + 3C \xrightleftharpoons{-2CO} SiC \xrightleftharpoons{2500℃} Si(g) + C(石墨)$$

在火山爆发地区和淤积的沙中可以找到金刚石，如何人工合成金刚石，仍然是一个活跃的研究课题。此外，自然界中碳还大量以煤的形式存在。以化合物形式存在的碳还有石油、天然气、碳酸盐和二氧化碳等。

碳有 ^{12}C、^{13}C 和放射性 ^{14}C 三种同位素。天然碳化合物中 ^{12}C 占 98.892%(原子百分数)，^{13}C 的含量为 1.10%～1.14%(原子百分数)，最常见的值是 1.11%。1961 年，国际纯粹与应用化学联合会(IUPAC)指定 $^{12}C = 12$ 为原子量的相对标准，考虑 ^{12}C 和 ^{13}C 及其相应的原子百分数，所以碳的原子量为 12.011。^{13}C 在通过核磁共振分析有机化合物的结构中有重要的应用。大气中的 CO_2 含有 1.2×10^{-10}%的 ^{14}C，^{14}C 是由下列核反应形成的

$$^{14}_{7}N + ^{1}_{0}n = ^{14}_{6}C + ^{1}_{1}H$$

^{14}C 的半衰期为 5730 年。自然界中，^{14}C 与碳的其他同位素一起参与碳的循环进入生物体内，由于其半衰期很长，因此生物体中 ^{14}C 的平衡浓度是 1.2×10^{-10}%。一旦生物体死亡，生物体中的 ^{14}C 与自然界之间的循环就不复存在了，而 ^{14}C 的不断衰变导致 ^{14}C 的浓度不断降低。基于这一原理，利比(Libby)创立了用放射性 ^{14}C 测定年代的技术。该技术能推算的最长年代为 50000 年左右，因为到 50000 年时，^{14}C 的含量将衰变到原来的 0.2%左右，这时放射性计数将难以测定。用放射性 ^{14}C 测定年代的技术对考古学和地球化学的研究有重要意义，利比因此获得了 1960 年诺贝尔化学奖。另外，用放射性同位素 ^{14}C 标记含碳化合物，特别是有机化合物，用以研究反应机理也是很有意义的。

如果说碳元素靠 C—C 链化合物形成了由动物和植物所构成的有机界，那么硅元素主要靠 Si—O—Si 链化合物以及其他元素在一起形成了整个无机矿物界。事实上地壳几乎全由矿物构成，其中 Si 原子靠与氧原子的键合而连接成各种链状、层状和立体状结构，构成各种岩石和它们的风化产物——土壤和泥沙。硅元素在质量上几乎占地壳的 1/4，仅次于氧的含量，主要以二氧化硅和各种硅酸盐的形式存在。

锗、锡、铅在自然界中以化合态存在，如硫银锗矿 $4Ag_2S \cdot GeS_2$、锗石矿 $Cu_2S \cdot FeS \cdot GeS_2$、锡石矿 SnO_2、方铅矿 PbS 等。锗是分散稀有元素，褐煤中含 0.05%～0.1%的锗，某些无烟煤的烟灰中含锗量可高达 4%～7.5%，因此煤灰是提取锗的主要原料。我国锡矿资源十分丰富，锡矿的探明储量为 2600 万吨，占世界探明储量的 1/4，是世界上锡矿探明储量最多的国家，也是世界上一个主要的锡出口国。我国的锡矿在地区分布上极不均衡，主要集中分布在云南南部、广西东北部和西北部，其次是广东、湖南和江西等省。尤其是位于云南哀牢山区的个旧市，是世界上已知最大的锡矿藏之一，锡产量居全国第一，约占全国锡产量的 70%，有“锡都”之

称。锡在自然界中主要以锡石 SnO_2 存在，其中含有硫、砷和金属杂质。将矿石氧化焙烧，使 S、As 变为挥发性的物质被除去，而金属杂质转变为金属氧化物，用酸溶解分离得 SnO_2，最后用 C 还原为 Sn。铅在自然界中主要以方铅矿 PbS 存在，矿石经浮选富集后在空气中焙烧转变为 PbO，然后在反射炉中将 PbO 还原为 Pb：

$$2PbS + 3O_2 \xlongequal{} 2PbO + 2SO_2\uparrow$$

$$PbO + C \xlongequal{} Pb + CO\uparrow$$

$$PbO + CO \xlongequal{} Pb + CO_2\uparrow$$

在制得的 Pb 中，含有少量的 Cu、Ag、Au、Zn、Sn、As 和 Sb 等杂质，经进一步处理纯化得到较纯的 Pb。

16.2.2　碳族元素单质

1. 碳的同素异形体

碳有石墨、金刚石和碳原子簇(富勒烯)等三种同素异形体。

在石墨晶体中，每个碳原子以 sp^2 杂化轨道与邻近的三个碳原子成键，构成平面六角网状结构，由这些网状结构连成层状结构。每一层中 C—C 之间的距离为 141.5 pm，每个碳原子有一个未参与杂化的 p 轨道，并有一个 p 电子，同层这些 p 电子可以形成离域 π 键(Π_m^m)，这些离域 π 电子可以在整个碳原子平面内活动。层与层之间以分子间作用力相结合，层之间的距离为 335 pm。石墨的结构如图 16-2 所示。

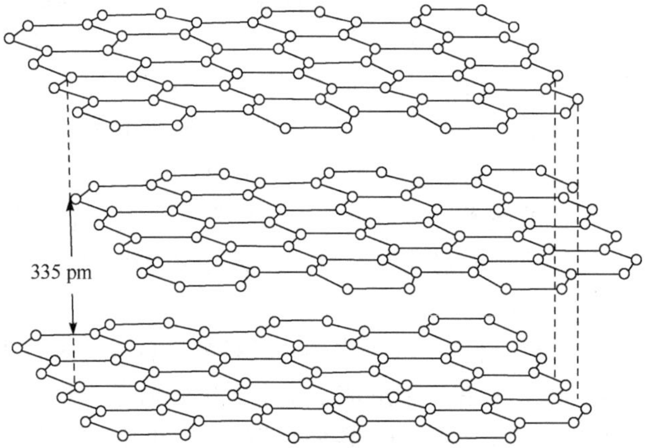

图 16-2　石墨的晶体结构

石墨的性质与其结构密切相关。石墨呈灰黑色，密度比金刚石小，由于层之间是以分子间作用力相结合，石墨易沿着与层平行的方向滑动，质软并具有润滑性。由于层内存在离域电子，因此层向具有良好的导电性和导热性，其电阻率小(约为 104 Ω · cm)。离域电子的存在使石墨比金刚石活泼。例如，石墨能被浓硝酸氧化生成苯六羧酸 $C_6(COOH)_6$。在 400～500℃，石墨与氟反应生成石墨氟化物 CF_x(x = 0.68～0.99)，CF_x 的颜色取决于 F 的含量，从黑色(x = 0.7)到灰色(x = 0.8)，再变为银白色(x = 0.9)和白色(x＞0.98)。

金刚石属立方晶系原子晶体，每个碳原子以 sp³ 杂化轨道与另外 4 个碳原子成键，C—C 距离为 154.45 pm。图 16-3 为金刚石的晶体结构。

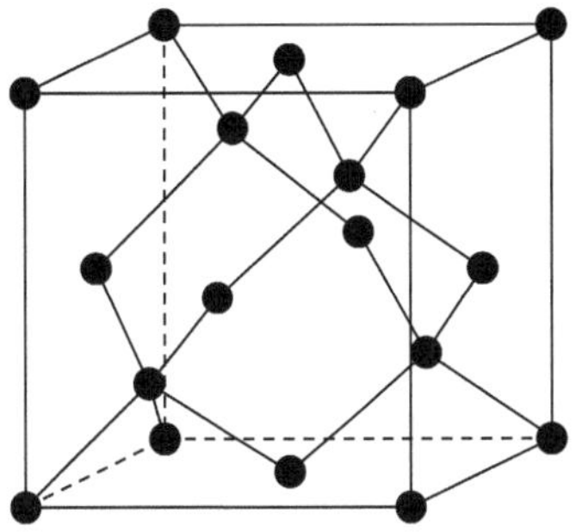

图 16-3 金刚石的晶体结构

金刚石为透明晶体，具有很高的折光性。在所有的物质中，金刚石的硬度最大，常以它的硬度为 10 作为量度其他物质硬度的标准。另外，金刚石也是熔点[(3827±200)℃]最高的物质。由于金刚石中碳原子的价电子都参与成键，加之禁带宽度大(约 580 kJ·mol⁻¹)，因此不导电，其电阻率为 10¹⁴～10¹⁶ Ω·cm。但金刚石具有很高的导热性，是铜导热性的 6 倍，热膨胀系数很小(1.06×10⁶)。由于 C—C 键很强，室温下金刚石是非常不活跃的。

表 16-3 列出了金刚石和石墨的某些性质。

表 16-3 金刚石和石墨的某些性质

性质	金刚石	石墨
密度/(g·cm⁻³)	3.514	2.266(理论)，1.48(活性炭)～2.23(焦炭)
硬度/Mohs	10	<1
熔点/℃	3827±200(1.26×10⁷ kPa)	3827±100(9.09×10⁵ kPa)
电阻率/(Ω·cm)	10¹⁴～10¹⁶	(0.4～5.0)×10⁻⁴(底面)，0.2～1.0(C 轴)
$\Delta H^{\ominus}_{升华}$/(kJ·mol⁻¹)	约 710(升华为气态单原子 C)	>715(升华为气态单原子 C)
$\Delta H^{\ominus}_{燃烧}$/(kJ·mol⁻¹)	−395.41	−393.51
$\Delta_f H^{\ominus}_m$/(kJ·mol⁻¹)	1.90	0(标态)

由石墨和金刚石的燃烧反应也可看出：

$$C(石墨) + O_2(g) === CO_2(g) \qquad \Delta_r H^{\ominus}_m = -393.51 \text{ kJ·mol}^{-1} \quad \Delta_r G^{\ominus}_m = -394.38 \text{ kJ·mol}^{-1}$$

$$C(金刚石) + O_2(g) === CO_2(g) \qquad \Delta_r H^{\ominus}_m = -395.41 \text{ kJ·mol}^{-1} \quad \Delta_r G^{\ominus}_m = -397.27 \text{ kJ·mol}^{-1}$$

可见，石墨转变为金刚石的焓变 $\Delta_r H^{\ominus}_m = -393.51-(-395.41) = 1.90(\text{kJ·mol}^{-1})$，自由能变化 $\Delta_r G^{\ominus}_m = -394.38-(-397.27) = 2.89(\text{kJ·mol}^{-1})$，所以在通常条件下石墨更稳定，不能转变为金刚石。但由于金刚石的摩尔体积(3.418 cm³)比石墨的摩尔体积(5.301 cm³)小得多，即石墨转变为金刚石是一个体积变小的过程。尽管压力对固相反应影响不大，但加压对这种体积变小的转变显然是有利的。实际上在 1953～1955 年，在合适的高压(1×10⁷ kPa)和高温(1200～2800 K)条件下，以熔融的金属 Cr、Fe 或 Ni 作催化剂，成功地实现了石墨转化为金刚石，其中催化剂的作用可能是形成不稳定的中间体碳化物。

1985 年，克罗托(Kroto)和斯莫利(Smalley)等提出碳的第三种晶体形态，称为球烯或富勒烯，它是由碳元素结合形成的稳定分子，分子式为 Cₙ(一般 n<200)，其中研究最多的是 C₆₀。当两个碳电极在惰性气体中电弧放电时，在烟与凝聚的黑灰中混杂有一定量的 C₆₀ 和少量的 C₇₀、C₇₆ 和 C₈₄。富勒烯 C₆₀ 或 C₇₀ 的结构如图 16-4 所示。

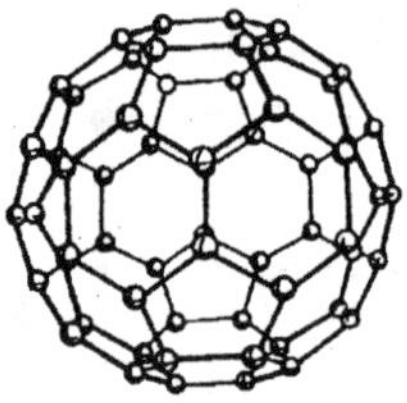
(a) C_{60}的分子结构

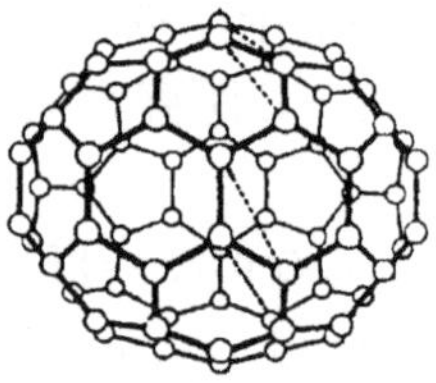
(b) C_{70}的分子结构

图 16-4　富勒烯的分子结构示意图

C_{60}具有 60 个顶点和 32 个面，其中 12 个为正五边形，20 个为正六边形，整个分子形似足球。碳原子占据 60 个顶点，碳原子与相邻的碳原子各以 sp^2 杂化轨道形成 σ 键，每个碳原子形成的三个 σ 键分别为一个正五边形和两个正六边形的边。碳原子形成的三个 σ 键不是共平面的，键角约为 108°或 120°，每个碳原子剩余的 p 轨道相互重叠形成含有 60 个 π 电子的离域 π 键，因此球烯是一个具有芳香性的稳定体系。球烯为球形多面体，球形分子的直径约为 1000 pm。C_{60} 和 C_{70} 是富勒烯系列中稳定性最好的两个。C_{60} 是由 12 个五边形环与 20 个六边形环所构成的中空 32 面体，酷似足球的拼皮花纹，故称足球烯，俗称巴基球，又因其稳定性可用美国著名的建筑设计师富勒(Fuller)发明的短程线圆顶结构加以解释，故命名为富勒烯。由于球面弯曲效应和五元环的存在，引起碳原子轨道的杂化方式改变，C_{60} 分子中的杂化轨道介于石墨的 sp^2 和金刚石的 sp^3 杂化之间，σ 键沿球面方向，而 π 电子则垂直分布在球的内外表面，形成了三维球状芳香分子。五边形环为单键(键长 146 pm)，两个六边形环的共用边则为双键(键长 139 pm)。C_{70} 是由 70 个碳原子构成的橄榄球状封闭的多面体，分子内含 12 个五边形环和 25 个六边形环，含有 70 个碳碳单键和 35 个碳碳双键。

C_{60} 和 C_{70} 的结构具有中空的碳笼，可在笼中形成内包物，又可在笼表面形成衍生物。另外，分子中的单双键形成了封闭的近似球状的大共轭体系，具有三维芳香性特征。它们的双键又使其具有一些特殊的物理化学性质。它们易溶于苯、甲苯、环己烷等非极性有机溶剂，并能参与氧化、还原、加成、环加成、亲核取代、亲电取代、聚合、氨基化等反应，它们掺入金属(如 Cs、K 等)后显超导性，还具有非线性光学效应等性质。目前，富勒烯的研究已涉及有机化学、无机化学、生命科学、材料科学、高分子科学、催化化学、电化学、超导体等众多学科及众多应用研究领域，富勒烯的应用潜力巨大。Kroto、Smally 和 Curl 三位科学家因他们对碳原子族的开创性研究而荣获 1996 年诺贝尔化学奖。

无定形碳包括焦炭、炭黑和活性炭等，实际上它们也具有石墨精细结构，只是其晶粒太小，石墨中碳原子六边形环所构成的层几乎为零。焦炭由煤在高温下炭化而成，主要用于钢铁工业。炭黑由液态碳氢化合物或天然气的不完全燃烧而生成，炭黑是非常细小的微粒(0.02～0.03 μm)。炭黑主要用于橡胶工业，橡胶中添加炭黑后可以大大提高强度，炭黑也可用作墨汁、涂料和塑料等的色素。活性炭可用化学活化或气体活化制得，它具有很大的比表面积(300～2000 $m^2 \cdot g^{-1}$)。化学活化是将含碳的物质(如锯木屑)与能使有机物氧化和脱水的物质(如 $ZnCl_2$、碱金属氢氧化物、碳酸盐、硫酸盐等)混合，加热到 500～900℃活化。气体活化是将含碳物质在低温下空气中加热，或高温下(800～1000℃)和水蒸气、CO_2 一起加热。

活性炭广泛用作吸附剂，在日常生活和化学中都有重要意义，活性炭还用于食用糖的脱色剂。另外，活性炭还可用作某些反应的催化剂，如反应

$$2CoCl_2 + 2NH_4Cl + 10NH_3 + H_2O_2 \xlongequal{\text{活性炭}} 2[Co(NH_3)_6]Cl_3 + 2H_2O$$

活性炭对 NH_3 配位有催化作用，否则会生成配离子 $[Co(NH_3)_5Cl]^+$。又如，工业上用 Co 与 Cl_2 反应制备 $CoCl_2$，SO_2 与 Cl_2 反应制备 $SOCl_2$ 等都用活性炭作催化剂。

2. 冶金工业中的碳还原反应

碳单质最重要的用途是在冶金工业中用来还原金属氧化物矿物。焦炭是冶金工业中重要的原材料。碳与氧发生的反应有以下三个：

$$2C + O_2 = 2CO \qquad \Delta_r S_m^\ominus(1) = 178.61\ J \cdot K^{-1} \cdot mol^{-1} \tag{1}$$

$$C + O_2 = CO_2 \qquad \Delta_r S_m^\ominus(2) = 2.87\ J \cdot K^{-1} \cdot mol^{-1} \tag{2}$$

$$2CO + O_2 = 2CO_2 \qquad \Delta_r S_m^\ominus(3) = -172.87\ J \cdot K^{-1} \cdot mol^{-1} \tag{3}$$

可见，反应(1)的 $\Delta_r S_m^\ominus(1)$ 为正值，因此其 $\Delta_r G_m^\ominus$ 值必然随温度升高而减小；反应(2)的 $\Delta_r S_m^\ominus(2)$ 很小接近零，因此其 $\Delta_r G_m^\ominus$ 值基本不随温度改变；反应(3)的 $\Delta_r S_m^\ominus(3)$ 为负值，因此其 $\Delta_r G_m^\ominus$ 值必然随温度升高而增大。

用 C 还原金属氧化物 MO 的化学反应可写为

$$MO + C = M + CO \qquad \Delta_r G_m^\ominus(\text{总})$$

该反应可认为包含两步反应

$$C + 1/2\ O_2 = CO \qquad \Delta_r G_m^\ominus(1)$$

$$MO = M + 1/2\ O_2 \qquad \Delta_r G_m^\ominus(2)$$

则

$$\Delta_r G_m^\ominus(\text{总}) = \Delta_r G_m^\ominus(1) + \Delta_r G_m^\ominus(2)$$

根据前面的分析，$\Delta_r G_m^\ominus(1)$值必然随温度升高而减小，从而使 $\Delta_r G_m^\ominus(\text{总})$值更快地变为负值而自发进行。可见，正是由于碳还原金属氧化物的反应体系中存在 CO，才使许多金属氧化物能在中等温度下被碳还原。

3. 人造金刚石

特殊条件下，当熔岩冷却固化时所产生的高压和高温，促使残留在其中的石墨构型的碳转变为金刚石，这就是天然金刚石的形成原因。

由热力学可知，石墨的标准生成吉布斯自由能 $\Delta_f G_m^\ominus = 0$，而金刚石的 $\Delta_f G_m^\ominus = 2.890\ kJ \cdot mol^{-1}$，因此在 298 K 和 1.013×10^5 Pa 下，反应 C (石墨) $\longrightarrow$ C(金刚石)的 $\Delta_r G_m^\ominus = 2.890\ kJ \cdot mol^{-1} > 0$，即该反应不能自发进行。但是由于石墨和金刚石的密度分别为 $2.266\ g \cdot cm^{-3}$ 和 $3.514\ g \cdot cm^{-3}$，也就是说，加压对石墨转变为金刚石这种体积变小的反应是有利的。热力学上用来计算压力变化对 ΔG 的影响的公式为

$$\Delta_r G_{p_2} - \Delta_r G_{p_1} = \Delta V(p_2 - p_1)$$

式中，p_2、p_1 分别为不同压力；$\Delta_r G_{p_2}$、$\Delta_r G_{p_1}$ 则为不同压力下的吉布斯自由能改变量；ΔV 为反应中的体积改变量。同时，石墨转化为金刚石是吸热反应，升高温度是有利的。因此，金刚石的实际生产需要很高的温度和压力。

由于金刚石的特殊性能和用途，人们很早就尝试以人工合成来补充其天然储量和产量的不足。但在解决转变条件、相应设备及有效催化剂的探索等一系列问题上面，花费了大量的时间，经历了漫长的过程。直到 1954 年，霍尔等才首次获得成功。他们以熔融的 FeS 作熔剂，在严格控制的高温、高压条件下使石墨第一次转化成人造金刚石。从此以后，人造金刚石的研制和生产蓬勃兴起，成为当今的一个新兴工业。我国在 1960 年前后也开始了这方面的研究工作，但直到 20 世纪 70 年代以后才得到广泛开展。人造金刚石大多用静压触媒法工艺过程进行生产，将石墨片、触媒片等以间隔的方式填入一中空的叶蜡石中，组装为合成件，然后把它放在六面顶压机上，施加高温高压，一定时间后取出合成件，捣碎并从中取出完整的合成试棒。在合成试棒的石墨片上可以看到浅黄色或浅绿色的人造金刚石晶粒，其颜色随触媒的材料而变。合成时所采用的温度、压力、时间等条件也与触媒种类有关，一般为 1600～1800 K、6.0×10^9 Pa、1～5 min。把合成试棒捣碎后，相继用电解法清除触媒，用高氯酸清除石墨，用熔融的氢氧化钠清除合成件所带来的硅酸盐，就得到了纯净的人造金刚石。静压触媒法合成金刚石的工艺程序大致分为三个阶段：①原材料准备阶段：包括石墨、触媒、叶蜡石的选择、加工与组装；②高温高压合成阶段：包括 p、T、t 参数及控制方法；③提纯分选与检验阶段。

4. Si、Ge、Sn、Pb

单质硅的晶体结构类似于金刚石，熔点 1683 K，呈灰黑色金属外貌，性硬脆，能刻划玻璃。在低温下，单质硅并不活泼，与水、空气和酸均无作用(这可能是由于硅的表面形成 SiO_2 保护膜)，但与强氧化剂和强碱溶液发生反应。

$$Si + O_2 \xlongequal{\triangle} SiO_2$$

$$Si + 2X_2 \xlongequal{\triangle} SiX_4$$

(F_2 在室温下、Cl_2 在 300℃左右、Br_2 和 I_2 在 500℃左右的条件下能够发生此反应)

$$Si + 2OH^- + H_2O \xlongequal{\quad} SiO_3^{2-} + 2H_2\uparrow$$

纯度为 96%～99%的工业用硅可由二氧化硅和焦炭反应制得：

$$SiO_2 + 2C \xlongequal{\quad} Si + 2CO$$

反应中 SiO_2 需过量，以防止 SiC 的生成。

由于硅的熔点和沸点(约 2355℃)很高，难以用物理方法纯化，所以纯硅(含硅 99.99%以上)是用工业硅合成为硅的卤化物(主要是氯化物)或氢化物，再经过提纯，用还原法或热分解法制得。纯硅再经区域熔炼方法进一步提纯制成高纯单晶硅(杂质少于百万分之一)，而被用作半导体材料。

单质硅有无定形硅和晶体硅之分，晶体硅又有多晶硅和单晶硅之分。

锗是一种灰白色的脆性金属，它的晶体结构也是金刚石型，熔点为 1210 K，其化学性质略比硅活泼些。在 400 K 左右，就能与氯气反应生成 $GeCl_4$，若锗呈细粉状，则瞬间燃烧。它能溶于浓 H_2SO_4 和浓 HNO_3 中，但不溶于 NaOH 溶液中，除非有 H_2O_2 存在。高纯锗也是一种良好的半导体材料。提取制备高纯锗通常是将锗变为四氯化锗 $GeCl_4$(沸点 83.1℃)，经化学、物理方法提纯后，使其水解为 GeO_2，然后用 H_2 在 530℃左右还原，即可得到纯度较高的单质锗。通过区域熔炼等物理方法提纯可获得高纯锗。

锡有三种同素异形体，即灰锡、白锡和脆锡：

$$\text{灰锡} \underset{}{\overset{286\ K}{\rightleftharpoons}} \text{白锡} \underset{}{\overset{434\ K}{\rightleftharpoons}} \text{脆锡}$$

(α型)　　(β型)　　(γ型)

金刚石立方晶系　　四方晶系　　正交晶系

白锡是银白带蓝色的金属，有延展性。升温到 505 K 时，白锡开始熔化；低于 286 K 时，白锡非常缓慢地转变成灰锡。灰锡呈粉末状，因此锡制品若在寒冬中长期处于低温(<286 K)会自行毁坏。毁坏是先从某一点开始，然后迅速蔓延，称为锡疫。常温下锡表面生成氧化物保护膜，所以锡在空气和水中是稳定的，若在铁皮表面镀锡(即马口铁)，可增强防腐蚀作用。

锡能形成多种合金，典型的锡合金及其组成列于表 16-4 中。

表 16-4　典型的锡合金

合金	Sn	Cu	Pb	Sb	Bi	其他
铜锡合金	96%	4%				
铅字合金	12.5%		25%		50%	Cd 12.5%
易熔合金	15%		32%		53%	
轴承合金	90%	4%		6%		
青铜	8%	90%				Zn 2%
磷青铜	10%	79.7%		9.5%		P 0.8%
镜青铜	33%	67%				

锡是人体中必需的微量元素，但也有一定的毒性，其原因可能是过量的锡引起糖代谢、胃酸分泌、肝胆系统和肾脏的钙代谢异常。

金属锡在冷的稀盐酸中溶解缓慢，但迅速溶于热浓盐酸中，

$$Sn + 2HCl = SnCl_2 + H_2\uparrow$$

冷的极稀硝酸与锡反应生成硝酸亚锡(Ⅱ)，而浓硝酸迅速把锡转变成不溶于水的β-锡酸 H_2SnO_3，即为水合二氧化锡。

$$3Sn + 8HNO_3 = 3Sn(NO_3)_2 + 2NO\uparrow + 4H_2O$$

$$Sn + 4HNO_3 = H_2SnO_3 + 4NO_2\uparrow + H_2O$$

锡也能与碱溶液作用而放出氢气：

$$Sn + 2OH^- + 2H_2O = [Sn(OH)_4]^{2-} + H_2\uparrow$$

干燥的氯与锡反应生成 $SnCl_4$，氧与锡反应生成 SnO_2。

铅是软的、强度不高的金属，密度很大(11.35 g · cm^{-3})，次于汞(13.546 g · cm^{-3})和金(19.32 g · cm^{-3})，熔点为 601 K。新切开的铅表面有金属光泽，但是由于它易与空气中氧、水和二氧化碳作用，迅速生成一层致密的碱式碳酸盐，而使表面很快变成暗灰色。正是由于铅的表面会形成一层薄的耐腐蚀的 PbO、$PbSO_4$、$PbCl_2$ 和 $Pb_2(OH)_2CO_3$ 保护膜，铅与盐酸和硫酸的反应缓慢，但加热时反应明显加快，

$$Pb + 2HCl = PbCl_2 + H_2\uparrow$$

$$Pb + 2H_2SO_4 = Pb(HSO_4)_2 + H_2\uparrow$$

铅易与 HNO_3 和 HAc 反应：

$$Pb + 4HNO_3 = Pb(NO_3)_2 + 2NO_2\uparrow + 2H_2O$$

$$Pb + 2HAc = Pb(Ac)_2 + H_2\uparrow$$

室温下 Pb 与 F_2 反应生成 PbF_2，加热时与 Cl_2 反应生成 $PbCl_2$。

16.2.3 碳的化合物

1. 碳化物

碳与电负性小的元素形成的二元化合物称为碳化物。典型的金属碳化物的制备方法可归纳为四种：①高温下(2200℃以上)由单质与碳直接制取；②金属氧化物和碳在高温下反应；③热的金属与碳的氢化物反应；④乙炔和电正性金属在液氨中反应。一般根据碳化物的性质可分为以下三类。

1) 盐型碳化物

碳与电正性金属形成盐型碳化物，它们是离子型的，碳化物中含有 C_3^{4-} 或 C_2^{2-}，这些碳化物水解将相应产生 CH_4 或 C_2H_2，如 Be_2C、Al_4C_3、CaC_2。

碳化钙 CaC_2 是重要的碳化物，工业上称为电石，它是由 CaO 和 C 在高温下反应制得：

$$CaO + 3C \xlongequal{2200\sim2250℃} CaC_2 + CO \qquad \Delta_r H_m^\ominus = 465.7\ kJ\cdot mol^{-1}$$

实验室中可将乙炔通入钙的液氨溶液制取：

$$Ca(液氨) + 2C_2H_2 \xlongequal{-80℃} H_2 + CaC_2\cdot C_2H_2$$

$$CaC_2\cdot C_2H_2 \xlongequal{325℃} CaC_2 + C_2H_2$$

CaC_2 是无色固体，熔点为 2300℃，至少存在 4 种不同的晶型，但在室温下变形 NaCl 型最稳定，其结构如图 16-5 所示。

CaC_2 极易水解生成乙炔 C_2H_2，并强烈放热：

$$CaC_2 + 2H_2O = C_2H_2\uparrow + Ca(OH)_2 \qquad \Delta_r H_m^\ominus = -120\ kJ\cdot mol^{-1}$$

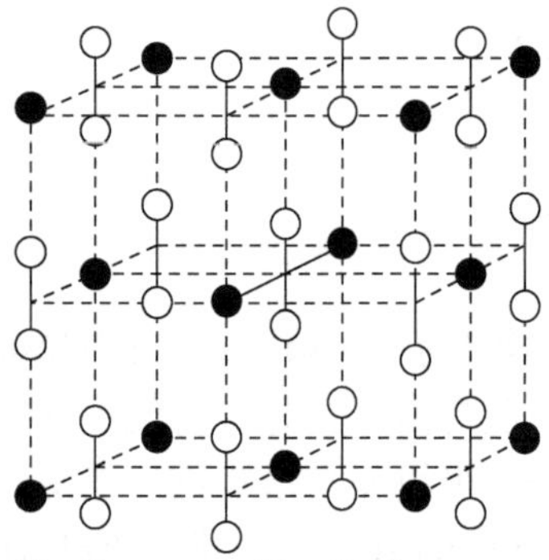

图 16-5　CaC_2 的晶体结构

2) 间充碳化物

间充碳化物具有很高的熔点和硬度，一般熔点为 3000～4000℃(如 TaC 的熔点为 3893℃)。可作为耐火材料并保持金属的许多性质，如金属光泽、导电性等。基于这种碳化物熔点高、硬度大，可用于制造刀具和高压装置，Fe_3C 是钢和铸铁的主要成分。

间充碳化物往往保持相应金属的结构，碳原子填充在金属原子八面体的空隙中，故称为间充碳化物。

3) 共价型碳化物

碳与具有较高电负性的元素形成的碳化物是共价型的，最典型的是 SiC 和 B_4C，这类碳化物也具有熔点高、硬度大等特点，如 SiC 在 2700℃左右才分解。

2. 氧化物

碳形成稳定的氧化物 CO、CO_2，以及不稳定的低价氧化物如 C_3O_2、C_5O_2 和 $C_{12}O_9$ 等。下面讨论 CO、CO_2、SiO_2 以及 Sn 和 Pb 的氧化物。

1) 一氧化碳

发生炉煤气和水煤气都含有大量的 CO，工业上通过这两种煤气大量产生 CO。

发生炉煤气是将空气通过白热的焦炭而产生，其组成大约为：CO 25%，CO_2 4%，N_2、H_2 和 CH_4 70%。有关反应是

$$C + O_2 = CO_2 \quad \Delta_r H_m^\ominus = -393.5\ kJ \cdot mol^{-1} \quad \Delta_r S_m^\ominus = 2.89\ J \cdot K^{-1} \cdot mol^{-1}$$

$$C + CO_2 = 2CO \quad \Delta_r H_m^\ominus = 172.5\ kJ \cdot mol^{-1} \quad \Delta_r S_m^\ominus = 176.5\ J \cdot K^{-1} \cdot mol^{-1}$$

$$2C + O_2 = 2CO \quad \Delta_r H_m^\ominus = -221\ kJ \cdot mol^{-1} \quad \Delta_r S_m^\ominus = 179.4\ J \cdot K^{-1} \cdot mol^{-1}$$

水煤气是由水蒸气通过白热的焦炭而产生，其组成大约为：H_2 50%，CO 40%，CO_2 5%，N_2 和 CH_4 5%，其反应是

$$C + H_2O = CO + H_2 \quad \Delta_r H_m^\ominus = 131.1\ kJ \cdot mol^{-1} \quad \Delta_r S_m^\ominus = 133.7\ J \cdot K^{-1} \cdot mol^{-1}$$

由于水煤气的产生是吸热反应，因此在水煤气的产生中总是把水蒸气和空气交替鼓入发生炉内，利用碳与空气作用产生的热量来维持足够高的温度，以保证碳与水蒸气吸热反应的进行。

实验室中可用甲酸或草酸通过浓硫酸脱水制取一氧化碳：

$$HCOOH \xrightarrow[\text{约140℃}]{\text{浓}H_2SO_4} CO\uparrow + H_2O$$

$$H_2C_2O_4 \xrightarrow{\text{浓}H_2SO_4} CO\uparrow + CO_2\uparrow + H_2O$$

CO 和 N_2 是等电子体，根据分子轨道法处理，CO 的分子轨道表示式为

$$[KK(\sigma_{2s})^2(\sigma_{2s}^*)^2(\pi_{2p_y})^2(\pi_{2p_z})^2(\sigma_{2p_x})^2]$$

即含有一个 σ 键和两个 π 键，其结构式可表示为

$$:C \overset{\leftarrow}{=} O:$$

因此，CO 的键长短(112.8 pm)，键能大(1070.3 kJ · mol^{-1})，具有很小的偶极矩(0.12 deb)。

CO 是无色、无味、易燃的有毒气体。它与血红蛋白的配位能力比 O_2 大 300 倍左右，其结果是妨碍血液中血红蛋白输送氧。空气中 CO 的含量(体积分数)达到 0.05%时，人会感到头晕；达到 0.2%时，会神志不清；达到 1%时，会导致死亡。以 CuO 作催化剂，MnO_2 可将 CO 氧化为 CO_2。因此，CuO 和 MnO_2 的混合物可用作矿工防毒面罩的填充物。

CO 是强还原剂，在高温下可将许多金属氧化物还原为金属，如

$$Fe_2O_3 + 3CO \xrightarrow{\triangle} 2Fe + 3CO_2\uparrow$$

CO 是π-酸配体，与过渡金属形成稳定的配合物，如$[PtCl_2(CO)_2]$，以及很多羰基配合物，如 $Fe(CO)_5$、$Ni(CO)_4$ 等。

在液氨中，$[Cu(NH_3)_2]^+$可用来吸收 CO：

$$[Cu(NH_3)_2]^+ + CO \xlongequal{NH_3} [Cu(NH_3)_2 \cdot (CO)]^+$$

该反应在合成氨中用来吸收除掉 CO，并且加合物$[Cu(NH_3)_2 \cdot (CO)]^+$加热后放出 CO，溶液可循环使用。无 C_2H_2 的酸性溶液中，CuCl 吸收 CO 生成加合物$[Cu(CO)(H_2O)_2]Cl$。

CO 能将 $PdCl_2$ 溶液还原析出 Pd 而使溶液变黑，该反应常用于 CO 的鉴定：

$$PdCl_2 + CO + H_2O \xlongequal{\quad} Pd\downarrow + CO_2\uparrow + 2HCl$$

利用 CO 与 I_2O_5 反应定量地析出 I_2，再用 $Na_2S_2O_3$ 滴定析出的 I_2，从而定量分析 CO：

$$I_2O_5 + 5CO \xlongequal{\quad} 5CO_2\uparrow + I_2$$

2) 二氧化碳

CO_2 在大气中约占 0.0315%，海洋中约占 0.014%。CO_2 主要产生于碳和含碳化合物的燃烧、碳酸钙矿石的分解、动物的呼吸排放等过程，而植物的光合作用和海洋中的生物可将 CO_2 转变为 O_2。大气中 CO_2 含量的增加，将产生温室效应而使地球的气温升高。

在实验室可用碳酸盐与酸反应制取 CO_2，工业上可由发酵等多种途径得到 CO_2：

$$CaCO_3 + 2HCl \xlongequal{\quad} CaCl_2 + H_2O + CO_2\uparrow$$

$$C_6H_{12}O_6 \xlongequal{发酵} 2C_2H_5OH + 2CO_2\uparrow$$

CO_2 为直线形分子，其结构曾被认为是 O═C═O，但 CO_2 分子中 C—O 键长为 116.3 pm，其数值介于 C═O 双键键长(124 pm)和 C≡O 三键键长(112.8 pm)之间，其键能($531.4\ kJ \cdot mol^{-1}$)也介于双键和三键之间，因此 CO_2 分子的结构可用离域 π 键描述：

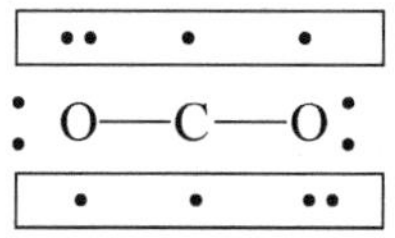

$2\Pi_3^4$

CO_2 无毒，但在空气中的含量过高会导致缺氧。CO_2 不助燃，空气中 CO_2 的含量达 25%时，火焰就会熄灭，但 CO_2 能与 Mg 发生燃烧反应：

$$2Mg(s) + CO_2(g) \xlongequal{\quad} 2MgO(s) + C(s) \qquad \Delta_r G_m^\ominus = -774.8\ kJ \cdot mol^{-1}$$

CO_2 能在三相点温度(−56.6℃)至临界温度(31.0℃)之间液化。实际液化时，可先加压到临界压力(7625.8 kPa)，然后用水冷却至室温使其液化，也可先冷却到−15℃左右，然后加压到 1544.8 kPa 液化。

液态 CO_2 自由挥发时吸收大量的热，使一部分 CO_2 冷凝为雪花状固体，称为干冰。干冰在−78.5℃升华，其升华吸收大量的热，因此干冰常用作制冷剂。干冰与丙酮、氯仿等有机物组成的冷浴具有很好的制冷效果，其冷却温度可达−78℃左右。

在生物学上，CO_2 有极为重要的意义。光合作用产生 O_2 是一个复杂的连续过程，在这些过程中植物先吸收阳光，以推动水和二氧化碳经过一系列氧化还原反应，最后产生葡萄糖，同时释放出氧气。光合作用中，叶绿素的作用是吸收可见光中的红色光($\lambda = 700$ nm 左右)，并将这种能量传给反应链中的其他物质。

$$6CO_2 + 6H_2O \xlongequal[叶绿素]{光照} C_6H_{12}O_6 + 6O_2$$

CO 和 CO_2 的某些性质列于表 16-5 中。

表 16-5　CO 和 CO_2 的某些性质

性质	CO	CO_2
熔点/℃	−205.1	−56.2(3.2×10^2 kPa)
沸点/℃	−191.5	−78.5(升华)
$\Delta_f H_m^\ominus$ /(kJ · mol^{-1})	−110.5	−393.5
核间距(C—O)/pm	112.8	116.3
解离能/(kJ · mol^{-1})	1070.3	531.4

3) 二氧化硅

二氧化硅又称为硅石，在所有的化合物中，除水以外，对它的研究是最多的。

由于硅难以形成双键，只能以三维的—Si—O—Si—键合形成原子晶体，键合时 Si 原子以 sp^3 杂化轨道成键，呈硅-氧四面体{SiO_4}。由于 Si—O—Si 键能相当大(约 900 kJ · mol^{-1})，因此二氧化硅的熔点很高，沸点在 2800℃以上。

常压下，SiO_2 有多种晶型，最常见的是石英，

$$\text{石英} \xrightarrow{870℃} \text{鳞石英} \xrightarrow{1470℃} \text{方石英}$$

石英加热到 1600℃以上时熔化为黏稠液体，缓慢冷却因黏稠度大不易再结晶，而是变为过冷状态，称为石英玻璃。石英玻璃中硅-氧 4 面体{SiO_4}呈无规则排列，是一种无定形结构。在晶体中，每个 Si 原子采取 sp^3 杂化与周围四个氧原子共价结合，每个{SiO_4}又通过共用氧原子相互连接。从整体上看，每个 Si 原子周围有 4 个 O 原子，而每个 O 原子又被 2 个 Si 原子共用。图 16-6 为方石英晶体的结构。石英玻璃热膨胀系数小，软化点高(约 1500℃)，能透过可见光和紫外光，耐腐蚀性强(除 HF 和熔碱外)，不易引入杂质，可用来制作光学仪器的透镜和棱镜、紫外灯和汞灯等，以及制造高级石英器皿。

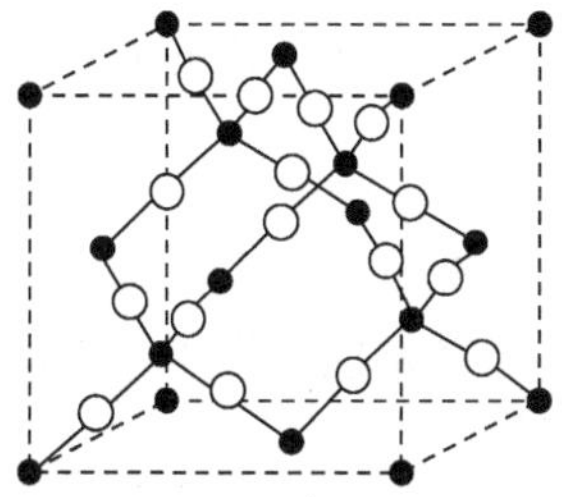

图 16-6　方石英晶体的结构

二氧化硅的化学性质不活泼，但能与氢氟酸、浓碱及熔融的 MOH 或 M_2CO_3 反应，也能与 F_2 反应生成 SiF_4 和 O_2。

$$SiO_2 + 6HF = H_2SiF_6 + 2H_2O$$

$$SiO_2 + 4OH^- = SiO_4^{4-} + 2H_2O$$

$$SiO_2 + Na_2CO_3 \xlongequal{\text{熔融}} Na_2SiO_3 + CO_2\uparrow$$

4) Sn 和 Pb 的氧化物

锡、铅有两类氧化物(MO 和 MO_2)。Sn(Ⅱ)盐水解可得水合氧化亚锡，经脱水后生成蓝黑色 SnO。SnO 具有两性，溶于酸生成 Sn^{2+}，溶于碱生成$[Sn(OH)_3]^-$。Sn 或 SnO 在空气中加热生成淡黄色 SnO_2(冷却时为白色)，SnO_2 不溶于稀酸和碱溶液，但与 NaOH 共熔生成偏锡酸钠 Na_2SnO_3。铅能形成多种氧化物，最重要的是 PbO、Pb_3O_4、Pb_2O_3 和 PbO_2。

PbO 又称为密陀僧或黄铅，可由 Pb(Ⅱ)的氢氧化物、硝酸盐或碳酸盐热分解制得。室温下为α型 PbO，488℃以上为黄色β型 PbO，显现的颜色还与制备方法有关。PbO 具有两性，易与酸、碱反应。PbO 在玻璃工业中具有广泛的应用，玻璃中有高含量的 Pb 可以增大密度，降

低导热性，提高热稳定性和强度，还可提高玻璃的折射指数。

Pb_3O_4又称为红铅或铅丹，是+2、+4 价铅的混合价氧化物，在 500～530℃时将 PbO 在反射炉中氧化可制得 Pb_3O_4。Pb_3O_4广泛用作涂料和颜料，钢铁表面涂有 Pb_3O_4 可以防止腐蚀，Pb_3O_4也用来制作铅玻璃和陶瓷的釉，在有机合成中可作为氧化剂。

由于 Pb_3O_4 中含有 Pb(Ⅱ，Ⅳ)氧化态，因此与 HNO_3 反应生成 PbO_2 和 $Pb(NO_3)_2$：

$$Pb_3O_4 + 4HNO_3 = PbO_2\downarrow + 2Pb(NO_3)_2 + 2H_2O$$

PbO_2为棕色固体，可由强氧化剂 NaClO 在碱性介质中氧化 Pb(Ⅱ)生成：

$$[Pb(OH)_3]^- + ClO^- = PbO_2\downarrow + Cl^- + OH^- + H_2O$$

工业上是在碱性条件下，通氯气将 Pb_3O_4 氧化制得 PbO_2。PbO_2 是强氧化剂，与浓 H_2SO_4 和 HNO_3 作用皆放出 O_2：

$$2PbO_2 + 2H_2SO_4 = 2PbSO_4\downarrow + O_2\uparrow + 2H_2O$$

$$2PbO_2 + 4HNO_3 = 2Pb(NO_3)_2 + O_2\uparrow + 2H_2O$$

在酸性介质中，PbO_2将 Mn^{2+}氧化为 MnO_4^-显示为红色，该反应可用来检验 Mn^{2+}：

$$2Mn^{2+} + 5PbO_2 + 4H^+ = 2MnO_4^- + 5Pb^{2+} + 2H_2O$$

在 HNO_3 介质中进行时，$E^\ominus_{PbO_2/Pb^{2+}} = 1.46\ V$；在 H_2SO_4 介质中进行时，$E^\ominus_{PbO_2/Pb^{2+}} = 1.68\ V$。

上述几种铅的氧化物在一定温度下可以转化：

$$PbO_2 \xrightarrow{约327℃} Pb_2O_3 \xrightarrow{约420℃} Pb_3O_4 \xrightarrow{约605℃} PbO$$

Sn(Ⅱ)具有还原性，在不同介质中其还原性强弱不同，下面从有关的电极电势加以讨论。

在碱性介质中，Sn(Ⅱ)可将 Bi(Ⅲ)还原为 Bi：

$$3SnO_2^{2-} + 2Bi^{3+} + 6OH^- = 3SnO_3^{2-} + 2Bi\downarrow + 3H_2O$$

而在酸性介质中反应不能进行。

有关的电极电势为

酸性介质：　$BiO^+ + 2H^+ + 3e^- = Bi + H_2O \quad E^\ominus_{正} = 0.32\ V$

$$Sn^{4+} + 2e^- = Sn^{2+} \quad E^\ominus_{负} = 0.15\ V$$

$$E^\ominus_A = E^\ominus_{正} - E^\ominus_{负} = 0.32V - 0.15V = 0.17\ V$$

碱性介质：$BiOOH + H_2O + 3e^- = Bi + 3OH^- \quad E^\ominus_{正} = -0.46\ V$

$$SnO_3^{2-} + H_2O + 2e^- = SnO_2^{2-} + 2OH^- \quad E^\ominus_{负} = -0.9\ V$$

$$E^\ominus_B = E^\ominus_{正} - E^\ominus_{负} = -0.46\ V-(-0.9\ V) = 0.44\ V$$

可以看出，虽然在酸性介质中 Bi(Ⅲ)的氧化能力增强，但在碱性介质中 Sn(Ⅱ)的还原能力更强，总的结果是在碱性介质中有利于反应的进行。溶液的酸碱性对氧化还原反应的影响是极为普遍和重要的。例如，在酸性介质中 Pb(Ⅳ)可将 Mn^{2+}氧化为 MnO_4^-，但在碱性介质中 ClO^-可将 Pb(Ⅱ)氧化为 PbO_2。

16.2.4　含氧酸及其盐

1. 碳酸和碳酸盐

1) 碳酸

CO_2溶于水后主要以水合二氧化碳 $CO_2 \cdot nH_2O$ 形式存在，并与 H_2CO_3 处于平衡状态。实验证明达到平衡的速率以及 H_2CO_3 的解离速率都很慢，因此可以区分 H_2CO_3 和 $CO_2 \cdot nH_2O$。这种迟缓过程在生物化学和分析化学中极为重要。

慢反应可用以下简单实验证明：将饱和 CO_2 水溶液加入含酚酞指示剂的稀 NaOH 溶液中，另外，将 HAc 加入含酚酞指示剂的稀 NaOH 溶液中，做对比实验，实验证明，HAc 的中和反应是瞬时的，而 CO_2 的中和反应需几秒钟。

在标准状态时，CO_2 在水中的溶解度为 0.0337 mol · L^{-1}，溶液中氢离子浓度$[H^+] = 1.2 \times 10^4$ mol · L^{-1}，即溶液的 pH 为 3.92。

通常认为 CO_2 溶于水后生成 H_2CO_3，并认为 H_2CO_3 为二元弱酸，存在以下两步电离：

$$H_2CO_3 + H_2O \rightleftharpoons H_3O^+ + HCO_3^- \qquad K_{a1}^{\ominus} = 4.2 \times 10^{-7}$$

$$HCO_3^- + H_2O \rightleftharpoons H_3O^+ + CO_3^{2-} \qquad K_{a2}^{\ominus} = 4.8 \times 10^{-11}$$

上述解离常数是假定溶于水中的 CO_2 全部转化为 H_2CO_3 计算而得。实际上 CO_2 溶于水后，大部分 CO_2 是以水合分子存在，CO_2 与 H_2CO_3 的浓度之比为 600 左右：

$$H_2CO_3 \rightleftharpoons CO_2 + H_2O \qquad K^{\ominus} = \frac{[CO_2]}{[H_2CO_3]} \approx 600$$

若考虑 CO_2 溶液中的实际情况，H_2CO_3 第一步电离常数 $K_{a1}^{\ominus}$ 为

$$K_{a1}^{\ominus} = \frac{[H_3O^+][HCO_3^-]}{[CO_2]+[H_2CO_3]} = 4.2 \times 10^{-7}$$

而 $K^{\ominus} = \dfrac{[CO_2]}{[H_2CO_3]} \approx 600$，故 H_2CO_3 的实际电离常数 $K_{a1}^{\ominus\prime}$ 是

$$K_{a1}^{\ominus\prime} = \frac{[H_3O^+][HCO_3^-]}{[H_2CO_3]} = K_{a1}^{\ominus}(1+K^{\ominus}) \approx 2.5 \times 10^{-4}$$

在 0℃和 CO_2 的分压约为 4.5×10^3 kPa 时，从 CO_2 水溶液中能结晶出水合二氧化碳 $CO_2 \cdot 8H_2O$。

2) 碳酸盐

碳酸为二元酸，可以生成酸式盐和正盐，正盐中除碱金属(不包括 Li)盐和铵盐以外都难溶于水。对于难溶的碳酸盐(如 $CaCO_3$)，其碳酸氢盐有较大的溶解度[如 $Ca(HCO_3)_2$]，但 $NaHCO_3$、$KHCO_3$ 和 NH_4HCO_3 的溶解度比相应正盐的溶解度小，这是由于 HCO_3^- 通过氢键形成多聚链状结构的结果：

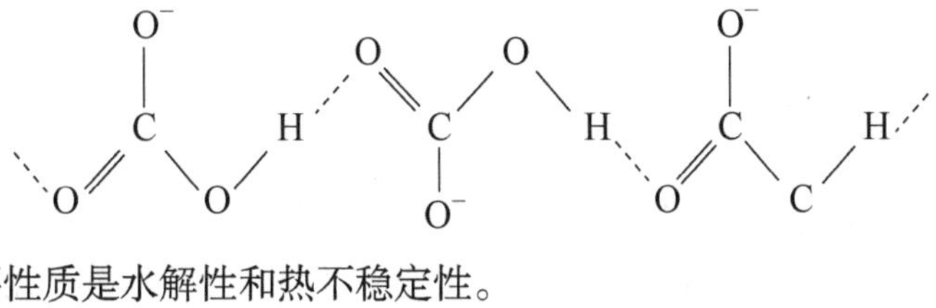

碳酸盐的主要性质是水解性和热不稳定性。

CO_3^{2-}具有强烈的水解性，当金属离子与可溶性碳酸盐溶液作用时，可能生成碳酸盐、碱式碳酸盐或氢氧化物，其具体产物与金属离子 M^{n+}的水解性和生成物的溶度积有关。若对应的碳酸盐溶度积很小，则生成碳酸盐沉淀；若金属离子容易水解且对应的氢氧化物溶度积很小，则生成氢氧化物沉淀；若对应碳酸盐和氢氧化物的溶度积相当，则生成碱式碳酸盐沉淀：

$$2Ag^+ + CO_3^{2-} = Ag_2CO_3\downarrow \quad (碱土金属离子、Mn^{2+}、Ni^{2+})$$

$$2Cu^{2+} + 2CO_3^{2-} + H_2O = Cu_2(OH)_2CO_3\downarrow + CO_2\uparrow \quad (Be^{2+}、Zn^{2+}、Co^{2+})$$

$$2Al^{3+} + 3CO_3^{2-} + 3H_2O = 2Al(OH)_3\downarrow + 3CO_2\uparrow \quad (Fe^{3+}、Cr^{3+})$$

碳酸盐的热稳定性呈现一定的规律性，如酸式盐比正盐的热稳定性差。例如，

$$2NaHCO_3 \xrightleftharpoons{150℃} Na_2CO_3 + CO_2\uparrow + H_2O$$

$$Na_2CO_3 \xrightleftharpoons{1500℃} Na_2O + CO_2\uparrow$$

碳酸盐的热稳定性可以用离子极化的观点定性解释(H^+的极化能力强于 Na^+，削弱了CO_3^{2-}中的 C—O 键，导致CO_3^{2-}更易破裂)，但从热力学和晶格能来解释更为合适。下面以碱土金属碳酸盐热稳定性为例进行分析，其热分解反应的$\Delta_r H_m^\ominus$、$\Delta_r G_m^\ominus$和分解温度 T_d(p_{CO_2}为标准压力)列于表 16-6 中。

表 16-6　碱土金属碳酸盐的热分解数据

分解反应	$\Delta_r H_m^\ominus$/(kJ · mol^{-1})	$\Delta_r G_m^\ominus$/(kJ · mol^{-1})	T_d/℃	$r_{M^{2+}}$/pm
$MgCO_3(s) = MgO(s) + CO_2(g)$	100.6	48.3	407	78
$CaCO_3(s) = CaO(s) + CO_2(g)$	178.3	130.4	895	106
$SrCO_3(s) = SrO(s) + CO_2(g)$	237.4	183.8	1182	127
$BaCO_3(s) = BaO(s) + CO_2(g)$	269.3	218.1	1535	143

从表 16-6 中数据可以看出，分解反应的$\Delta_r H_m^\ominus$、$\Delta_r G_m^\ominus$和分解温度 T_d均随原子序数的增加而增加。这种变化规律，一方面要考虑碳酸盐的晶格能，另一方面还要考虑分解产物氧化物的晶格能。对于碳酸盐，由于离子半径$r_{CO_3^{2-}}$(185 pm)比$r_{M^{2+}}$大得多，MCO_3的晶格能主要由$r_{CO_3^{2-}}$决定，因此随$r_{M^{2+}}$的增大，MCO_3的晶格能只是略有降低，其变化不大。但对于分解产物氧化物 MO，由于$r_{O^{2-}}$小(132 pm)，$r_{M^{2+}}$将影响 MO 的晶格能，即$r_{M^{2+}}$越小，氧化物的晶格能越大，其氧化物 MO 越稳定，相应碳酸盐越易分解为氧化物，即碳酸盐分解温度越低。因此，碱土金属碳酸盐的热稳定性随原子序数增加而增加。

2. 硅酸和硅酸盐

1) 硅酸

可溶性硅酸盐与酸作用生成硅酸：

$$SiO_3^{2-} + 2H^+ = H_2SiO_3$$

其解离常数为：$K_{a1}^\ominus = 3.0\times10^{-10}$，$K_{a2}^\ominus = 2.0\times10^{-12}$。硅酸不溶于水，有多种组成，且随生成条件

而变，常以通式 $x\mathrm{SiO_2}\cdot y\mathrm{H_2O}$ 表示，在溶液中至少有 5 种硅酸，见表 16-7。

表 16-7 溶液中的硅酸

化学式	$x\mathrm{SiO_2}\cdot y\mathrm{H_2O}$ 中 $y:x$	命名	溶解度(20℃)/($\mathrm{mol\cdot L^{-1}}$)
$H_{10}Si_2O_9$	2.5	五水硅酸	2.9×10^{-4}
H_4SiO_4	2	正硅酸	7.0×10^{-4}
$H_6Si_2O_7$	1.5	焦硅酸	9.6×10^{-4}
H_2SiO_3	1	偏硅酸	1.0×10^{-3}
$H_2Si_2O_5$	0.5	二硅酸	2.0×10^{-3}

上述各种硅酸在固态时将缩聚为不同组成的多硅酸$[\mathrm{SiO}_x(\mathrm{OH})_{4-2x}]_n$。

Na_2SiO_3 与酸作用，随浓度和酸度不同可以生成硅酸胶体溶液(即硅酸溶胶)，或生成含水量较多、软而透明、具有弹性的硅酸凝胶，硅酸凝胶可制成吸附剂——硅胶。将浓度较大的 Na_2SiO_3 与盐酸混合，使其生成硅酸凝胶，将凝胶静置 24 h 左右，使其陈化，用热水洗去凝胶中的盐，将洗净的凝胶在 60～70℃烘干，然后缓慢升温至 300℃活化，即得吸附剂硅胶。硅胶内有很多微小的孔隙，内表面积很大(可达 $800\ \mathrm{m^2\cdot g^{-1}}$)，因此硅胶具有很强的吸附性，可用作吸附剂、干燥剂或催化剂的载体。若将硅酸凝胶在 $CoCl_2$ 溶液中浸泡，干燥活化后得到变色硅胶。无水 $CoCl_2$ 为蓝色，水合 $CoCl_2\cdot 6H_2O$ 为红色，因此根据变色硅胶颜色的变化可以判断硅胶的吸水程度。用作干燥剂的硅胶，加热脱水后可以再生反复使用。

2) 硅酸盐

硅酸盐是为数极多的一类无机物，约占地壳质量的 80%，自然界中的硅酸盐复杂多变，常称为矿物。硅酸盐很重要，一方面是分布极为广泛，另一方面是许多硅酸盐本身是金属矿物或非金属矿物，如 Be、Zn 等金属大部分来源于硅酸盐矿，而云母、石棉等硅酸盐是重要的非金属矿。

硅酸盐分为可溶性和不溶性两类。Na_2SiO_3、K_2SiO_3 等是可溶性硅酸盐。将 Na_2CO_3 和 SiO_2 放在反射炉中焙烧可以得到组成不同的(偏)硅酸钠：

$$\mathrm{Na_2CO_3 + SiO_2 \xrightleftharpoons{约1500℃} Na_2SiO_3 + CO_2\uparrow}$$

Na_2SiO_3 是一种玻璃态物质，常因含有铁而呈蓝色，溶于水后成为黏稠溶液，商品名为水玻璃(俗称泡花碱)。水玻璃在工业上用作黏合剂，木材等经它浸泡后可以防腐、防火。

由于硅酸的酸性很弱，所以 SiO_3^{2-} 具有强的水解性，与 Al^{3+} 作用生成 H_2SiO_3 和 $Al(OH)_3$，与 NH_4^+ 作用生成不溶性 H_2SiO_3 和刺激性 NH_3(常用于定性鉴定硅酸盐)。

$$\mathrm{3Na_2SiO_3 + Al_2(SO_4)_3 + 6H_2O = 3H_2SiO_3\downarrow + 2Al(OH)_3\downarrow + 3Na_2SO_4}$$

$$\mathrm{Na_2SiO_3 + 2NH_4Cl = H_2SiO_3\downarrow + 2NaCl + 2NH_3\uparrow}$$

大多数硅酸盐是不溶的，它们在自然界中主要以矿物存在。由于 Si—O 键很强，$r_{\mathrm{Si^{4+}}}$ 与 $r_{\mathrm{O^{2-}}}$ 之比为 0.29，这些不溶性硅酸盐都是由硅-氧四面体$\{SiO_4\}$基本单元组成的，四面体通过共用顶点连接成各种链状、环状、层状和立体网状等形式。而硅酸盐链之间(石棉)、层之间(云母)的结合力较弱，易断裂。根据硅-氧四面体$\{SiO_4\}$单元连接方式不同，可将硅酸盐矿物分类

(表 16-8)，图 16-7 为相应阴离子的结构。

表 16-8　不溶性硅酸盐的分类和特征

硅酸盐	骨架结构	共用氧原子数	实例	图示
正硅酸盐	独立的{SiO_4}	0	Mg_2SiO_4	SiO_4^{4-}(a)
焦硅酸盐	独立的{Si_2O_7}	1	$Sc_2Si_2O_7$	$Si_2O_7^{6-}$(b)
环型硅酸盐	闭合环结构	2	$Be_3Al_2Si_6O_{18}$	$Si_6O_{18}^{12-}$(c)
链状硅酸盐	无限单链结构	2	$LiAl(SiO_3)_2$	$(SiO_3)_n^{2n-}$(d)
链状硅酸盐	无限双链结构	2 或 3	$Ca_2Mg_2(Si_4O_{11})(OH)_2$	$(Si_4O_{11})_n^{6n-}$(e)
层状硅酸盐	无限二维层状结构	3	$Al_2(OH)_4(Si_2O_5)$	$(Si_2O_5)_n^{2n-}$(f)
骨架型硅酸盐	三维骨架结构	4	$K(AlSi_3O_8)$	$(AlSi_3O_8)_n^{n-}$(g)

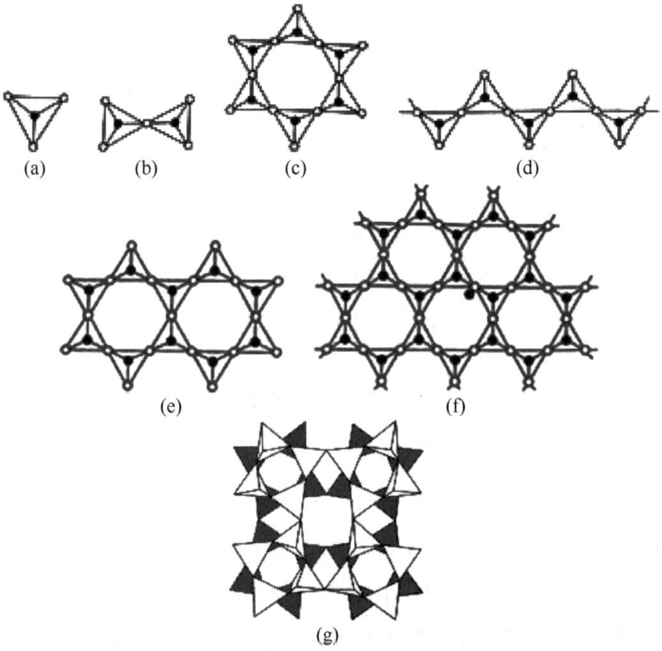

图 16-7　不溶性硅酸盐硅酸根阴离子的结构

3. 分子筛

分子筛的骨架是硅-氧四面体{SiO_4}和铝-氧四面体{AlO_4}，它们通过共用顶点氧连接而成，金属离子则用来平衡铝硅酸盐骨架的负电荷，其组成通式可以写为

$$M_{x/n}[(AlO_2)_x(SiO_2)_y]_m \cdot H_2O$$

式中，M 为金属离子，如 K^+、Na^+、Ca^{2+}等；n 为金属离子的电荷数；x/n 为金属离子的个数。分子筛具有以下特点：比表面积很大(500～1000 $m^2 \cdot g^{-1}$)，孔径固定而均匀，具有良好的机械

性能和热稳定性。

分子筛有天然的和人工合成的两种。天然泡沸石($Na_2O \cdot Al_2O_3 \cdot 2SiO_2 \cdot nH_2O$)是一种含有结晶水的铝硅酸盐。经过脱水处理后，其晶体中形成许多一定大小的和外部相通的微细孔道，有良好的吸附性能。它能吸附比这些孔径小的气体或液体分子，而孔径大的分子留在孔外，起到“筛选”分子的作用。因此，各种天然泡沸石可将混合在一起的大小不同的分子分离，所以属于天然的分子筛。

合成的分子筛是模拟天然分子筛的工业产品。它的原料是水玻璃(Na_2SiO_3)、偏铝酸钠($NaAlO_2$)和烧碱(NaOH)。将这些原料的溶液按一定比例在室温下混合均匀，得到一种白色悬浊的胶体，然后在 373 K 保温，使之逐渐转变成晶体。将此晶体经适当的洗涤、干燥、成型和脱水处理即得成品。合成分子筛的种类很多。调节原料中 Si 和 Al 的比例即调节组成通式中的 y 和 x，以及使用不同的金属离子，可以制得各种型号和规格的分子筛(如 A 型、X 型、Y 型等)。每种分子筛都具有一定大小和均一的孔径，因此各有其选择吸附的范围。例如，钙 A 型分子筛的孔径约为 550 pm，它能选择吸附石油中的正庚烷(分子式 C_7H_{16}，分子直径 490 pm)，但不能吸附苯(C_6H_6，分子直径 560 pm)，所以可将这两种经常混在一起的石油产品分离。

分子筛的吸附性能不但取决于其孔径的大小，同时也和被吸附物质的性质有关。分子筛在室温下能吸附那些比它孔径小同时又容易液化的气体，如水汽、氨和二氧化碳等，而对那些分子直径虽然小于它的孔径，但难以液化的气体如氢、氧、氮、氩等则不能吸附。因此，分子筛可以将这两类气体很好地分离。例如，在半导体材料的生产中，用分子筛除去氢气中的微量水分，选择性地吸附混在硅烷气体中的硼氢化合物和氨等杂质。除用于分离提纯物质外，分子筛还可用作催化剂的载体。

总之，分子筛具有良好的热稳定性(873 K 以下保持稳定)，并且易再生重复使用，合成原料便宜，工艺简单，它已被很多工业和科研部门采用。

4. Ge、Sn、Pb 的氢氧化物及含氧酸盐

Sn(Ⅱ)和 Pb(Ⅱ)的盐溶液与适量碱作用生成白色胶状沉淀 $Sn(OH)_2$ 和 $Pb(OH)_2$，它们具有明显的两性，在水溶液中存在酸碱解离平衡：

$$M^{2+} + 2OH^- \rightleftharpoons M(OH)_2 \equiv H_2MO_2 \rightleftharpoons 2H^+ + MO_2^{2-}$$

在酸性介质中以 Sn^{2+}、Pb^{2+}存在，在过量碱性溶液中以$[Sn(OH)_3]^-$、$[Pb(OH)_3]^-$存在。

Sn(Ⅳ)盐水解生成白色无定形水合 SnO_2 胶状沉淀，该新鲜沉淀称为α-锡酸，α-锡酸具有明显的两性，可以与酸碱反应。α-锡酸在溶液中静置或加热将转变为不活泼的β-锡酸。β-锡酸也可通过浓硝酸与金属锡直接作用而生成。α-锡酸与β-锡酸的主要区别列于表 16-9。

表 16-9　α-锡酸与β-锡酸的性质差别

α-锡酸	β-锡酸
1. 结构中含大量水，以 $xSnO_2 \cdot yH_2O$ 表示 2. 易溶于浓盐酸，生成 $SnCl_4$。 3. 易溶于碱溶液，如溶于 KOH 中生成 $K_2SnO_3 \cdot 3H_2O$	1. 结构疏散，缺乏水，微晶体结构符合 SnO_2 2. 在浓盐酸作用下，沉淀不发生显著变化；用水稀释溶液时，沉淀胶溶成透明的溶胶 3. 不溶于浓 KOH 溶液，加水稀释成沉淀胶溶。与 KOH 共熔时生成 $K_2[Sn(OH)_6]$结晶，加热时逐渐失水生成 $K_2SnO_3 \cdot 3H_2O$、$3K_2SnO_3 \cdot 2H_2O$ 和 K_2SnO_3

PbO_2 与熔融的碱反应生成 $M_2[Pb(OH)_6]$，但相应的酸 $H_2[Pb(OH)_6]$是未知的。从 Pb(Ⅱ)的苛性钠溶液电解也可制得 $Na_2[Pb(OH)_6]$，它在 383 K 以下失水变成 Na_2PbO_3。

16.2.5 氢化物

1. 硅烷的性质

硅能形成多种氢化物，其通式为 Si_nH_{2n+2}(n 可高达 8)。硅的氢化物又称为硅烷，与烃相比，硅不能生成类似于烯烃和炔烃的不饱和化合物。甲硅烷 SiH_4 是最重要和最稳定的硅烷。

SiH_4 为无色无臭气体，熔点 88 K，沸点 161 K，其分子结构类似于甲烷。由于氢的电负性大小介于碳和硅之间，故 CH_4 中碳氢键的共用电子对靠近碳，而 SiH_4 中共用电子对靠近氢，使 SiH_4 的还原性比 CH_4 强。Si 元素位于周期表的第三周期，外层空 d 轨道在反应中可被利用，故 SiH_4 可以水解，比 CH_4 活泼得多。SiH_4 的某些性质列于表 16-10 中。

表 16-10　SiH_4 的某些性质

性质	参数	性质	参数
熔点/℃	−185	分解温度/℃	>600
沸点/℃	−112	$\Delta_f H_m^{\ominus}/(kJ\cdot mol^{-1})$	34.31
临界温度/℃	−3.5	$\Delta H_{汽化}^{\ominus}(0℃)/(kJ\cdot mol^{-1})$	17.78
临界压力/kPa	4842	$\Delta_c H_m^{\ominus}/(kJ\cdot mol^{-1})$	−1356.8

SiH_4 的主要化学性质是热稳定性不高，易水解并有还原性，有关反应如下：

$$SiH_4 \xrightleftharpoons{大于600℃} Si + 2H_2\uparrow$$

该反应是由 SiH_4 制备单质 Si 的基础。

$$SiH_4 + (n+2)H_2O \xrightleftharpoons{OH^-} SiO_2\cdot nH_2O + 4H_2\uparrow$$

若无 OH^-催化，上述水解反应(CH_4 无此反应)难以进行。

SiH_4 遇到空气能自燃，并放出大量的热：

$$SiH_4(g) + 2O_2(g) = SiO_2(s) + 2H_2O(g) \qquad \Delta_r H_m^{\ominus} = -142\ kJ\cdot mol^{-1}$$

2. 硅烷的制法

甲硅烷可以用 SiO_2 为原料通过以下两步制得：

$$SiO_2 + 4Mg \xrightleftharpoons{灼烧} Mg_2Si + 2MgO$$

$$Mg_2Si + 4HCl = SiH_4\uparrow + 2MgCl_2$$

这样制得的甲硅烷纯度不高，通常含有乙硅烷(Si_2H_6)、丙硅烷(Si_3H_8)等杂质。用强还原剂氢化铝锂还原 $SiCl_4$，可制得纯度高的甲硅烷：

$$SiCl_4 + LiAlH_4 = SiH_4\uparrow + LiCl + AlCl_3$$

工业上 SiH_4 是在低温下使 Mg_2Si 和 NH_4Cl 在液氨介质中反应制得：

$$Mg_2Si + 4NH_4Cl \xrightleftharpoons[\text{液氨}]{-30℃} SiH_4\uparrow + 4NH_3 + 2MgCl_2$$

$$\Delta_r H_m^{\ominus} = -129.5\ kJ \cdot mol^{-1}$$

锗的氢化物有四氢化锗 GeH_4，也是一种无色气体。而锡和铅的氢化物少见，原因是锡和铅的金属性较强，其氢化物很不稳定。

16.2.6 卤化物和硫化物

1. Si、Sn、Pb 的卤化物

硅能形成多种卤化物，下面主要讨论制取高纯硅的中间原料四氯化硅、三氯氢硅及四氟化硅和氟硅酸。

在一定温度下将硅与氯气反应，或硅与氯化氢气体反应可合成 $SiCl_4$ 或 $SiHCl_3$：

$$Si + 2Cl_2 \xrightleftharpoons{\text{约}300℃} SiCl_4$$

$$Si + 3HCl \xrightleftharpoons{\text{约}250℃} SiHCl_3 + H_2\uparrow$$

$SiCl_4$ 和 $SiHCl_3$ 的主要性质列于表 16-11。

表 16-11 $SiCl_4$ 和 $SiHCl_3$ 的主要性质

$SiCl_4$		$SiHCl_3$	
性质	参数	性质	参数
熔点/℃	−70	熔点/℃	−128
沸点/℃	57.6	沸点/℃	31.5
临界温度/℃	230	闪点/℃	28
$\Delta_f H_m^{\ominus}/(kJ\cdot mol^{-1})$	−640.1	空气中自燃点/℃	17.5
$\Delta_f G_m^{\ominus}/(kJ\cdot mol^{-1})$	−572.8	偶极矩/deb	0.85

$SiCl_4$ 和 $SiHCl_3$ 的热稳定性都非常高，只能用还原的方法制取硅：

$$SiCl_4 + 2H_2 = Si + 4HCl$$

$$SiHCl_3 + H_2 = Si + 3HCl$$

$SiCl_4$ 和 $SiHCl_3$ 都极易水解，在空气中由于水解生成 HCl 而冒烟：

$$SiCl_4 + 3H_2O = H_2SiO_3 + 4HCl$$

若使氨与 $SiCl_4$ 同时蒸发，由于生成氯化铵，而形成更浓的烟雾，常用来制作烟幕。

SiO_2 与 HF 作用生成 SiF_4：

$$SiO_2 + 4HF = SiF_4\uparrow + 2H_2O$$

SiF_4 是无色有刺激性臭味的气体，熔点为−77℃，沸点为−65℃(180 mmHg)，有剧毒，用作制氟硅酸和氟化铅的原料，可作为水泥和人造大理石的硬化剂。

SiF$_4$易溶于水，并强烈水解：

$$SiF_4 + 2H_2O = SiO_2\downarrow + 4HF\uparrow$$

SiF$_4$可与 HF 进一步作用生成氟硅酸 H$_2$SiF$_6$：

$$SiF_4 + 2HF = H_2SiF_6$$

气态的 H$_2$SiF$_6$易分解为 SiF$_4$和 HF，H$_2$SiF$_6$的水溶液为强酸(其酸性与硫酸接近)，可制得 60%的溶液。

H$_2$SiF$_6$对眼睛、皮肤和呼吸道有刺激作用，对骨骼和牙齿也会产生影响。

氟硅酸的 Na$^+$、K$^+$盐微溶于水，在沸水中完全水解：

$$Na_2SiF_6 + 2H_2O = 2NaF + SiO_2\downarrow + 4HF\uparrow$$

Sn、Pb 形成 MX$_2$ 和 MX$_4$ 两种类型卤化物，总的趋势是 SnX$_4$ 比 SnX$_2$ 稳定，而 PbX$_2$ 比 PbX$_4$ 稳定。SnX$_2$ 的结构特别复杂，这一方面是由于元素非键电子对的立体化学活性，另一方面是由于通过聚合为大的环状或链状结构单元，而增加 Sn(Ⅱ)的配位数。

干燥的 HCl 与 Sn 作用可制得 SnCl$_2$，气态 SnCl$_2$ 为三角形共价分子，固态 SnCl$_2$(熔点为246℃，沸点为 623℃)是由三角锥基团{SnCl$_3$}通过共用 Cl 原子形成的长链层状结构。在水溶液中析出二水合物 SnCl$_2 \cdot$2H$_2$O，它是常用的化学试剂。SnCl$_2 \cdot$2H$_2$O 在冰醋酸中析出无水SnCl$_2$。

SnCl$_2$是路易斯酸，在浓盐酸中易形成 SnCl$_3^-$和 SnCl$_4^{2-}$配离子：

$$SnCl_2 + Cl^- = SnCl_3^- \qquad pK^\ominus \approx 2$$

室温下与 NH$_3$ 反应生成加合物 SnCl$_2 \cdot$NH$_3$ 和 SnCl$_2 \cdot$2NH$_3$。

SnCl$_2$是强还原剂，如在盐酸介质中将 Hg^{2+}还原为 Hg：

$$2Hg^{2+} + Sn^{2+} + 2Cl^- = Hg_2Cl_2\downarrow + Sn^{4+}$$

$$Hg_2Cl_2 + Sn^{2+} = 2Hg\downarrow + Sn^{4+} + 2Cl^-$$

加入盐酸可以使 Sn^{4+}形成 SnCl$_6^{2-}$配离子，有利于反应的进行。

SnCl$_2$易水解，在 pH 为 2.7~3.7 时，其主要水解反应为

$$Sn^{2+} + H_2O = [Sn(OH)]^+ + H^+ \qquad lgK = -3.7$$

$$3Sn^{2+} + 4H_2O = [Sn_3(OH)_4]^{2+} + 4H^+ \qquad lgK = -6.8$$

由于 SnCl$_2$易水解和氧化，在配制溶液时，应在稀盐酸中配制，且在溶液中加入少量的锡粒，防止其水解和被空气中的氧气氧化。

SnX$_4$是稳定的，它的某些性质列于表 16-12 中。

表 16-12　SnX$_4$的某些性质

性质	SnF$_4$	SnCl$_4$	SnBr$_4$	SnI$_4$
颜色	白色	无色	无色	褐色
熔点/℃	升华	−33.3	31	144
沸点/℃	约 705(升华)	114	205	348
Sn—X 键长/pm	188.2	231	244	264

$SnCl_4$ 可由 Sn 直接氯化制得：

$$Sn + 2Cl_2(\text{过量}) \xlongequal{\quad} SnCl_4$$

$SnCl_4$ 为共价型四面体分子，在水溶液中水合为水合物 $SnCl_4 \cdot nH_2O(n = 3，5，6，8)$，常见的是 $SnCl_4 \cdot 5H_2O$。

$SnCl_4$ 极易水解，水解产物不是单一的，但主要生成α-锡酸，因此配制 $SnCl_4$ 溶液时，应用盐酸酸化。$SnCl_4$ 是弱的路易斯酸，如能形成$[SnCl_6]^{2-}$配离子和加合物 $SnCl_4 \cdot 4NH_3$。

PbX_2 是稳定的，PbX_2 的某些性质列于表 16-13 中。

表 16-13　PbX_2 的某些性质

性质	PbF_2	$PbCl_2$	$PbBr_2$	PbI_2
颜色	无色	无色	无色	黄色
熔点/℃	818	500	367	400
沸点/℃	1290	953	916	860～950(分解)
溶解度/[mg · (100 g $H_2O)^{-1}$]	64(20℃)	670(0℃) 3200(100℃)	455(0℃) 4710(100℃)	44(0℃) 410(100℃)

将可溶性 Pb(Ⅱ)盐与氢卤酸作用析出相应的 PbX_2。$PbCl_2$ 的溶解度随温度升高而明显增大。若溶液中含有少量 Cl^-，由于同离子效应，将降低 $PbCl_2$ 的溶解度，但当有较高浓度的 Cl^- 时，由于形成$[PbCl_4]^{2-}$配离子反而使其溶解度增大。

PbI_2 的溶解度也随温度的升高而明显增大，沸水中 PbI_2 有一定的溶解度[0.41 g · (100 g 水$)^{-1}$]，形成无色溶液，当溶液冷却时又析出片状的金黄色晶体。PbI_2 与过量的 I^- 形成 PbI_4^{2-}，稀释后又析出 PbI_2。PbI_2 是光电导体，在绿光($\lambda_{最大} = 494.9$ nm)照射下发生分解。

PbX_4 的稳定性差，只有黄色的 PbF_4(熔点为 600℃)较稳定，黄色油状液体 $PbCl_4$(熔点为 −15℃)在 0℃以下存在，室温下即分解为 $PbCl_2$ 和 Cl_2。$PbBr_4$ 的稳定性更差，PbI_4 似乎不可能存在。

将 $PbCl_2$ 在盐酸中氯化，然后加入碱金属氯化物 MCl，可生成黄色的 $M_2PbCl_6(M = Na^+，K^+，Ru^+，Cs^+，NH_4^+)$，这种配合物对 Pb(Ⅳ)有稳定作用。

2. Sn、Pb 的硫化物

锡可形成硫化物 SnS 和 SnS_2，而铅只能形成硫化物 PbS。

Sn(Ⅱ)盐溶液与 H_2S 作用生成 SnS 棕色絮状沉淀：

$$Sn^{2+} + H_2S \xlongequal{\quad} SnS\downarrow + 2H^+$$

该沉淀不溶于 NaOH 溶液和氨水，也不溶于 Na_2S 和 $(NH_4)_2S$ 溶液，表明 SnS 的酸性非常弱。

SnS 易溶于中等浓度的盐酸：

$$SnS + 2H^+ \xlongequal{\quad} Sn^{2+} + H_2S\uparrow$$

SnS 极易溶于多硫化物，Sn(Ⅱ)被氧化为 Sn(Ⅳ)而生成硫代锡酸盐：

$$SnS + (NH_4)_2S_x \xlongequal{\quad} (NH_4)_2SnS_3 + (x-2)S\downarrow$$

Sn(Ⅳ)盐溶液与 H_2S 作用生成黄色絮凝状硫化锡沉淀：

$$SnCl_4 + 2H_2S = SnS_2\downarrow + 4HCl$$

该硫化物虽显酸性，但由于能生成 $SnCl_6^{2-}$ 配离子，故可溶于稀盐酸：

$$SnS_2 + 6HCl = H_2SnCl_6 + 2H_2S\uparrow$$

SnS_2 易溶于碱、硫化物和多硫化物溶液：

$$3SnS_2 + 6OH^- = SnO_3^{2-} + 2SnS_3^{2-} + 3H_2O$$

$$SnS_2 + S^{2-} = SnS_3^{2-}$$

$$SnS_2 + S_x^{2-} = SnS_3^{2-} + (x-1)S\downarrow$$

在中性或弱酸性(pH = 4 左右)铅盐溶液中加入硫化氢，水溶液即生成黑色硫化铅沉淀：

$$PbCl_2 + H_2S = PbS\downarrow + 2HCl$$

当有盐酸存在时，由于生成 $PbS \cdot PbCl_2$ 而显红色：

$$2PbCl_2 + H_2S = PbS \cdot PbCl_2\downarrow + 2HCl$$

当溶液稀释或继续加入 H_2S 时，$PbS \cdot PbCl_2$ 即分解形成黑色 PbS。

纯的 PbS 可由单质直接制备，或者由 $Pb(Ac)_2$ 和硫脲 NH_2CSNH_2 反应制得。纯的 PbS 是半导体和光导体，也是最灵敏的红外光检波器，它的光伏特效应广泛应用于光电池，如摄影曝光器。

PbS 不溶于稀酸和硫化物，但可溶于浓盐酸和硝酸：

$$PbS + 4HCl(浓) = H_2PbCl_4 + H_2S\uparrow$$

$$3PbS + 8HNO_3(浓) = 3Pb(NO_3)_2 + 2NO\uparrow + 3S\downarrow + 4H_2O$$

硫化铅与过氧化氢作用生成白色硫酸铅：

$$PbS + 4H_2O_2 = PbSO_4\downarrow + 4H_2O$$

3. 铅的其他化合物

重要的可溶性 Pb(Ⅱ)盐是 $Pb(NO_3)_2$ 和 $Pb(Ac)_2$。Pb^{2+}在溶液中的水解作用不大，第一级水解为

$$Pb^{2+} + H_2O = PbOH^+ + H^+ \qquad \lg K^\ominus = -7.9$$

$Pb(Ac)_2$ 为共价化合物，在水溶液中微略解离，其溶液在放置过程中会因吸收空气中的 CO_2 而产生白色的 $PbCO_3$ 沉淀。

下面介绍几种难溶的铅的含氧酸盐。

以物质的量比为 1∶1 的 NaOH 和 Na_2CO_3 混合液加入 $Pb(Ac)_2$ 溶液中，生成白色沉淀，即所谓的铅白，其形态常因溶液的浓度和温度不同而不同。

$$3Pb(Ac)_2 + 2NaOH + 2Na_2CO_3 = 2PbCO_3 \cdot Pb(OH)_2 + 6NaAc$$

铅白是广泛应用的白色颜料，具有色度好和覆盖力强等优点。不足之处是有一定的毒性，受硫蒸气特别是 H_2S 的作用，会因生成 PbS 而变黑。

$PbSO_4$不溶于稀硫酸，但在浓硫酸中由于生成HSO_4^-而溶解，在饱和的NH_4Ac溶液中由于生成难电离的$Pb(Ac)_2$而溶解：

$$PbSO_4 + H_2SO_4(浓) = Pb(HSO_4)_2$$

$$PbSO_4 + 2Ac^- = Pb(Ac)_2 + SO_4^{2-}$$

在中性或弱酸性溶液中，Pb(Ⅱ)盐与CrO_4^{2-}反应生成黄色微细的$PbCrO_4$沉淀

$$Pb^{2+} + CrO_4^{2-} = PbCrO_4\downarrow$$

该沉淀不溶于乙酸，但可溶于较强的酸和碱溶液。

16.3 碳族元素的应用

碳很早就被人认识和利用(炭黑和煤是人类最早使用碳的形式)，碳的一系列化合物——有机物更是生命的根本。除食物和木材以外，碳的主要经济利用是烃(最明显的是石油和天然气)的形式。纤维素是一种天然含碳的聚合物，从棉、麻、亚麻等植物中获取。纤维素在植物中的主要作用是维持植物本身的结构。来源于动物的具有商业价值的聚合物包括羊毛、羊绒、丝绸等都是碳的聚合物。碳还能与铁形成合金，最常见的是碳素钢；石墨和黏土混合可以制作用于书写和绘画的铅笔芯，石墨还能作为润滑剂和颜料，作为玻璃制造的成型材料，用于电极和电镀、电铸，电动马达的电刷，也是核反应堆中的中子减速材料；焦炭可以用于烧烤、绘图材料和炼铁工业；宝石级金刚石可作为首饰，工业上金刚石用作钻孔、切割和抛光，以及加工石头和金属的工具。新型碳材料主要有活性炭、碳纤维、石墨烯、纳米碳管、富勒烯等。新型碳材料具有密度小、强度大、刚性好、耐高温、抗化学腐蚀、抗辐射、抗疲劳、高导电、高导热、耐烧蚀、热膨胀小、生理相容性好等一系列优异的特性，是军民两用的新材料，被称为第四类工业材料。

作为无机非金属材料的主角，硅对人类的生活、生产和经济发展起着非常重要的作用。硅材料作为当今世界产量最大、应用最广的半导体材料，是集成电路产业和光伏产业的基础。二氧化硅既可以作为制造石英玻璃、耐火材料的主要原料，还可以作为光导纤维的主材料在现代通信技术领域带来革命性变化——光纤通信。传统的无机非金属材料，如陶瓷、玻璃、水泥，在人们的日常生活及各个行业中都是不可或缺的。新型的陶瓷如金属陶瓷、碳化硅陶瓷等，既有陶瓷的耐磨损、耐高温、抗氧化等特性，又有较好的金属韧性和可塑性，在民用和军事领域都有着重要的潜在意义。碳化硅与金刚石的结构相似，由于其硬度高、耐磨性好、密度小、成本低，工业上可以用于制备成各类磨料，军事上可以用于制备防弹防刺衣、装甲等设备。有机硅化合物一般指聚硅氧烷，它具有—Si—O—Si—主链，又有有机基团侧链，属于半无机高分子材料。因此，它既有高分子材料易加工的特点，又有无机物的无毒、无污染、耐高低温、使用寿命长的优点。有机硅化合物又称为“工业味精”，应用广泛，如纺织工业中所用的表面活性剂、防黏剂、消泡剂等都含有大量的有机硅化合物，医疗领域中有机硅材料由于其良好的生物兼容性而成为医疗器械的主要材料。硅还可以提高植物茎秆的硬度，增加害虫取食和消化的难度。尽管硅元素在植物生长发育中不是必需元素，但它也是植物抵御逆境、调节植物与其他生物之间相互关系所必需的化学元素。总体来讲，硅主要用来制作高纯半导体、耐高温材料、光导纤维通信材料、有机硅化合物、合金等，被广泛应用于航空航天、电

子电气、建筑、运输、能源、化工、纺织、食品、轻工、医疗、农业等行业。

锗是一种重要的半导体材料，用于制造晶体管及各种电子装置。主要的终端应用为光纤系统与红外线光学(infrared optics)，也用于生产聚对苯二甲酸乙二醇酯(PET)的催化剂(二氧化锗)、电子用途与太阳能电力等。高纯度的锗是半导体材料，是第一代晶体管材料。单质锗的折射系数很高，只对红外光透明，而对可见光和紫外光不透明，因此红外夜视仪等军用观察仪采用纯锗制作透镜。锗的化合物是超导材料。锗在医学上还可临床应用于防治癌症。从全球产量分布来看，我国供给了世界 71%的锗产品，是全球最大的锗生产国和出口国。

金属锡主要用于制造合金。例如，青铜合金的硬度高于纯铜，铸造性能比纯铜好(青铜的熔点比纯铜低)。又如，锡和铅的合金就是常见的焊锡。金属锡的一个重要用途是用来制造镀锡板(俗称马口铁)。一张铁皮一旦穿上锡的“外衣”后，既能抗腐蚀，又能防毒。这是由于锡的化学性质十分稳定，不与水、各种酸类、碱类发生化学反应。锡与硫的化合物硫化锡，它的颜色与金相似，常用作金色颜料。二氧化锡是不溶于水的白色粉末，可用于制造搪瓷、白釉与乳白玻璃。二氧化锡还可以用作催化剂用于防止空气污染——汽车废气中常含有有毒的一氧化碳气体，在二氧化锡的催化下，300℃时，一氧化碳可大部分转化为二氧化碳。总的来说，锡主要用于制造焊锡、镀锡板、合金、化工制品等。我国锡矿资源十分丰富，锡矿的探明储量为 2600 万吨，占世界探明储量的 1/4，是世界上锡矿探明储量最多的国家。

铅由于其原子序数大和密度大，能有效防止 X 射线和 γ 射线的穿透，可用于对这些射线的防护。蓄电池行业是铅的重要消费行业，其中汽车用蓄电池占蓄电池总量的 80%左右。蓄电池的负极和正极分别是用金属铅和其化合物二氧化铅制成。由于铅易于加工成型，耐腐蚀，在化工生产中，常用作管道和反应容器的衬底。铅是一种积累性的毒性物质，很容易被胃肠吸收，其中一部分破坏血液使红细胞分解，一部分通过血液扩散到全身器官沉积和进入骨骼。铅从体内排出的速度慢，形成慢性中毒，使人感到疲倦、食欲不振，严重时会呕吐、腹泻。自 1922 年开始使用四乙基铅作为汽车用汽油的防震剂以来，铅对环境产生了严重的影响。据调查表明，我国一半城市儿童的血铅含量已超过国际标准，这将影响幼儿的智力发育，应该引起足够的重视。从 20 世纪 80 年代开始，铅的应用开始骤然下降，主要原因是铅的生理作用和它对环境的污染，今天的汽油、染料、焊锡和水管一般都不含铅。

16.4 无机化合物的水解性

无机化合物(盐类)的水解性是一类常见且十分重要的化学性质。在实践中，有时需要利用它的水解性(如利用三氯化铁水解制备氢氧化铁溶胶)，有时却又必须避免它的水解性(如配制 $SnCl_2$ 溶液时添加盐酸)。在第 9 章电解质溶液中，已经讨论过弱酸强碱盐、强酸弱碱盐、弱酸弱碱盐的水解度、水解常数的计算以及多元弱酸盐、多价金属阳离子的分步水解等问题。

一些典型盐类溶于水可发生如下电离过程：

$$M^+A^- + (x+y)H_2O \rightleftharpoons [M(H_2O)_x]^+ + [A(H_2O)_y]^-$$

式中，$[M(H_2O)_x]^+$ 和$[A(H_2O)_y]^-$表示相应的水合离子，该过程显然是可逆的，如果 M^+夺取水分子中的 OH^-而放出 H^+，或者 A^-夺取水分子中的 H^+而放出 OH^-，那就破坏了水的电离平衡，从而产生一种弱酸或弱碱，这种过程即盐的水解过程。

16.4.1 影响水解的因素

1. 电荷和半径

从水解的本质可见：MA 溶于水后是否能发生水解，主要取决于 M^+或 A^-对配位水分子影响(极化作用)的大小。显然，金属离子或阴离子具有高电荷和较小的离子半径时，它们对水分子有较强的极化作用，因此容易发生水解；反之，低电荷和较大离子半径的离子在水中不易水解。例如，$AlCl_3$、$SiCl_4$ 遇水都极易水解：

$$AlCl_3 + 3H_2O \xlongequal{\quad} Al(OH)_3\downarrow + 3HCl\uparrow$$

$$SiCl_4 + 4H_2O \xlongequal{\quad} H_4SiO_4\downarrow + 4HCl\uparrow$$

相反，NaCl、$BaCl_2$ 在水中基本不发生水解。

2. 电子层结构

Ca(Ⅱ)、Sr(Ⅱ)、Ba(Ⅱ)等盐一般不发生水解，但是电荷相同的 Zn^{2+}、Cd^{2+}和 Hg^{2+}等离子在水中却会水解，这种差异主要是电子层结构不同引起的。Zn^{2+}、Cd^{2+}和 Hg^{2+}等离子的外层是 18 电子结构，它们有较高的有效核电荷，因而极化作用较强，容易使配位水发生分解。而 Ca^{2+}、Sr^{2+}和 Ba^{2+}等离子的外层是 8 电子结构，它们具有较低的有效核电荷和较大的离子半径，极化作用较弱，不易使配位水发生分解，即不易水解。

总之，离子的极化作用越强，该离子在水中就越容易水解。例如，非稀有气体电子构型(18 电子，8～18 电子，18 + 2 电子)的金属离子，它们的盐都容易发生水解。

3. 空轨道

碳的卤化物如 CF_4 和 CCl_4 遇水均不发生水解，但是比碳的原子半径大的硅，其卤化物却容易水解，如

$$SiX_4 + 4H_2O \xlongequal{\quad} H_4SiO_4\downarrow + 4HX$$

对于四氟化硅，水解后所产生的 HF 与部分四氯化硅生成氟硅酸：

$$3SiF_4 + 4H_2O \xlongequal{\quad} H_4SiO_4\downarrow + 4H^+ + 2SiF_6^{2-}$$

这种区别是因为碳原子只能利用 2s 和 2p 轨道成键，这就使其最大共价键数限制在 4，并阻碍了水分子中氧原子将电子对给予碳原子，因此碳的卤化物不水解。然而硅不仅有可利用的 3s 和 3p 轨道形成共价键，而且还有空的 3d 轨道，这样，当遇到水分子时，具有空的 3d 轨道的 Si 可接受水分子中氧原子的孤电子对，而形成配位键，同时使原有的键削弱、断裂，这就是卤化硅水解的实质。基于相同的理由，硅也可以采取 sp^3d^2 杂化形成 SiF_6^{2-} 配离子。需要注意的是：若使用过热水的蒸气来供给足够的能量时，碳原子第三层中能量较高的空轨道就可能被利用，使水解反应也能发生：

$$CCl_4 + H_2O(g) \xlongequal{\quad} COCl_2 + 2HCl$$

NF_3 不易水解，PF_3 却易水解，也可用同样的理由解释。BCl_3 容易水解，是因为 B 具有空的 2p 轨道，可以接受 H_2O 分子中 O 的孤电子对：

$$H_2O + BCl_3 \longrightarrow [H_2O \rightarrow BCl_3] \longrightarrow HOBCl_2 + HCl$$

$$\downarrow 2H_2O$$

$$B(OH)_3 + 2HCl$$

除上面提到的结构因素影响水解反应外，温度、酸度等外界条件也会影响水解程度的大小。例如，$FeCl_3$ 在水中会有部分水解，可以写成：

$$FeCl_3 + H_2O = Fe(OH)Cl_2 + HCl$$

加热后，$Fe(OH)Cl_2$ 会进一步水解，得到红棕色凝胶状的 $Fe(OH)_3$ 沉淀。

16.4.2 水解产物的类型

一种化合物的水解产物主要取决于正、负两种离子的水解结果。负离子的水解一般比较简单，下面主要讨论正离子水解的情况。水解产物的类型大致可分为以下几种。

1. 碱式盐

多数无机盐水解后生成碱式盐，这是一种最常见的水解类型。例如，

$$SnCl_2 + H_2O = Sn(OH)Cl\downarrow + HCl$$

$$BiCl_3 + H_2O = BiOCl\downarrow + 2HCl$$

2. 氢氧化物

有些金属盐类水解后最终产物是氢氧化物，这些水解反应经常需要通过加热以促进水解的完成。例如，

$$AlCl_3 + 3H_2O = Al(OH)_3\downarrow + 3HCl$$

$$FeCl_3 + 3H_2O = Fe(OH)_3\downarrow + 3HCl$$

3. 含氧酸

许多非金属卤化物和高价金属盐类水解后生成相应的含氧酸。例如，

$$BCl_3 + 3H_2O = H_3BO_3 + 3HCl$$

$$PCl_5 + 4H_2O = H_3PO_4 + 5HCl$$

$$SnCl_4 + 3H_2O = H_2SnO_3 + 4HCl$$

水解后所产生的含氧酸，可以认为是相应氧化物的水合物，如 H_2SnO_3 可以认为是 $SnO_2 \cdot H_2O$。

4. 聚合和配合

水解反应有时伴有其他反应而使产物复杂化，这些反应有聚合、配合等。

Fe(Ⅲ)盐水解时首先生成碱式盐，这些碱式盐可聚合成多核阳离子：

$$Fe^{3+} + H_2O \longrightarrow [Fe(OH)]^{2+} + H^+$$

$$[Fe(OH)]^{2+} + Fe^{3+} + H_2O \longrightarrow [Fe_2(OH)_2]^{4+} + H^+$$

[Fe₂(OH)₂]⁴⁺多核阳离子的水合离子的结构为

$$[(H_2O)_4Fe \underset{OH}{\overset{OH}{<>}} Fe(H_2O)_4]^{4+}$$

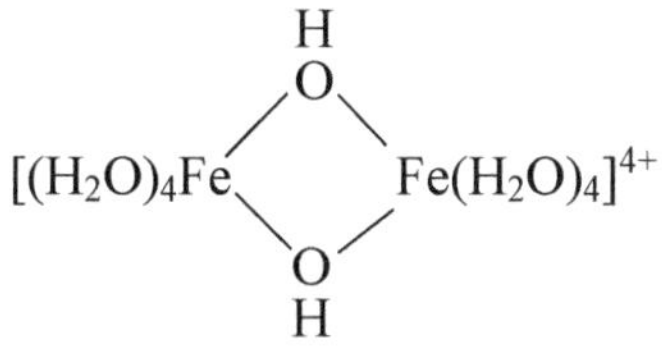

当 Fe^{3+} 的水解作用进一步进行时，将通过羟桥出现更高的聚合度，以致逐渐形成胶体溶液，并最后析出水合氧化铁沉淀(即所谓氢氧化铁沉淀)。这类沉淀从溶液中析出时均呈絮状，十分疏松，就是因为沉淀中包含大量的水分，其来源首先就是水合离子内部所含有的水分。

有时水解产物还可以与未水解的无机物发生配合作用，如前面提到的四氟化硅的水解，水解后所产生的 HF 与部分四氯化硅发生配位作用而生成氟硅酸。

下面，就无机化合物的水解反应进行简单的总结：

(1) 随着正、负离子极化作用的增强，水解反应加剧，这包括水解度的增大和水解反应步骤的深化。离子电荷、电子层结构、离子半径是影响离子极化作用强弱的主要内在因素，电荷高、半径小的离子，其极化作用强。由 18 电子、18+2 电子及 2 电子的构型过渡到 9～17 电子构型、8 电子构型时，离子极化作用依次减弱。共价化合物水解的必要条件是电正性原子要有空轨道。

(2) 水解产物一般为碱式盐、氢氧化物、含水氧化物和含氧酸四种。这个产物顺序与正离子的极化作用增强顺序是一致的。低价金属离子水解的产物一般为碱式盐，高价金属离子水解的产物一般为氢氧化物或含水氧化物。在估计共价化合物的水解产物时，首先要判断元素的正、负氧化态，判断依据就是它们的电负性。负氧化态的非金属元素的水解产物一般为氢化物，正氧化态的非金属元素的水解产物一般为含氧酸。

(3) 水解反应常伴有氧化还原和聚合反应。氧化还原反应常发生在非金属元素间化合物水解的情况下，聚合反应则常发生在多价金属元素离子水解的情况下。

习 题

16-1 碳单质有哪些同素异形体? 其各自的结构特点及物理性质是什么?

16-2 锡单质有哪些同素异形体? 其性质有什么异同?

16-3 解释下列事实:

(1) 常温下，CO_2 是气体，而 SiO_2 是固体。

(2) 不可用玻璃瓶久装碱溶液。

(3) CCl_4 遇水不发生水解，而 $SiCl_4$ 遇水则易水解。

(4) 实验室配制 $SnCl_2$ 溶液时，常需加入少量锡粒。

(5) 烯烃能够稳定存在，而硅烯烃如 $H_2Si=SiH_2$ 却难以存在。

(6) 硝酸铅溶液中滴加稀硫酸产生白色浑浊，加入乙酸后变澄清。

(7) 炭火炉烧得炽热时，向炉膛底部热炭上泼少量水的瞬间，炉火烧得更旺。

(8) 碳或硅形成的化合物中，碳原子间能以单键、双键、三键结合，而硅原子间仅以单键结合。

16-4 完成并配平下列反应方程式:

(1) $CO + PdCl_2 + H_2O \longrightarrow$ (2) $C + H_2SO_4(浓) \longrightarrow$

(3) $CuSO_4 + Na_2CO_3 + H_2O \longrightarrow$

(4) $Na_2CO_3 + Al_2(SO_4)_3 + H_2O \longrightarrow$

(5) $Na_2SiO_3 + Al_2(SO_4)_3 + H_2O \longrightarrow$

(6) $PbS + HNO_3 \longrightarrow$

(7) $Mn^{2+} + PbO_2 + H^+ \longrightarrow$

(8) $NaHCO_3 \xrightarrow{\triangle}$

(9) $(NH_4)_2CO_3 \xrightarrow{\triangle}$

(10) $CaCO_3 \xrightarrow{\triangle}$

16-5 实验室中怎样制取二氧化碳气体？工业上怎样制取二氧化碳？

16-6 比较 CO 和 CO_2 的性质。怎样除去 CO_2 中含有的少量 CO？怎样除去 CO 中含有的少量 CO_2？

16-7 什么是分子筛？试述其结构特点和应用。

16-8 从水玻璃出发怎样制造变色硅胶？

16-9 怎样由实验的方法证实 Pb_3O_4 中 Pb 具有不同的氧化态？

16-10 某ⅣA 族单质的灰黑色固体甲与浓 NaOH 溶液共热时，产生无色无味的可燃性气体乙。甲在空气中燃烧可得白色难溶于水的固体丙，丙不溶于一般的酸，但可与氢氟酸作用生成无色气体丁。根据上述实验现象，推断甲、乙、丙、丁分别是什么物质，并写出有关的反应式。

16-11 现有一白色固体 A，溶于水产生白色沉淀 B，B 可溶于浓盐酸。若将固体 A 溶于稀硝酸中，得无色溶液 C。将硝酸银溶液加入 C 中，析出白色沉淀 D。D 溶于氨水得溶液 E，E 酸化后又产生白色沉淀 D。将 H_2S 气体通入溶液 C 中，产生棕色沉淀 F，F 溶于 $(NH_4)_2S_2$ 后形成溶液 G。酸化溶液 G 得黄色沉淀 H。少量溶液 C 加入 $HgCl_2$ 溶液得白色沉淀 I，继续加入溶液 C，沉淀 I 逐渐变灰，最后变为黑色沉淀 J。试确定 A、B、C、D、E、F、G、H、I、J 各表示什么物质，写出有关反应式。

16-12 某红色固体粉末 X 与 HNO_3 作用得到棕色沉淀 A。将此沉淀分离后，在溶液中加入 K_2CrO_4，得黄色沉淀 B；向 A 中加入浓盐酸则有气体 C 产生，且 C 气体有氧化性。确定 X、A、B、C 各为什么物质，并写出有关反应式。

16-13 参阅有关文献资料，阐述铅酸蓄电池的反应原理，写出电池组成、电极反应以及充电、放电的反应方程式。

第 17 章　氮 族 元 素

17.1　氮族元素的通性

周期表第ⅤA 族元素氮(nitrogen，N)、磷(phosphorus，P)、砷(arsenic，As)、锑(antimony，Sb)和铋(bismuth，Bi)统称为氮族元素。表 17-1 列出氮族元素的一些基本性质。

表 17-1　氮族元素的基本性质

元素	氮(N)	磷(P)	砷(As)	锑(Sb)	铋(Bi)
原子序数	7	15	33	51	83
相对原子质量	14.01	30.97	74.92	121.75	208.98
价层电子组态	$2s^22p^3$	$3s^23p^3$	$4s^24p^3$	$5s^25p^3$	$6s^26p^3$
主要氧化数	−3，−2，−1，+1 +2，+3，+4，+5	−3，+1，+3，+5	−3，+3，+5	−3，+3，+5	−3，+3，+5
原子共价半径/pm	75	110	122	143	152
第一电离能/(kJ · mol⁻¹)	1402.3	1011.8	944	831.6	703.3
第一电子亲和能/(kJ · mol⁻¹)	58	75	58	59	−33
电负性	3.04	2.19	2.18	2.05	2.02

氮族元素电子结构上的共同特点是基态原子的价层电子组态为 ns^2np^3 。与电负性很大的氟和氧成键时，5 个价电子可以全部成键，因此氮族元素的最高氧化态为+5。自上而下到元素 Bi 时，核电荷显著增加，出现了充满的 4f 和 5d 轨道，外层的 6s 电子又具有较强的钻穿作用，致使 6s 电子的能量显著降低，并成为惰性电子对而不易参与成键。结果 Bi 常只失去 3 个 p 电子显+3 氧化数。同时，Bi 原子半径在同族元素中最大，加上形成+3 氧化态的倾向也最大，成为较活泼的金属。同族元素中，N 和 P 是典型的非金属，中间位置的 As、Sb 为半金属。

氮族元素基态时，原子都有半充满的 p 轨道，相比同周期中前后元素有相对高的电离能。与其他元素成键时，往往表现出较强的共价性。虽然一些原子半径较大的活泼金属与 N 和 P 能够形成具有离子键特征的氧化数为−3 的化合物，但是由于高的负电荷密度，它们的化合物只能在固态下稳定，在水溶液中强烈水解，不会存在 N^{3-}或 P^{3-}的水合离子。

氮族元素除了 N 原子以外，其他原子的最外层都有空的 d 轨道，在一定条件下 d 轨道可参与成键，因此除 N 原子形成不超过 4 的配位数的化合物以外，其他原子的最高配位数可以为 6，如 PCl_6^- 中杂化轨道为 sp^3d^2。

相对碳族元素，氮族元素的氧化性明显增强，氧化数的变化更丰富，其电势图如图 17-1 所示。

$E_A^\ominus/V$

$$\overset{\displaystyle \overset{0.98}{\overbrace{\qquad\qquad\qquad}}}{NO_3^- \overset{0.803}{\underline{\qquad}} N_2O_4 \overset{1.07}{\underline{\qquad}} HNO_2} \overset{0.996}{\underline{\qquad}} NO \overset{1.59}{\underline{\qquad}} N_2O \overset{1.77}{\underline{\qquad}} \overset{\displaystyle \overset{-0.23}{\overbrace{\qquad\qquad\qquad}}}{N_2 \overset{-1.87}{\underline{\qquad}} NH_3OH^+ \overset{1.42}{\underline{\qquad}} N_2H_5^+} \overset{1.27}{\underline{\qquad}} NH_4^+$$
$$\underset{0.94}{\underline{\qquad\qquad\qquad}}$$

$$H_3PO_4 \overset{-0.276}{\underline{\qquad}} H_3PO_3 \overset{-0.50}{\underline{\qquad}} H_3PO_2 \overset{-0.51}{\underline{\qquad}} P \overset{-0.10}{\underline{\qquad}} P_2H_4 \overset{-0.006}{\underline{\qquad}} PH_3$$

$$H_3AsO_4 \overset{0.56}{\underline{\qquad}} H_3AsO_3 \overset{0.25}{\underline{\qquad}} As \overset{-0.60}{\underline{\qquad}} AsH_3$$

$$Sb_2O_5 \overset{0.56}{\underline{\qquad}} SbO^+ \overset{0.21}{\underline{\qquad}} Sb \overset{-0.51}{\underline{\qquad}} SbH_3$$

$$Bi_2O_5 \overset{1.6}{\underline{\qquad}} BiO^+ \overset{0.32}{\underline{\qquad}} Bi \overset{-0.8}{\underline{\qquad}} BiH_3$$

$E_B^\ominus/V$

$$\overset{\displaystyle \overset{0.15}{\overbrace{\qquad\qquad\qquad}}}{NO_3^- \overset{-0.86}{\underline{\qquad}} N_2O_4 \overset{0.88}{\underline{\qquad}} NO_2^-} \overset{-0.46}{\underline{\qquad}} NO \overset{0.76}{\underline{\qquad}} N_2O \overset{0.94}{\underline{\qquad}} \overset{\displaystyle \overset{-1.16}{\overbrace{\qquad\qquad\qquad}}}{N_2 \overset{-3.04}{\underline{\qquad}} NH_2OH \overset{0.73}{\underline{\qquad}} N_2H_4} \overset{0.1}{\underline{\qquad}} NH_3$$
$$\underset{0.01}{\underline{\qquad\qquad\qquad}}$$

$$PO_4^{3-} \overset{-1.12}{\underline{\qquad}} HPO_3^{2-} \overset{-1.57}{\underline{\qquad}} H_2PO_2^- \overset{-2.05}{\underline{\qquad}} P \overset{-0.9}{\underline{\qquad}} P_2H_4 \overset{-0.8}{\underline{\qquad}} PH_3$$

$$AsO_4^{3-} \overset{-0.67}{\underline{\qquad}} AsO_3^{3-} \overset{-0.68}{\underline{\qquad}} As \overset{-1.43}{\underline{\qquad}} AsH_3$$

$$[Sb(OH)_6]^- \overset{-0.465}{\underline{\qquad}} [Sb(OH)_4]^- \overset{-0.639}{\underline{\qquad}} Sb \overset{-1.34}{\underline{\qquad}} SbH_3$$

$$BiO_3^- \overset{0.78}{\underline{\qquad}} Bi_2O_3 \overset{-0.46}{\underline{\qquad}} Bi \overset{-1.6}{\underline{\qquad}} BiH_3$$

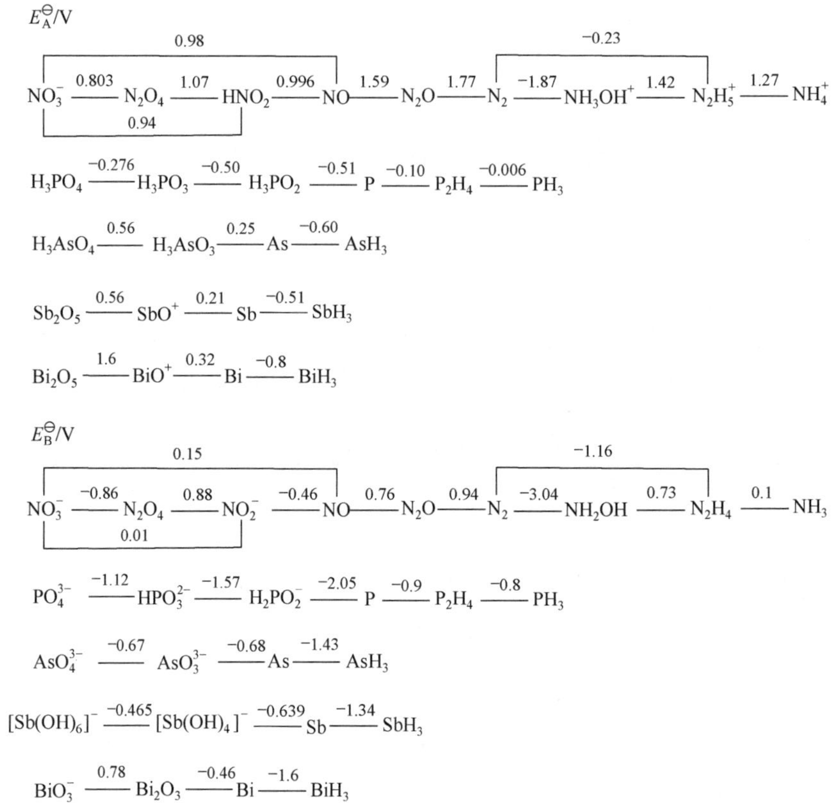

图 17-1　氮族元素的电势图

17.2　氮族元素的成键特征

17.2.1　氮的成键特征

在同族元素中，氮的电负性大且半径小，能与其他元素形成较强的键。单质氮(N_2)在常态下异常稳定，人们常错误地认为氮是化学性质不活泼的元素。实际上，氮元素有很高的化学活性，单质 N_2 分子的稳定性恰好说明氮原子极强的成键能力，N_2 中化学键的解离能高达 $941.69\,kJ \cdot mol^{-1}$，故 N_2 分子和其他分子形成化学键时，活化能非常高，难以活化参与反应。即使这样，含氮化合物的生成热一般都是负值，也进一步说明了氮的成键能力很强。

氮原子的价电子层结构为 $2s^2 2p^3$，p 轨道有 3 个单电子，s 轨道有一个孤电子对，没有空的价层 d 轨道，其价层电子结构决定了它的成键特征。

1. 离子键

N 元素在第二周期，在周期表中靠右，原子半径小，有较大的电负性。它与电负性小的金属如 Li、Mg、Ca、Sr、Ba 等形成二元氮化物时，能够以离子键存在。由于 N^{3-} 的高负电荷数，它遇水发生剧烈水解，生成 NH_3 和相应金属的氢氧化物，因此 N^{3-} 的离子化合物只能是无水的固态化合物。

2. 共价键

N 原子与非金属形成化合物时，总是以共价键与其他原子结合，可以采取 sp^3、sp^2、sp 杂化成键。例如，在 NH_3、N_2H_4 等分子中，N 采取 sp^3 杂化，形成 3 个 σ 键，还有一个孤电子对不参与成键；在 HNO_2 等分子中，N 采取 sp^2 杂化，形成一个 σ 键和一个双键；在 HCN 等分子中，N 采取 sp 杂化，形成一个 σ 键和两个 π 键，保留一个孤电子对不参与成键。

在许多分子中，N 原子还参与形成大 π 键。虽然 N 原子价电子层中没有空 d 轨道可以利用，但可激发 1 个 2s 电子到 2p 轨道，N 采取 sp^2 杂化形成平面三角形分子，垂直于平面且未杂化的 2p 轨道的电子对参与形成大 π 键。例如，HNO_3 分子中的 Π_3^4 和 N_2O_5 分子中的 Π_3^4 等。

3. 配位键

氮的许多化合物，如氨、联氨、部分低氧化态的氮氧化物等都有孤电子对，可作为电子对给予体与金属离子配位，如 $[Cu(NH_3)_4]^{2+}$。N_2 分子的孤电子对也可以与金属离子配位，科学家已经制备出许多过渡金属的分子氮配合物，如 $[Os(NH_3)_5(N_2)]^{2+}$ 和 $[(NH_3)_5Ru(N_2)Ru(NH_3)_5]^{4+}$ 等配离子。随着人们对分子氮配合物的深入研究，有可能解决 N_2 分子在温和条件下的活化问题。

17.2.2　磷的成键特征

磷原子比氮原子多一个周期，其价电子层结构为 $3s^23p^33d^0$，第三电子层除有 5 个价电子外，还有全空的 3d 轨道，因此磷原子在形成化合物或单质时有以下特征。

1. 离子键

磷原子有相对大的电负性，可以从电负性小的金属原子获得 3 个电子达到稳定的 8 电子结构，形成含 P^{3-} 的离子化合物，这一类磷化物和氮化物相似，也很容易水解，在水溶液中不能得到 P^{3-} 的化合物。

2. 共价键

磷原子可以与电负性较大的原子形成 3 个共价单键，这时磷原子采取 sp^3 杂化，根据与磷原子相结合元素的电负性高低，化合物中磷的氧化数可以从+3 变到−3，同时磷原子还保留一个孤电子对。

当磷与电负性比它大的非金属元素 F、O、Cl 等化合时，磷原子还可以激发 1 个成对的 3s 电子进入 3d 轨道，然后参与杂化成键。在这种情况下，磷原子的氧化数是+5。它可以有两种键合形式：一种情况是采取 sp^3d 杂化形成五个共价单键，如五卤化磷；另一种情况是磷原子采取 sp^3 杂化形成 3 个单键和 1 个双键，如正磷酸 H_3PO_4 中的磷酸根，同时提供空的 d 轨道形成 p-d π 键。

3. 配位键

磷原子在形成配位键时，既可以作为配位原子提供孤电子对，也可以作为中心离子提供空轨道接受配体提供的孤电子对。特别是膦(PH_3)和 PCl_3 的有机基团取代衍生物 PR_3，是非常优良的配体，能形成许多膦的配合物。另外，它作为配合物的中心原子，成为电子对的接受体，如 sp^3d^2 杂化的 PF_6^-。

通常磷化合物的结构基础有两个：一种是以白磷(P_4)的正四面体结构为基础的化合物，如磷的氧化物 P_4O_6 和 P_4O_{10}，硫化物 P_4S_3、P_4S_7 和 P_4S_{10} 的结构都是以 P_4 分子结构为基础衍生出来的。另一种是以磷氧四面体为结构基础的化合物，由于磷是一个亲氧元素，P—O 键能为 359.82 kJ · mol^{-1}，具有较高的稳定性，使磷氧四面体 PO_4^{3-} 成为一个很稳定的结构单元形成多种化合物。

17.2.3　砷、锑、铋的成键特征

砷、锑、铋的价电子层结构虽然和氮、磷一样为 ns^2np^3，但次内层有充满的 d 轨道，而且原子半径较大，成键形式明显与氮、磷不同，难以获得电子形成 M^{3-}。它们的氧化数主要表现为+3 和+5。其中，氧化数为+3 的化合物有以下三种类型。

1. M^{3+}

三价砷、锑、铋属于 18+2 电子构型，M^{3+}极化能力强，易水解，即使在强酸性溶液中，As^{3+}也是极少的。与砷不同，锑和铋离子半径较大，水解能力逐渐减弱，尤其是铋在水溶液中能明显地以 M^{3+}形式存在。Sb^{3+}和 Bi^{3+}在水溶液中易水解成 SbO^+和 BiO^+。

2. 共价化合物

氧化数为+3 的砷、锑、铋的化合物多数都是共价化合物，通常 M 采取 sp^3 杂化，形成三个 σ 键，此外还有一个孤电子对，与 N、P 类似。

3. 配离子

+3 价的砷、锑、铋离子具有较高的正电荷和空的外层 d 轨道，容易形成配离子，如 BiX_4^-、$SbCl_5^{2-}$。

氧化数为+5 的砷、锑、铋属 18 电子构型，遇水强烈水解，其化合物都是共价化合物。值得注意的是：由于铋具有惰性电子对效应，氧化数为+5 的铋非常不稳定，容易获得电子被还原成 Bi^{3+}。

17.3　氮族元素的单质

17.3.1　氮单质

绝大部分的氮是以 N_2 单质分子的形式存在于大气中。自然界最大的含氮矿藏是南美洲智利的硝石矿($NaNO_3$)。

单质氮 N_2 在标准状态下为气体，气体密度为 1.25 g · L^{-1}，熔点为 63 K，沸点为 75 K。氮气微溶于水，在 283 K 时，1 体积水大约可溶解 0.02 体积氮气。

价键理论认为，N 原子成键时采取不等性的 sp 杂化，形成两个杂化轨道，一个杂化轨道

被一个电子占据；另一个被孤电子对占据，每个 N 原子中被 1 个电子占据的杂化轨道以“头碰头”的形式形成 σ 键，每个 N 原子上未参与杂化的 $2p_y$ 和 $2p_z$ 轨道分别以“肩并肩”的形式形成两个 π 键，故氮分子含一个 σ 键和两个 π 键，每个氮原子带一个孤电子对。

根据分子轨道理论，氮分子的分子轨道排布式是：$(\sigma_{1s})^2(\sigma_{1s}^*)^2(\sigma_{2s})^2(\sigma_{2s}^*)^2(\pi_{2p_y})^2(\pi_{2p_z})^2(\sigma_{2p_x})^2$。其中，对分子稳定有贡献的三个键是 $(\pi_{2p_y})^2$、$(\pi_{2p_z})^2$ 和 $(\sigma_{2p_x})^2$，即一个 σ 键和两个 π 键，键级为 3。

N_2 分子键能特别大($941.7\ kJ \cdot mol^{-1}$)，核间距特别短(109.76 pm)，电子云的分布非常对称，难以极化，其解离能是双原子分子中最高的。实验证明，加热至 3273 K 时只有 0.1% N_2 分解，常温下不易参与化学反应，故常用作保护气体。

在高温有催化剂存在的条件下，氮也表现出一定的活性，可以与一些金属、非金属反应生成各种氮化物。

氮气和ⅠA 族的锂可以直接化合：

$$6Li + N_2 = 2Li_3N$$

ⅡA 族的 Mg、Ca、Sr、Ba 在红热的温度下可与氮气作用：

$$3Mg + N_2 = Mg_3N_2$$

ⅢA 族的 B、Al 在白热的温度下与氮气反应，生成大分子化合物：

$$2B + N_2 = 2BN(\text{大分子化合物})$$

在放电条件下，氮气可以直接与氧气化合生成一氧化氮：

$$N_2 + O_2 = 2NO$$

在高温、高压并有催化剂存在的条件下，氮气与氢气反应生成氨，这个反应已被广泛应用于工业领域。

工业上一般通过分馏空气制备单质氮。实验室中则常采用氨或铵盐氧化的方法制备少量氮气，最常用的是加热亚硝酸钠和氯化铵的饱和溶液来制备氮气：

$$NH_4Cl + NaNO_2 = NaCl + 2H_2O + N_2\uparrow$$

此外，可以用来制取 N_2 的反应还有：

$$8NH_3 + 3Br_2(aq) = N_2\uparrow + 6NH_4Br$$

$$(NH_4)_2Cr_2O_7 \xlongequal{\triangle} Cr_2O_3 + N_2\uparrow + 4H_2O$$

$$2NH_3 + 3CuO \xlongequal{\triangle} 3Cu + N_2\uparrow + 3H_2O$$

17.3.2 磷的单质

磷在自然界中主要以磷酸钙矿 $Ca_3(PO_4)_2 \cdot H_2O$ 和氟磷灰石 $Ca_5F(PO_4)_3$ 存在。在自然界所有的含磷化合物中，磷总是毫无例外地以磷氧四面体形式存在。

单质磷是将磷酸钙、石英砂和碳粉的混合物放在电弧炉中熔烧还原制得，将生成的磷蒸气 P_4 冷却即得到凝固的白磷。

$$2Ca_3(PO_4)_2 + 6SiO_2 + 10C = 6CaSiO_3 + P_4 + 10CO\uparrow$$

仅以碳为还原剂需要很高的反应温度，在反应中引入二氧化硅可大大降低反应温度。这在热力学上称为反应的耦合。

单质磷主要有三种同素异形体，白磷、红磷和黑磷。常见的是白磷，白磷经放置或在 400℃密闭加热数小时，可转化成稳定的同素异形体红磷。

白磷和红磷的物理性质对比见表 17-2。

表 17-2　白磷和红磷的物理性质

	同素异形体性质				
	熔点/K	沸点/K	密度/($g \cdot cm^{-3}$)	CS_2 中的溶解度	燃点/K
白磷	317	554	1.8	易溶	313
红磷	—	464 升华	2.3	不溶	513

白磷以四面体构型的 P_4 分子形式存在，其结构见图 17-2(a)。分子中 P—P—P 键键角是 60°，比纯 p 轨道形成的 σ 键的键角 90°小许多。研究表明，这个分子中的 P—P 键 98%是 p 轨道形成的键，s 和 d 成分占比很小，P—P 键受了很大的应力而弯曲，P—P 键键能很低，只有 201 $kJ \cdot mol^{-1}$，远低于 N≡N 键的 941.7 $kJ \cdot mol^{-1}$，因此白磷很活泼。

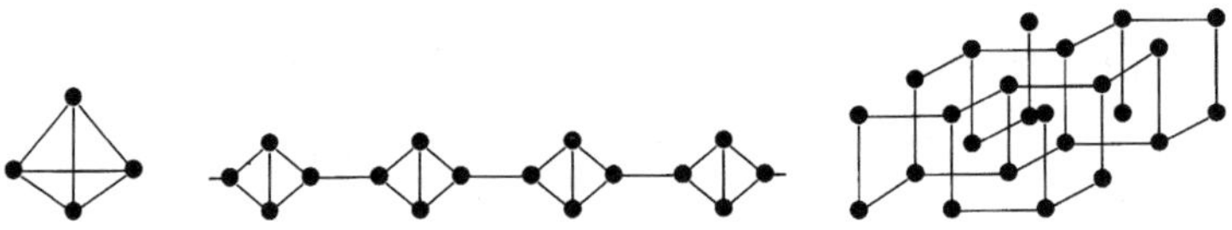

图 17-2　磷单质同素异形体的结构

白磷晶体是由单个的 P_4 分子通过分子间引力堆积而成的，属立方晶系。它的熔、沸点都较低，44℃即熔化。

红磷的结构现在还没有弄清楚，有人认为红磷是由 P_4 分子断裂开一个键，由许多等边三角形连接而成的长链状大分子[图 17-2(b)]，故热力学上比白磷稳定。

$$白磷 \rightleftharpoons 红磷 \qquad \Delta_r H_m^\ominus = -18.0\ kJ \cdot mol^{-1}$$

白磷在高压和较高温条件下可以转化成黑磷。黑磷具有石墨状的片层结构，并有导电性，其中的磷原子是以共价键互相连接成网状结构[图 17-2(c)]。

白磷很活泼，在空气中会发生氧化，部分反应能量以光的形式放出，这便是白磷在暗处发光的原因，称为磷光现象。白磷在空气中氧化放热使温度达到 40℃时，便达到了白磷的燃点，引起自燃，因此白磷需要保存在冷水中。红磷和黑磷要比白磷稳定得多。

白磷能猛烈地与卤素单质反应，在氯气中也能自燃，硝酸能将白磷氧化成磷酸。白磷溶解在热的浓碱溶液中发生歧化反应，生成磷化氢和次磷酸盐。白磷可以将易被还原的金属金、银、铜和铅等从它们的盐溶液中还原出来，有时也可以和还原出来的金属立即再反应生成磷化物。

$$P_4 + 10CuSO_4 + 16H_2O = 10Cu\downarrow + 4H_3PO_4 + 10H_2SO_4$$

$$11P + 15CuSO_4 + 24H_2O = 5Cu_3P\downarrow + 6H_3PO_4 + 15H_2SO_4$$

白磷是剧毒物质，在空气中白磷的允许限量为 0.1 mg · m^{-3}。利用白磷的易燃性和燃烧产物五氧化二磷能形成烟雾的特性，可制作燃烧弹和烟幕弹。在工业上白磷主要用来制造磷酸。

17.3.3 砷、锑、铋的单质

氧化数为+5 和+3 的砷、锑、铋离子是 18 电子和 18+2 电子构型，属于亲硫元素，在自然界中主要是以硫化物矿存在，如雌黄(As_2S_3)、雄黄(As_4S_4)、砷硫铁矿(FeAsS)、辉锑矿(Sb_2S_3)和辉铋矿(Bi_2S_3)等。

单质砷、锑、铋一般通过碳还原它们的氧化物来制备。例如，

$$Bi_2O_3 + 3C \xlongequal{\quad} 2Bi + 3CO\uparrow$$

工业上将硫化物矿先煅烧成氧化物，然后用碳还原。用铁粉作还原剂也可以直接把硫化物还原成单质：

$$Sb_2S_3 + 3Fe \xlongequal{\quad} 2Sb + 3FeS$$

与过渡金属相比，砷、锑、铋的熔点较低，并随原子序数的增加而降低。一般金属熔化时导电性降低，铋却相反。

砷蒸气的分子是 As_4，与 P_4 相似，也是正四面体，As—As 键键长为 243.5 pm。加热到 1073 K 开始解离，2023 K 时全部解离成 As_2。

与磷相似，砷、锑也有多种同素异形体，如黄砷、黄锑(α 型)能溶于 CS_2，说明它们是以 As_4、Sb_4 分子的形式存在，而黑砷(β 型)类似于黑磷结构。

锑、铋不同于一般金属，它们固体的导电、导热等性质比相应液态的导电、导热性质差。例如，固体铋的导电性仅为该金属液体时的 48%。

在常温下，砷、锑、铋对水和空气都比较稳定，不与稀酸作用，但能与强氧化性的热浓硫酸、硝酸和王水等反应。

17.4 氮族元素的氢化物

17.4.1 氮的氢化物

氮的氢化物主要有氨(NH_3)、联氨(N_2H_4)、羟胺(NH_2OH)和叠氮酸(HN_3)。

1. 氨

1) 氨的制备

工业上利用氮气和氢气反应生产氨：

$$N_2 + 3H_2 \xlongequal[\text{高温、高压}]{\text{催化剂}} 2NH_3$$

该反应为放热反应，在 298 K 时平衡常数较大，$K^{\ominus} = 8.23\times10^2$，低温、高压有利于转化率的提高，但是温度低时反应速率很慢，而温度过高反应的平衡常数太小。综合反应速率和化学平衡的因素，实际的反应条件是：压力 300×10^5～700×10^5 Pa，温度 400～450℃，铁为催化剂。

在实验室中通常利用非氧化性酸的铵盐和强碱的反应来制备少量的氨气：

$$2NH_4Cl(s) + Ca(OH)_2(s) \xlongequal{\triangle} CaCl_2 + 2NH_3\uparrow + 2H_2O$$

2) 氨分子的结构

氨分子中氮原子采取不等性 sp^3 杂化，一个孤电子对占据一个四面体的顶点，分子呈三角锥形结构，见图 17-3。由于孤电子对对成键电子的排斥，氨分子中 N—H 键之间的键角减小至 107°18′。NH_3 分子有较强的极性，其偶极矩为 1.66 deb。

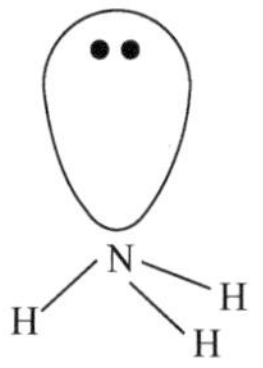

图 17-3　氨分子结构示意图

3) 氨的物理性质

氨在常温下是一种具有刺激性气味的气体。NH_3 的强极性，以及分子间能形成氢键，使其熔点、沸点显著高于同族的 PH_3。

293 K 时 1 体积水能溶解 700 体积的氨，氨溶解度如此大的原因主要是氨和水分子之间存在氢键，生成了缔合分子。

液态氨是一种良好的极性溶剂，它作为有机物的溶剂时，比水优越。像水一样，纯液氨也是电的不良导体，具有比水更弱的电离作用：

$$2NH_3 \rightleftharpoons NH_4^+ + NH_2^- \qquad K^\ominus = [NH_4^+][NH_2^-] = 1.9\times10^{-33}$$

液氨的自解离与水相似，液氨中 NH_4^+ 与 NH_2^- 的许多反应，类似于水中 OH^-与 H_3O^+的反应。例如，

酸碱反应　$$NH_4Cl + NaNH_2 \xlongequal{} NaCl + 2NH_3$$

沉淀反应　$$AgNO_3 + NaNH_2 \xlongequal{} AgNH_2\downarrow + NaNO_3$$

$$ZnSO_4 + 2NaNH_2 \xlongequal{} Zn(NH_2)_2\downarrow + Na_2SO_4$$

$$Zn(NH_2)_2 + 2NaNH_2 \xlongequal{} Na_2Zn(NH_2)_4$$

由于液氨给出质子的能力比水弱得多，碱金属、钙、锶、钡等遇水立即还原水放出氢气的活泼金属，在液氨中则慢慢溶解，生成深蓝色溶液，这种金属液氨溶液的导电能力强于任何电解质溶液，与金属相近。一般认为在这个溶液中形成了溶剂化电子，即氨合电子和金属正离子：

$$Na + nNH_3 \xlongequal{} Na^+ + e^-(NH_3)_n$$

若反应进一步进行，可得氨基钠：

$$Na^+ + e^-(NH_3)_n \xlongequal{} NaNH_2 + 1/2H_2\uparrow + (n-1)NH_3$$

金属液氨溶液表现出的强还原性和导电性均与氨合电子有关。

$$K_3[Cr(CN)_6] + 3K \xrightleftharpoons{NH_3(l)} K_6[Cr(CN)_6]$$

4) 氨的化学性质

氨很稳定，通常情况下能参与四类化学反应：配位反应，取代反应，氨解反应，氧化反应。

(1) 配位反应。

氨是一种典型的路易斯碱，分子中氮原子上的孤电子对容易提供给中心离子(路易斯酸)的空轨道形成配位键，形成各种形式的配合物：

$$AgCl + 2NH_3 \xlongequal{} [Ag(NH_3)_2]Cl$$

$$Cu(OH)_2 + 4NH_3 \xlongequal{} [Cu(NH_3)_4](OH)_2$$

配离子的形成使许多难溶化合物转化为易溶的配合物，这是沉淀溶解的一种常见方法。

氨分子中氮原子上的孤电子对同样可以进入具有空轨道的非金属化合物分子中形成配合物：

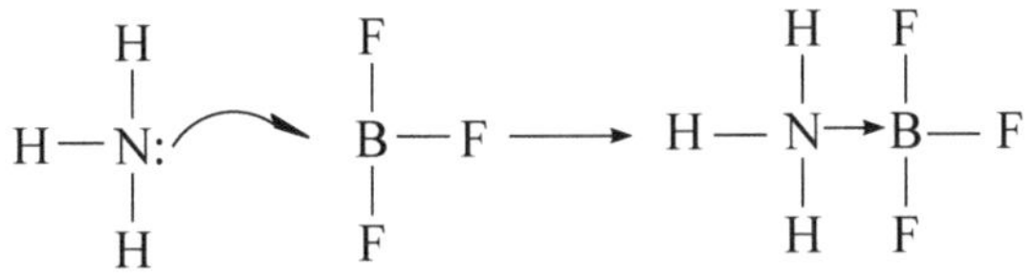

(2) 取代反应。

氨分子中的三个 H 可依次被其他原子或原子团取代，分别生成氨基(—NH_2)、亚氨基(═NH)和氮化物(≡N)等衍生物。例如，氨与金属钠反应得到白色氨基钠固体：

$$2Na + 2NH_3 \xlongequal{\quad} 2NaNH_2 + H_2\uparrow$$

在一定条件下氨与一些金属反应生成氮化物：

$$3Mg + 2NH_3 \xlongequal{\quad} Mg_3N_2 + 3H_2\uparrow$$

铵盐与氯气反应生成三氯化氮，也可视为取代反应。

$$NH_4Cl + 3Cl_2 \xlongequal{\quad} 4HCl + NCl_3$$

(3) 氨解反应。

取代反应的另一种情况是以氨基或亚氨基取代其他化合物中的原子或基团。例如，

$$COCl_2(\text{光气}) + 4NH_3 \xlongequal{\quad} CO(NH_2)_2 + 2NH_4Cl$$

$$HgCl_2 + 2NH_3 \xlongequal{\quad} Hg(NH_2)Cl\downarrow + NH_4Cl$$

这类反应实际上与水解反应相似，因此称为氨解(ammonolysis)。H_2O 的自解离产生 OH^-和 H_3O^+，同样，NH_3 也发生自解离产生 NH_2^-和 NH_4^+。一些化合物在氨中发生解离，解离出的带正电的部分与 NH_2^-结合，带负电的部分与 NH_4^+结合，这是氨解反应的实质。

(4) 氧化反应。

氨分子中氮原子的氧化数为−3，在一定条件下，可被氧化形成较高氧化态的物质。例如，NH_3 与 O_2 反应生成 N_2 或 NO：

$$4NH_3 + 3O_2 \xlongequal{\quad} 2N_2\uparrow + 6H_2O$$

氯或溴也能在气态或溶液中将氨氧化为单质氮气：

$$8NH_3 + 3Cl_2 \xlongequal{\quad} 6NH_4Cl + N_2\uparrow$$

在高温下，NH_3 能将某些金属氧化物还原为金属或低氧化态的氧化物。例如，

$$3CuO + 2NH_3 \xlongequal{\quad} 3Cu + N_2\uparrow + 3H_2O$$

5) 铵盐

氨与酸反应得到相应铵盐。大多数铵盐易溶于水，而且是强电解质。NH_4^+和 Na^+是等电子体，因此 NH_4^+具有+1 价金属离子的性质。NH_4^+的半径为 143 pm，近似于 K^+的 133 pm 和 Rb^+的 148 pm，使许多同类铵盐与钾或铷的盐类异质同晶，溶解度相似。K^+和 Rb^+的沉淀剂一般也是 NH_4^+的沉淀剂。

氨为弱碱，铵盐溶于水会发生一定程度的水解，与强酸根组成的铵盐的水溶液显酸性，如 NH_4NO_3、NH_4Cl 等；而乙酸铵 NH_4Ac 的水溶液近于中性。在铵盐水溶液中加强碱，并加热，

氨即挥发出来，因此这也是一种检验铵盐的方法。

铵盐对热不稳定，固态铵盐受热很容易分解，分解产物一般为氨和相应的酸：

$$NH_4HCO_3 \xlongequal{\triangle} CO_2\uparrow + NH_3\uparrow + H_2O$$

$$NH_4Cl \xlongequal{\triangle} NH_3\uparrow + HCl\uparrow$$

$$(NH_4)_2SO_4 \xlongequal{\triangle} 2NH_3\uparrow + H_2SO_4$$

$$(NH_4)_3PO_4 \xlongequal{\triangle} 3NH_3\uparrow + H_3PO_4$$

非挥发性酸的铵盐受热分解后氨挥发逸出，生成的酸则留在容器中。

如果相应的酸为 HNO_3、HNO_2、$H_2Cr_2O_7$ 等氧化性酸，则铵盐的热分解产物是 N_2 或氮的氧化物，该类盐受热往往会发生爆炸。例如，

$$NH_4NO_3 \xlongequal{\triangle} N_2O + 2H_2O$$

$$2NH_4NO_3 \xlongequal{\triangle} 2N_2 + O_2 + 4H_2O$$

$$(NH_4)_2Cr_2O_7 \xlongequal{\triangle} N_2 + Cr_2O_3 + 4H_2O$$

6) 氨的主要用途

氨是其他含氮化合物的生产原料，如用于制造硝酸及其盐、铵盐等。硝酸是重要的工业原料，铵盐都可以作为化肥。氨也是有机合成工业的重要原料，如可用于尿素、染料、医药和塑料的生产。氨很容易加压液化，因此也可作为制冷剂。

2. 联氨

联氨又名肼，可以看成 NH_3 中的一个 H 被氨基—NH_2 取代后的产物。它是 NaClO 氧化 NH_3 溶液的产物：

$$2NH_3 + ClO^- \xlongequal{\quad} N_2H_4 + Cl^- + H_2O$$

联氨也可以由尿素和次氯酸钠在一定条件下反应制得：

$$CO(NH_2)_2 + NaClO + 2NaOH \xlongequal{\quad} N_2H_4 + NaCl + Na_2CO_3 + H_2O$$

联氨分子的结构如图 17-4 所示。

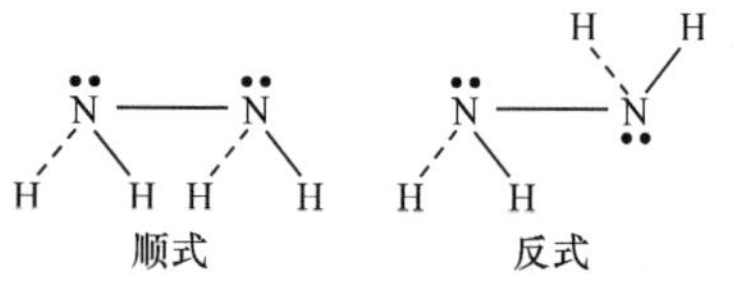

图 17-4　联氨分子的结构

联氨分子的极性很大，偶极矩μ=1.85 deb，说明它是顺式结构。N—N 键长为 145 pm，N—H 键长为 102 pm，∠HNH 为 108°，∠NNH 为 102°，扭转角为 90～95°。

在 N_2H_4 中 N 原子采取 sp^3 杂化，形成 3 个 σ 键，N 的氧化数为−2。每个氮原子上有一个孤电子对，具有配位能力。联氨的熔点为 2.0℃，沸点为 113.5℃；常温下是无色的液体；25℃时密度为 $1.0\ g\cdot cm^{-3}$。联氨是良好的极性溶剂，许多盐能溶解在联氨中，所得溶液导电能力较强。

纯的联氨和它的水溶液在动力学上是稳定的，但在热力学上是不稳定的，所以在有催化剂(如 Pb、Ni 等)存在时会发生分解：

$$N_2H_4 \xlongequal{\quad} N_2\uparrow + 2H_2\uparrow$$

$$3N_2H_4 = N_2\uparrow + 4NH_3\uparrow$$

联氨的盐较稳定，故常以盐的形式运输和保存，如 $N_2H_4 \cdot H_2SO_4$ 或 $N_2H_4 \cdot 2HCl$。

N_2H_4 是一种二元弱碱，其碱性不如 NH_3 的碱性强。

$$N_2H_4(aq) + H_2O = N_2H_5^+(aq) + OH^- \qquad K_b^\ominus = 8.7\times10^{-7}$$

$$N_2H_5^+(aq) + H_2O = N_2H_6^{2+}(aq) + OH^- \qquad K_b^\ominus = 1.9\times10^{-14}$$

联氨中 N 原子上的孤电子对有配位能力，但配位能力较弱，能与过渡金属生成配合物，如 $[Pt(NH_3)_2(N_2H_4)_2]Cl_2$ 等。

联氨中氮的氧化数为−2，因而既有氧化性又有还原性。

酸性介质　$3H^+ + N_2H_5^+ + 2e^- = 2NH_4^+ \qquad E^\ominus = 1.28\ V$

$$N_2 + 5H^+ + 4e^- = N_2H_5^+ \qquad E^\ominus = -0.23\ V$$

碱性介质　$2H_2O + N_2H_4 + 2e^- = 2NH_3 + 2OH^- \qquad E^\ominus = 0.1\ V$

$$N_2 + 4H_2O + 4e^- = N_2H_4 + 4OH^- \qquad E^\ominus = -1.15\ V$$

从热力学角度，联氨在酸性溶液中有较强的氧化性，在碱性溶液中有较强的还原性。但是联氨作为氧化剂的反应速率都很慢，因此联氨实际上是一种强还原剂，它能被卤素单质氧化，也能将弱氧化剂 AgBr 等还原：

$$N_2H_4(aq) + 2X_2 = 4HX + N_2\uparrow$$

$$4AgBr + N_2H_4 = 4Ag\downarrow + N_2\uparrow + 4HBr$$

联氨与氧、二氧化氮、过氧化氢反应，生成 N_2 和 H_2O，并放出大量的热：

$$N_2H_4(l) + O_2(g) = 2H_2O(l) + N_2(g) \qquad \Delta_r H_m^\ominus = -629\ kJ\cdot mol^{-1}$$

所以联氨和它的衍生物，如偏二甲肼等，可用作高能燃料和火箭的推进剂。

3. 羟胺

羟胺可以看成是 NH_3 中的一个 H 原子被—OH 取代的衍生物。纯羟胺 NH_2OH 为白色固体，不稳定，熔点为 32℃。

羟胺分子中 N 原子的氧化数为−1，有一个孤电子对。羟胺中的—OH 吸电子能力比—NH_2 强，因此羟胺的配位能力和碱性都比联氨弱：

$$NH_2OH(aq) + H_2O = NH_3OH^+ + OH^- \qquad K_b^\ominus = 8.7\times10^{-9}$$

羟胺不稳定，易发生分解反应，但羟胺的水溶液或它的盐，如 $(NH_3OH)Cl$ 和 $(NH_3OH)_2SO_4$ 比较稳定。羟胺在酸性和碱性溶液中的标准电极电势如下：

酸性介质　$2H^+ + NH_3OH^+ + 2e^- = NH_4^+ + H_2O \qquad E^\ominus = +1.35\ V$

$$N_2 + 2H^+ + 2H_2O + 2e^- = 2NH_2OH \qquad E^\ominus = -1.87\ V$$

碱性介质　$NH_2OH + 2H_2O + 2e^- = NH_3\cdot H_2O + 2OH^- \qquad E^\ominus = 0.42\ V$

$$N_2 + 4H_2O + 2e^- = 2NH_2OH + 2OH^- \qquad E^\ominus = -3.04\ V$$

羟胺在酸性溶液或碱性溶液中都是很好的还原剂：

$$2AgBr + 2NH_2OH = 2Ag\downarrow + N_2\uparrow + 2HBr + 2H_2O$$

$$4AgBr + 2NH_2OH = 4Ag\downarrow + N_2O\uparrow + 4HBr + H_2O$$

联氨和羟胺作为还原剂的优点是还原性强，而且不给反应体系带来杂质。

4. 叠氮酸

联氨被亚硝酸氧化时，生成叠氮酸 HN_3：

$$HNO_2 + N_2H_4 = HN_3 + 2H_2O$$

纯的叠氮酸是无色液体，凝固点−80℃，沸点 36℃(估算值)，HN_3 毒性大且易爆炸。

叠氮酸分子构型见图 17-5(a)，分子中三个 N 原子以直线相连，N—N—N 键和 H—N 键的夹角约 111°。显然和 H 原子相连的那个氮原子(N_1)采取的是 sp^2 杂化，中间的氮原子是 sp 杂化，在 3 个 N 原子间存在离域的大π键。N_1 和 N_2 的距离是 124 pm，N_2 和 N_3 的距离是 113 pm，其化学键见图 17-5(b)。HN_3 中 N 原子的平均氧化数为−1/3。

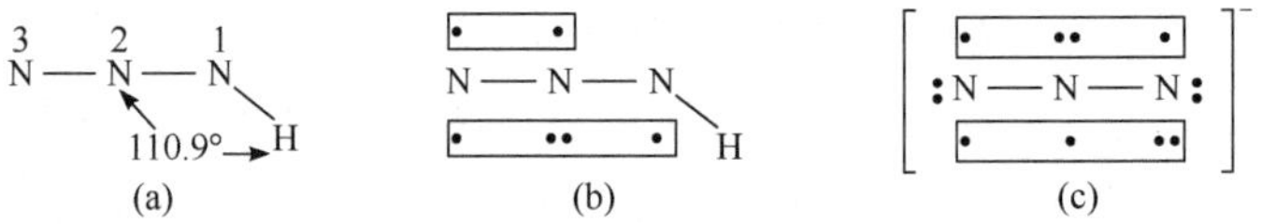

图 17-5　叠氮酸与叠氮酸根的结构

叠氮酸的质子解离后，叠氮离子中的化学键变得完全等同，其结构见图 17-5(c)。其酸性与乙酸相近，$K_a^\ominus = 2.5\times 10^{-5}$。$N_3^-$ 的性质类似于卤离子，称为拟卤离子。例如，白色的 AgN_3 和 $Pb(N_3)_2$ 难溶于水。$Pb(NO_2)_2$ 的水溶液和 HN_3 的醇溶液反应，可制得 $Pb(N_3)_2$：

$$Pb(NO_2)_2 + 4HN_3 = Pb(N_3)_2\downarrow + 2N_2\uparrow + 2N_2O\uparrow + 2H_2O$$

碱金属的叠氮化物稍稳定，如 NaN_3 可用于汽车的安全气囊，而其他一些叠氮化物如 $Pb(N_3)_2$、$Hg(N_3)_2$ 受热或受撞击就爆炸，可以用作引爆剂。

17.4.2　磷的氢化物

磷和氢可生成一系列氢化物，其中最重要的是 PH_3，也称为膦。有多种反应可制备磷化氢，有些类似于氨的生成反应。

(1) 磷化钙的水解(类似于 Mg_3N_2 的水解)：

$$Ca_3P_2 + 6H_2O = 3Ca(OH)_2 + 2PH_3\uparrow$$

(2) 碘化鏻与碱的反应(类似于氯化铵和碱的反应)：

$$PH_4I + NaOH = NaI + H_2O + PH_3\uparrow$$

(3) 单质磷和氢气的气相反应(类似于 N_2 和 H_2 反应)：

$$P_4(g) + 6H_2(g) = 4PH_3(g)\uparrow$$

(4) 白磷与热碱溶液作用：

$$P_4(s) + 3NaOH + 3H_2O = 3NaH_2PO_2 + PH_3\uparrow$$

磷化氢和鏻离子的结构如图 17-6 所示，PH_3 和它的取代衍生物 PR_3(R 代表有机基团)具有三角锥形的结构，PH$_3$ 中的键角 ∠HPH 为 93°，P—H 键键长为 142 pm。PH$_3$ 是一个极性分子（$\mu = 0.55$ deb），与 NH$_3$ 分子相比极性却弱得多。磷化氢常温下是一种无色而剧毒的气体，在183.28 K 凝聚为液体，在 139.25 K 凝结为固体，临界温度为 324 K，临界压力为 6.48×10^6 Pa。

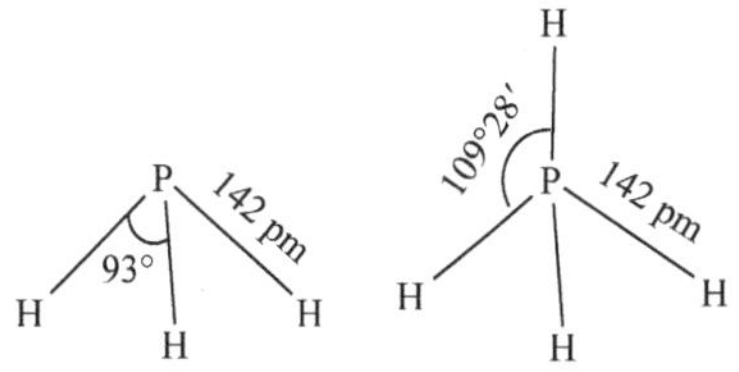

图 17-6 PH$_3$ 和 PH$_4^+$的结构

磷化氢在水中的溶解度比 NH$_3$ 小得多，在 290 K 时，每 100 dm^3 水能溶解 26 dm^3 PH$_3$。已知 PH$_3$ 能生成一种水合物 PH$_3$·H$_2$O，相当于 NH$_3$·H$_2$O 的类似物，但是 PH$_3$ 在水中所显的碱性要比 NH$_3$ 弱得多。虽然 PH$_3$ 与卤化氢可以生成相应的化合物如 PH$_4$Cl、PH$_4$Br 和 PH$_4$I，但是由于它们极易水解，因此在水溶液中并不能产生鏻离子 PH$_4^+$。例如，

$$PH_3(g) + HI(g) = PH_4I(s)$$

$$PH_4I + H_2O = I^- + H_3O^+ + PH_3$$

PH$_3$ 和 PR$_3$ 中 P 原子上都有一个孤电子对，与 NH$_3$ 一样能和许多过渡金属离子生成配合物。不过 PH$_3$ 或 PR$_3$ 的配位能力比 NH$_3$ 或胺要强得多，因为它们与金属配位时，除了 PH$_3$ 或 PR$_3$ 是电子对给予体外，配合物中心离子还可以向磷原子空的 d 轨道反馈电子形成反馈 π 键，从而加强了配离子的稳定性。

PH$_3$ 中 P 的氧化态为 –3，它是一种强还原剂，溶液中的标准电极电势为

酸性溶液   P(白) + 3H$^+$ + 3e$^-$ = PH$_3$ $E^\ominus = -0.063$ V

碱性溶液   P(白) + 3H$_2$O + 3e$^-$ = PH$_3$ + 3OH$^-$ $E^\ominus = -0.87$ V

它能从 Cu^{2+}、Ag$^+$、Au$^+$ 的盐溶液中将金属置换出来。当 PH$_3$ 通入 CuSO$_4$ 溶液时，即有 Cu$_3$P 和 Cu 沉淀出来：

$$PH_3 + 8CuSO_4 + 4H_2O = 4Cu_2SO_4 + H_3PO_4 + 4H_2SO_4$$

$$2PH_3 + 3Cu_2SO_4 = 2Cu_3P\downarrow + 3H_2SO_4$$

$$PH_3 + 4Cu_2SO_4 + 4H_2O = 8Cu\downarrow + 4H_2SO_4 + H_3PO_4$$

在一定温度(423 K)下，PH$_3$ 能与氧燃烧生成 H$_3$PO$_4$：

$$PH_3 + 2O_2 = H_3PO_4   \Delta H^\ominus = -1272.35 \text{ kJ} \cdot \text{mol}^{-1}$$

磷化氢在空气中能自燃，通常是因为该气体中常含有更活泼、易自燃的联膦 P$_2$H$_4$，联膦是联氨的类似物。

17.4.3 砷、锑、铋的氢化物

砷、锑、铋都能生成氢化物 MH$_3$，其中较重要的是砷化氢 AsH$_3$ 或胂，氮族元素氢化物的性质列于表 17-3。

表 17-3 氮族元素氢化物的性质

性质	氢化物				
	NH$_3$	PH$_3$	AsH$_3$	SbH$_3$	BiH$_3$
熔点/K	195.3	140.5	156.1	185	—

续表

性质	氢化物				
	NH_3	PH_3	AsH_3	SbH_3	BiH_3
沸点/K	239.6	185.6	210.5	254.6	298.8
熔化热/(kJ · mol^{-1})	23.65	16.02	18.16	21.25	—
汽化热/(kJ · mol^{-1})	23.35	14.60	16.74	20.92	25.10
生成热/(kJ · mol^{-1})	−46.11	5.4	66.4	145.1	—
密度(沸点时，液体)/(g · cm^{-3})	0.681	0.765	1.621	2.204	—
键长/pm	102	142	152	171	—
键角/(°)	106.6	93.08	91.8	91.3	—
气体分子偶极矩/deb	1.44	0.55	0.15	—	—
电极电势	0.27	−0.005	−0.60	−0.51	—

砷、锑、铋氢化物都是共价分子，熔、沸点很低，随周期数的增加，沸点增加。砷化氢是一种无色、具有大蒜气味的剧毒气体。金属砷化物水解，或用强还原剂还原砷的氧化物可制得胂。

$$Na_3As + 3H_2O \xlongequal{} AsH_3\uparrow + 3NaOH$$

$$As_2O_3 + 6Zn + 12HCl \xlongequal{} 2AsH_3\uparrow + 6ZnCl_2 + 3H_2O$$

砷、锑、铋氢化物的生成热都是正值，这些氢化物不稳定，在空气中能自燃：

$$2AsH_3 + 3O_2 \xlongequal{} As_2O_3 + 3H_2O$$

在缺氧条件下，胂受热分解为单质砷：

$$2AsH_3 \xlongequal{} 2As + 3H_2\uparrow$$

析出的砷聚集在器皿的冷却部位形成亮黑色的“砷镜”。该反应称为马氏(Marsh)试砷法，在毒物分析学上用于鉴定砷(检出限为 0.007 mg)。

砷、锑、铋的氢化物都是很强的还原剂。胂能将高锰酸钾、重铬酸钾，甚至能将硫酸和亚硫酸还原，也能还原重金属盐使重金属沉积出来。胂还原硝酸银是一个有实际意义的反应，称为古氏试砷法(检出限为 0.005 mg)：

$$2AsH_3 + 12AgNO_3 + 3H_2O \xlongequal{} As_2O_3 + 12Ag\downarrow + 12HNO_3$$

试验方法和马氏试砷法相似。

相似地，SbH_3 分解也能形成类似的“锑镜”。

利用高纯 AsH_3 与有机金属化合物反应，可以制得一系列Ⅲ～ⅤA 族的化合物作为新型材料，如 $Ga(CH_3)_3 + AsH_3 \xlongequal{} GaAs + 3CH_4\uparrow$。

17.4.4 氮分子的活化

合成氨在工业和农业生产中被广泛应用，是化工行业最大宗的化学品之一。全球的合成氨都是通过 Haber-Bosch 法生产，反应需要高温 400～500℃、高压 300～700 atm、铁催化剂。

Haber 因发现合成氨方法，获得 1918 年诺贝尔化学奖；Bosch 因设计了第一套合成氨工厂，获得 1935 年诺贝尔化学奖。氨成功的工业合成至今已百年有余，这百余年的时间是人类科技发展最迅猛的时代，许多化学品的工业生产技术已经经历了无数代的更新。然而，合成氨工业几乎没有大的改进，到目前为止，仍然采用铁催化下的高温高压技术。其核心难点在于人们还一直没有找到有效的活化氮分子化学键的催化剂。

20 世纪中后期，科学家们研究发现，豆科类植物的根瘤菌能将大气中的氮分子在常温常压下转化为植物所需要的氨。化学家们受到启示，提出能否通过模拟植物根瘤菌中固氮酶的活性部位结构，并用于活化氮分子，实现在温和条件下将氮分子转化为氨。为此，科学家们经过艰辛努力分离出固氮酶，并获得其 X 射线衍射结构，图 17-7 给出固氮酶中 FeMo 蛋白的核心结构，实际上固氮酶涉及两个相关的蛋白质，除了 FeMo 蛋白外，还有 Fe 蛋白。科学家们认为，氮分子进入 FeMo 蛋白的空腔位置，通过配位活化，然后还原为氨。然而，氮分子是以什么样的方式和 FeMo 蛋白配位并还原为氨的？表面上看，FeMo 蛋白中 6 个配位不饱和的 Fe 原子形成的空腔能够容纳 1 个氮分子，形成氮分子桥联 6 个 Fe 原子的物种，但是理论计算结果表明，FeMo 蛋白的空腔似乎容纳不下 1 个氮分子。因此，氮分子究竟是怎么配位的？是配位于 Fe 所形成的三棱柱体的一个面上还是边上？或者其他部位上？配位后的氮分子又是怎样被活化的？目前为止，固氮酶上氮分子的活化人们仍不清楚，人们还需要进行深入研究。

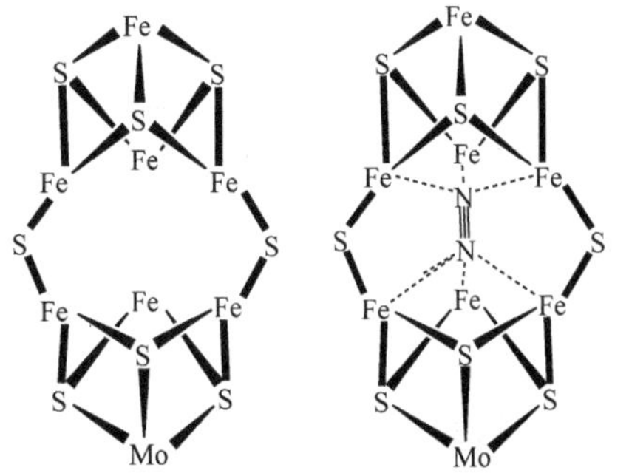

图 17-7　固氮酶中 FeMo 蛋白质的核心结构

换一个角度，除了固氮酶在常温常压下能高效地转化氮分子为氨以外，人们是否能合成出一些高效的过渡金属配合物催化剂，实现在温和条件下氮分子转化为氨？因此，化学家们寻找和研究氮分子的过渡金属配合物。第一个氮分子的配合物$[Ru(NH_3)_5(N_2)]^{2+}$于 1965 年被 Allen 和 Senoff 成功合成，其中氮分子以端基配位的模式配位，发现在该配合物中 N—N 键和配位前变化不大。之后，许多氮分子配合物被制得，在这些氮分子的配合物中，配位的氮分子被不同程度地活化，N—N 键被拉长。

尤其值得一提的是，20 世纪 90 年代化学家实现了常压和低于室温条件下氮分子与钼的配合物 $Mo(NRAr)_3$(其中，R 为烷基，Ar 为芳基)在甲苯或乙醚中反应，得到了 N—N 键被完全断裂的配合物：

$$2Mo(NRAr)_3 + N_2 \longrightarrow [(ArRN)_3Mo{-}N{=}N{-}Mo(NRAr)_3] \longrightarrow 2N{\equiv}Mo(NRAr)_3$$

由上述反应可以看出，三配位的钼配合物呈严重的配位不饱和状态，具有强烈接受配体的能力，有利于氮分子的两个端基氮原子分别和 $Mo(NRAr)_3$ 配位。同时，配合物 $Mo(NRAr)_3$ 中的配位氮原子键联供电性较强的烷基和芳基，使配体中的氮原子有强的碱性，致使配合物中钼原子有足够的电子向配位的氮分子的反键轨道反馈电子，导致 N≡N 三键断裂。

人们也发现，有些配合物中配位的 N_2 分子在强酸存在下可转变为 NH_4^+：

$$cis\text{-}[W(N_2)_2(P(CH_3)_2(C_6H_5))_4] + 8H^+ \longrightarrow N_2 + 2NH_4^+ + W(\text{VI}) + \cdots$$

21 世纪初，Schrock 及其合作者成功实现了过渡金属氮分子配合物作为催化剂，二-五甲基环戊二烯铬为还原剂(电子供体)，在质子源存在下，氮分子成功被转化为氨(图 17-8)。

$$N_2 + CrCp_2^* + \left[\text{(吡啶)} \right] (BAr_4) \xrightarrow{\text{催化剂}} NH_3$$

催化剂

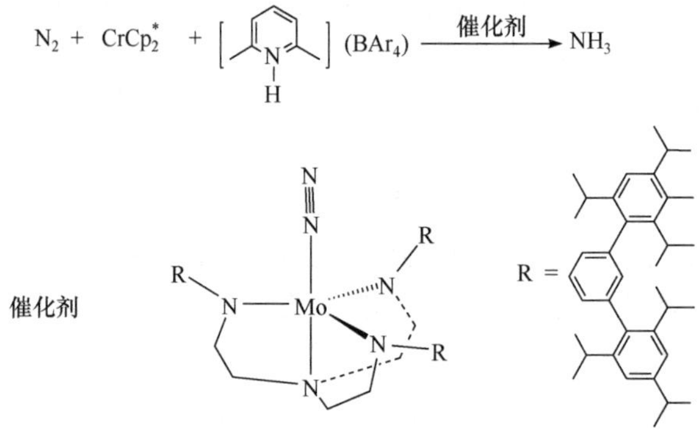

图 17-8　过渡金属氮分子配合物催化氮分子转化为氨

到目前为止，虽然人们合成了数百种氮分子配合物，但是真正能够催化氮分子为氨的配合物还十分稀少，而且都要在强的电子给予试剂和质子源的存在下才能实现，即使这样，效率仍然非常低。随着人们研究的深入，相信人们最终会攻克这一世纪难题。

17.5　氮族元素的氧化物

17.5.1　氮的氧化物

氮可以形成多种氧化物，这些氧化物中氮的氧化数可以从 +1 到 +5。常见的氧化物有 N_2O、NO、N_2O_3、NO_2、N_2O_4 和 N_2O_5。在室温下，除 N_2O_3 是蓝色液体和 NO_2 是红棕色气体以外，其余都是无色气体。NO 和 NO_2 是含单电子的分子，显顺磁性。

1. N_2O

在 250℃ 左右小心加热硝酸铵可得到无色 N_2O 气体：

$$NH_4NO_3 = N_2O\uparrow + 2H_2O$$

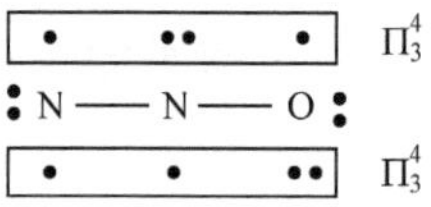

图 17-9　N_2O 结构和大 π 键

N_2O 的分子结构见图 17-9，它与 N_3^- 互为等电子体，二者具有相同的结构，均为直线形分子，有 2 个离域的三中心四电子大 π 键。N_2O 熔点为 –90.81℃，沸点为 –88.46℃，常温下为气体。

N_2O 在水中有一定的溶解度，1 dm^3 水能溶解 0.5 dm^3 该气体。由于 N_2O 的生成热为 +82 $kJ \cdot mol^{-1}$，因而不稳定，易分解。另外，N_2O 曾作为牙科的麻醉剂。

2. NO

稀硝酸与铜反应可得无色 NO 气体：

$$3Cu + 8HNO_3 (稀) = 3Cu(NO_3)_2 + 2NO\uparrow + 4H_2O$$

高压放电条件下，氮气与氧气作用也能得到 NO 气体。工业上则由氨氧化法制备 NO。

NO 熔点为 –163.6℃，沸点为 –151.8℃。NO 分子结构如图 17-10(a)所示，N—O 键键长

为 115 pm，N 原子上有孤电子对，具有一定的配位能力。NO 分子的分子轨道式为

$$(\sigma_{1s})^2(\sigma_{1s}^*)^2(\sigma_{2s})^2(\sigma_{2s}^*)^2(\pi_{2p_y})^2(\pi_{2p_z})^2(\sigma_{2p_x})^2(\pi_{2p_y}^*)^1$$

NO 是顺磁性分子。一般含有奇数电子的分子都有颜色，容易形成二聚体，但 NO 例外，它是无色气体，在固态或液态时显蓝色，在固态时，有极少量松弛的二聚体存在，二聚体为抗磁性化合物。二聚体 N_2O_2 主要是顺式结构，见图 17-10(b)，N—O 键长为 112 pm，N—N 键长为 218 pm，O—O 键长为 262 pm。

图 17-10　NO 分子及其二聚体的结构

NO 在空气中迅速被氧化为红棕色的 NO_2。NO 失去单电子生成 NO^+，如 NOCl、$NOClO_4$ 等分子。NO^+同样是 N_2 和 CO 的等电子体。

NO 分子中含未键合的孤电子对，它可以作为配体和很多金属形成配合物，如 $Co(CO_3)NO$、$[Fe(NO)]SO_4$ 等，$[Fe(NO)]SO_4$ 是检验硝酸根的“棕色环实验”显色物质，这类配合物称为亚硝酰配合物，它们与 CO 的配合物类似，亚硝酰配合物属于类羰基配合物。

3. N_2O_3

NO 与 NO_2 在低温下作用生成 N_2O_3：

$$NO + NO_2 \xlongequal{\quad} N_2O_3$$

N_2O_3 是亚硝酸的酸酐，其结构见图 17-11，分子中存在 Π_5^6 离域大 π 键，—NO_2 中 N—O 键长为 120 pm，—NO 中 N—O 键长为 114 pm，N—N 键长为 186 pm，∠ONO = 130°。

N_2O_3 熔点为−100.7℃，沸点为 3.5℃。固态 N_2O_3 为蓝色，液态为淡蓝色，气态的 N_2O_3 不稳定，迅速分解：

$$N_2O_3 \xlongequal{\quad} NO + NO_2$$

4. NO_2 和 N_2O_4

NO 与 O_2 作用生成红棕色气体 NO_2，某些硝酸盐热分解的气体中含有 NO_2：

$$2Pb(NO_3)_2 \xlongequal{\quad} 2PbO + 4NO_2\uparrow + O_2\uparrow$$

NO_2 聚合后得无色 N_2O_4 气体，这也是该分子有单电子的证据。

$$N_2O_4(\text{无色}) \rightleftharpoons 2NO_2(\text{红棕色})$$

NO_2 与 N_2O_4 很容易达到平衡，二者的分子结构见图 17-12。在 NO_2 分子中有离域的 Π_3^4 大 π 键，∠ONO = 134°，N—O 键长为 120 pm。在 N_2O_4 分子中有 Π_6^8 离域大 π 键，∠ONO =135°，N—O 键长为 121 pm，N—N 键长为 175 pm。

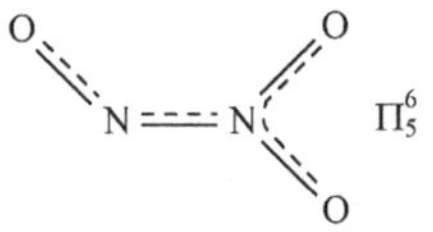

图 17-11　N_2O_3 分子结构

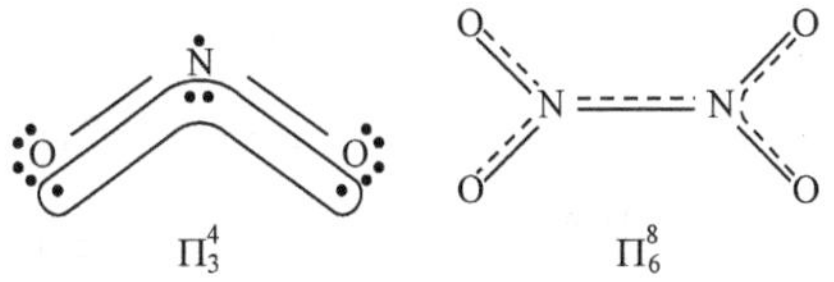

图 17-12　NO_2 和 N_2O_4 分子结构和大 π 键

NO_2 有氧化性。NO_2 与水作用发生歧化反应生成 HNO_3 和 NO，在碱中则歧化为 NO_3^- 和 NO_2^-。

5. N_2O_5

HNO_3 脱水或用强氧化剂氧化 NO_2 都能得到 N_2O_5：

$$6HNO_3 + P_2O_5 = 3N_2O_5 + 2H_3PO_4$$

$$2NO_2 + O_3 = N_2O_5 + O_2\uparrow$$

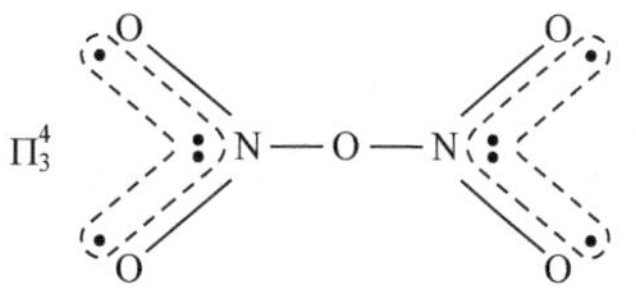

图 17-13　N_2O_5 分子结构和大 π 键

N_2O_5 是强氧化剂，是硝酸的酸酐。其气态分子结构见图 17-13，分子中有 2 个离域的 Π_3^4 键。N_2O_5 常温下是固态，熔点为 30℃，沸点为 47℃，常压下 32.4℃升华，温度高于室温时，固态和气态都不稳定，分解为 NO_2 和 O_2。固态时 N_2O_5 为离子晶体 $NO_2^+NO_3^-$。

17.5.2　磷的氧化物

1. P_4O_6

磷在常温下慢慢氧化，或在不充足的空气中燃烧，生成 P(Ⅲ)的氧化物，即 P_4O_6。这个氧化物的生成可以看成是由于 P_4 分子中受到弯曲应力的 P—P 键因氧分子的氧化而断裂，在每两个 P 原子间嵌入一个氧原子而形成的稠环分子[图 17-14(a)]。P_4O_6 是有滑腻感的白色吸潮性蜡状固体，熔点 297 K，沸点 447 K。P_4O_6 有很强的毒性，当溶于冷水时缓慢地生成亚磷酸，故为亚磷酸的酸酐。P_4O_6 易溶于有机溶剂，它和冷水、热水的作用如下：

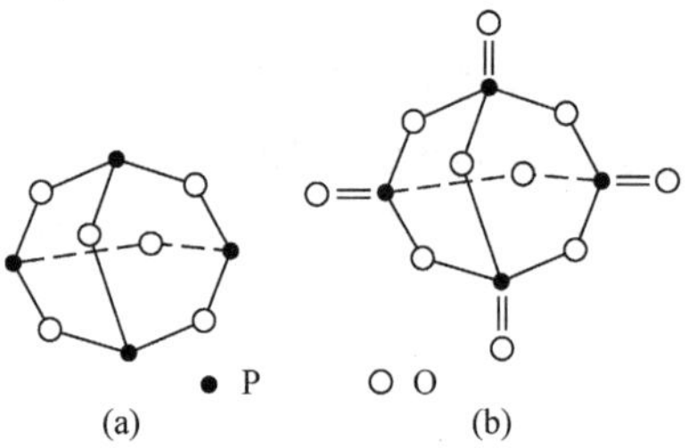

图 17-14　P_4O_6 和 P_4O_{10} 的结构

$$P_4O_6 + 6H_2O(冷) = 4H_3PO_3$$

$$P_4O_6 + 6H_2O(热) = 3H_3PO_4 + PH_3\uparrow$$

表明 P_4O_6 或 H_3PO_3 在热水中不稳定，容易歧化。

2. P_4O_{10}

磷在充足的氧气中反应时，除 P—P 键氧化断裂生成 P_4O_6 外，P_4O_6 分子中每个磷原子上的一个孤电子对也受到氧分子的氧化，生成 P_4O_{10}[图 17-14(b)]。

P_4O_{10} 是白色粉末状固体，熔点 693 K，但在 573 K 时升华，在空气中很快潮解，有很强的吸水性，甚至可以从许多化合物中夺取化合态的水。例如，

$$P_4O_{10} + 6H_2SO_4 = 6SO_3 + 4H_3PO_4$$

$$P_4O_{10} + 12HNO_3 = 6N_2O_5 + 4H_3PO_4$$

P_4O_{10} 与水作用时反应很激烈，生成 P(Ⅴ)的各种含氧酸，因此 P_4O_{10} 称为磷酸的酸酐。P_4O_{10} 吸水后并不能立即转变为磷酸，一般生成 $(HPO_3)_n$ 的混合物，只有在 HNO_3 存在下煮沸，才可以直接快速完全转化为正磷酸：

$$P_4O_{10} + 6H_2O \xlongequal{HNO_3} 4H_3PO_4$$

17.5.3　砷、锑、铋的氧化物

砷、锑、铋的氧化物和磷的氧化物相似，主要有两种形式：M_4O_6 或 M_2O_3，M_4O_{10} 或 M_2O_5。比较重要的氧化物是 As_4O_6(砒霜)，它是一种剧毒物质，致死量为 0.1 g。

1. 氧化数为+3 的氧化物及其水合物

单质或硫化物在空气中燃烧生成三氧化物：

$$4As + 3O_2 \xlongequal{} As_4O_6$$

$$2Sb_2S_3 + 9O_2 \xlongequal{} 2Sb_2O_3 + 6SO_2\uparrow$$

与磷的氧化物一样，砷、锑的三氧化物主要是以 As_4 和 Sb_4 为基础的 As_4O_6 和 Sb_4O_6 形式存在的分子结晶，其结构与 P_4O_6 相似，只有在很高温度(约 2073 K)As_4O_6 才转化为 As_2O_3，高于 843 K 时，Sb_4O_6 会转化为一个长链大分子(图 17-15)。由于铋表现出明显的金属性，因此它的三氧化物是离子晶体。

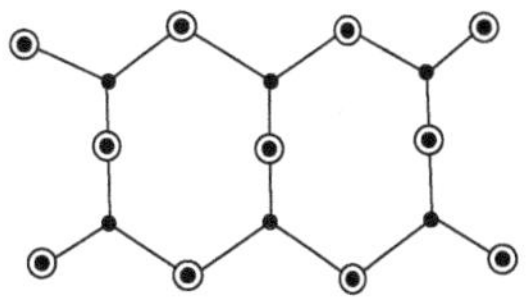

图 17-15　链式 Sb_2O_3 的结构

其中，As_4O_6 是两性偏酸氧化物，Sb_4O_6 是两性偏碱氧化物，Bi_2O_3 则是碱性氧化物。As_4O_6 微溶于水，它的水溶液是亚砷酸，常见的是亚砷酸盐。As_4O_6 既能溶于酸也能溶于碱：

$$As_2O_3 + 6HCl(浓) \xlongequal{} 2AsCl_3 + 3H_2O$$

$$As_2O_3 + 6NaOH \xlongequal{} 2Na_3AsO_3 + 3H_2O$$

由于它具有明显的酸性，因此在碱中溶解比在水中容易得多。Sb_4O_6 难溶于水，易溶于酸和碱。Bi_2O_3 是碱性氧化物，只溶于酸。

氧化数为+3 的砷、锑、铋的氧化物比较稳定，不易发生歧化。三氧化二砷是较强的还原剂，特别是在碱性介质中它可以被碘定量氧化成砷酸。类似地，亚砷酸盐也能被碘氧化：

$$NaH_2AsO_3 + 4NaOH + I_2 \xlongequal{} Na_3AsO_4 + 2NaI + 3H_2O$$

这是分析化学中的一个重要反应。

Bi_2O_3 很难被氧化成 Bi_2O_5。它们的还原性是按砷、锑、铋的顺序减小，这是因为砷、锑、铋中 ns^2 电子的稳定性按这一顺序逐渐增加。

2. 氧化数为+5 的氧化物

浓硝酸氧化单质砷、锑或它们的+3 氧化数的氧化物，可以生成氧化数为+5 的 H_3MO_4 或 $M_2O_5 \cdot nH_2O$：

$$3Sb + 5HNO_3 + 2H_2O \xlongequal{} 3H_3SbO_4 + 5NO\uparrow$$

$$3As_2O_3 + 4HNO_3 + 7H_2O \xlongequal{} 6H_3AsO_4 + 4NO\uparrow$$

含氧酸加热脱水可制得相应的氧化物：

$$2H_3AsO_4 \xlongequal{} As_2O_5 + 3H_2O$$

$$2H_3SbO_4 \xlongequal{} Sb_2O_5 + 3H_2O$$

由于 $6s^2$ 电子的惰性电子对效应，HNO_3 只能把 Bi 氧化成 $Bi(NO_3)_3$:

$$Bi + 4HNO_3 = Bi(NO_3)_3 + NO\uparrow + 2H_2O$$

在碱性介质中用强氧化剂 Cl_2 可将 Bi(Ⅲ)化合物氧化成铋酸盐:

$$Bi(OH)_3 + Cl_2 + 3NaOH = NaBiO_3\downarrow + 2NaCl + 3H_2O$$

砷、锑、铋的+5 氧化数的氧化物主要为酸性氧化物。

17.6 砷、锑、铋的硫化物

三价砷、锑、铋属于 18+2 电子构型，五价砷、锑、铋属于 18 电子构型，因此它们是典型的亲硫元素，都能生成有颜色的难溶硫化物，它们的性质对比见表 17-4。

表 17-4 砷、锑、铋硫化物的某些性质

硫化物类型	As	Sb	Bi
M_4S_3	As_4S_3		
熔点/K			
沸点/K			
M_4S_4	As_4S_4(红色)		
熔点/K	593		
沸点/K	838		
M_2S_3	As_2S_3(黄色)	Sb_2S_3(橙色)	Bi_2S_3(黑色)
熔点/K	583		
沸点/K	980		
M_2S_5	As_2S_5(淡黄)	Sb_2S_5(橙黄)	
熔点/K			
沸点/K			

砷、锑、铋的硫化物很稳定，在自然界中，这三种元素都能以硫化物矿的形式存在，如雌黄(As_2S_3)、雄黄(As_4S_4)、辉锑矿(Sb_2S_3)、辉铋矿(Bi_2S_3)等。

砷、锑、铋的硫化物在结构上类似于它们的氧化物，但是由于 S^{2-}半径大，变形性强，而且 As(Ⅲ)、Sb(Ⅲ)、Bi(Ⅲ)又是 18+2 电子构型的离子，故 M(Ⅲ)与 S^{2-}之间具有较强的附加极化作用，导致它们的硫化物更接近共价化合物，在水中的溶解度很小，如 As_2S_3 的 $K_{sp}^{\ominus} = 2.1\times10^{-22}$；$Sb_2S_3$ 的 $K_{sp}^{\ominus} = 2\times10^{-93}$。

砷、锑、铋硫化物的酸碱性与氧化物类似，As_2S_3 基本上是两性偏酸性的硫化物，Sb_2S_3 是两性硫化物，而 Bi_2S_3 则是碱性硫化物。因此，As_2S_3 甚至不溶于浓盐酸，Sb_2S_3 既溶于浓盐酸又溶于碱，Bi_2S_3 只能溶于浓盐酸而不溶于碱。

$$As_2S_3 + 6NaOH = Na_3AsO_3 + Na_3AsS_3 + 3H_2O$$

$$Sb_2S_3 + 6NaOH = Na_3SbO_3 + Na_3SbS_3 + 3H_2O$$

$$Sb_2S_3 + 12HCl = 2H_3SbCl_6 + 3H_2S\uparrow$$

$$Bi_2S_3 + 6HCl = 2BiCl_3 + 3H_2S\uparrow$$

反应中生成的 Na_3AsS_3 称为硫代亚砷酸钠，Na_3SbS_3 称为硫代亚锑酸钠。

与酸性氧化物与碱性氧化物相互作用生成相应的含氧酸盐一样，硫代酸盐也可以由酸性金属或非金属硫化物与碱性的金属硫化物相互作用形成：

$$As_2S_3 + 3Na_2S = 2Na_3AsS_3$$

$$Sb_2S_3 + 3Na_2S = 2Na_3SbS_3$$

As_2S_3 的酸性比 Sb_2S_3 强，因此 As_2S_3 较易溶于碱金属硫化物中，而 Bi_2S_3 没有酸性，不溶于碱金属硫化物中。

与 As_2O_3、Sb_2O_3 具有还原性相似，As 和 Sb 的三硫化物也具有还原性，它们能与具有氧化性的多硫化物反应生成硫代砷(锑)酸盐：

$$As_2S_3 + 2Na_2S_2 + Na_2S = 2Na_3AsS_4$$

$$Sb_2S_3 + 2(NH_4)_2S_2 + (NH_4)_2S = 2(NH_4)_3SbS_4$$

当然，Bi_2S_3 中 Bi(Ⅲ)的还原性极弱，不与多硫化物反应。

由于氧化数升高，As_2S_5 和 Sb_2S_5 的酸性比相应的 M_2S_3 酸性强，因此它们比 M_2S_3 更易溶于碱金属硫化物溶液中：

$$As_2S_5 + 3Na_2S = 2Na_3AsS_4$$

$$Sb_2S_5 + 3(NH_4)_2S = 2(NH_4)_3SbS_4$$

所有的硫代酸盐都只能在中性或碱性介质中存在，遇酸生成不稳定的硫代酸，同时分解为相应的硫化物和硫化氢：

$$2Na_3AsS_3 + 6HCl = As_2S_3\downarrow + 3H_2S\uparrow + 6NaCl$$

$$2(NH_4)_3SbS_4 + 6HCl = Sb_2S_5\downarrow + 3H_2S\uparrow + 6NH_4Cl$$

应该指出，用这种方法制得的 Sb_2S_5 和 As_2S_5，比直接把 H_2S 通入 Sb(Ⅴ)和 As(Ⅴ)盐溶液所得的产品要纯一些。

17.7 氮族元素的含氧酸及其盐

17.7.1 亚硝酸及其盐

1. 制备

亚硝酸是一种弱酸，不稳定，易分解。在低温下将强酸加入亚硝酸盐溶液时，就可以得到亚硝酸溶液：

$$NaNO_2 + H_2SO_4 = HNO_2 + NaHSO_4$$

将 NO_2 和 NO 混合气体溶解于冰冻的水中，也生成亚硝酸的水溶液，若溶于碱，则得到亚硝酸盐，亚硝酸盐大量用于染料工业和有机合成工业中。

$$NO_2 + NO + H_2O = 2HNO_2$$

$$NO_2 + NO + 2OH^- = 2NO_2^- + H_2O$$

用金属在高温下还原硝酸盐可制备亚硝酸盐：

$$Pb(粉) + NaNO_3 = PbO + NaNO_2$$

某些活泼金属的硝酸盐受热分解，也能得到亚硝酸盐。亚硝酸盐有较强的毒性，人体过多摄入亚硝酸盐会引起中毒或对健康造成危害。

$$2NaNO_3 = 2NaNO_2 + O_2\uparrow$$

2. 结构

亚硝酸有如图 17-16 所示的顺式结构和反式结构。研究表明，反式亚硝酸比顺式亚硝酸稳定，气态或室温下主要以反式平面结构形式存在。在亚硝酸反式结构中，∠HON = 102.1°，∠ ONO = 110.7°；O—H 键键长为 95.4 pm，N 与羟基 O 的键长为 143.3 pm，N 与端基 O 的键长为 117.7 pm。

NO_2^- 与 O_3 为等电子体，分子呈 V 形结构，有离域的 Π_3^4 键，如图 17-17 所示。在亚硝酸根离子中，N—O 键键长为 123.6 pm，∠ONO = 115.4°。

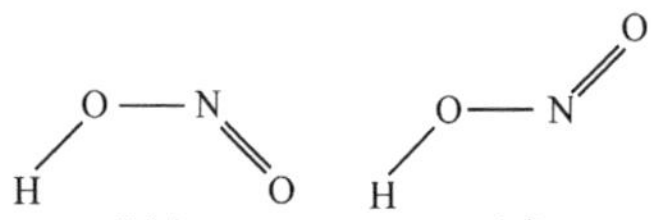

图 17-16 亚硝酸的结构

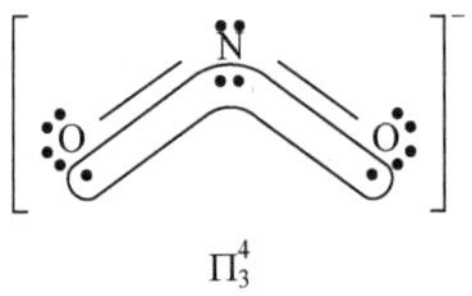

图 17-17 亚硝酸根中的大 π 键

3. 性质

亚硝酸是一种弱酸，电离常数为 7.24×10^{-4}，酸性比乙酸稍强。有关 HNO_2 的标准电极电势数据如下：

酸性溶液 $H^+ + HNO_2 + e^- = NO + H_2O$ $E^\ominus = 0.99\ V$

$NO_3^- + 3H^+ + 2e^- = HNO_2 + H_2O$ $E^\ominus = 0.93\ V$

碱性溶液 $NO_2^- + H_2O + e^- = NO + 2OH^-$ $E^\ominus = -0.46\ V$

$NO_3^- + H_2O + 2e^- = NO_2^- + 2OH^-$ $E^\ominus = 0.01\ V$

亚硝酸和亚硝酸盐中 N 原子为+3 的中间氧化态，再结合 HNO_2 和 NO_2^- 的电极电势数据可知，它们既有氧化性又有还原性。

$$2NO_2^- + 2I^- + 4H^+ = 2NO\uparrow + I_2\downarrow + 2H_2O$$

$$2MnO_4^- + 5NO_2^- + 6H^+ = 2Mn^{2+} + 5NO_3^- + 3H_2O$$

这两个反应都可以定量地完成，故这两个反应都可以用于测定亚硝酸盐。亚硝酸作为还原剂时，其被氧化的产物总是 NO_3^-，作为氧化剂时，其还原产物依所用还原剂的还原能力的不同而不同，可能是 NO、N_2O、NH_2OH、N_2 或 NH_3，其中以 NO 最为常见。应当指出，HNO_2 虽然兼有氧化性和还原性，但以氧化性为主，而且它的氧化能力在稀溶液时，比 NO_3^- 还强。例如，稀溶液中 NO_2^- 可将 I_3^- 氧化，稀溶液中的 NO_3^- 却不能氧化 I_3^-，这是 NO_2^- 和 NO_3^- 重要的区别之一。

相同浓度的稀 HNO_2 和 HNO_3，前者的氧化能力强于后者。作为弱酸的 HNO_2 在水中以分子状态存在，H^+的强极化能力使 HNO_2 不稳定。同时，氧化数为+3 的 HNO_2 抵抗 H^+的极化能力差，更易发生分解而得到还原产物。

在酸性溶液中，HNO_2 可能存在如下反应：

$$H^+ + HNO_2 \xlongequal{} NO^+ + H_2O \qquad K^\ominus = 2\times10^{-7}$$

生成的 NO^+对 I^-有引力，电子转移后，即得到氧化还原产物。因此，HNO_2 很容易氧化 I^-。

HNO_2 在热力学上是不稳定的，仅存在于水溶液中，而且容易歧化分解：

$$3HNO_2 \xlongequal{} HNO_3 + 2NO\uparrow + H_2O$$

但是在碱性溶液中却不会发生如下反应：

$$3NO_2^- + H_2O \xlongequal{} 2NO\uparrow + NO_3^- + 2OH^-$$

可见亚硝酸盐是稳定的。

第ⅠA 族和ⅡA 族元素的亚硝酸盐都有高的热稳定性，如 $NaNO_2$ 在 271℃熔化而不分解。阳离子极化能力越强，亚硝酸盐越不稳定，如 $AgNO_2$ 高于 140℃即分解：

$$AgNO_2 \xlongequal{} Ag\downarrow + NO_2\uparrow$$

NO_2^- 也是常见的配体，能与许多金属离子如 Fe^{2+}、Co^{3+}、Cr^{3+}等形成配离子，如常见的 $[Co(NH_3)_5NO_2]^{2+}$、$[Co(NO_2)_6]^{3-}$ 等。

17.7.2 硝酸及其盐

1. 硝酸的制备

硝酸是三大强酸之一，是制造炸药、染料、硝酸盐和许多化学品的重要原料。硝酸的合成主要有以下三种方法。

1) 氨氧化法

工业上使用最广泛的是氨氧化法。在 1000℃，铂网催化剂(90% Pt，10% Rh 合金网)存在下，氨被氧化为 NO，接着 NO 和氧气进一步反应生成 NO_2，NO_2 被水吸收就成为硝酸：

$$4NH_3 + 5O_2 \xlongequal{} 4NO + 6H_2O$$

$$2NO + O_2 \xlongequal{} 2NO_2$$

$$3NO_2 + H_2O \xlongequal{} 2HNO_3 + NO\uparrow$$

2) 电弧法

将空气通过温度为 4000℃的电弧，然后将混合气体迅速冷却到 1200℃以下，可以得到 NO 气体：

$$N_2 + O_2 \xlongequal{} 2NO$$

NO 进一步冷却并与氧气作用转化为 NO_2，最后用水吸收制成硝酸。此法能耗高，还受电力资源的限制。在雷电中，空气中的氮气和氧气自然生成氮的氧化物，它被雨水吸收成硝酸而淋入土壤中，可以增加土壤中的氮含量。

3) 硝酸盐与浓硫酸作用

该方法主要用于实验室制备少量硝酸：

$$NaNO_3 + H_2SO_4 = NaHSO_4 + HNO_3$$

因为 HNO_3 具有挥发性，所以能从反应混合物中蒸馏出来。

2. 硝酸的结构

HNO_3 分子是平面结构，其中 N 原子将 1 个 2s 电子激发到 2p 轨道，然后采取 sp^2 杂化，3 个杂化轨道分别与 3 个 O 原子的 2p 轨道(各含 1 个电子)重叠生成 3 个 σ 键。被孤电子对占据的 2p 轨道垂直于平面和 2 个各含 1 个电子的非羟基氧的 2p 轨道形成一个三中心四电子的离域 π 键(Π_3^4)，羟基氧原子的未成对电子和氢原子组成一个 σ 键。硝酸中 N 原子的氧化数为 +5。另外，分子内还存在氢键，如图 17-18(a)所示。

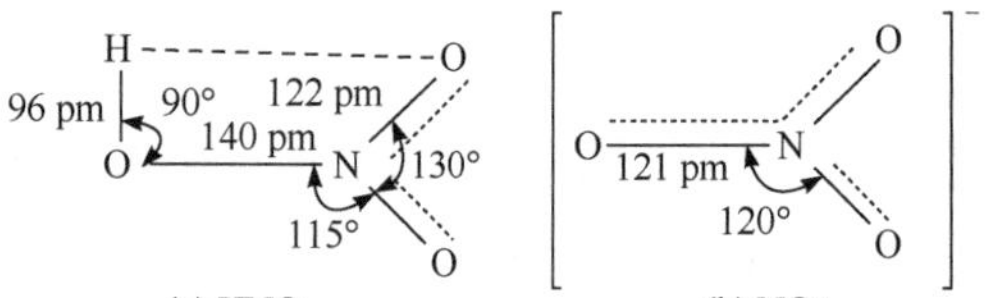

(a) HNO_3　　(b) NO_3^-

图 17-18　硝酸和硝酸根离子的结构

NO_3^- 中 N 原子的 3 个 sp^2 杂化轨道分别与 3 个 O 原子的 1 个 2p 轨道(各含 1 个电子)组成 3 个 σ 键，3 个氧原子上另 1 个未成键的 2p 电子与 N 原子上被孤电子对占据的 2p 轨道重叠，再加上阴离子所带的 1 个电子组成一个四中心六电子的离域 π 键(Π_4^6)，NO_3^- 中 N—O 键完全相同，其结构如图 17-18(b)所示。

3. 硝酸的性质

硝酸能与水以任意比例混溶。一般市售硝酸的相对密度为 1.42，含量为 68%～70%，浓度相当于 15 $mol \cdot L^{-1}$。纯硝酸是一种无色的透明油状液体，溶解了过多 NO_2 的浓硝酸呈棕黄色，称为发烟硝酸。硝酸受热、光照时也慢慢地发生分解，故硝酸在放置过程中会慢慢变黄。

$$4HNO_3 = 4NO_2 + O_2 + 2H_2O$$

硝酸的标准电极电势如下：

$$NO_3^- + 2H^+ + e^- = NO_2 + H_2O \qquad E^\ominus = 0.803\ V$$

$$NO_3^- + 4H^+ + 3e^- = NO + 2H_2O \qquad E^\ominus = 0.983\ V$$

$$NO_3^- + 10H^+ + 8e^- = NH_4^+ + 3H_2O \qquad E^\ominus = 0.87\ V$$

可见，HNO_3 无论被还原成 NO_2、NO 还是 NH_4^+，都具有较高的电极电势。因此，硝酸有较强的氧化性。硝酸作为氧化剂，除了 Au、Pt、Rh 和 Ir 等少数金属外，许多其他金属都能被硝酸氧化。金属氧化物呈碱性的金属一般都生成硝酸盐，金属氧化物具有一定酸性的金属如 Sb、Mo、W 等与浓硝酸反应生成含氧酸或水合氧化物，S、P、As 等非金属单质可以被浓硝酸氧化成相应的高价含氧酸。

浓硝酸作为氧化剂与金属反应时，还原产物多数为 NO_2。与非金属元素作用时，还原产物往往是 NO。稀硝酸与金属反应，金属越活泼，硝酸的浓度越稀，还原产物中氮的氧化数越低，下面的反应中体现出了上述规律。

$$S + 2HNO_3 = H_2SO_4 + 2NO\uparrow$$

$$3P + 5HNO_3 + 2H_2O \xlongequal{} 3H_3PO_4 + 5NO\uparrow$$

$$Cu + 4HNO_3(浓) \xlongequal{} Cu(NO_3)_2 + 2NO_2\uparrow + 2H_2O$$

$$6Hg + 8HNO_3(稀) \xlongequal{} 3Hg_2(NO_3)_2 + 2NO\uparrow + 4H_2O$$

$$4Zn + 10HNO_3(较稀) \xlongequal{} 4Zn(NO_3)_2 + N_2O\uparrow + 5H_2O$$

$$4Zn + 10HNO_3(极稀) \xlongequal{} 4Zn(NO_3)_2 + NH_4NO_3 + 3H_2O$$

作为氧化剂，稀硝酸与浓硝酸的不同之处在于，稀硝酸的反应速率慢，氧化能力较弱，被氧化的物质不能达到最高氧化态，如 Hg 在稀硝酸中氧化为 Hg_2^{2+}。稀硝酸的氧化过程可以理解为，首先被还原成 NO_2，因为反应速率慢，生成的 NO_2 量少，难以逸出反应体系，接着它被进一步还原成 NO、N_2O，甚至 NH_4^+。

Fe、Al、Cr 与冷、浓硝酸接触时表面形成一层致密的氧化物，阻止了金属的进一步氧化，即金属钝化。经浓硝酸钝化处理的金属，与稀硝酸也不再反应。现在一般用铝制容器(槽车)来盛装浓硝酸。有机物或碳被浓硝酸氧化成 CO_2，表现为硝酸对有机物(衣服、皮肤)的腐蚀性，有些有机物遇到浓硝酸甚至会引起燃烧。

从反应机理看，硝酸的氧化性与硝酸中经常存在由光分解产生的 NO_2 起催化作用有关，即 NO_2 起着传递电子的作用：

$$NO_2 + e^- \xlongequal{} NO_2^-$$

$$NO_2^- + H^+ \xlongequal{} HNO_2$$

$$HNO_3 + HNO_2 \xlongequal{} 2NO_2\uparrow + H_2O$$

三个反应的净结果为

$$HNO_3 + H^+ + e^- \xlongequal{} NO_2\uparrow + H_2O$$

硝酸通过 NO_2 获得还原剂的电子，反应便被加速。铜和浓硝酸反应，最初速率很慢，随后逐渐加快，若向溶液中加入固体 $NaNO_2$ 可加速铜和硝酸的反应，这就是 NO_2 有催化作用的有力证据。

4. 含硝酸的混合酸

在实际工作中常用 HNO_3 的混合酸，较重要的如下所述。

(1) 浓盐酸和浓硝酸体积比约为 3∶1 的混合酸称为王水，能溶解金(Au)、铂(Pt)等。

$$Au + HNO_3 + 4HCl \xlongequal{} H[AuCl_4] + NO\uparrow + 2H_2O$$

$$3Pt + 4HNO_3 + 18HCl \xlongequal{} 3H_2[PtCl_6] + 4NO\uparrow + 8H_2O$$

王水溶解金和铂，不是硝酸的氧化能力增强，主要是溶液中存在大量 Cl^-，它能够形成配离子 $AuCl_4^-$和 $PtCl_6^{2-}$，使金属的还原能力增强。相关的标准电极电势为

$$Au^{3+} + 3e^- \xlongequal{} Au \qquad E^\ominus = 1.50\ V$$

$$AuCl_4^- + 3e^- \xlongequal{} Au + 4Cl^- \qquad E^\ominus = 1.00\ V$$

$$NO_3^- + 4H^+ + 3e^- \xlongequal{} NO + 2H_2O \qquad E^\ominus = 0.983\ V$$

(2) 浓 HNO_3 和 HF 的混合液也兼有氧化性和配位能力，它能溶解铌(Nb)、钽(Ta)等连王水都难溶的金属：

$$Ta + 5HNO_3 + 7HF \xlongequal{} H_2[TaF_7] + 5NO_2\uparrow + 5H_2O$$

(3) 浓 HNO_3 和浓 H_2SO_4 的混合液是硝化剂，可以在某些有机化合物分子中引入硝基，如：

$$C_6H_6 + HNO_3 \xlongequal{H_2SO_4} C_6H_5NO_2 + H_2O$$

其中浓硫酸起脱水作用。

5. 硝酸盐

硝酸盐的重要性质之一就是它的水溶性，几乎所有的硝酸盐都易溶于水。另一个重要性质是热稳定性，硝酸盐的热稳定性主要表现在 NO_3^- 的不稳定性和氧化性上。硝酸盐受热分解可以分三步进行：

(1) $$2MNO_3 \xlongequal{} 2MNO_2 + O_2$$

(2) $$MNO_3 + MNO_2 \xlongequal{} M_2O + 2NO_2$$

(3) $$2M_2O \xlongequal{} 4M + O_2$$

对于碱金属和某些碱土金属的硝酸盐，反应一般进行到第一步就终止了，因为它们的亚硝酸盐比较稳定。例如，

$$2NaNO_3 \xlongequal{\triangle} 2NaNO_2 + O_2\uparrow$$

对于金属活动顺序位于 Mg～Cu 的金属的硝酸盐，因为它们的亚硝酸盐不稳定，受热继续分解，故反应一般进行到第二步。例如，

$$2Pb(NO_3)_2 \xlongequal{\triangle} 2PbO + 4NO_2\uparrow + O_2\uparrow$$

对于金属活动顺序位于 Cu 以后的金属的硝酸盐，反应将进行到第三步，因为它们的氧化物也不稳定。例如，

$$2AgNO_3 \xlongequal{\triangle} 2Ag + 2NO_2\uparrow + O_2\uparrow$$

另外，含有结晶水的固体硝酸盐在受热时，由于 HNO_3 易挥发，酸度降低，导致部分水解，形成碱式盐。例如，

$$Cu(NO_3)_2 \cdot 6H_2O \xrightleftharpoons{443\ K} Cu(OH)NO_3 + HNO_3 + 5H_2O$$

$$Mg(NO_3)_2 \cdot 6H_2O \xrightleftharpoons{443\ K} Mg(OH)NO_3 + HNO_3 + 5H_2O$$

6. 硝酸盐与亚硝酸盐的鉴别

利用亚硝酸盐有还原性而硝酸盐没有还原性这一性质可以鉴别两者。亚硝酸盐与浓硝酸作用有 NO_2 生成，而硝酸盐与浓硝酸作用无 NO_2 生成。然而，最著名的鉴别方法是棕色环试验。在试管中加入硝酸盐与硫酸亚铁混合溶液，再沿着试管壁缓慢加入浓硫酸，在浓硫酸与水溶液的界面呈现棕色，从试管的侧面可观察到棕色环；用亚硝酸盐代替硝酸盐，得到棕色溶液而观察不到棕色环。相关的反应原理为

$$4H^+ + NO_3^- + 3Fe^{2+} \xlongequal{} NO\uparrow + 3Fe^{3+} + 2H_2O$$

$$NO + Fe^{2+} \xlongequal{} Fe(NO)^{2+}$$

17.7.3　磷的含氧酸及其盐

磷能生成多种氧化数的含氧酸，其中磷原子总是采取 sp^3 杂化。每个磷原子上有一个孤电子对，与端氧原子之间形成 σ 配键和 p-d π 配键。

磷的含氧酸的酸性大小次序为

$$(HPO_3)_n > H_3PO_3 > H_4P_2O_7 > H_3PO_2 > H_3PO_4$$

通常，同一氧化数的含氧酸中，聚合度越高，酸性越强，因此聚偏磷酸的酸性强于焦磷酸，焦磷酸的酸性强于正磷酸。然而，亚磷酸和次磷酸的酸性强于正磷酸，这里是个例外，与中心原子的氧化数越高酸性越强的规律不符。

1. 次磷酸及其盐

次磷酸是无色晶状固体，极易溶于水，熔点 299.5 K，易吸水潮解。图 17-19(a)中次磷酸的结构中有两个氢原子通过共价键直接和磷原子结合不能解离，故次磷酸是一元中强酸($K_a^\ominus = 1.0\times10^{-2}$)。

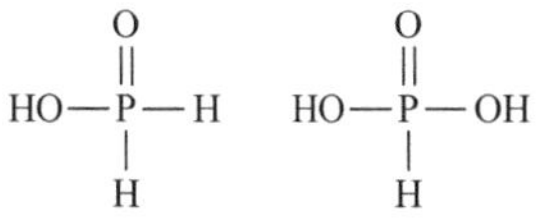

图 17-19　次磷酸(a)和亚磷酸(b)的结构

次磷酸在碱性溶液中非常不稳定，容易歧化，生成 HPO_3^{2-} 和 PH_3。

根据电极电势，次磷酸及其盐都是强还原剂。重金属的硝酸盐、氯化物等都能在溶液中被次磷酸或次磷酸盐还原，所以次磷酸盐可用于化学镀。

次磷酸盐一般易溶于水，但是碱土金属的次磷酸盐水溶性较小。次磷酸盐有毒，但毒性低于磷化氢和白磷。

2. 亚磷酸及其盐

P_4O_6 缓慢与水作用或三氯化磷水解均可生成亚磷酸：

$$P_4O_6 + 6H_2O = 4H_3PO_3$$

$$PCl_3 + 3H_2O = H_3PO_3 + 3HCl$$

亚磷酸是白色固体，熔点为 346 K，在水中有很高的溶解度，293 K 时每 100 g 水约能溶解 82 g 亚磷酸，其结构见图 17-19 (b)。

亚磷酸是一个二元酸，它的电离常数 $K_{a1}^\ominus = 3.72\times10^{-2}$，$K_{a2}^\ominus = 2.09\times10^{-7}$。纯亚磷酸或它的浓溶液被强热时，发生如下歧化反应，碱性条件下更易歧化。

$$4H_3PO_3 \xlongequal{\triangle} 3H_3PO_4 + PH_3\uparrow$$

亚磷酸和亚磷酸盐在水溶液中都是强还原剂，亚磷酸容易将银离子还原成金属银。

3. 磷酸及其盐

氧化数为+5 的磷的含氧酸包括正磷酸、焦磷酸、多聚磷酸和偏磷酸。

1) 正磷酸

H_3PO_4 的结构如图 17-20 所示。

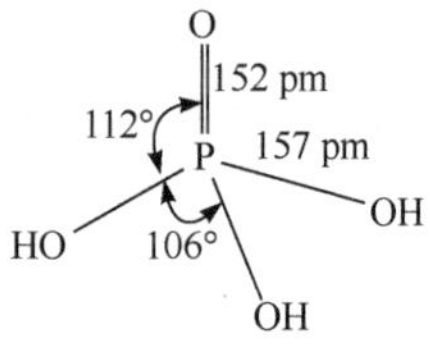

图 17-20　H_3PO_4的分子结构

H_3PO_4具有四面体构型，磷氧四面体是一切 P(Ⅴ)含氧酸及其盐的基本结构单元。分子中 P 原子采取 sp^3 杂化成键，其中 3 个含单电子的杂化轨道与羟基氧原子形成 3 个 σ 键，另一个被孤电子对占据的杂化轨道上的电子配位到非羟基氧原子，形成 1 个 σ 配键，非羟基氧原子上的孤电子对配位到 P 原子的空 3d 轨道，再形成 p-d π 配键(反馈键)，使原来的 σ 配键键长缩短(152 pm)，接近双键。

正磷酸的熔点是 315 K，由于加热磷酸会逐渐脱水并聚合，随温度升高，聚合度增大，因此它没有沸点。磷酸能与水以任何比例混溶，市售磷酸是 82%的黏稠状溶液。磷酸溶液黏度大的原因可能与浓溶液中存在氢键有关。磷酸有三个羟基，它是一个三元中强酸，其逐级电离常数如下：

$$K_{a1}^{\ominus} = 6.92\times10^{-3},\quad K_{a2}^{\ominus} = 6.10\times10^{-8},\quad K_{a3}^{\ominus} = 4.79\times10^{-13}$$

无论在酸性还是碱性介质中，H_3PO_4几乎不显氧化性。磷酸根离子具有强的配位能力，能与许多金属离子形成可溶性配合物，如与 Fe^{3+}生成可溶性的无色配合物 $H_3[Fe(PO_4)_2]$和 $H[Fe(HPO_4)_2]$，利用这个性质，分析化学上常用PO_4^{3-}掩蔽 Fe^{3+}。

2) 其他磷酸

磷酸经强热时发生脱水，n 个 H_3PO_4 分子脱去$(n-1)$个 H_2O 分子后生成多聚磷酸，其通式为

$H_{n+2}P_nO_{3n+1}$ $(n\geqslant2)$	$n = 2$	$H_4P_2O_7$	焦磷酸
	$n = 3$	$H_5P_3O_{10}$	三磷酸

多磷酸为链状分子，其分子结构式可表示如下：

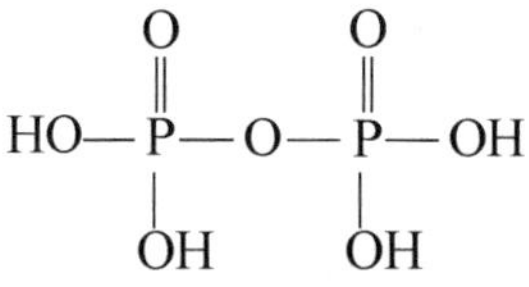

焦磷酸

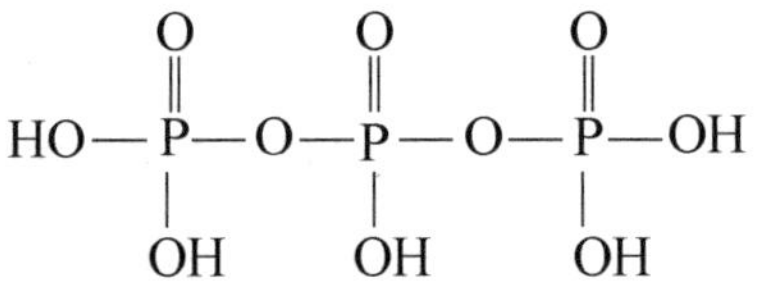

三磷酸

n 个 H_3PO_4 分子脱去 n 个 H_2O 分子后所得的酸称为偏磷酸，其通式为

$(HPO_3)_n$ $(n\geqslant3)$	$n = 3$	$(HPO_3)_3$	三偏磷酸
	$n = 4$	$(HPO_3)_4$	四偏磷酸
	…	…	

偏磷酸是环状结构的多磷酸，如四偏磷酸的分子结构式如下：

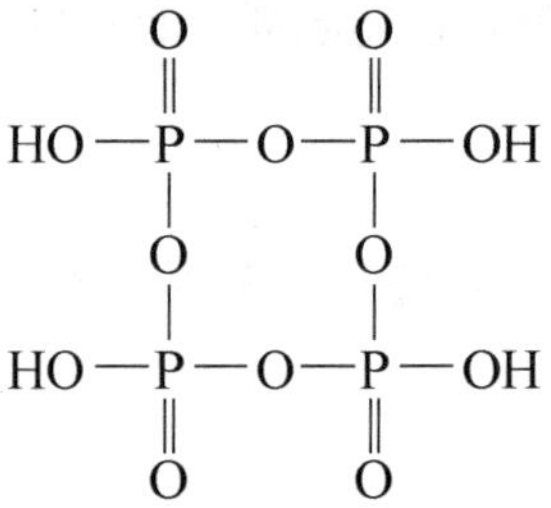

焦磷酸 $H_4P_2O_7$ 是无色玻璃状物质，易溶于水。在冷水中，焦磷酸缓慢地水解为磷酸；在

热水中或在 HNO_3 存在下，这种转化更快。

$$H_4P_2O_7 + H_2O = 2H_3PO_4$$

焦磷酸的电离常数是：$K_{a1}^{\ominus} = 1.23\times10^{-1}$，$K_{a2}^{\ominus} = 7.94\times10^{-3}$，$K_{a3}^{\ominus} = 1.99\times10^{-7}$，$K_{a4}^{\ominus} = 4.47\times10^{-10}$，故焦磷酸的酸性强于磷酸。一般而言，多酸的酸性均比单酸(H_3PO_4)强。

焦磷酸根($P_2O_7^{4-}$)能与 Cu^{2+}、Ag^+、Zn^{2+}等金属离子形成稳定的配离子，如$[Cu(P_2O_7)]^{2-}$，被用于无氰电镀。焦磷酸盐还可用于硬水软化。

3) 磷酸盐

磷酸盐包括简单磷酸盐和复杂磷酸盐，在复杂磷酸盐中包括多磷酸盐和偏磷酸盐。简单磷酸盐是指正磷酸的各种盐：M_3PO_4、M_2HPO_4 和 MH_2PO_4(M 为一价金属离子)。这里主要讨论简单磷酸盐的溶解性、水解性和稳定性。

钾、钠、铵的磷酸盐、磷酸一氢盐和磷酸二氢盐都易溶于水，这些易溶盐都有较多的结晶水，在加热时甚至可溶于其结晶水而熔化。锂及多数二价金属的磷酸盐都难溶于水，而磷酸二氢盐一般都易溶于水。二价金属或高价金属盐的溶解度大小顺序为

磷酸二氢盐＞磷酸一氢盐＞磷酸盐

例如，$Ca_3(PO_4)_2$ 和 $CaHPO_4$ 是难溶盐，而 $Ca(H_2PO_4)_2$ 在水中易溶。

由于磷酸是中强酸，因此它的碱金属盐都易水解。例如，Na_3PO_4、Na_2HPO_4 和 NaH_2PO_4 在水中发生如下水解反应：

$$PO_4^{3-} + H_2O = HPO_4^{2-} + OH^- \quad \text{溶液显碱性}$$

$$HPO_4^{2-} + H_2O = OH^- + H_2PO_4^- \quad \text{溶液显弱碱性 (pH = 9～10)}$$

$$H_2PO_4^- + H_2O = OH^- + H_3PO_4 \quad \text{溶液显弱酸性 (pH = 4～5)}$$

值得注意的是，$H_2PO_4^-$ 水解后溶液呈弱酸性，这是因为 $H_2PO_4^-$ 不仅按上述水解反应，还发生电离：

$$H_2PO_4^- = H^+ + HPO_4^{2-}$$

而且电离程度比水解程度大，故显酸性。

Na_3PO_4、Na_2HPO_4 和 NaH_2PO_4 水溶液与 $AgNO_3$ 作用都生成黄色的 Ag_3PO_4 沉淀，偏磷酸盐 $NaPO_3$ 和焦磷酸盐 $Na_4P_2O_7$ 与 $AgNO_3$ 作用都生成白色沉淀。偏磷酸盐和焦磷酸盐经乙酸酸化后加入蛋清溶液，能使蛋清凝聚的是偏磷酸。以上反应可定性鉴别正磷酸盐、偏磷酸盐和焦磷酸盐。正磷酸盐在酸性条件下与饱和钼酸铵溶液混合后加热，生成黄色的磷钼酸铵沉淀 $(NH_4)_3PMo_{12}O_{40}\cdot6H_2O$。正磷酸盐在氨水溶液中与氯化镁作用得到白色的磷酸铵镁 NH_4MgPO_4 沉淀。

磷酸正盐比较稳定，不易分解，但是磷酸一氢盐和磷酸二氢盐受热却容易脱水生成焦磷酸盐或偏磷酸盐。

复杂磷酸盐包括三类：直链的多磷酸盐、支链状的超磷酸盐和环状的聚偏磷酸盐。构成复杂磷酸盐的基本结构单元仍然是磷氧四面体。

直链多磷酸盐的酸根阴离子是两个或两个以上的磷氧四面体通过共用氧原子连接成直链结构的离子。例如，

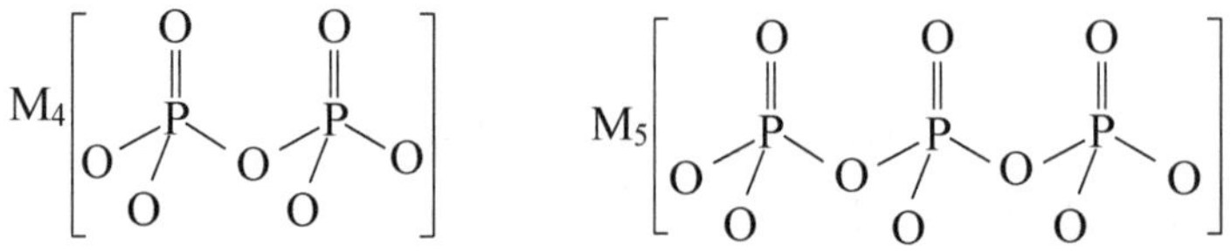

这类磷酸盐的通式是 $M_{n+2}P_nO_{3n+1}$，式中 M 为一价金属离子，n 为多磷酸盐中的磷原子数。三磷酸钠($Na_5P_3O_{10}$)是合成洗涤剂的重要成分，工业上是将磷酸二氢钠和磷酸氢二钠的混合物加热脱水制得：

$$NaH_2PO_4 + 2Na_2HPO_4 = Na_5P_3O_{10} + 2H_2O$$

环状的聚偏磷酸盐的酸根阴离子是由 3 个或多于 3 个的磷氧四面体通过共用氧原子而连接成的环状化合物。常见的有三聚偏磷酸盐(六元环)和四聚偏磷酸盐(八元环)。

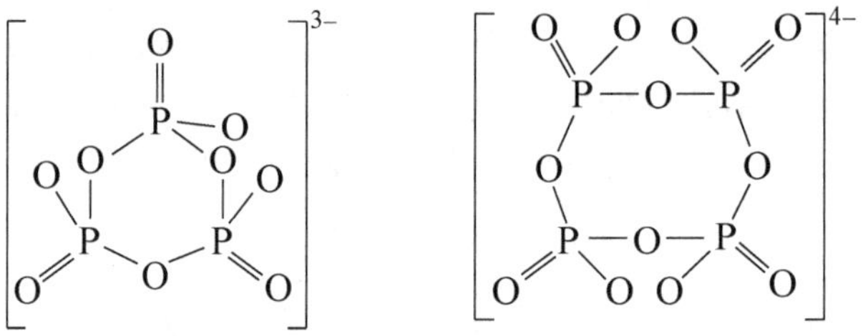

含有更多磷原子的多聚偏磷酸盐称为磷酸盐玻璃体，它们是简单磷酸盐高温缩合的产物。直链多磷酸盐玻璃体中最常见的是格氏盐$(NaPO_3)_n$，它没有固定的熔点，在水中有很大的溶解度，该盐的主要用途是作为锅炉用水的软化剂，阻止锅炉水垢的生成。

17.7.4　砷、锑、铋的含氧酸及其盐

砷(Ⅴ)、锑(Ⅴ)、铋(Ⅴ)的氧化物与水反应生成难溶于水的含氧酸或氧化物的水合物(不存在游离的 $HBiO_3$)，含氧酸的酸性依砷、锑、铋的顺序减弱。

砷(Ⅴ)、锑(Ⅴ)、铋(Ⅴ)含氧酸在组成上有很大的不同，砷和磷一样，砷(Ⅴ)含氧酸的分子式为 H_3AsO_4，也是一种三元酸。锑(Ⅴ)的含氧酸和 H_3AsO_4 不同，实验表明它是一元酸，其分子式相当于 $H[Sb(OH)_6]$，相应的盐已经制得，如 $K[Sb(OH)_6]$等碱金属盐，与同周期的 H_5IO_6、H_6TeO_6 一样，$H[Sb(OH)_6]$中 Sb 的周围排布的 6 个羟基形成八面体结构，目前还没有分离出铋(Ⅴ)的含氧酸，但是它的盐却已制得，如黄色不溶物 $NaBiO_3$。

砷(Ⅴ)、锑(Ⅴ)、铋(Ⅴ)含氧酸及其盐的最重要的性质是其氧化性，由于惰性电子对的稳定性按砷、锑、铋的顺序逐渐增加，它们的氧化性也按这一顺序递增。尤其在酸性介质中，它们的氧化性表现十分突出，如酸性条件下，砷酸可将 HI 氧化成 I_2，锑酸可以将 HCl 氧化成 Cl_2：

$$H_3AsO_4 + 2HI = H_3AsO_3 + I_2\downarrow + H_2O$$

$$H_3SbO_4 + 2HCl = H_3SbO_3 + Cl_2\uparrow + H_2O$$

砷酸与 I^-的反应，溶液酸碱性的改变，将引起反应方向的变化。在酸性介质中，砷酸能将 I^-氧化成碘，在碱性介质中 I_2 却能将亚砷酸根离子氧化成砷酸。

铋(Ⅴ)的化合物氧化能力更强，在酸性条件下除了能将 Cl^-等氧化外，还能将 Mn^{2+}氧化成 MnO_4^-：

$$4MnSO_4 + 10NaBiO_3 + 14H_2SO_4 = 4NaMnO_4 + 5Bi_2(SO_4)_3 + 3Na_2SO_4 + 14H_2O$$

在分析化学上，这是一个定性检验溶液中有无 Mn^{2+}的重要反应。

17.8　氮族元素的卤化物

17.8.1　氮的卤化物

氮和卤素可以生成一系列化合物，尤其是与氟和氯生成稳定的化合物，如 NX_3、N_2F_4 等。其中，常见的是 NF_3 和 NCl_3。

室温下，NF_3 是无色、无味的气体，沸点 154 K。它可以在以铜为催化剂的条件下，通过 NH_3 和 F_2 反应制得。

$$4NH_3 + 3F_2 \equiv NF_3 + 3NH_4F$$

NF_3 分子中 N 原子采取不等性 sp^3 杂化，具有三角锥形结构，有一个孤电子对，键角 102.5°，分子的偶极矩为 0.234 deb。其结构与 NH_3 分子相似，但是键角和偶极矩明显小于 NH_3。

NF_3 分子的键角小于 NH_3(107.5°)，这是由于 NF_3 分子中，F 的电负性大于 N，成键电子靠近 F 原子，成键电子之间的排斥作用较小；而 NH_3 分子正好相反，成键电子靠近 N 原子，排斥作用较大。

NF_3 分子的偶极矩明显小于 NH_3 分子(1.47 deb)，是由于 NF_3 分子中 N—F 键的负电荷重心在三个 F 原子组成的三角形中心，正电荷的重心在 N 原子上，同时 N 原子上的孤电子对的方向正好和 NF_3 分子中 N—F 键的负电荷重心相反，抵消了部分负电荷，致使与 NH_3 分子比较，NF_3 分子的偶极矩减小。

NF_3 分子的生成热为 $-124.4\ kJ \cdot mol^{-1}$，常温下非常稳定，不与水、稀酸、稀碱反应。由于分子中 F 原子的高电负性引起 N 原子的电子云密度下降，NF_3 分子碱性大幅减弱。

NCl_3 是淡黄色的油状液体，沸点 344 K，易溶于有机溶剂。将 Cl_2 通入铵盐水溶液可以制得 NCl_3。

$$NH_4Cl + 3Cl_2 \equiv NCl_3 + 4HCl$$

NCl_3 的生成热为 $230\ kJ \cdot mol^{-1}$，非常不稳定，具有光敏性和易爆性，高于沸点和受到撞击就会发生爆炸，分解为 N_2 和 Cl_2。

NCl_3 的不稳定性也表现在它易发生水解。由于 NCl_3 的碱性明显强于 NF_3，NCl_3 分子中 N 原子的孤电子对可以与水分子的质子结合，水分子中 O 原子的孤电子对可以配位到 Cl 的空 d 轨道中，这些相互作用导致 N—Cl 键断裂，发生水解，生成 NH_3 和 HClO。

17.8.2　磷的卤化物

所有卤素单质都能与白磷反应，与红磷的反应则缓慢些，它们都生成 PX_3、P_2X_4 和 PX_5 等类型的卤化物和混合卤化物。

1. 三卤化磷

用氯和溴与白磷作用可以得到 PCl_3 和 PBr_3，根据理论值在 CS_2 中，白磷和碘反应可以得到 PI_3。三氟化磷用三氟化砷与三氯化磷的配体交换来制备：

$$PCl_3(l) + AsF_3(l) \equiv PF_3(g) + AsCl_3(l)$$

除了三碘化磷是红色低熔点固体外，所有的其他三卤化磷都是无色气体或无色挥发性液体，在三卤化磷分子中磷原子采取 sp^3 杂化，分子构型为三角锥形(图 17-21)。在磷原子上还有一个孤电子对，因此三卤化磷可以与金属离子配位形成相应的配合物。作为配体，实际上人们几乎不直接用三卤化磷，而是卤素原子被其他有机基团取代后的有机膦。

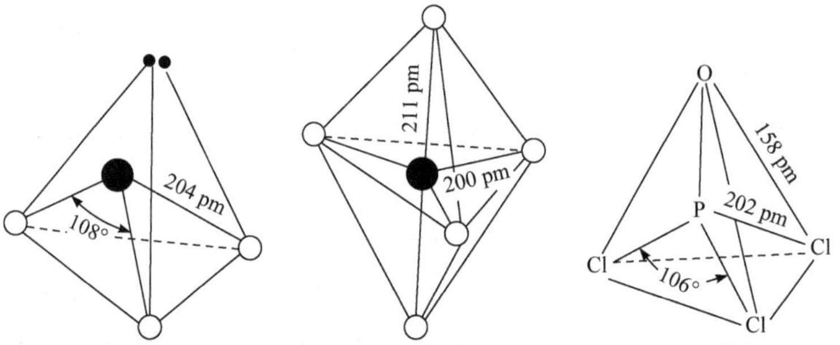

图 17-21　卤化磷和卤氧化磷分子的结构

2. 五卤化磷

单质磷和充足的卤素直接反应或三卤化物和卤素进一步反应都可以制得五卤化磷：

$$P_4 + 10Cl_2 = 4PCl_5$$

$$PF_3 + Cl_2 = PF_3Cl_2$$

第二种方法特别适用于制备混合卤化物。

气态五卤化磷的分子构型是一个三角双锥，磷原子采取 sp^3d 杂化。五卤化磷的热稳定性随着卤素离子还原能力的增强而减弱，其热稳定性 $PF_5 > PCl_5 > PBr_5$。PCl_5 在 473 K 时会有一半解离成 PCl_3 和 Cl_2，在固态下 PCl_5 和 PBr_5 不再保持三角双锥结构。在 PCl_5 晶格中含有正四面体的 $[PCl_4]^+$ 和正八面体的 $[PCl_6]^-$，而在 PBr_5 晶格中含有 $[PBr_4]^+$ 和 Br^-。

3. 卤氧化磷

五卤化磷极易水解，与足量的水接触迅速产生磷酸和氢卤酸：

$$PX_5 + 4H_2O = H_3PO_4 + 5HX$$

如果使五卤化磷和有限量的水作用，水解产物是氢卤酸和卤氧化磷(或卤化磷酰)POX_3：

$$PX_5 + H_2O = POX_3 + 2HX$$

用氟化剂如 CaF_2 或 SbF_3 处理 POX_3，可以得到混合卤氧化物一氟卤氧化磷。卤氧化磷都具有四面体结构。

17.8.3　砷、锑、铋的三卤化物

砷、锑、铋的最外层电子结构为 ns^2np^3，与氮、磷一样，不同的是它们次外层的电子结构为 $(n-1)s^2(n-1)p^6(n-1)d^{10}$，即 18 电子结构。18 电子或 18+2 电子结构的离子具有强的极化力和大的变形性，致使它们在性质上与氮、磷相比有很大的差异。

MX_3 都能发生水解反应，随着周期数增加，离子半径增大，其水解趋势减弱。$AsCl_3$ 的水解能力稍弱于 PCl_3，如在浓 HCl 中有 As^{3+} 存在；但是即使在最浓的 HCl 中，也没有 P^{3+}。

Sb^{3+}、Bi^{3+}水解能力较As^{3+}更弱，$SbCl_3$和$BiCl_3$在水中甚至水解不完全：

$$SbCl_3 + H_2O = SbOCl\downarrow + 2HCl$$

$$BiCl_3 + H_2O = BiOCl\downarrow + 2HCl$$

MX_3可用卤素直接与它们的单质作用制得，对于Sb和Bi，主要是用M_2O_3和HX制备。

$$2M + 3X_2 = 2MX_3 \quad (M = P，As，Sb，Bi)$$

$$M_2O_3 + 6HX = 2MX_3 + 3H_2O \quad (M = Sb，Bi)$$

生成MX_3的反应都是放热的，因此一般MX_3都比较稳定。

习　题

17-1 磷与氮为同族元素，为什么白磷比氮气活泼？

17-2 为什么Li、Mg、Ca能形成离子型氮化物，K、Na、Al却不能形成离子型氮化物？离子型氮化物为什么只能存在于固态中，不能存在于溶液中？

17-3 NF_3的沸点低(−129℃)，且不显碱性，而NH_3的沸点高(−33℃)，却是众所周知的路易斯碱。请说明它们挥发性及碱性差别如此大的原因。

17-4 固体五氯化磷是由阴、阳离子组成的能导电的离子化合物，但其蒸气是共价化合物，为什么？

17-5 在ⅤA族元素中，它们都可以形成三氯化物，P、As、Sb还可以形成五氯化物，而N和Bi却不能形成五氯化物，为什么？

17-6 比较砷、锑、铋氢氧化物(氧化物)酸碱性的变化规律，指出砷、锑、铋氧化物的酸碱性与硫化物酸碱性的对应关系。

17-7 比较NO_3^-、PO_4^{3-}、AsO_4^{3-}、SbO_4^{3-}、BiO_3^-在酸性溶液中氧化性的强弱并说明原因。

17-8 试说明NH_3、PH_3、AsH_3的酸碱性和氧化还原性的递变规律。

17-9 比较氮的氢化物NH_3、N_2H_4、NH_2OH、HN_3的酸碱性，并说明原因。

17-10 回答下列问题：

(1) 为什么在N_3^-中，两个N—N键的键长相等，而在HN_3中却不相等？

(2) 为什么从NO^+、NO到NO^-键长逐渐增大？

(3) 为什么NO的第一电离能比N_2小得多？

17-11 如何除去：①用熔融NH_4NO_3热分解制得的N_2O中混有的少量NO；②溶液中微量的NH_4^+；③NO中含有的微量NO_2。

17-12 试解释：

(1) $NaNO_2$能加快铜与硝酸的反应速率；

(2) 将$CuSO_4$在煤气灯上加热时不会变色，但掺入一些$NaNO_3$后再在煤气灯上加热时则变黑；

(3) 磷和热的KOH溶液反应生成的PH_3气体遇空气冒白烟。

17-13 从结构的观点解释下列问题：

(1) 氮在自然界以大量的游离态存在；

(2) N_2为反磁性分子，而NO为顺磁性分子；

(3) 氨极易溶于水，而NO难溶于水；

(4) H_3PO_4为三元酸，H_3PO_3为二元酸，而H_3PO_2为一元酸。

17-14 在酸性溶液中，$NaNO_2$与 KI 反应可得到 NO，现有两种操作步骤：①先将$NaNO_2$酸化后再滴加 KI；②先将 KI 酸化后再滴加$NaNO_2$。哪种方法制取的 NO 较纯？为什么？

17-15 写出下列物质受热分解的反应方程式：

(1) $LiNO_3$　(2) $NaNO_3$　(3) $AgNO_3$　(4) $Pb(NO_3)_2$　(5) $AgNO_2$

(6) $Fe(NO_3)_2$　(7) NH_4NO_3　(8) $(NH_4)_2CO_3$　(9) $(NH_4)_2Cr_2O_7$　(10) $Pb(N_3)_2$

17-16 用三种方法鉴定下列各对物质：

(1) $NaNO_2$和$NaNO_3$　(2) NH_4NO_3和NH_4Cl　(3) $SbCl_3$和$BiCl_3$

(4) $NaNO_3$和$NaPO_3$　(5) Na_3PO_4和Na_2SO_4　(6) KNO_3和KIO_3

17-17 解释配位能力：

(1) 与过渡金属的配位能力 $NH_3 < PH_3$，$NF_3 < PF_3$；

(2) 与H^+的配位能力 $NH_3 > PH_3$。

17-18 在酸性溶液中，按氧化能力由大到小排列下列离子，并给出简要说明：

NO_3^-，PO_4^{3-}，AsO_4^{3-}，SbO_4^{3-}，BiO_3^-。

17-19 用化学反应方程式表示下列物质间的转化。

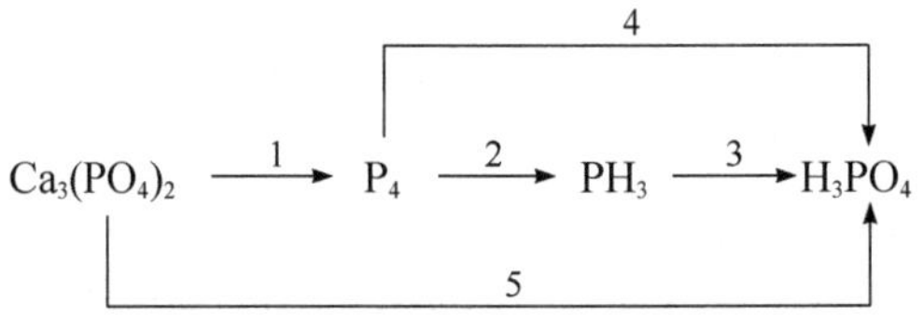

17-20 在Na_2HPO_4和NaH_2PO_4溶液中加入$AgNO_3$溶液均析出黄色沉淀？而在PCl_5完全水解后的产物中，加入$AgNO_3$只有白色沉淀，而无黄色沉淀，试对上述事实加以说明。

17-21 只用一种主要试剂鉴别下列溶液：NaH_2PO_4，$NaPO_3$，Na_2HPO_3，NaH_2PO_2。写出有关离子方程式。

17-22 完成并配平下列反应方程式：

(1) $N_2H_4 + AgNO_3 \longrightarrow$　(2) $Mg_3N_2 + H_2O \longrightarrow$

(3) $KMnO_4 + NaNO_2 + H_2SO_4 \longrightarrow$　(4) $PI_3 + H_2O \longrightarrow$

(5) $Ca_3P_2 + H_2O \longrightarrow$　(6) $P_4 + NaOH + H_2O \longrightarrow$

(7) $AsCl_3 + Zn + HCl \longrightarrow$　(8) $Bi(OH)_3 + Cl_2 + NaOH \longrightarrow$

(9) $Sb_2S_3 + (NH_4)_2S \longrightarrow$　(10) $As_2O_3 + HNO_3$(浓)$ + H_2O \longrightarrow$

(11) $(NH_4)_3SbS_4 + HCl \longrightarrow$

17-23 解释下列现象。

(1) NH_3、PH_3和AsH_3的键角分别为 107°、94°和 91°，为什么越来越小？

(2) 向$AgNO_3$溶液中通入NH_3气体，先有棕褐色沉淀生成，而后沉淀溶解得到无色溶液；但向$AgNO_3$溶液中通入SbH_3气体，生成的沉淀在SbH_3过量时也不溶解。

(3) 向Na_2HPO_4溶液中加入$CaCl_2$溶液有白色沉淀生成，但向NaH_2PO_4溶液中加入$CaCl_2$溶液没有沉淀生成。

17-24 写出下列物质的水解反应方程式，并说明 NCl_3 的水解产物与其他化合物的水解产物有什么本质的区别？为什么？

(1) NCl_3　(2) PCl_3　(3) $AsCl_3$　(4) $SbCl_3$　(5) $BiCl_3$　(6) $POCl_3$

17-25 解释下列事实，写出反应方程式：

(1) 用浓氨水检查氯气管道漏气；

(2) NH_4HCO_3俗称“气肥”，储存时要密闭；

(3) 制 NO_2 时，用 $Pb(NO_3)_2$ 热分解，而不用 $NaNO_3$；

(4) $Bi(NO)_3$ 加水得不到透明溶液，配制时需用 HNO_3 酸化溶液。

17-26 比较砷、锑、铋的硫化物的颜色、酸碱性和在 NaOH、Na_2S、Na_2S_2 溶液中的溶解性。

17-27 配制三氯化铋的溶液要加酸，向亚砷酸盐溶液通入 H_2S 制备三硫化二砷时也要加酸，砷酸钠和碘化钾发生反应时还要加酸，试说明上述三个操作加酸的目的各是什么。

已知：$H_3AsO_4 + 2H^+ + 2e^- \longequal H_3AsO_3 + H_2O$　　$E^\ominus = 0.56\ V$

$I_2 + 2e^- \longequal 2I^-$　　$E^\ominus = 0.54\ V$

17-28 鉴别下列各组物质：

(1) NH_4NO_3 和 $(NH_4)_2SO_4$　　(2) $NaNO_2$ 和 $NaNO_3$

(3) Na_3PO_4、$NaPO_3$ 和 $Na_4P_2O_7$　　(4) $AsCl_3$、$SbCl_3$ 和 $BiCl_3$

17-29 无色晶体 A 受热得到无色气体 B，将 B 在更高的温度下加热后再恢复到原来的温度，发现气体体积增加了 50%。晶体 A 与等物质的量 NaOH 固体共热得无色气体 C 和白色固体 D。将 C 通入 $AgNO_3$ 溶液先有棕黑色沉淀 E 生成，C 过量时则 E 消失得到无色溶液。将 A 溶于水后加热没有变化，加入酸性 KI 溶液则溶液变黄。写出 A、B、C、D 和 E 的化学式和全部反应方程式。

17-30 一无色晶体 A，加入水中有白色沉淀 B 生成，过滤后用 pH 试纸检查，发现滤液呈酸性，向其中加入 $AgNO_3$ 溶液和稀硝酸，有白色沉淀 C 生成，B 溶于盐酸，得无色透明 A 溶液，向其中加入饱和 H_2S 溶液，则有橙色沉淀 D 析出，离心分离出 D 后，将其分为四份，第一份加入 NaOH 溶液，沉淀溶解生成 E 与 F 的混合溶液；第二份中加入 Na_2S 溶液，沉淀溶解得 F 溶液；第三份中加入 HCl，沉淀溶解得 G 溶液，同时放出能使乙酸铅试纸变黑的气体 H；第四份加入多硫化铵，沉淀溶解，生成无色溶液 I，向 I 溶液中加入盐酸，则析出橙色沉淀 J，并产生气体 H。写出 A～J 所代表的物质的化学式。

17-31 某金属的硝酸盐 A 为无色晶体，将 A 加入水中后过滤得白色沉淀 B 和清液 C，取其清液 C 与饱和 H_2S 溶液作用产生黑色沉淀 D，D 不溶于氢氧化钠溶液，可溶于盐酸中。向 C 中滴加氢氧化钠溶液有白色沉淀 E 生成，E 不溶于过量的氢氧化钠溶液。向氯化亚锡的强碱性溶液中滴加 C，有黑色沉淀 F 生成。写出 A、B、C、D、E、F 的化学式。

17-32 某氯化物 A 的晶体放入水中产生白色沉淀 B，再加入盐酸，沉淀 B 消失，又得到 A 的澄清溶液。该溶液与过量的稀 NaOH 溶液反应生成白色沉淀 C；C 与 NaClO + NaOH 混合溶液反应生成土黄色沉淀 D，D 与 $MnSO_4$ 和 HNO_3 的混合溶液反应后，溶液呈现紫红色。A 溶液与 H_2S 溶液反应产生黑色沉淀 E。沉淀 C 与亚锡酸钠的碱性溶液混合，生成黑色沉淀 F。试确定 A～F 所代表物质的化学式，写出各步反应方程式。

17-33 化合物 A 是白色固体，不溶于水，加热时剧烈分解，产生一固体 B 和气体 C。固体 B 不溶于水和稀 HCl，但溶于热的稀 HNO_3，得一溶液 D 及气体 E。E 无色，但在空气中很快变红。溶液 D 用 HCl 处理时，得一白色沉淀 F。气体 C 与普通试剂不发生反应，但与热的金属 Mg 作用生成白色固体 G。G 与水作用得另一种白色固体 H 及一气体 I。气体 I 能使湿润的红色石蕊试纸变蓝，固体 H 可溶于稀 H_2SO_4 得溶液 J。当化合物 A 以 H_2S 溶液处理时，得黑色沉淀 K、无色溶液 L 和气体 C，过滤后固体 K 溶于浓 HNO_3 得气体 E、黄色固体 M 和溶液 D。D 以 HCl 处理得沉淀 F，滤液 L 以 NaOH 溶液处理又得到气体 I。试指出 A～M 各是什么物质，用化学反应方程式表示各步反应过程。

第 18 章　氧 族 元 素

18.1　氧族元素的通性

元素周期表中第ⅥA 族包括氧(oxygen，O)、硫(sulphur，S)、硒(selenium，Se)、碲(tellurium，Te)和钋(polonium，Po)5 种元素，统称氧族元素。硫、硒和碲又常称为硫族元素；其中钋是由居里夫妇于 1896 年从沥青铀矿中发现的放射性稀有元素。氧族元素的一些基本性质列于表 18-1。

表 18-1　氧族元素的基本性质

元素	氧(O)	硫(S)	硒(Se)	碲(Te)
原子序数	8	16	34	52
相对原子质量	16.00	32.06	78.96	127.6
外层电子组态	$2s^22p^4$	$3s^23p^4$	$4s^24p^4$	$5s^25p^4$
主要氧化数	−2，−1，0	−2，0，2，4，6	−2，0，2，4，6	−2，0，2，4，6
原子半径/pm	66	104	117	137
M^{2-}半径/pm	132	184	191	211
M^{6+}半径/pm	9	29	42	56
第一电子亲和能/(kJ · mol^{-1})	141	200	195	190
第二电子亲和能/(kJ · mol^{-1})	−780	−590	−420	−295
第一电离能/(kJ · mol^{-1})	1314	999.6	940.9	869.3
第二电离能/(kJ · mol^{-1})	3380	2251	2044	1795
单键解离能/(kJ · mol^{-1})	142	226	172	126
电负性	3.44	2.58	2.55	2.10

氧族元素的 ns^2np^4 价电子层中有 6 个价电子，都能结合两个电子形成氧化数为−2 的阴离子，表现出非金属元素特征。与卤素原子相比，它们结合两个电子不像卤素原子结合一个电子那么容易(结合第二个电子需要吸收能量)，因而氧族元素的非金属活泼性弱于卤素。另外，由氧向硫过渡，在原子性质上表现出电离能和电负性突然降低，因此硫、硒、碲等原子与电负性较大的元素结合时，常失去电子而显正氧化态。氧由于原子半径较小，孤电子对之间有较大的排斥作用，以及最外电子层无 d 轨道，不能形成 p-d π 键，因此与本族其他元素相比表现出一些特殊的性质：氧的第一电子亲和能及单键键能反常得小。氧以后的元素，在价电子层中都存在空的 d 轨道，当与电负性大的元素结合时，它们也参与成键，因此硫、硒、碲可显+2、+4、+6 氧化态。

氧族元素的原子半径、离子半径、电离能和电负性的变化趋势与卤素相似。随着电离能的降低，从非金属过渡到金属：氧和硫是典型的非金属；硒和碲是半金属；而钋为金属。

氧族元素的第一电子亲和能都是正值，而第二电子亲和能却是很大的负值，这说明获得第二个电子时强烈吸热。离子型的氧化物是很普通的，碱金属、碱土金属的硫化物也都是离子型的。这是因为晶体的巨大晶格能补偿了第二电子亲和能所需的能量。

氧族元素在酸性溶液和碱性溶液中的电势图如图 18-1 所示。

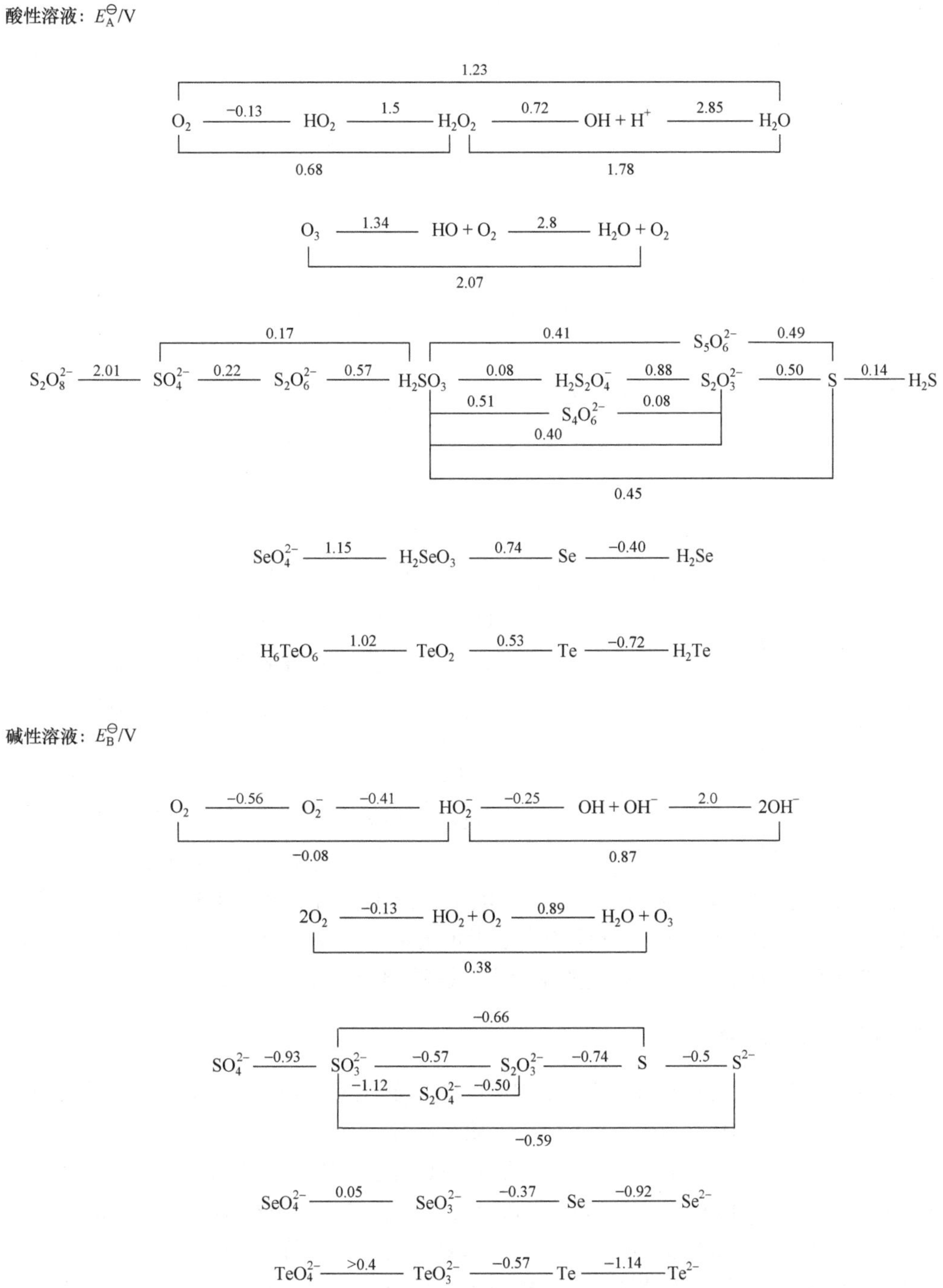

图 18-1　氧族元素的电势图

从图 18-1 可以看出：酸性溶液中，氧族元素除−2 氧化态及单质硒、碲外，其他各氧化态都表现出一定的氧化性；碱性溶液中，各氧化态的氧化性非常弱，单质硒、碲表现出较强的还原性。

18.2　氧族元素的成键特征

18.2.1　氧的成键特征

1. 氧分子的结构

基态氧原子的价层电子结构为 $2s^2 2p^4$，根据核外电子排布原则，在 2p 能级中有两个电子成对，另两个电子分别占据一个 p 轨道，即 $2s^2 2p_x^2 2p_y^1 2p_z^1$。

氧分子的分子结构可以利用价键法(VB 法)和分子轨道法(MO 法)来处理，两种处理方法所得结果有所不同。

VB 法：根据“成单电子自旋相反配对成键”的原则，两个氧原子之间以双键结合成氧分子，可表示为 O═O。

根据 VB 法，氧分子中没有成单电子，但这与氧分子有明显顺磁性的实验事实不符，因顺磁性表明分子中有成单电子。可见，氧分子的顺磁性不能用 VB 法解释。

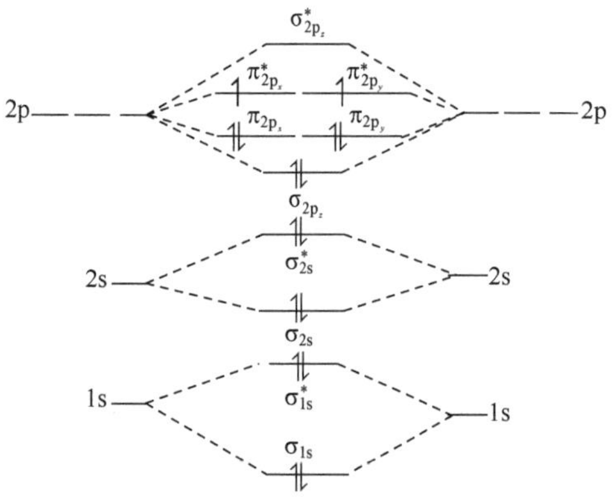

图 18-2　O_2 的分子轨道能级图

MO 法：图 18-2 是 O_2 的分子轨道能级图。根据 MO 法，O_2 的电子组态为：$(\sigma_{1s})^2(\sigma^*_{1s})^2(\sigma_{2s})^2(\sigma^*_{2s})^2(\sigma_{2p_z})^2(\pi_{2p_x})^2(\pi_{2p_y})^2(\pi^*_{2p_x})^1(\pi^*_{2p_y})^1$。在 O_2 的分子轨道中，成键的 $(\sigma_{1s})^2$ 和 $(\sigma_{2s})^2$ 与反键的 $(\sigma^*_{1s})^2$ 和 $(\sigma^*_{2s})^2$ 对键的贡献抵消，实际对成键有贡献的是 $(\sigma_{2p_z})^2(\pi_{2p_x})^2(\pi_{2p_y})^2(\pi^*_{2p_x})^1(\pi^*_{2p_y})^1$。其中，$(\sigma_{2p_z})^2$ 构成 O_2 分子的 σ 键，$(\pi_{2p_x})^2(\pi_{2p_y})^2(\pi^*_{2p_x})^1(\pi^*_{2p_y})^1$ 分别构成两个三电子 π 键。因此，O_2 分子中共有一个 σ 键和两个三电子 π 键。由于每个三电子 π 键中有两个电子在成键轨道，一个电子在反键轨道，从键能看每个三电子 π 键相当于半个正常的 π 键，两个三电子 π 键合在一起相当于一个正常 π 键，因此 O_2 分子总键能相当于双键的键能($494\ kJ \cdot mol^{-1}$)。

2. 臭氧的分子结构

实验证明臭氧分子(O_3)呈等腰三角形构型，三个氧原子分别占据三角形的顶点。电子衍射测定证实，气态臭氧中的三个氧原子形成夹角为(127 ± 3)°的等腰三角形，其斜边长(0.126 ± 0.002)nm，底边长约 0.224 nm。用 X 射线衍射法对溶于液氧中的臭氧进行的测定表明，O_3 中各氧原子间的距离为 0.13 nm、0.13 nm 和 0.22 nm。但微波光谱分析结果揭示其夹角为 116°49′ ± 30′，边长为(0.1278 ± 0.0003)nm，比用电子衍射法测定的夹角小 10°。

根据 VB 法，O_3 分子的结构是角顶氧原子与另外两个氧原子之间分别存在双键和单键。为了解释实际上键的等同性，又假定了两种结构的共振：真正的分子结构介于两者之间，如

图 18-3 所示。

根据 MO 法，O_3 分子中除氧原子间均存在 σ 键外，在三个氧原子之间还存在一种 4 个电子的大 π 键，以 Π_3^4 表示形成的是三中心四电子的大 π 键(图 18-4)。

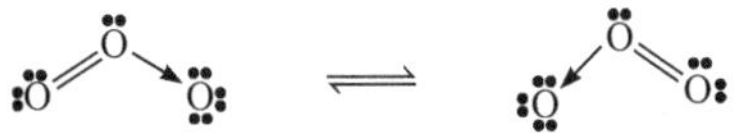

图 18-3 臭氧分子的共振结构

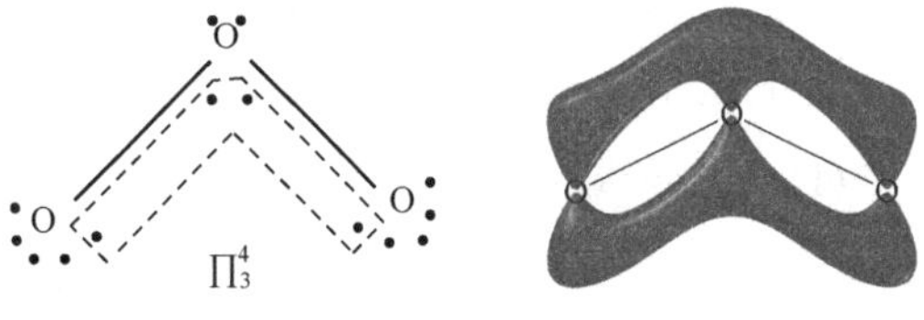

图 18-4 臭氧分子的大 π 键

MO 法认为：O_3 分子中的角顶氧原子采取 sp^2 杂化，未参与杂化的 p 轨道与另外两个氧原子的平行 p 轨道进行线性组合成分子轨道：一个成键轨道、一个反键轨道、一个非键轨道(图 18-5)。

根据 MO 法处理 O_3 分子的结果，可见 Π_3^4 键的键级为 1，而每两个氧原子之间的键级为 1.5，不足一个双键，所以臭氧分子的键长比氧分子的键长(120.8 pm)长一些，臭氧分子的键能也因低于氧分子而不够稳定。并且由于分子轨道中没有出现成单电子，因此臭氧应该表现为抗磁性。有的资料提到臭氧有微弱的顺磁性，是臭氧部分转变成氧分子的缘故而不是臭氧本身所具有的。另外，由于臭氧分子的顶端氧原子采取 sp^2 杂化轨道成键，因此臭氧分子的结构为角形构型。但由于顶端氧原子的不同，氧原子之间的化学键表现为极性键，分子为极性分子。

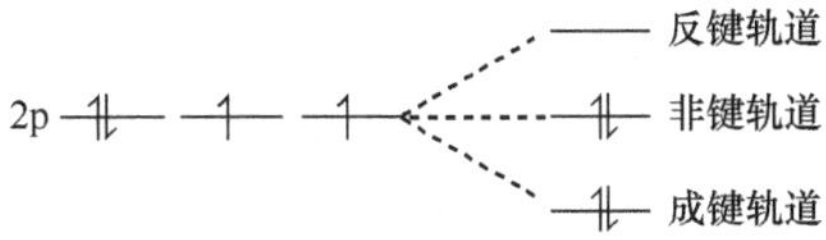

图 18-5 臭氧分子的 Π_3^4 分子轨道示意图

综上所述，在原子氧和分子氧中都存在成单电子，臭氧分子中有大 π 键。所以，当元素氧与其他元素结合时，氧原子、氧分子和臭氧分子都可以作为形成化合物的基础。

1) 以氧原子作为结构单元的成键情况

(1) 氧原子从电负性很小的原子中夺取电子，形成 O^{2-}，构成离子型氧化物，如碱金属和大部分碱土金属的氧化物。

(2) 氧原子与电负性与其相近的原子共用电子，形成共价键，形成共价化合物。就其氧化态而言，可有两种情况：①当与电负性比它大的氟化合时，氧可呈+2 价氧化态，如在 OF_2 中；②当与电负性比它小的其他元素化合时，氧常呈−2 价氧化态。

就氧形成的共价键而言，有六种情况：①氧原子提供两个成单电子形成两个共价单键 —$\ddot{\text{O}}$—，这时氧原子常采取 sp^3 杂化，如在 Cl_2O 和 H_2O 中；②氧原子提供两个成单电子形成一个共价双键 $\ddot{\text{O}}$═，如在 HCHO 和 $COCl_2$(光气)中；③氧原子提供两个成单电子形成两个共价单键，同时提供一个孤电子对形成一个配位键—$\overset{\uparrow}{\text{O}}$—，即形成三个共价单键，这时氧原子常采取 sp^3 杂化，如在 H_3O^+中；④氧原子提供两个成单电子形成一个共价双键，同时提供一个孤电子对形成一个配位键O⇚，即形成一个共价三键，这时氧原子常采取 sp 杂化，如在 CO 和 NO 中；⑤氧原子可以提供一个空的 2p 轨道，接受外来电子对的配位而成键，如在有机胺的氧化物 $R_3N{\rightarrow}O$ 中；⑥氧原子既可以提供一个空的 2p 轨道，接受外来电子对配位而成键，同时也提供一个孤电子对反馈给原配位原子

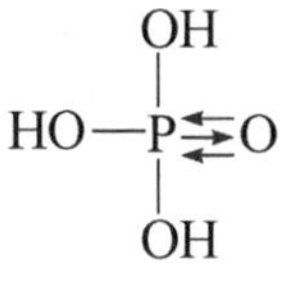

的空轨道而形成反馈键，如 H_3PO_4 中 P 采取 sp^3 杂化，成单电子的 sp^3 杂化轨道与—OH 中的 O 形成 σ 键，有孤电子对的 sp^3 杂化轨道向 O 配位形成 σ 配位键(即 O 重排为 $1s^2 2s^2 2p_x^2 2p_y^2 2p_z$，空出一条 2p 轨道)，其中的反馈键是由氧原子的 p 电子对反馈给磷原子的空 d 轨道而成键，因此称为 d-p π 键，而 $P\rightleftarrows O$ 键具有双键的性质。

2) 以氧分子为结构基础的成键情况

(1) 氧分子结合一个电子，形成 O_2^-，构成超氧化物(如 KO_2 等)。

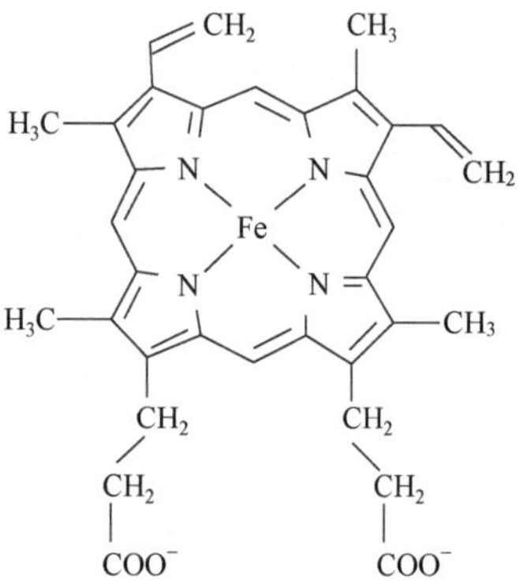

图 18-6　血红素的结构示意图

(2) 氧分子结合两个电子，形成 O_2^{2-} 或共价的过氧链—O—O—，构成离子型过氧化物(如 Na_2O_2、BaO_2 等)或共价型过氧化物(如 H_2O_2、H_2SO_5、$K_2S_2O_8$)。

(3) 氧分子失去一个电子，生成二氧基阳离子 O_2^+ 的化合物，如 $O_2^+[PtF_6]^-$ 等。

(4) 氧分子因每个氧原子上有一个孤电子对，而成为电子给予体向具有空轨道的金属离子配位。例如，血液中的血红素(Hm)是由 Fe^{2+} 与卟啉衍生物形成的配合物(图 18-6)，而 Fe^{2+} 的 3d 轨道上仍有一个空的配位位置，能够可逆地与氧分子配位结合，使动物体内的血红素起到载送氧气的作用，从而成为载氧体：

$$[HmFe] + O_2 \rightleftharpoons [HmFe \leftarrow O_2]$$

3) 以臭氧分子为结构基础的成键情况

臭氧分子结合一个电子，形成 O_3^- 或共价的臭氧链—O—O—O—，构成离子型臭氧化物(如 KO_3 和 NH_4O_3)或共价型臭氧化物(如 O_3F_2)。

18.2.2　硫的成键特征

硫原子的价层电子结构为 $3s^2 3p^4$，还有可以利用的空 3d 轨道，因此硫原子在形成化合物时有如下成键特征：

(1) 可以从电负性较小的原子接受两个电子，形成含 S^{2-} 的离子型硫化物。

(2) 可以形成两个共价单键，组成共价型硫化物。

(3) 可以形成一个共价双键，如二硫化碳 S═C═S。不过由于硫原子半径比氧原子大而电负性比氧原子小，因此它形成共价双键的倾向要比氧原子弱得多。事实上只有少数情况可以认为硫原子是以简单共价双键结合的。

(4) 硫原子有可以利用的 3d 轨道，3s 和 3p 中的成对电子可以激发跃迁进入 3d 轨道，形成单电子，然后参与成键，这样可以形成氧化数高于+2 的氧化态。其中，硫的最高氧化数可以达到+6。

(5) 从单质硫的结构特征来看，它能形成—S_n—长硫链。长硫链也可以成为一些化合物的结构基础，如多硫化氢 H_2S_n(硫烷)、多硫化物 MS_n 和连多硫酸 $H_2S_nO_6$。这个特点是本族其他元素少见的。

硫离子 S^{2-} 的半径比氧离子 O^{2-} 大，从而有较大的变形性，能在氧化剂作用下失去电子，

即 S^{2-}有较强的还原性，所以具有多种氧化态的元素在硫化物中往往表现出较低氧化态，而在氧化物中相应元素却可以表现出最高氧化态。例如，Os 的氧化物可以有最高氧化态的 OsO_4，但它的硫化物却是 OsS_2。

18.2.3 硒、碲、钋的成键特征

硒、碲有不少化学性质与 S 相似，但不如 S 活泼，有如下成键特征：

(1) 可以从电负性较小的原子接受两个电子，形成–2 价的离子化合物，如 Al_2Se_3、Al_2Te_3。

(2) 可以形成+4 价氧化物和含氧酸。硒、碲在空气中燃烧得到氧化数为+4 的 SeO_2 和 TeO_2。

(3) 利用空的 d 轨道，遇到更强的氧化剂，可以形成+6 的氧化物。强氧化剂如 Cl_2、Br_2、$HClO_3$ 作用于亚硒酸可以得到硒酸。例如，

$$H_2SeO_3 + Cl_2 + H_2O = H_2SeO_4 + 2HCl$$

(4) 硒、碲能形成硒化物、碲化物及多硒化物 Na_2Se_6、多碲化物 Na_2Te_6。

18.3 氧族元素的单质

18.3.1 氧的单质

氧是地壳中分布最广和含量最多的元素。它遍及岩石层、水层和大气层，氧约占地壳总质量的 48%。在岩石层中，氧主要以二氧化硅、硅酸盐及其他氧化物和含氧酸盐等形式存在。在海水中，氧占海水质量的 89%。在大气层中，氧以单质状态存在，以质量分数计约占 23%，以体积分数计约占 21%。单质氧有两种同素异形体即 O_2 和 O_3，在高空约 25 km 高度处有一臭氧层。它是由氧吸收了太阳的紫外光生成的，这一臭氧层阻止了太阳的强辐射而使生命体免遭侵害。可以想象一下，如果大气中的污染物如 SO_2、H_2S、CO、氮氧化物和氟利昂等越来越多而与大气高层中的 O_3 发生反应，导致 O_3 浓度降低，那么将对地球上的生命产生严重的影响，可见防止大气污染势在必行。

自然界中的氧含有三种同位素，即 ^{16}O、^{17}O、^{18}O。在普通氧中，^{16}O 的含量占 99.76%；^{17}O 占 0.04%；^{18}O 占 0.2%。通过分馏水能够以重氧水($H_2{}^{18}O$)的形式富集 ^{18}O。^{18}O 是一种稳定同位素，常作为示踪原子用于化学反应机理的研究。例如，酯的水解可能有以下两种途径：

(a) $RCOOR' + H^{18}OH = H^{18}OR' + RCOOH$

(b) $RCOOR' + H^{18}OH = HOR' + RCO^{18}OH$

将 $H_2{}^{18}O$ 用于酯的水解反应机理的研究中，实验证明：酯的水解反应是按(b)途径进行的，因为重氧 ^{18}O 是从水转移到羧基中。

1. 氧的性质

由于氧是非极性分子，因此氧在水中的溶解度小于在有机溶剂中的溶解度。293 K 时 1 L 水中溶解 30 cm^3 氧气即达到饱和，光学实验证明在溶有氧气的水中存在氧的水合物 $O_2 \cdot H_2O$ 和 $O_2 \cdot 2H_2O$。O_2 熔点(54.6 K)和沸点(90 K)都很低，在常温常压下呈气态。气态 O_2 无色，但液态和固态的 O_2 呈蓝色，液态和固态氧都具有明显的顺磁性，其顺磁性可以通过把液态氧悬浮在磁体的两极之间来证明，未配对的电子在外磁场的作用下产生顺磁性(图 18-7)。

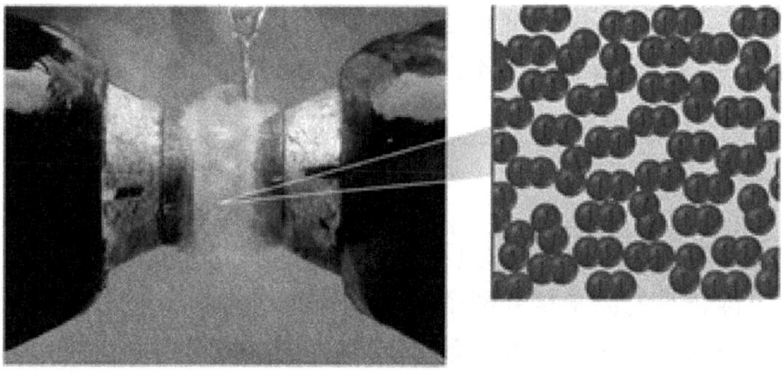

图 18-7　液态氧顺磁性示意图

常温常压下，分子光谱实验证明气态氧中含有抗磁性的物质 O_4，固态氧中存在更多的 O_4。O_4 相当于两个 O_2 结合在一起，两个 O_2 之间的键能弱于一个电子对的键能，却比范德华力强。

根据分子轨道理论，基态 O_2 分子中应有两个电子填充在两个简并的反键 π 分子轨道上($\pi^*_{2p_z}$ 和 $\pi^*_{2p_y}$)，这两个分子轨道的 m 值分别为+1 和−1。由于泡利原理的限制，这两个电子在这两个轨道中的排布方式可能有三种，见表 18-2。

表 18-2　O_2 分子中反键π分子轨道的电子构型

状态	$\pi^*_{2p_x}$	$\pi^*_{2p_y}$	能量
第二激发态：单重态 $^1O_2^*$	↑	↓	155 kJ · mol^{-1}
第一激发态：单重态 $^1O_2$	—	↑↓	94.6 kJ · mol^{-1}
基态：三重态 $^3O_2$	↑	↑	0

相比于气态氧，液态氧和固态氧的能量更高，因此液态氧和固态氧中有不少的基态三线态氧分子 $^3O_2$ 吸收能量变成能量较高、不稳定的单线态氧分子 $^1O_2$ 或 $^1O_2^*$，即吸收了 600～800 nm 的光(以红色和橙色为主)，因此看到的是未被吸收的 600 nm 以下波长的以蓝色为主的光，使液态氧和固态氧呈蓝色。而对于气态 O_2 分子，上述过程是禁阻的，因此气态氧不显色。

O_2 的主要化学性质是它的氧化性，它能氧化各种无机或有机物质。在这类反应中，O_2 常采取 4 电子还原方式变成水：

$$O_2 + 4H^+ + 4e^- = 2H_2O \qquad E_A^\ominus = 1.23\ V$$

$$O_2 + 2H_2O + 4e^- = 4OH^- \qquad E_B^\ominus = 0.401\ V$$

从这个电极电势可以看出，包含 O_2 的水是一个较好的氧化剂。例如，Cr^{2+}、Fe^{2+}在无氧水中能稳定存在，但在空气饱和的水中却极易被氧化为 Cr^{3+}、Fe^{3+}。但有的时候，它也可以采取单电子还原途径，先得到 1 个电子变成超氧离子(O_2^-)；或者采取 2 电子还原方式：

$$O_2 + 2H_2O + 2e^- = H_2O_2 + 2OH^- \qquad E_B^\ominus = -0.15\ V$$

$$O_2 + e^- = O_2^- \qquad E_B^\ominus = -0.56\ V$$

例如，钾、铷和铯与 O_2 作用时形成橙色超氧化物。

这些超氧化物都有顺磁性，因为它们带单电子。在 O_2 与单电子还原剂发生氧化还原反应时，就可能这样作用。由单质钾转化成 K^+ 就是单电子氧化，所以 K 与 O_2 生成 KO_2。

超氧离子还可再获得一个电子变成过氧离子 O_2^{2-}，在水溶液中 O_2^{2-} 与 2 个 H^+ 结合形成 H_2O_2。H_2O_2 和过氧化物(如 Na_2O_2)没有不成对电子。由 O_2^- 变成 H_2O_2 也需要一个单电子还原剂，但 O_2^- 可以自氧化还原，即发生歧化作用：

$$2O_2^- \xlongequal{\quad} O_2^{2-} + O_2$$

式中，一个 O_2^- 为氧化剂，另一个为还原剂。金属钠在纯氧中燃烧时，生成过氧化钠而不是 NaO_2，与金属钾不同：

$$2Na + O_2 \xlongequal{\quad} Na_2O_2$$

过氧化氢中的氧仍然处于中间氧化态，它也能歧化：

$$2H_2O_2 \xlongequal{\quad} 2H_2O + O_2\uparrow$$

这个反应就是通常讲的 H_2O_2 的分解。实质上是一个 H_2O_2 把 2 个电子给了另一个 H_2O_2，前者变回 O_2，后者变成水。

当 O_2 作为氧化剂氧化某一还原剂时，可能发生 1 电子、2 电子或 4 电子还原，不能简单地认为 O_2 总是变成水。

在上述讨论的基础上，要研究 O_2 与某还原剂作用时，哪一种反应途径比较容易发生。O_2 的 4 电子还原(生成 2 分子 H_2O)从平衡(热力学)看容易发生(因为 O_2/H_2O 的 $E^\ominus$ 正值很大)，而且进行得相当完全。不过这种途径反应速率很低，许多本来可被 O_2 氧化的物质(如碳)可长年与大气中的氧接触而不氧化。与之相反，O_2 的单电子还原速率快，但氧化能力低，只有在较强的还原剂与 O_2 反应时才有可能发生。由此可见，除满足某些特定条件以外，氧分子是不容易参与氧化还原反应的。加热、加催化剂或使用酸性介质常可促进反应进行。

从表 18-2 可以看出，处于激发单重态(单线态)的 O_2 由于具有较高的能量而具有更强的化学活性，而且 ${}^1O_2^*$ 比 ${}^1O_2$ 更活泼。实验证实，处于单重态的 O_2 可以与各种不饱和的有机物发生反应。例如，1,3-丁二烯与 O_2 发生 1, 4 加成反应(Diels-Alder 反应)：

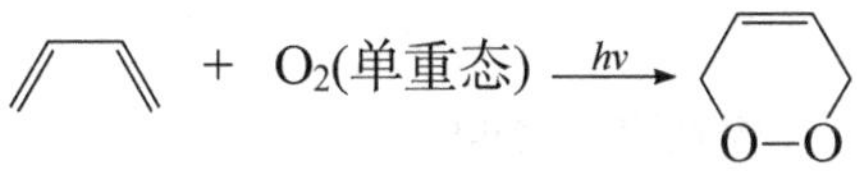

2. 氧的制备和空气液化

利用空气或某些氧化合物可制备氧气。空气和水是制取氧气的主要原料，大约有 97% 的氧是从空气中提取的，3%的氧来自电解水。

由于在氧化物或含氧酸盐中氧的氧化数为−2，因此在实验室中制备氧的基本途径之一是用化学法把 O^{2-} 氧化成 O_2，如加热分解金属氧化物或含氧酸盐，其反应为

$$2HgO \xlongequal{\triangle} 2Hg + O_2\uparrow$$

$$2BaO_2 \xlongequal{\triangle} 2BaO + O_2\uparrow$$

$$2NaNO_3 \xlongequal{\triangle} 2NaNO_2 + O_2\uparrow$$

实验室中，最常用的方法是以二氧化锰为催化剂加热使 $KClO_3$ 或 $KMnO_4$ 分解。

工业上主要是通过物理法将空气液化，然后分馏制氧，再将氧压入高压瓶中储存。此法可以得到纯度高达 99.5%的液态氧。

欲使空气液化，必须先将空气降温到临界温度以下，并加大压力才可以实现。空气的临界温度约为 133 K，用一般的冷冻剂难以达到这样低的温度，工业上常采用绝热膨胀法来获得低温。当空气被压缩时体积减小，同时会放出热量。反之，当被压缩的空气绝热膨胀时(即压力减小)其体积增大，温度会剧烈地降低。压力每减小 101.3 kPa，温度可降低 0.25 K。将除去灰尘、水蒸气和二氧化碳的空气压缩到 2×10^5 kPa，再膨胀到 101.3 kPa，温度较原来可降低 50 K。这种冷却了的高压空气经压缩后再绝热膨胀，就可使空气再进一步降温，如此压缩和膨胀重复多次，空气即可液化。

3. 臭氧的性质和用途

臭氧因具有特殊的腥臭味而得名。80 K 时暗蓝色的液态臭氧凝结成黑色的晶体。臭氧比氧易液化，但难固化。由于 O_3 的色散力大于 O_2，因而臭氧的沸点高于氧。臭氧与氧的物理性质不同，区别见表 18-3。

表 18-3　氧和臭氧的物理性质

气体	气态颜色	液态颜色	熔点/K	沸点/K	临界温度/K	水中溶解度/273 K	磁性
氧	无	淡蓝	54.6	90	154	49.1 $mol\cdot L^{-1}$	顺磁性
臭氧	淡蓝	暗蓝	21.6	160	268	494 $mol\cdot L^{-1}$	抗磁性

臭氧的特征化学性质是不稳定性和氧化性。臭氧在常温下就可分解，且分解为放热反应：

$$2O_3 = 3O_2 \qquad \Delta H^{\ominus} = -284\ kJ\cdot mol^{-1}$$

若无催化剂或紫外光照射时，臭氧分解得很慢，当加热或用 MnO_2 催化时可显著加速，但若有水蒸气存在时则减慢。

臭氧的氧化能力介于氧分子和氧原子之间：

$$O_3 + 2H^+ + 2e^- = O_2 + H_2O \qquad E_A^{\ominus} = 2.076\ V$$

$$O_3 + H_2O + 2e^- = O_2 + 2OH^- \qquad E_B^{\ominus} = 1.24\ V$$

从电极电势可知，无论在酸性或碱性条件下臭氧都比氧气具有更强的氧化性，是仅次于 F_2、高氙酸盐的强氧化剂之一。臭氧能够氧化一些具有还原性的单质或化合物，有时可将某些元素氧化到高价状态。例如，

$$4O_3 + PbS = PbSO_4 + 4O_2\uparrow$$

$$O_3 + 2NO_2 = N_2O_5\uparrow + O_2\uparrow$$

$$3O_3 + 2Fe = Fe_2O_3 + 3O_2\uparrow$$

$$O_3 + XeO_3 + 2H_2O \longequal H_4XeO_6 + O_2\uparrow$$

O_3能够迅速定量地氧化I^-为I_2，此反应常用来测定O_2和O_3混合气中O_3的含量：

$$O_3 + 2I^- + H_2O = I_2 + O_2\uparrow + 2OH^-$$

臭氧对烯烃的氧化可用来确定不饱和双键的位置，臭氧对CN^-的氧化常被用来治理电镀工业中的含氰废水：

$$CH_3CH_2CH{=}CH_2 + 2O_3 \longrightarrow CH_3CH_2CHO + HCHO + 2O_2$$

$$CN^- + O_3 \longrightarrow OCN^- + O_2\uparrow$$

$$2H^+ + 2OCN^- + 3O_3 \longrightarrow 2CO_2\uparrow + N_2\uparrow + 3O_2\uparrow + H_2O$$

基于臭氧的氧化性，臭氧可用作消毒杀菌剂。

臭氧在处理工业废水中有广泛用途，不但可以分解不易降解的聚氯联苯、苯酚、萘等多种芳烃和不饱和链烃，而且还能使发色团如重氮、偶氮等的双键断裂，臭氧对亲水性染料的脱色效果也很好，因此它是一种优良的污水净化剂、脱色剂、饮水消毒剂。雷雨过后，由于大气中放电产生微量的臭氧能使人产生爽快和振奋的感觉，原因是微量的臭氧能消毒杀菌，能刺激中枢神经，加速血液循环(但人连续暴露在臭氧气氛中的最高允许浓度是 0.1 $mg \cdot L^{-1}$)。空气中臭氧含量超过 1 $mg \cdot L^{-1}$时，不仅对人体有害，而且对庄稼及其他暴露在大气中的物质也有害。例如，臭氧对橡胶和某些塑料有特殊的破坏性作用，它的破坏性也是基于它的强氧化性。

平流层 15～35 km 的区域形成厚约 20 km 的臭氧层，臭氧层作为屏障挡住了太阳的强紫外光辐射，保护地球上的生命。南极上空的“臭氧洞”已出现多年，臭氧层破坏导致患皮肤癌症者增加、免疫系统失调、农作物减产，还会破坏海洋食物链。还原性气体污染物如SO_2、CO、H_2S、NO、NO_2及氯氟烃(氟利昂)分解产生的氯原子等，与大气高层中的O_3发生反应，导致O_3浓度降低。为了保护臭氧层免遭破坏，世界各国于 1987 年签订了《蒙特利尔议定书》，即禁止使用氟利昂和其他卤代烃的国际公约。研制氯氟烃的代替品，寻求补救臭氧层的方法成为科学家面临的一大课题。

4. 臭氧的生成和制备

臭氧分解成氧是放热过程，那么由氧变成臭氧必然是吸热过程。因此，只要给氧足够的能量(光、电、热)，氧即可转变成臭氧。雷雨天，大气放电会生成臭氧。电动机或复印机旁边也可闻到臭氧的特殊腥臭味。在有些物质如潮湿的磷、松节油、树脂等受空气氧化过程中也会产生臭氧。

在实验室中主要靠紫外光照射氧或使氧通过静电放电装置而获得臭氧与氧的混合物，含臭氧可达 10%。臭氧发生器的示意图见图 18-8。它是由两根玻璃套管组成的，中间玻璃管内壁镀有锡箔，外管外壁绕有铜线，当锡箔与铜线间接上高电压时，两管的管壁之间发生无声放电(没有火花的放电)，O_2就部分转变成了O_3。从臭氧发生器中出来的气体中含 3%～10%的臭氧，可进一步利用氧和臭氧沸点相差较大(约 70 K)的特点，通过分级液化的方法制取更纯净、浓度较高的臭氧。

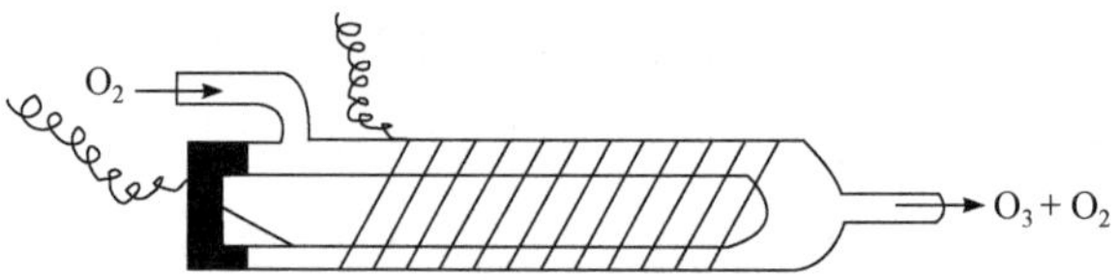

图 18-8　臭氧发生器示意图

18.3.2　硫的单质

1. 硫的存在和用途

硫在自然界中分布较广(占地壳质量的 0.034%)，但是其富集程度达到具有开采经济价值的硫矿较少。硫的三种最重要的工业资源是：单质硫；硫铁矿(如黄铁矿 FeS_2)和其他金属硫化物矿及硫酸盐(如 $CaSO_4 \cdot 2H_2O$)；天然气中的 H_2S、原油中的有机硫化合物、煤中的有机硫化合物。

在火山多发地区常含有单质硫，这可能是由于硫化物矿与高温水蒸气作用生成硫化氢，硫化氢再被氧化或与二氧化硫作用而形成单质硫。

硫元素的单质与氧不同，它们原子间都形成单键而不是双键，因而易聚集为较大的分子并在室温下以固态存在。

硫有许多同素异形体，最常见的是晶状的斜方硫和单斜硫(图 18-9)。斜方硫又称为α-硫，密度为 2.06 g · cm^{-3}，熔点为 385.8 K。单斜硫又称为β-硫，密度为 1.99 g · cm^{-3}，熔点为 392 K。斜方硫在 369 K 以下稳定，单斜硫在 369 K 以上稳定。369 K 是这两种晶体的转变温度，也只有在这个温度时这两种变体处于平衡状态。若迅速加热斜方硫，由于没有足够时间让它转化为单斜硫，而在 385.8 K 时熔化。若缓慢加热斜方硫，超过 369 K 时它就转变为单斜硫。

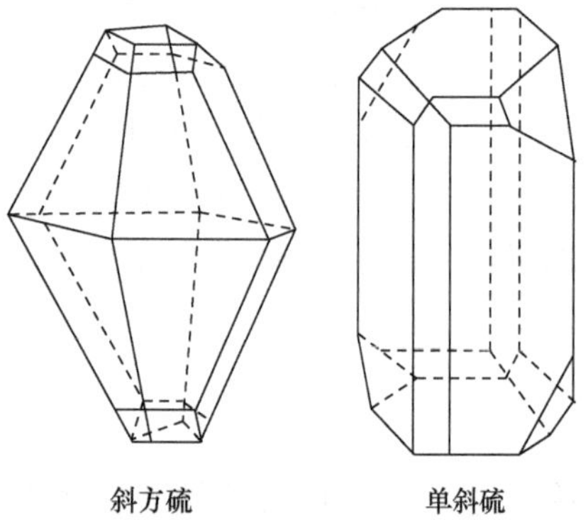

图 18-9　单质硫晶体

斜方硫和单斜硫都易溶于 CS_2，都是由 S_8 皇冠状八元环分子组成的，见图 18-10。在这个环状分子中，每个硫原子以 sp^3 杂化轨道与另外两个硫原子形成共价单键相连接。把硫加热到超过它的熔点就变成黄色液体，加热到 433 K 以上，S_8 环状结构断裂并聚合成无限长链状的分子(S_∞)并互相绞在一起(图 18-11)，此时，液态硫的颜色变深，黏度增加，接近 473 K 时它的黏度最大。继续加热时(523 K 以上)长链硫断裂为小分子 S_6、S_3、S_2 等，黏度下降。到 717.6 K 时，硫变成蒸气，蒸气中以 S_8、S_6、S_4、S_2 等分子形式存在。在 1273 K 左右硫蒸气的密度相当于 S_2 分子(有顺磁性)。若把熔融的硫急速倾入冷水中，长链硫被固定下来，成为能拉伸的弹性硫，但经放置弹性硫会逐渐发硬并转变为晶状硫。弹性硫与晶状硫不同，只能部分溶于 CS_2 中。

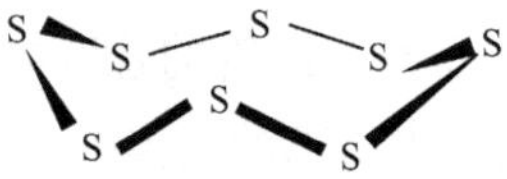

图 18-10　S_8 环状结构

图 18-11　S_∞结构

2. 硫的制备、性质和用途

单质硫是从它的天然矿床或硫化物中制得的。将含有天然硫的矿石隔绝空气加热，可将硫熔化而与砂石等杂质分开。要分离出更纯净的硫，也可以进行蒸馏，硫蒸气冷却后形成粉状硫，这种现象称为硫华。从黄铁矿提取硫磺时，是将矿石和焦炭的混合物放在炼硫炉中，在有限空气中燃烧，分离出硫。

$$3FeS_2 + 12C + 8O_2 = Fe_3O_4 + 12CO\uparrow + 6S$$

生产中常将熔化的硫铸成块状作为成品。

常温常压下，纯粹的单质硫为稳定的斜方硫，是黄色晶状固体，沸点为 717.6 K。它的导热性和导电性都很差，性松脆，不溶于水，能溶于 CS_2。从 CS_2 中再结晶，可以得到纯度很高的晶状硫。

单质硫具有氧化性，能与金属单质反应，也能氧化一些非金属。例如，

$$Zn + S = ZnS \qquad 2S + C \xlongequal{高温} CS_2$$

由于氧化性不强，硫与变价金属反应时，生成较低氧化态的金属硫化物：

$$Fe + S = FeS \qquad 2Cu + S = Cu_2S$$

单质硫遇到强氧化剂时表现出还原性：

$$S + O_2 \xlongequal{点燃} SO_2$$

$$S + 3F_2 = SF_6$$

$$S + 2HNO_3(浓) = H_2SO_4 + 2NO$$

$$S + 2H_2SO_4(浓) = 3SO_2\uparrow + 2H_2O$$

硫在强碱溶液中发生歧化反应：

$$3S + 6NaOH \xlongequal{\triangle} 2Na_2S + Na_2SO_3 + 3H_2O$$

世界上每年消耗大量的单质硫，其中大部分用于制造硫酸。在橡胶制品工业、造纸工业、火柴、焰火、硫酸盐、亚硫酸盐、硫化物等产品的生产中也要使用数量可观的硫磺。还有一部分硫用于农业中的保护性杀菌剂、电子工业中的荧光粉、医药中磺胺等药品及军事、食品工业中。

18.3.3 硒、碲、钋的单质

硒和碲(化学上的软元素)是分散的稀有元素，自然界中无单独的硒矿和碲矿。通常极少量的硒存在于一些硫化物矿内，在煅烧这些矿物时，硒就富集于烟道内。碲化物仅作为硫化物矿的次要成分，比硒化物更为罕见。最重要的碲矿为叶碲矿，是铅、铜、银、锑、金等金属的硫化物和碲化物的同晶型混合物。因此，硫酸工业的烟道尘和洗涤塔淤泥、电解铜的阳极泥等成为制取硒和碲的主要原料。

硒有几种不同的多晶体，硒像硫一样存在 Se_8 环的非金属性的同素异形体，其中三种红色单斜多晶态物质(α, β, γ)是由 Se_8 环组成。室温下最稳定的同素异形体是灰硒(由螺线形链构成的晶体)，可用作光电池。市售商品则通常为无定形黑硒。硒是人体的一种必需元素，但日需量与致毒量之间的范围非常窄。

碲的晶体为链状结构，钋的晶体为简单立方结构。碲和钋的毒性都很高，钋的毒性因其放射性而加剧。

18.4 氧族元素的氢化物

18.4.1 氧的氢化物

由于自然界中的氢存在两种稳定的同位素——^{1}H 和 ^{2}H(通常写作 D)，而氧存在三种同位素——^{16}O、^{17}O 和 ^{18}O。因此，自然界存在多种不同的水，其中 $H_2{}^{16}O$ 最为普遍；$D_2{}^{16}O$ 是核工业中最常用的中子减速剂，称为重水；$H_2{}^{18}O$ 为重氧水，是研究化学反应特别是水解机理的示踪物。

1. 水的结构和水的物理性质

由于水分子中，氧原子的 2s 和 $2p_x$、$2p_y$、$2p_z$ 采取 sp^3 不等性杂化，形成四个 sp^3 杂化轨道，杂化轨道在空间的分布呈正四面体。其中有两个 sp^3 杂化轨道分别有一对孤电子对，其余两个含有成单电子的 sp^3 杂化轨道分别与氢原子的 1s 轨道重叠成键。因此水分子的结构为 V 形，由于孤电子对对成键电子对有较大斥力，因此其键角为 104.5°，小于四面体的键角 109°28′，其结构如图 18-12 所示。根据价层电子对互斥理论对 H_2O 的结构进行分析，可得到同样的构型。

水分子之间可通过氢键形成缔合分子——$(H_2O)_x$，$x = 2、3、4\cdots$。有人认为液态水是由$(H_2O)_x$构成的不完全网状结构，其中充填有 H_2O 分子。水分子的缔合过程是一种放热过程，因此温度升高，水的缔合程度下降(x 值变小)。温度较高的气态水(水蒸气)主要以单分子状态存在，而温度较低的液态水和固态水(冰)，缔合程度增大(x 值变大)。从冰的结构示意图(图 18-13)可以看到，冰中每一个水分子周围有四个水分子，每个水分子位于四面体的顶点，而无限个这样的四面体通过氢键把水分子连接成一个庞大的分子晶体。水分子之间的结合力约为 51.1 kJ · mol，其中氢键的贡献约为 37.6 kJ · mol^{-1}，余下的 13.5 kJ · mol^{-1} 为分子间作用力的贡献。

纯水是一种无色、无味的透明液体。水分子之间可通过氢键缔合在一起，使水具有如下一些异常的物理性质。

(1) 水的偶极矩为 1.87 deb，表现出很大的极性。

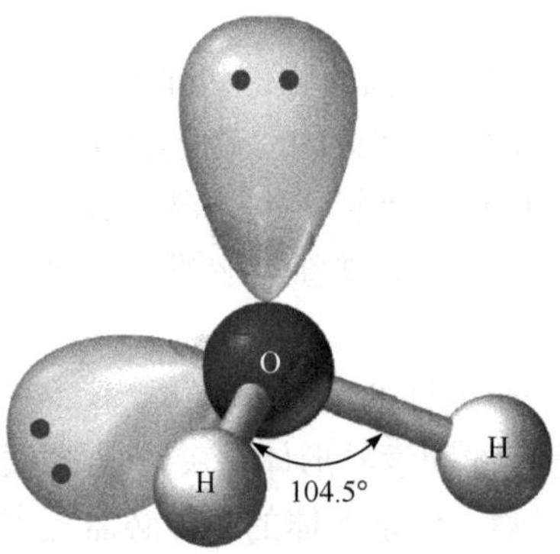

图 18-12 水分子的结构示意图

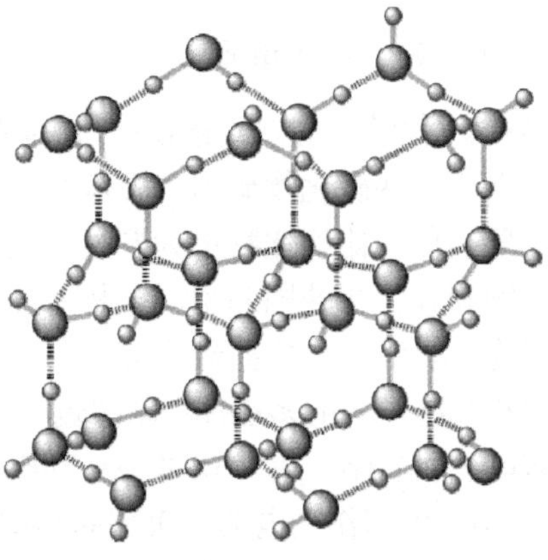

图 18-13 冰的结构示意图

(2) 水的比热容为 $4.168\times10^3\ J\cdot kg^{-1}\cdot K^{-1}$，比其他液态和固态物质的比热容都大。

(3) 与氧族其他元素的氢化物(H_2S、H_2Xe、H_2Te)相比，H_2O 的熔点、沸点、熔化热和蒸发热都异常高，见图 18-14 和图 18-15。

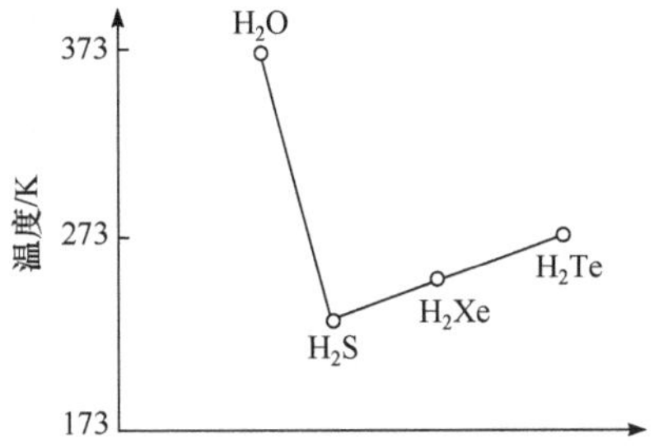

图 18-14 第ⅥA 族氢化物的沸点变化图

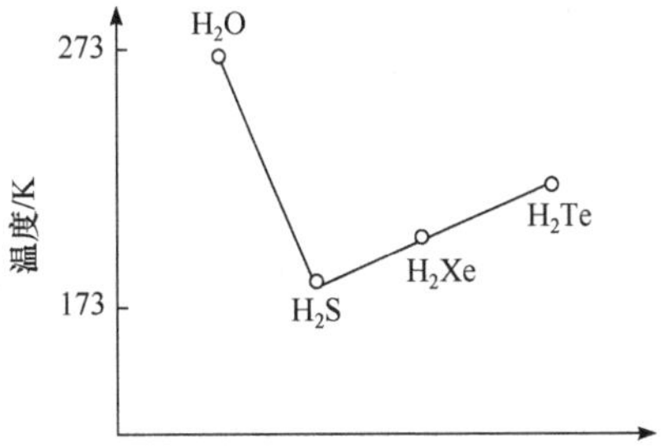

图 18-15 第ⅥA 族氢化物的熔点变化图

(4) 大多数物质有热胀冷缩的现象，温度越低，体积越小，密度越大。但水在 277 K 时密度最大，为 $1.0\ g\cdot cm^{-3}$，273 K 时液态水和冰的密度分别为 $0.999\ g\cdot cm^{-3}$、$0.9168\ g\cdot cm^{-3}$。

水具有这些异常的物理性质，无一不与水的缔合有关。由于水受热时需额外消耗一部分能量才能使缔合分子解离，因此水的比热容、熔化热、蒸发热、熔沸点都异常高。水有较大的比热容这一特性，对自然界的气温起着巨大的调节作用，在工业上可用作热介质。水的密度反常也可以进行这样的理解，温度降低时，一方面分子热运动减缓，分子间距离缩小，另一方面缔合度增大，分子间排列紧密，这两种因素使水的密度增大；当温度降低到 277 K 以下时，出现较多的多聚水分子——$(H_2O)_x$，以及类似于冰结构的更大的缔合分子，由于其结构疏松，因此 277 K 以下，水的密度反而降低；在 273 K 以下，随着冰的形成，结构中出现更多的孔洞，使冰的结构疏松，密度更低。因在 277 K 时水的密度最大，冬天当气温降到 277 K 时，冰比水轻，水沉入湖底，冷的湖面先结冰并浮于湖面上，冰层阻止了下层水的散热，使深层水保持在 277 K，这有利于水生动植物的越冬生存，如图 18-16 所示。

图 18-17 是水的相图。*AB* 线是水的蒸气压随温度变化的曲线，即水的沸点曲线，线上每一点代表在此温度压力下，水和水蒸气平衡共存。*B* 点为水的临界点(T_c = 647.4 K，p_c = 2.21×10^7 Pa)，*B* 点是水和水蒸气共存的最高温度和压力，*B* 点以上的部分为水的超临界流体。*AB* 线上方为液态区，*AB* 线下方为气态区，因此恒温下加压，水蒸气可凝结为水，而恒压下加热，超过沸点水就汽化为水蒸气。

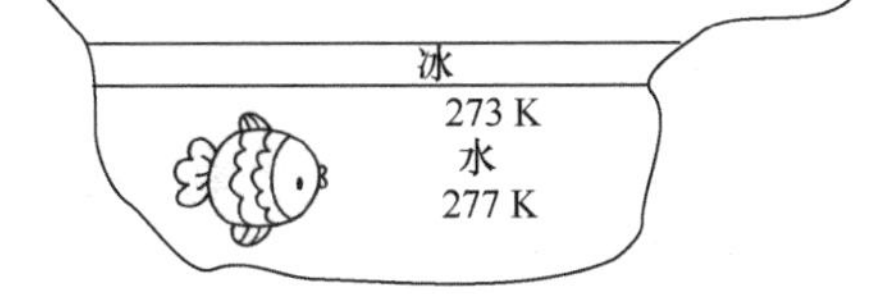

图 18-16 冰层对动物的保护

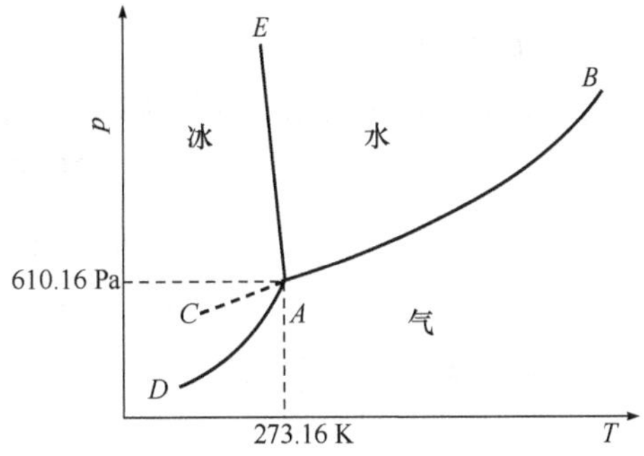

图 18-17 水的相图

AE 线为水的凝固点随压力变化的曲线，曲线陡峭且斜率为负，表明加压时水的凝固点略

有降低，但这种变化很小。水的凝固点随压力升高而降低，又是水的另一特殊性质，因绝大多数物质加压时凝固点均呈升高趋势。恒压下当水温降低到凝固点以下，水会结成冰，故 *AE* 线左侧为固相冰的稳定存在相区。

AD 为冰的升华曲线，即冰的蒸气压随温度变化的曲线。曲线斜率为正，表明随温度升高，固体分子热运动加剧，逃逸表面进入气相的分子数增多，即冰的蒸气压升高。

AC 为过冷水的蒸气压曲线，为保持水在凝固点以下仍不凝固，体系必须十分纯净且实验必须十分仔细。

三条曲线的交点 *A* 为三相点(triple point)，是物质自身的特性，是纯净水-冰-水蒸气三相共存点，温度为 273.16 K，压力为 610.16 Pa。三相点并不是水的凝固点，凝固点随外压改变，通常水的凝固点是指饱和了空气的水，在标准压力 $p^\ominus$ 下与冰平衡共存的温度即 273.15 K(0℃)。因水中溶有空气，凝固点降低了 0.0024 K；因压力增加为 $p^\ominus$，凝固点又降低了 0.0075 K，两个因素使水的凝固点比三相点温度降低了约 0.01℃。

2. 水的化学性质

水的化学性质是比较稳定的，只有在特殊条件下，水才能表现出一定的化学活性。

1) 热分解作用

水具有很高的热稳定性，即使加热到 2000 K 也只有 0.588%的水分解成氢和氧。

$$2H_2O \xlongequal{\triangle} 2H_2 + O_2 \qquad \Delta H^\ominus = -483.6\ \text{kJ}\cdot\text{mol}^{-1}$$

2) 水合作用

水分子是一个强极性分子，因此它是许多盐类和一些极性共价化合物的良好溶剂。例如，HCl、$FeSO_4$、$ZnCl_2$ 等溶解于水后分别产生 H^+、Fe^{2+}、Zn^{2+}，这些离子与水分子发生水合作用，生成水合离子，如 H_3O^+、$[Fe(H_2O)_6]^{2+}$、$[Zn(H_2O)_4]^{2+}$。其中的 H_2O 分子是通过配位键与其他质点结合的(氧原子提供孤电子对，其他原子提供空轨道)。当这些化合物从水溶液中结晶析出时往往带配位水，成为水合晶体，如$[Fe(H_2O)_6]^{2+}\cdot SO_4^{2-}\cdot H_2O$(即 $FeSO_4\cdot 7H_2O$)等。为了简化，书写水合离子时不必把水分子写上，除非有特殊需要。在书写水溶液中的反应方程式时，写出 H^+、Fe^{2+}、Zn^{2+}，即暗示它们都是水合的。

水合是一个放热过程，水合热可以从与离子结构有关的经验公式或从热化学数据出发求得。

3) 水解作用

狭义的水解作用是指一些盐类或二元化合物的非氧化还原性的分解水。例如，

$$PI_3 + 3H_2O = H_3PO_3 + 3HI$$

$$BaO + H_2O = Ba(OH)_2$$

$$SbCl_3 + H_2O = SbOCl\downarrow + 2HCl$$

广义的水解作用还包括活泼金属单质或非金属单质对水的作用，以及一些氧化物对水的作用：

$$3Fe + 4H_2O \xlongequal{\text{高温}} Fe_3O_4 + 4H_2$$

$$Cl_2 + H_2O = HCl + HClO$$

$$3NO_2 + H_2O \xlongequal{} 2HNO_3 + NO\uparrow$$

$$SO_3 + H_2O \xlongequal{} H_2SO_4$$

4) 自解离作用

水能发生如下自解离：

$$H_2O + H_2O \xlongequal{} H_3O^+ + OH^-$$

在纯硫酸、纯乙酸、液氨等液体中，都存在类似的自解离作用。

3. 过氧化氢的分子结构

过氧化氢的分子式为 H_2O_2，俗称“双氧水”。过氧化氢的结构见图 18-18，两个氢原子像在半展开的书本的两页纸上，两页纸面的夹角为 93°51′，氧原子处于书的夹缝上，O—H 键和 O—O 键之间的夹角为 96°52′。O—O 键键长为 149 pm，O—H 键键长为 97 pm。

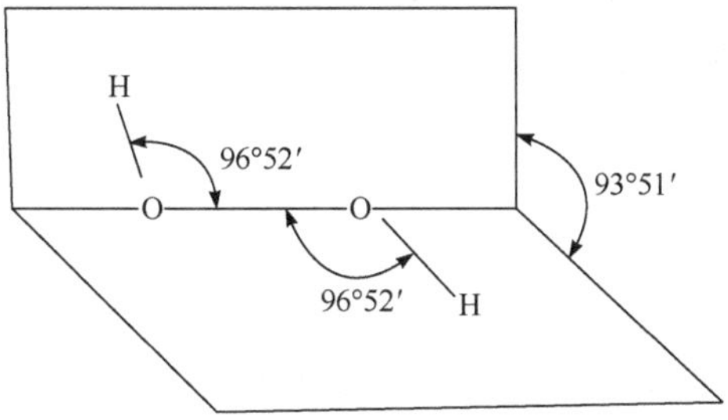

(a)

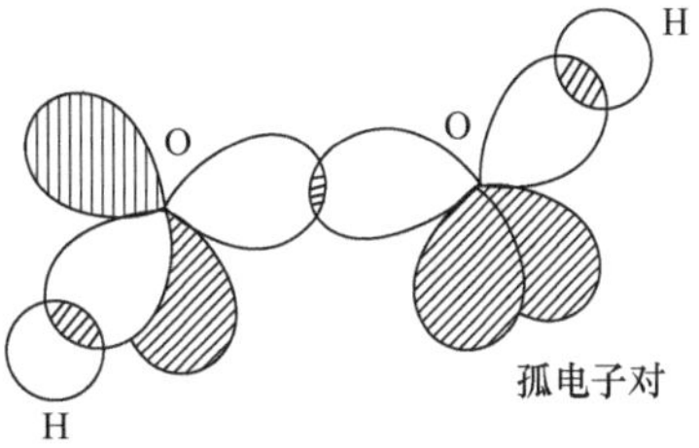

(b)

图 18-18 H_2O_2 的分子结构

与 H_2O 分子一样，H_2O_2 分子中的氧原子也采取不等性 sp^3 杂化，两个 sp^3 杂化轨道中的单电子一个与氢原子的 1s 轨道重叠形成 σ 键，另一个则与第二个氧原子的 1 个 sp^3 杂化轨道重叠形成 σ 键。其他两个 sp^3 杂化轨道中是孤电子对，每个氧原子上的两个孤电子对之间的排斥作用使 O—H 键向 O—O 键靠拢，所以键角∠HOO 小于四面体的值(109.5°)，同时也使 O—O 键键长比计算的单键键长要长。

4. 过氧化氢的性质和用途

纯 H_2O_2 是一种淡蓝色的黏稠液体。它的分子结构决定它的极性甚至比水还强(偶极矩为 2.26 deb)，因此原则上它也应是一个很好的极性溶剂。但由于它的不稳定性，没有实用价值。H_2O_2 分子之间也发生强烈的缔合作用，其缔合程度比水还大，因此它的沸点(423 K)远比水高。但其熔点(272 K)与水接近，其密度随温度的变化正常。由于 H_2O_2 和 H_2O 皆为强极性物质，可以以任意比例互溶，常用的 H_2O_2 水溶液有含 H_2O_2 的质量分数为 3%和 35%两种。前者在医药中称为双氧水，有消毒杀菌的作用。

H_2O_2 是一种稍比水强、比 HCN 更弱的弱酸：

$$H_2O_2 \xlongequal{} H^+ + HO_2^- \qquad K_1^\ominus = 2.4\times10^{-12}$$

$$HO_2^- \xlongequal{} H^+ + O_2^{2-} \qquad K_2^\ominus = 1.0\times10^{-24}$$

$$H_2O_2 + Ba(OH)_2 \xlongequal{} BaO_2\downarrow + 2H_2O$$

H_2O_2 分子中存在过氧链，过氧链的键能较低，很容易断裂，因此其化学性质较活泼。H_2O_2

在较低温度和高纯度时较稳定，常温下即可分解，受热到 426 K 以上时便猛烈分解：

$$2H_2O_2 = 2H_2O + O_2\uparrow \qquad \Delta H^{\ominus} = -196.4\ kJ\cdot mol^{-1}$$

H_2O_2 在碱性介质中的分解速度远比在酸性介质中快，杂质的存在如重金属离子 Fe^{2+}、Mn^{2+}、Cu^{2+}和 Cr^{3+}等都能大大加速 H_2O_2 的分解。波长为 320～380 nm 的光也能促使 H_2O_2 的分解。为了阻止 H_2O_2 的分解，一般实验室常将 H_2O_2 装在棕色瓶内存放于阴凉处，并加入一些稳定剂，如锡酸钠、焦磷酸钠、8-羟基喹啉等来抑制所含杂质的催化作用。H_2O_2 的不稳定性还可从其元素电势图说明：

$$E_A^{\ominus}/V \quad O_2 \xrightarrow{0.68} H_2O_2 \xrightarrow{1.78} H_2O$$

$$E_B^{\ominus}/V \quad O_2 \xrightarrow{-0.08} HO_2^- \xrightarrow{0.87} OH^-$$

可见，H_2O_2 无论在酸性介质还是碱性介质中，都是 $E_{右}^{\ominus} > E_{左}^{\ominus}$，因此都能发生歧化分解反应。

过氧化氢中氧的氧化数为–1，它既可以失去电子，氧化数升高为 0，又可获得电子，氧化数降低为–2，因此 H_2O_2 既具有氧化性又具有还原性。H_2O_2 的氧化能力大小可用标准电极电势数值表示：

$$H_2O_2 + 2H^+ + 2e^- = 2H_2O \qquad E_A^{\ominus} = 1.78\ V$$

$$HO_2^- + H_2O + 2e^- = 3OH^- \qquad E_B^{\ominus} = 0.87\ V$$

由电极电势可知，H_2O_2 在酸性溶液中是一种强氧化剂，而在碱性溶液中氧化性减弱。H_2O_2 遇强氧化剂时可以表现出还原性而被氧化。

$$H_2O_2 + 2Fe^{2+} + 2H^+ = 2Fe^{3+} + 2H_2O$$

$$3H_2O_2 + 2CrO_2^- + 2OH^- = 2CrO_4^{2-} + 4H_2O$$

$$H_2O_2 + Ag_2O = 2Ag\downarrow + O_2\uparrow + H_2O$$

$$5H_2O_2 + 2MnO_4^- + 6H^+ = 2Mn^{2+} + 5O_2\uparrow + 8H_2O$$

$$PbS + 4H_2O_2 = PbSO_4\downarrow + 4H_2O$$

H_2O_2 常用作氧化剂，因为它不给反应溶液带来杂质。下述反应是定性检出和定量测定 H_2O_2 或过氧化物的常用反应：

$$H_2O_2 + 2I^- + 2H^+ = I_2 + 2H_2O$$

利用 H_2O_2 的氧化性可漂白毛、丝织物和油画，以及用作消毒杀菌剂。工业上，利用 H_2O_2 的还原性除氯：

$$H_2O_2 + Cl_2 = 2Cl^- + O_2\uparrow + 2H^+$$

5. 过氧化氢的制备

实验室中，可以将过氧化钠加到冷的稀硫酸或稀盐酸中制备 H_2O_2：

$$Na_2O_2 + H_2SO_4 + 10H_2O = Na_2SO_4\cdot 10H_2O(\text{低温结晶}) + H_2O_2$$

工业中，最早采用下列方法制取 H_2O_2：

$$BaO_2 + H_2SO_4 = BaSO_4\downarrow + H_2O_2$$

$$BaO_2 + CO_2 + H_2O = BaCO_3 \downarrow + H_2O_2$$

1908 年，发展起来用电解-水解法制取 H_2O_2。首先以铂片作电极，电解硫酸氢铵饱和溶液得到过二硫酸铵，然后加硫酸水解即得到 H_2O_2：

$$2NH_4HSO_4 = (NH_4)_2S_2O_8 + H_2 \uparrow$$

$$(NH_4)_2S_2O_8 + 2H_2SO_4 = 2NH_4HSO_4 + H_2S_2O_8$$

$$H_2S_2O_8 + 2H_2O = 2H_2SO_4 + H_2O_2$$

1945 年以后又发展起来用乙基醌法生产 H_2O_2。该法以乙基醌和钯(或镍)为催化剂，由氢和氧直接化合成过氧化氢：

$$H_2 + O_2 \xrightarrow{\text{2-乙基醌+钯}} H_2O_2$$

在此过程中，2-乙基醌在钯催化下被氢气还原为 2-乙基醌醇，而 2-乙基醌醇与氧反应即得到过氧化氢和可循环使用的 2-乙基醌：

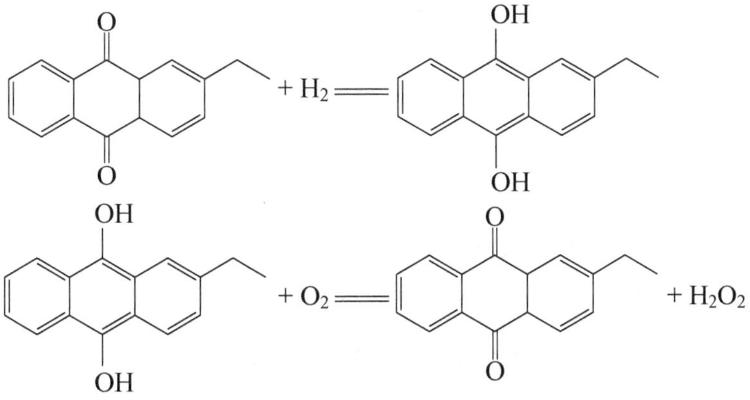

18.4.2　硫的氢化物和硫化物

1. 硫化氢

H_2S 是在热力学上唯一稳定的硫的氢化物，它作为火山爆发或细菌作用的产物广泛存在于自然界中。H_2S 是一种无色有腐蛋臭味的剧毒气体，空气中 H_2S 浓度达 5 mg · L^{-1} 时，使人感到烦躁，达 10 mg · L^{-1} 时会引起头疼和恶心，达 100 mg · L^{-1} 时会使人休克甚至死亡。H_2S 在空气中燃烧时产生浅蓝色火焰，会生成 H_2O 和 SO_2(氧气不足时生成 S)。H_2S 微溶于水，通常条件下，1 体积水能溶解 2.61 体积 H_2S，浓度为 0.1 mol · L^{-1}。H_2S 的水溶液称为氢硫酸，是一种二元弱酸：$pK_1^\ominus = 7.72$，$pK_2^\ominus = 14.85$。

H_2S 与 H_2O 一样，S 采取 sp^3 不等性杂化，其中有两个 sp^3 杂化轨道分别有一个孤电子对，其余两个含有成单电子的 sp^3 杂化轨道分别与氢原子的 1s 轨道重叠成键。因此，硫化氢的分子结构为 V 形(图 18-19)。H_2S 是一个极性分子，极性比水弱，并且分子间形成氢键的倾向很小，因此硫化氢的熔点(187 K)和沸点(202 K)都比水低得多。

H_2S 可由硫蒸气与 H_2 直接合成，但在实验室中常用稀硫酸或稀盐酸与金属硫化物反应制得：

$$FeS + 2H^+ = Fe^{2+} + H_2S \uparrow$$

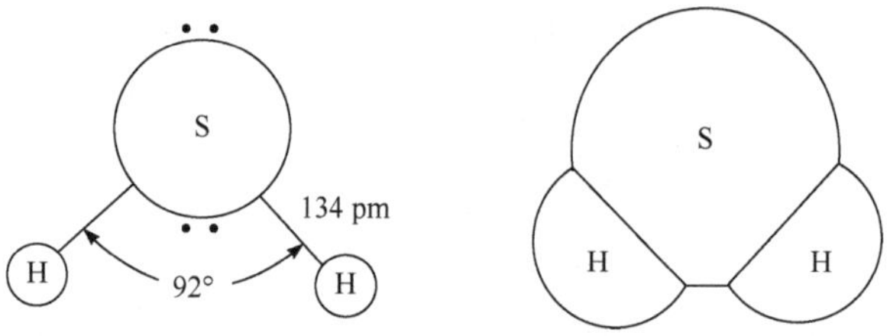

图 18-19　H_2S 的分子结构

H_2S 作沉淀剂时还可用硫代乙酰胺来代替 H_2S 作用，原因是硫代乙酰胺可缓慢发生水解生成 H_2S 或 S^{2-}：

$$CH_3CSNH_2 + 2H_2O \xlongequal{H^+} CH_3COO^- + NH_4^+ + H_2S\uparrow$$

$$CH_3CSNH_2 + 3OH^- \xlongequal{\quad} CH_3COO^- + NH_3 + H_2O + S^{2-}$$

H_2S 具有强还原性，在碱性介质中还原性稍强一些。酸性介质中，氧化产物多为 S，遇到强氧化剂，H_2S 被氧化为 H_2SO_4：

$$H_2S + 2FeCl_3 \xlongequal{\quad} S\downarrow + 2FeCl_2 + 2HCl$$

$$I_2 + H_2S \xlongequal{\quad} 2HI + S\downarrow$$

$$2KMnO_4 + 5H_2S + 3H_2SO_4 \xlongequal{\quad} K_2SO_4 + 2MnSO_4 + 8H_2O + 5S\downarrow$$

$$H_2SO_4(浓) + H_2S \xlongequal{\quad} SO_2\uparrow + 2H_2O + S\downarrow$$

$$H_2S + 4Br_2 + 4H_2O \xlongequal{\quad} H_2SO_4 + 8HBr$$

H_2S 水溶液在空气中放置时，易被空气中氧所氧化析出单质 S，溶液逐渐变浑浊：

$$2H_2S + O_2 \xlongequal{\quad} 2H_2O + 2S\downarrow$$

2. 硫化物和多硫化物

金属与硫直接反应或氢硫酸与金属盐溶液反应，以及用碳还原硫酸盐(如 $Na_2SO_4 + 4C \xlongequal{\quad} Na_2S + 4CO$)等方法均能制得硫化物。金属硫化物大多是有颜色的、难溶于水的固体。碱金属和碱土金属的硫化物和硫化铵易溶于水，而ⅠB 和ⅡB 族重金属的硫化物是已知溶解度最小的化合物之一。硫化物的溶解度不仅取决于温度，还与溶解时溶液的 pH 及 H_2S 的分压有关。金属硫化物在水中有不同的溶解性和特征的颜色(表 18-4)，在分析化学中可用于分离和鉴别不同的金属。

表 18-4　常见金属硫化物的颜色和溶度积(298.15 K)

化合物	颜色	$K_{sp}^{\ominus}$		化合物	颜色	$K_{sp}^{\ominus}$	
Na_2S	白	—		PbS	黑	1.0×10^{-29}	
ZnS	白	1.2×10^{-23}		CdS	黄	3.6×10^{-29}	溶于浓盐酸
MnS	肉色	1.4×10^{-15}		SnS	灰白	1.0×10^{-25}	
NiS	黑	3.0×10^{-21}	溶于稀盐酸	Cu_2S	黑	2.6×10^{-49}	
FeS	黑	3.7×10^{-18}		Ag_2S	黑	1.6×10^{-49}	仅溶于王水
CoS	黑	7.0×10^{-23}		Hg_2S	黑	1.0×10^{-45}	
CuS	黑	6.0×10^{-36}	溶于浓硝酸	Bi_2S_3	黑	1.0×10^{-87}	

各种硫化物的生成和溶解在定性分析中广泛地用于分离。溶液中氢离子浓度和硫离子浓度之间的关系是

$$[H^+]^2[S^{2-}] = 6.8\times10^{-24} \quad ([H_2S] = 0.1\ mol\cdot L^{-1})$$

因此在酸性溶液中通入 H_2S，仅可供给低浓度的 S^{2-}，它只能从溶液中沉淀出溶度积小的金属硫化物；而在碱性溶液中通入 H_2S，则能供给较高浓度的 S^{2-}，可将多种金属离子沉淀成硫化物。反之，如果适当地控制酸度，也可以达到溶解不同硫化物的目的。例如，在 ZnS、MnS、PbS、CdS、CuS 的混合沉淀中加入稀盐酸，使 S^{2-}形成 H_2S 从而减少 S^{2-}浓度，这时 ZnS 和 MnS 可以溶解，如加入浓盐酸，PbS 和 CdS 也能溶解；因 CuS 的 $K_{sp}^{\ominus}$ 很小，必须用强氧化剂 HNO_3 将 S^{2-}氧化成单质 S 才能溶解。而对于 $K_{sp}^{\ominus}$ 更小的 HgS，不仅用浓 HNO_3 氧化 S^{2-}，同时还要用大量 Cl^-使 Hg^{2+}形成配离子，才能达到使 HgS 溶解的目的。

$$3HgS + 2HNO_3 + 12HCl = 3H_2[HgCl_4] + 3S\downarrow + 4H_2O + 2NO\uparrow$$

一般来说，$K_{sp}^{\ominus}$ 大于 10^{-24} 数量级的硫化物可溶于稀盐酸；在 10^{-30}～10^{-25} 数量级的硫化物可溶于浓盐酸；$K_{sp}^{\ominus}$ 更小的硫化物需用浓硝酸甚至王水溶解。

由于氢硫酸是一个很弱的酸，这些硫化物无论是易溶或微溶于水，都会发生一定程度的水解而使溶液显碱性。Cr_2S_3、Al_2S_3 在水中完全水解：

$$Al_2S_3 + 6H_2O = 2Al(OH)_3\downarrow + 3H_2S\uparrow$$

因此，这些硫化物需用干法制取。

Na_2S 是工业中有较多用途的一种水溶性硫化物，它是一种白色晶状固体，熔点 1453 K，在空气中易潮解。常见的商品是它的水合晶体 $Na_2S\cdot9H_2O$。在工业中它广泛用于涂料、漂染、制革、荧光材料等。它主要是通过还原天然芒硝进行大规模工业生产，工艺原理如下：

$$Na_2SO_4 + 4C \xlongequal{高温} Na_2S + 4CO \qquad Na_2SO_4 + 4H_2 \xlongequal{高温} Na_2S + 4H_2O$$

可溶性的硫化物在溶液中能溶解单质硫生成多硫化物，如

$$Na_2S + (x-1)S = Na_2S_x \qquad (NH_4)_2S + (x-1)S = (NH_4)_2S_x\ (x = 2\sim6)$$

随 x 的增加，多硫化物的颜色为浅黄→橙黄→红棕。实验室长期放置的硫化钠、硫化铵溶液呈黄色甚至红色就是这一缘故。

多硫离子具有链状结构，S 原子通过共用电子对相连成硫链。S_3^{2-}、S_5^{2-} 的结构如图 18-20 所示。

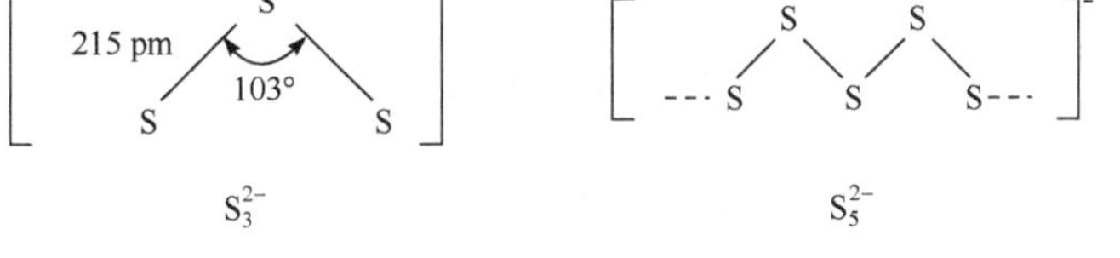

图 18-20　S_3^{2-}、S_5^{2-} 的结构

在多硫化物中存在过硫链，类似于过氧化物中的过氧键，因此多硫化物和过氧化物相似，具有氧化性，可将 Sb_2S_3、SnS 等氧化为硫代酸盐。例如，

$$SnS + (NH_4)_2S_2 = (NH_4)_2SnS_3$$

在这个反应中，Sn(Ⅱ)转化为 Sn(Ⅳ)。

多硫化物在酸性溶液中很不稳定，易发生歧化反应而分解：

$$S_x^{2-} + 2H^+ \xlongequal{\quad} H_2S\uparrow + (x-1)S\downarrow$$

Na_2S 和 Na_2S_2 可用作制革工业中原皮的脱毛剂，CaS_4 是农业上的一种杀虫剂。在医药上多硫化物可用于治疗皮肤病，如硫酐，它的主成分是 K_2S_2。

18.4.3 硒、碲的氢化物

稀酸与硒化物和碲化物作用时得到硒化氢和碲化氢。它们都是无色有恶臭的气体，毒性比 H_2S 大。热稳定性和在水中的溶解度比 H_2S 小。但它们的水溶液的酸性比 H_2S 强。这是因为硒离子、碲离子的半径大，与氢离子之间的引力逐渐减弱，故酸的电离度增加。它们的还原性也比 H_2S 强，只要 H_2Se 与空气接触便逐渐分解析出硒。燃烧 H_2Se 时有 SeO_2 产生，若空气不足则生成单质硒，加热至 573 K，硒化氢即分解。碲化氢更易分解。硒、碲的氢化物以及 H_2O、H_2S 的主要性质列于表 18-5。

表 18-5　氧族元素氢化物的性质

性质	H_2O	H_2S	H_2Se	H_2Te
沸点/K	373	202	232	271
熔点/K	273	187	212.8	224
生成热/($kJ\cdot mol^{-1}$)	−241.8	−20.14	85.81	155.0
电离常数 K_1(291 K)	1.07×10^{-16}	9.1×10^{-8}	1.7×10^{-4}	2.3×10^{-3}

18.5　氧族元素的氧化物和含氧酸

18.5.1 氧化物

除了大部分稀有气体元素以外，其他元素都能直接或间接与氧化合生成二元氧化物。

1. 氧化物的制备

(1) 单质在空气中或纯氧中直接化合(甚至燃烧)，可以得到常见氧化态的氧化物，在有限氧气的条件下，则得到低价氧化物，如 CO_2 和 CO 的生成。

(2) 氢氧化物或含氧酸盐的热分解，如：

$$Zn(OH)_2 \xlongequal{\triangle} ZnO + H_2O$$

$$CuSO_4 \xlongequal{\triangle} CuO + SO_3\uparrow$$

(3) 高价氧化物热分解或还原为低价氧化物，如：

$$PbO_2 \xrightarrow{563\sim593\ K} Pb_2O_3 \xrightarrow{663\sim693\ K} Pb_3O_4 \xrightarrow{803\sim823\ K} PbO$$

$$V_2O_5 \xrightarrow{H_2,973\ K} V_2O_3 \xrightarrow{H_2,1973\ K} VO$$

(4) 单质被硝酸氧化可得到某些元素的氧化物，如：

$$3Sn + 4HNO_3 = 3SnO_2 + 4NO\uparrow + 2H_2O$$

2. 氧化物的键型

1) 离子型氧化物

金属元素的氧化物大部分是离子型氧化物，如 Na_2O、MgO、Al_2O_3、Fe_3O_4 等。离子型氧化物是典型的离子晶体，具有较高的熔沸点及较大的硬度。但有些金属，主要是过渡金属，其低氧化态的氧化物是离子型的，而高氧化态的金属离子，由于极化能力较强与 O^{2-} 相互作用的结果形成共价型氧化物。例如，MnO、MnO_2 是离子型的化合物，MnO 的熔点高达 1785 K，而 Mn_2O_7 则是共价型的(分子晶体)，常温下是液体，熔点仅为 5.9℃。

2) 共价型氧化物

非金属氧化物、高氧化态金属离子的氧化物以及 p 区一些 18 电子构型的金属氧化物是共价型的。共价型氧化物多数在固态时是分子晶体，具有较低的熔沸点，如 CO_2、NO_2、P_4O_{10}、SO_2、PbO、SnO 等。少数共价氧化物是原子晶体，如 B_2O_3、SiO_2。

一般来说，离子型氧化物具有较高的熔点，而共价型氧化物的熔点比较低。少数离子型氧化物的熔点也比较低，如 RuO_4 的熔点为 25.4℃，OsO_4 的熔点为 49.4℃。

3. 氧化物对水的作用

根据氧化物对水的不同作用，大体上可以分为四类：

(1) 溶于水但与水无显著的化学作用，如 RuO_4、OsO_4 等；

(2) 与水作用生成可溶性的氢氧化物，如 Na_2O、BaO 等；

(3) 与水作用生成难溶性的氢氧化物，如 MgO、Sb_2O_3 等；

(4) 既难溶于水又不与水作用的氧化物，如 Fe_2O_3、MnO_2 等。

4. 氧化物的酸碱性

根据氧化物与酸碱反应性质的不同，可分为以下几类：

(1) 酸性氧化物：与碱作用生成盐和水，如 CO_2、SO_3、P_2O_5、SiO_2 等；

(2) 碱性氧化物：与酸作用生成盐和水，如 K_2O、MgO、Ag_2O、MnO 等；

(3) 两性氧化物：与酸和碱都能反应生成相应的盐和水，如 BeO、Al_2O_3、SnO_2、Cr_2O_3、ZnO 等；

$$Al_2O_3 + 6H^+ = 2Al^{3+} + 3H_2O$$

$$Al_2O_3 + 2OH^- = 2AlO_2^- + H_2O$$

(4) 中性氧化物：既不与酸也不与碱反应，如 CO、N_2O 和 NO；

(5) 复杂氧化物：如 Fe_3O_4、Pb_2O_3 等，它们分别由其低价氧化物和高价氧化物混合组成。一般来说，同一元素的低价氧化物比高价氧化物的碱性强。例如，Pb_2O_3 实质上是由 PbO 和 PbO_2 等组成的，PbO 显两性偏碱性，而 PbO_2 两性偏酸性。若加 HNO_3 于 Pb_2O_3 上，PbO 溶解生成 $Pb(NO_3)_2$，而 PbO_2 不溶。

5. 硫的氧化物

硫呈现多种氧化态，能形成种类繁多的氧化物。氧化物有 S_2O、S_7O、S_8O、S_2O_2、S_7O_2、

S_6O_2、SO_2、SO_3等十多种，其中SO_2和SO_3最稳定也最重要。

1) 二氧化物

硫或H_2S在空气中燃烧，或煅烧硫铁矿FeS_2均可得SO_2：

$$3FeS_2 + 8O_2 = Fe_3O_4 + 6SO_2\uparrow$$

二氧化硫与臭氧分子是等电子体，具有相同的结构，是V形分子构型(图18-21)。

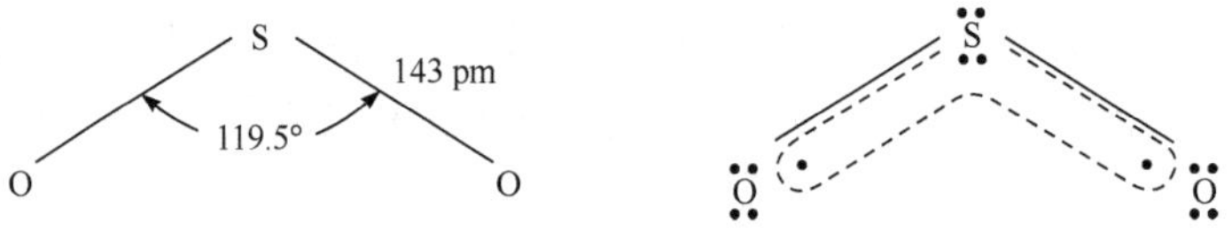

图 18-21　SO_2分子的结构

SO_2分子中的S原子采取sp^2杂化，其两个杂化轨道与氧成键，另一杂化轨道有一孤电子对。S原子未参与杂化的p轨道上的孤电子对分别与两个氧原子形成Π_3^4大π键。SO_2是无色有刺激性气味的有毒气体，它的分子具有极性，极易液化，常压下263 K就能液化。液态SO_2是很有用的非水溶剂和反应介质。

SO_2中S的氧化数为+4，因此SO_2既有氧化性又有还原性，但还原性是主要的。只有遇到强还原剂时，SO_2才表现出氧化性。典型的氧化还原反应如下：

$$SO_2 + 2H_2S = 3S\downarrow + 2H_2O \qquad SO_2 + 2CO \xlongequal{\text{高温}} S + 2CO_2\uparrow$$

工业上SO_2主要用来制备硫酸、亚硫酸盐和连二亚硫酸盐。因SO_2能与一些有机色素结合成为无色的化合物，故还可用于漂白纸张等。

SO_2是大气中一种主要的气态污染物(形成酸雨的根源)，燃烧煤、石油时均会产生相当多的SO_2。含有SO_2的空气不仅对人类(最大允许浓度5 $mg\cdot L^{-1}$)及动物、植物有害，还会腐蚀建筑物、金属制品，损坏油漆颜料、织物和皮革等。目前如何将SO_2对环境的危害减小到最低限度已引起人们的普遍关注。

硒、碲和钋在空气或氧中燃烧能生成SeO_2、TeO_2和PoO_2。SeO_2是易挥发的白色固体(升华温度为588 K)。SeO_2易溶于水，其水溶液呈弱酸性，蒸发其水溶液可得到无色结晶的亚硒酸。TeO_2是不挥发的白色固体，难溶于水，能溶于NaOH生成亚碲酸钠，加硝酸酸化，即有白色片状的H_2TeO_3析出。PoO_2基本上是碱性氧化物，几乎不溶于水及稀碱溶液。

与SO_2不同，SeO_2和TeO_2主要显示氧化性，容易被还原为游离的硒和碲，如能氧化SO_2、H_2S、HI和NH_3等而本身被还原为硒，在有机化学中也常用作醛或酮的氧化剂：

$$SeO_2 + 2SO_2 + 2H_2O = Se\downarrow + 2H_2SO_4$$

$$3SeO_2 + 4NH_3 = 3Se\downarrow + 2N_2\uparrow + 6H_2O$$

在强氧化剂如H_2O_2、Cl_2、Br_2、$KMnO_4$等作用下，SeO_2和TeO_2可显示还原性而被氧化：

$$SeO_2 + Cl_2 + 2H_2O = H_2SeO_4 + 2HCl$$

$$TeO_2 + H_2O_2 + 2H_2O = H_6TeO_6$$

2) 三氧化物

无色的气态三氧化硫SO_3主要是以单分子形式存在。分子构型为平面三角形，键角120°，S—O键键长143 pm，显然具有双键特征(S—O单键键长约155 pm)。固态SO_3有α、β、γ三种晶形，其稳定性依次减小。γ-SO_3 具有类似冰状的三聚体环状结构[图 18-22(a)]。将纯的液态 SO_3 冷却到 289.8 K 时凝固得到 γ-SO_3。β-SO_3 要在痕量水存在下才能形成，呈链状结构，由许多$[SO_4]$四面体彼此连接起来呈螺旋状长链[图 18-22(b)]。α-SO_3 有类似石棉的外观，但在链的中间含有一些交联键，以至成为一种复杂的层状结构，它是三种变体中最稳定的一种，熔点 335.7 K。

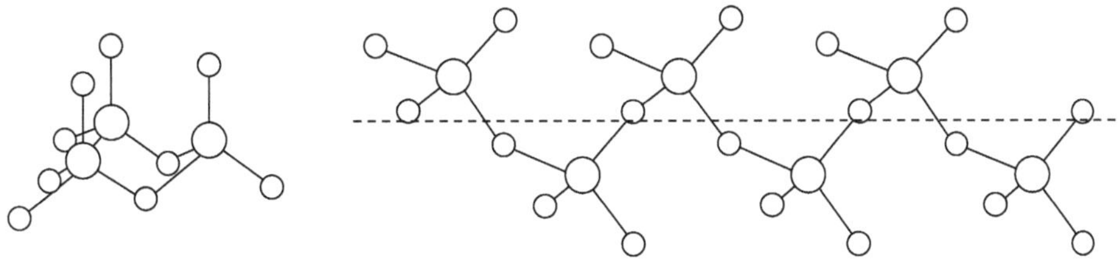

(a) 环状$(SO_3)_3$　　(b) 链状$(SO_3)_n$

图 18-22　固态 SO_3 的结构

SO_3 是一种强氧化剂，特别在高温时它能将 P 氧化为 P_4O_{10}，将 HBr 氧化为 Br_2。作为强路易斯酸，SO_3 能广泛地与无机和有机配体形成相应的加合物。例如，与 Ph_3P 生成 Ph_3PSO_3，与 NH_3 在不同的条件下可分别生成 H_2NSO_3H、$HN(SO_3H)_2$、$NH(SO_3NH_4)_2$ 等。SO_3 还可磺化烷基苯用于洗涤剂制造业。

SeO_3 是白色易潮解的固体，TeO_3 是橙色固体。

18.5.2　硫的含氧酸及其盐

硫的各种含氧酸见表 18-6。

表 18-6　硫的各种含氧酸

名称	化学式	硫的氧化态	结构式	存在形式
次硫酸	H_2SO_2	+Ⅱ	H—O—S—O—H	盐
连二亚硫酸	$H_2S_2O_4$	+Ⅲ	H—O—S(→O)—S(→O)—O—H	盐
亚硫酸	H_2SO_3	+Ⅳ	H—O—S(→O)—O—H	盐
硫酸	H_2SO_4	+Ⅵ	H—O—S(→O)(→O)—O—H	酸，盐
焦硫酸	$H_2S_2O_7$	+Ⅵ	H—O—S(→O)(→O)—O—S(→O)(→O)—O—H	酸，盐
硫代硫酸	$H_2S_2O_3$	+Ⅱ	H—O—S(→O)(→S)—O—H	盐

续表

名称	化学式	硫的氧化态	结构式	存在形式
过一硫酸	H_2SO_5	+Ⅷ	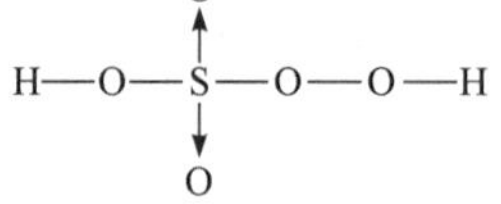	酸，盐
过二硫酸	$H_2S_2O_8$	+Ⅶ	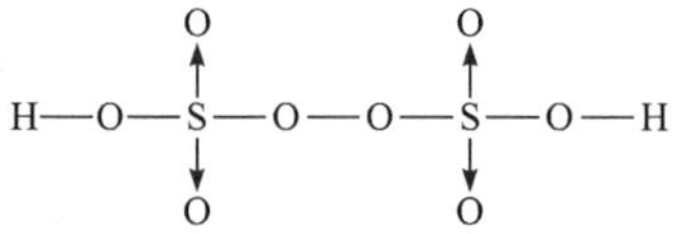	酸，盐
过多硫酸	$H_2S_xO_6(x=2\sim6)$	+5，+3.3，+2.5，+2，+1.7	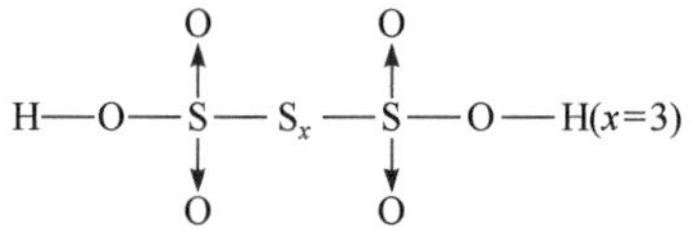	盐

注：一个分子中成酸原子不止一个，而成酸原子又直接相连者，称为“连若干某酸”。由一个简单的酰基取代 H—O—O—H 中的氢而成的酸称为过酸，取代一个氢称“过一某酸”，取代两个氢称“过二某酸”。由两个简单的含氧酸缩去一分子水的酸，用“焦”字作词头来命名。

1. 亚硫酸及其盐

SO_2的水溶液称为亚硫酸，是二元中强酸，在水溶液中存在二级解离平衡。所谓“亚硫酸”只存在于水溶液中，目前尚未制得纯 H_2SO_3 分子。根据对 SO_2 水溶液的光谱研究，认为其中的主要物质为各种水合物 $SO_2\cdot nH_2O$。根据不同浓度、温度和 pH，存在的离子有 H_3O^+、HSO_3^-，还有痕量的 SO_3^{2-}，但 H_2SO_3 仍未检测出。在亚硫酸的水溶液中存在下列平衡：

$$SO_2+x\,H_2O \rightleftharpoons SO_2\cdot x\,H_2O \rightleftharpoons H^++HSO_3^-+(x-1)H_2O \quad K_1^\ominus=1.54\times10^{-2}(291\,K)$$

$$HSO_3^- \rightleftharpoons H^++SO_3^{2-} \quad K_2^\ominus=1.02\times10^{-7}(291\,K)$$

加酸并加热时平衡向左移动，有 SO_2气体逸出。加碱时，则平衡向右移动，生成酸式盐或正盐：

$$NaOH+SO_2 = NaHSO_3$$

$$2NaOH+SO_2 = Na_2SO_3+H_2O$$

$$2NaHSO_3+Na_2CO_3 \xlongequal{煮沸} 2Na_2SO_3+H_2O+CO_2\uparrow$$

亚硫酸及其盐也像二氧化硫一样，既可以作还原剂又可以作氧化剂。无论是酸还是盐，它们的还原性总强于氧化性，并且亚硫酸盐的还原性比亚硫酸强得多。事实证明，亚硫酸的还原性又比二氧化硫强，故它们的氧化还原性顺序为

还原性：$SO_3^{2-}>H_2SO_3>SO_2$

氧化性：$SO_2>H_2SO_3>SO_3^{2-}$

亚硫酸盐作为还原剂能与许多氧化剂如过氧化氢、高锰酸钾、重铬酸钾、卤素等发生反应：

$$2Na_2SO_3+O_2 = 2Na_2SO_4$$

$$NaHSO_3 + Cl_2 + H_2O \longrightarrow NaHSO_4 + 2HCl$$

第一个反应表明亚硫酸盐在空气中不稳定，容易转变为硫酸盐，在使用其溶液时，应临时配制。第二个反应广泛应用在印染工业中以除去残留的氯。

只有在遇到强还原剂时，才会表现出氧化性。例如，

$$2SO_3^{2-} + 2H_2O + 2Na\text{-}Hg \longrightarrow S_2O_4^{2-} + 4OH^- + 2Na^+ + 2Hg$$

$$2SO_3^{2-} + 4HCOO^- \longrightarrow S_2O_3^{2-} + 2C_2O_4^{2-} + 2OH^- + H_2O$$

NH_4^+ 及碱金属的亚硫酸盐易溶于水，由于水解，溶液显碱性，其他金属的正盐均微溶于水，而所有的酸式亚硫酸盐都易溶于水，酸式盐的溶解度大于正盐。因为酸式酸根的电荷低，降低了正、负离子间的作用力，使其溶解度增大。亚硫酸盐受热容易分解：

$$4Na_2SO_3 \xrightarrow{\triangle} 3Na_2SO_4 + Na_2S$$

亚硫酸盐或酸式亚硫酸盐遇强酸即分解放出 SO_2，这也是实验室制取 SO_2 的一种方法。

亚硫酸氢钙 $Ca(HSO_3)_2$ 大量用于溶解木质素制造纸浆。亚硫酸钠和亚硫酸氢钠大量用于染料工业，也用作漂白织物时的去氯剂；农业上使用亚硫酸氢钠作抑制剂，促使水稻、小麦、油菜、棉花等农作物增产，这是由于 $NaHSO_3$ 能抑制植物的光呼吸(消耗能量和营养)从而提高净光合作用。

2. 硫酸及其盐

SO_3 可由 SO_2 经催化(Pt 或 V_2O_5)氧化法制得，通常并不将它分离出来而是直接转化成硫酸 H_2SO_4。SO_3 和水能剧烈反应并强烈放热生成 H_2SO_4。但制备硫酸通常不用水吸收 SO_3，因为大量的热使水蒸发为蒸气后与 SO_3 形成酸雾会影响吸收效率，所以工业上采用浓硫酸来吸收 SO_3 制得发烟硫酸(如 $H_2S_2O_7$、$H_2S_3O_{10}$)，经稀释后又可得浓硫酸。发烟硫酸的浓度通常以其中游离 SO_3 的含量来表明，如 30%、50%发烟硫酸即表示在 100%硫酸中含有 30%或 50%游离的 SO_3。

纯硫酸是无色油状液体，熔点为 283.4 K，沸点为 603 K。硫酸的高沸点和黏稠性与其分子间存在氢键有关。浓硫酸受热时放出 SO_3，随浓度逐渐下降沸点不断升高，沸点达 611 K 时保持恒定，形成恒沸混合物，含量为 98.3%。

H_2SO_4 分子具有四面体构型，硫与羟基氧键长为 155 pm 左右，而与非羟基氧键长只有 142 pm 左右，硫酸分子中的成键方式可能是：硫原子采用不等性 sp^3 杂化，含一个电子的杂化轨道与 2 个羟基氧原子中含 1 个电子的 sp^3 杂化轨道重叠形成两个 σ 键；含有孤电子对的 2 个杂化轨道和非羟基氧的 p 空轨道(将 2 个成单电子挤进同一轨道，空出一个轨道)重叠形成两个 σ 配键。另外，每个非羟基氧原子中的已被孤电子对占据的 p_x 轨道和 p_z 轨道(p_y 轨道已形成 σ 配键)分别与硫原子的空 $3d_{xy}$ 和 $3d_{xz}$ 轨道重叠形成两个 p-d π 配键(图 18-23)。

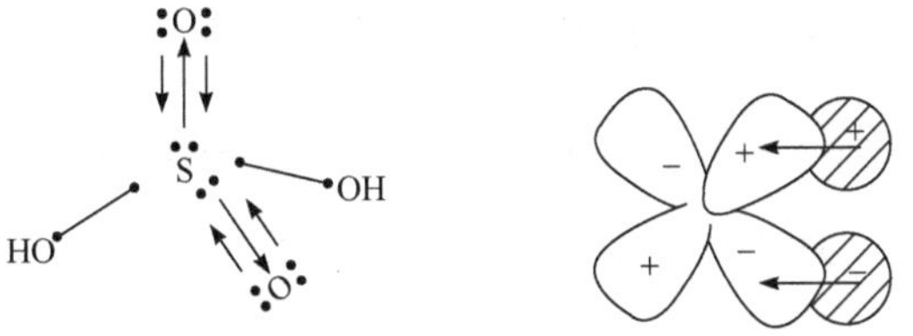

图 18-23 H_2SO_4 分子中的 p-d π 配键

目前，非金属含氧酸结构大多可用 p-d π 配键加以说明，但没有一致的符号表示这种结构。有些书上仍在中心原子和非羟基氧之间画两条短线，其中一条代表正常σ配键，另一条代表两个 p-d π 配键(因为这种键很弱，两个这种键才相当于一个正常 π 键)。例如，

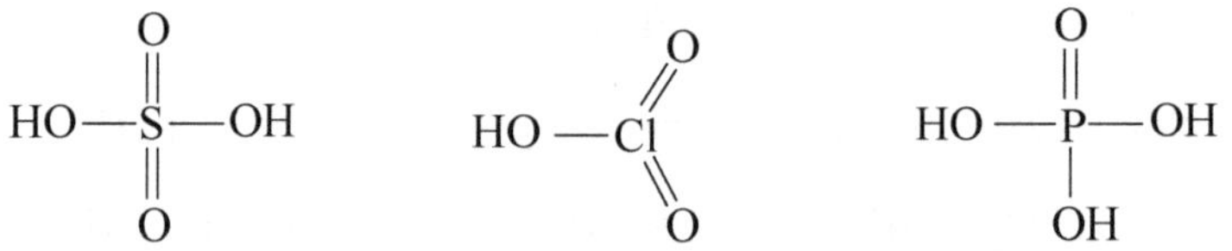

H_2SO_4　　$HClO_3$　　H_3PO_4

浓硫酸与水有强烈结合的倾向，水合能大(−878.6 kJ · mol^{-1})，与水作用放出大量的热，形成一系列稳定的水合物 $H_2SO_4 \cdot nH_2O(n = 1\sim5)$。上述性质决定了浓硫酸具有强吸水性，因此它常用作干燥剂，甚至将一些有机物中的氢、氧元素按水的组成比脱去(脱水作用)。例如，

$$HCOOH(甲酸)\xrightarrow{浓H_2SO_4}H_2O + CO\uparrow$$

$$C_{12}H_{22}O_{11}(蔗糖)\xrightarrow{浓H_2SO_4}11H_2O + 12C$$

淀粉、纤维素等碳水化合物也都容易被浓硫酸脱水而碳化，因此浓硫酸能严重腐蚀动植物组织、损坏衣服、烧伤皮肤，使用时必须格外小心。

热浓硫酸是一种很强的氧化剂，加热时氧化性更显著，它能氧化许多金属和非金属，而本身往往被还原为 SO_2。与过量的活泼金属作用，可以还原成 S 甚至 H_2S。例如，

$$C + 2H_2SO_4(浓) \xlongequal{\triangle} CO_2\uparrow + 2SO_2\uparrow + 2H_2O$$

$$Cu + 2H_2SO_4(浓) \xlongequal{\triangle} CuSO_4 + SO_2\uparrow + 2H_2O$$

$$4Zn + 5H_2SO_4(浓) \xlongequal{\triangle} 4ZnSO_4 + H_2S\uparrow + 4H_2O$$

金属铁、铝和冷浓硫酸接触，生成一层致密的保护膜，使其不再与浓硫酸反应。这种现象称为钝化。这就是可用铁、铝制的器皿盛放浓硫酸的缘故。

硫酸溶液是二元强酸，第一步电离是完全的，第二步的电离常数 $K_2^{\ominus} = 1.2\times10^{-2}$。作为溶剂，硫酸的介电常数很高(293 K 时为 110)，能很好地溶解离子化合物。100%的硫酸具有相当高的电导率，这是由它的自偶电离生成以下两种离子所致：

$$2H_2SO_4 \rightleftharpoons H_3SO_4^+ + HSO_4^- \qquad K^{\ominus}(25℃) = 2.7\times10^{-4}$$

在硫酸溶剂体系中，使溶剂阴离子 HSO_4^- 增加的化合物起碱的作用，使 $H_3SO_4^+$ 增加的化合物起酸的作用：

$$KNO_3 + H_2SO_4 = K^+ + HSO_4^- + HNO_3$$

$$CH_3COOH + H_2SO_4 = CH_3C(OH)_2^+ + HSO_4^-$$

$$HSO_3F + H_2SO_4 = H_3SO_4^+ + SO_3F^-$$

$$HNO_3 + 2H_2SO_4 = NO_2^+ + H_3O^+ + 2HSO_4^-$$

上述与 HNO_3 的反应所产生的硝酰离子 NO_2^+，有助于对芳香烃硝化反应的机理给予详细解释。

硫酸能形成酸式盐和正盐，它与碱金属元素能形成稳定的固态酸式硫酸盐。在碱金属的硫酸盐溶液中加入过量的硫酸生成酸式硫酸盐：$Na_2SO_4 + H_2SO_4 = 2NaHSO_4$。酸式硫酸盐均易溶于水，也易熔化。加热到熔点以上，即转变为焦硫酸盐 $M_2S_2O_7$，再加强热，就进一步分解为正盐和三氧化硫。

一般硫酸盐都易溶于水。硫酸银微溶，碱土金属(除 Be、Mg 外)和铅的硫酸盐微溶。可溶性硫酸盐从溶液中析出的晶体通常带有结晶水，如 $CuSO_4 \cdot 5H_2O$、$FeSO_4 \cdot 7H_2O$、$Na_2SO_4 \cdot 10H_2O$ 等。除了碱金属和碱土金属外，其他金属硫酸盐溶于水都有不同程度的水解发生。

多数硫酸盐有形成复盐的趋势，在复盐中的两种硫酸盐是同晶型的化合物，这类复盐又称为矾。常见的复盐有两类：一类的组成通式是 $M_2^ISO_4 \cdot M^{II}SO_4 \cdot 6H_2O$(其中 $M^I = NH_4^+$、K^+、Rb^+、Cs^+，$M^{II} = Fe^{2+}$、Co^{2+}、Ni^{2+}、Zn^{2+}、Cu^{2+}、Mg^{2+})，如莫尔盐 $(NH_4)_2SO_4 \cdot FeSO_4 \cdot 6H_2O$、镁钾矾 $K_2SO_4 \cdot MgSO_4 \cdot 6H_2O$；另一类组成的通式是 $M_2^ISO_4 \cdot M_2^{III}(SO_4)_3 \cdot 24H_2O$[其中 M^I= 碱金属(Li 除外)、NH_4^+、Tl^+；$M^{III}= Al^{3+}$、Fe^{3+}、Cr^{3+}、Ga^{3+}、V^{3+}、Co^{3+}]，如明矾 $K_2SO_4 \cdot Al_2(SO_4)_3 \cdot 24H_2O$，它们的通式也可写为 $M^IM^{III}(SO_4)_2 \cdot 12H_2O$。

硫酸盐的热稳定性很高，只有那些电荷高或 18 电子及 18+2 电子构型的阳离子的硫酸盐，如 $CuSO_4$、Ag_2SO_4、$Fe_2(SO_4)_3$、$PbSO_4$ 等才相对容易分解：

$$CuSO_4 \xlongequal{1273\ K} CuO + SO_3 \uparrow$$

$$Ag_2SO_4 \xlongequal{\triangle} Ag_2O + SO_3 \uparrow$$

$$2Ag_2O \xlongequal{\triangle} 4Ag + O_2 \uparrow$$

硫酸是化学工业中一种重要的化工原料，硫酸年产量可衡量一个国家的重化工生产能力。硫酸大量用于肥料工业中制造过磷酸钙和硫酸铵；用于石油精炼、炸药生产及制造各种矾、染料、颜料、药物等。许多硫酸盐有很重要的用途，如 $Al_2(SO_4)_3$ 是净水剂、造纸充填剂和媒染剂，$CuSO_4 \cdot 5H_2O$ 是消毒剂和农药，$FeSO_4 \cdot 7H_2O$ 是农药和治疗贫血的药剂，也是制造蓝黑墨水的原料，芒硝 $Na_2SO_4 \cdot 10H_2O$ 是重要化工原料等。

3. 焦硫酸及其盐

焦硫酸是一种无色的晶状固体，熔点为 308 K。当冷却发烟硫酸时，可以析出焦硫酸晶体。焦硫酸可看作是由两分子硫酸脱去一分子水所得产物：

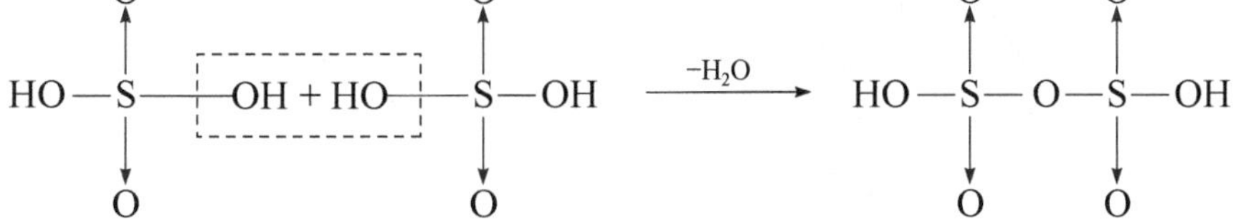

焦硫酸与水反应又生成 H_2SO_4。焦硫酸具有比浓硫酸更强的氧化性、吸水性和腐蚀性，在制造某些染料、炸药中用作脱水剂。

将碱金属的酸式硫酸盐加热到熔点以上，可得焦硫酸盐：

$$2KHSO_4 \xlongequal{} K_2S_2O_7 + H_2O$$

进一步加热，分解为 K_2SO_4 和 SO_3：

$$K_2S_2O_7 \xlongequal{} K_2SO_4 + SO_3\uparrow$$

焦硫酸盐在无机合成上的重要用途是与一些难溶的碱性金属氧化物共熔生成可溶性的硫酸盐：

$$Fe_2O_3 + 3K_2S_2O_7 \xlongequal{} Fe_2(SO_4)_3 + 3K_2SO_4$$

焦硫酸的氧化性比浓硫酸更强，是很好的磺化剂，用于制造某些染料、炸药、有机磺酸和磺酸盐。

4. 硫代硫酸及其盐

游离的硫代硫酸遇水即迅速分解，分解产物与反应的条件有关，而且分解产物间又会发生多次氧化还原反应，其产物主要有 S、SO_2 及 H_2S、H_2S_x、H_2SO_4 等(可据此鉴定 $S_2O_3^{2-}$ 的存在)，因此由稳定的硫代硫酸盐经酸化制备硫代硫酸的设想始终未获成功，施密特(Schmidt)和他的同事于 1959～1961 年采用无水条件成功地合成了无水 $H_2S_2O_3$：

$$H_2S + SO_3 + Et_2O \xrightarrow{Et_2O,\ -78℃} H_2S_2O_3 \cdot Et_2O$$

$$Na_2S_2O_3 + 2HCl + 2Et_2O \xrightarrow{Et_2O,\ -78℃} 2NaCl + H_2S_2O_3 \cdot 2Et_2O$$

稳定的硫代硫酸盐(与游离酸相比)可由 H_2S 和亚硫酸的碱溶液作用制得，也可将硫粉溶于沸腾的亚硫酸钠碱性溶液中或将 Na_2S 和 Na_2CO_3 以 2∶1 的物质的量之比配成溶液再通入 SO_2 制得 $Na_2S_2O_3$：

$$2HS^- + 4HSO_3^- \xlongequal{} 3S_2O_3^{2-} + 3H_2O$$

$$Na_2SO_3 + S \xlongequal{} Na_2S_2O_3$$

$$2Na_2S + Na_2CO_3 + 4SO_2 \xlongequal{} 3Na_2S_2O_3 + CO_2\uparrow$$

硫代硫酸钠($Na_2S_2O_3 \cdot 5H_2O$)又称海波或大苏打，是无色透明的晶体，熔点 48.5℃，易溶于水，其水溶液显弱碱性。硫代硫酸根可看成是 SO_4^{2-} 中的一个氧原子被硫原子所取代，并与 SO_4^{2-} 相似具有四面体构型(图 18-24)。

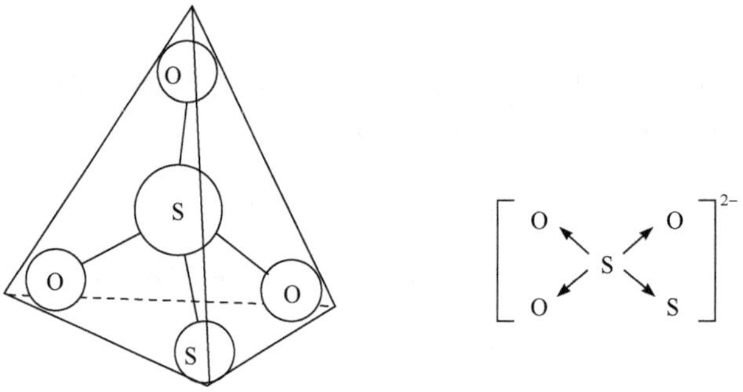

图 18-24　$S_2O_3^{2-}$ 的结构

$S_2O_3^{2-}$ 的中心硫原子氧化数为+6，另一个硫原子氧化数为−2，2 个硫原子平均氧化数是+2。

因此，硫代硫酸钠具有一定的还原性。它是一种中等强度的还原剂[$E^{\ominus}(S_4O_6^{2-}/S_2O_3^{2-}) = 0.08\ V$]，能定量地被 I_2 氧化为连四硫酸根，这是定量分析中碘量法的理论基础：

$$2S_2O_3^{2-} + I_2 = S_4O_6^{2-} + 2I^-$$

遇到更强的氧化剂，将进一步反应生成硫酸盐：

$$S_2O_3^{2-} + 4Cl_2 + 5H_2O = 2HSO_4^- + 8H^+ + 8Cl^-$$

因此，在纺织和造纸工业上用硫代硫酸钠作脱氯剂。

$S_2O_3^{2-}$ 中的硫原子及氧原子在一定条件下可与金属离子配位，因此它又是一个单齿或双齿配体，有很强的配位能力，最重要的是与银(Ag^+)形成的配离子。例如，难溶于水的 AgBr 可以溶解在 $Na_2S_2O_3$ 溶液中：

$$AgBr + 2S_2O_3^{2-} = [Ag(S_2O_3)_2]^{3-} + Br^-$$

硫代硫酸钠用作定影液，就是利用这个反应溶去胶片上未曝光的溴化银。

5. 过硫酸及其盐

过硫酸即为硫酸的过氧化酸，也就是该化合物含有过氧链(—O—O—)。过一硫酸和过二硫酸统称过硫酸。过一硫酸可看作是 H_2O_2 分子中的一个 H 原子被 HSO_3 基团取代所得的产物：

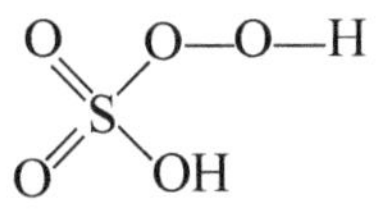

过一硫酸

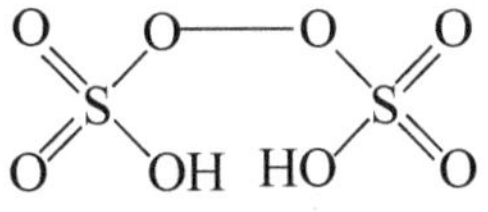

过二硫酸

过二硫酸可看作是 H_2O_2 分子中两个 H 原子被两个 HSO_3 基团取代所得的产物。过二硫酸为无色晶体，在 338 K 时熔化并分解，具有极强的氧化性：

$$S_2O_8^{2-} + 2e^- \rightleftharpoons 2SO_4^{2-} \qquad E^{\ominus} = 2.01\ V$$

在 $AgNO_3$ 催化作用下，$S_2O_8^{2-}$ 能把 Mn^{2+} 氧化成 MnO_4^-：

$$5S_2O_8^{2-} + 2Mn^{2+} + 8H_2O \xlongequal{Ag^+} 2MnO_4^- + 10SO_4^{2-} + 16H^+$$

过酸及其盐均不稳定，受热时易分解：

$$2K_2S_2O_8 \xlongequal{\triangle} 2K_2SO_4 + 2SO_3\uparrow + O_2\uparrow$$

过酸遇水皆有水解作用：

$$H_2S_2O_8 + H_2O = H_2SO_4 + H_2SO_5$$

$$H_2SO_5 + H_2O = H_2SO_4 + H_2O_2$$

工业上利用这一水解反应制取 H_2O_2。

有机合成中，过硫酸盐通常用作聚合反应的引发剂。氯乙烯聚合成聚氯乙烯、苯乙烯-丁二烯聚合成共聚橡胶，常用过二硫酸钾引发。过二硫酸铵常用来引发乙酸乙烯酯和四氟乙烯的聚合反应。

6. 连硫酸及其盐

连硫酸可用 $H_2S_xO_6$ 表示，x 一般为 2～6，当 x 为 2 时，称为连二硫酸；当 x 为 3～6 时，称为连多硫酸。连多硫酸的酸式盐不存在，连多硫酸根中都有硫链。游离的连多硫酸不稳定，迅速分解为 S、SO_2 和 SO_4^{2-} 等：

$$H_2S_5O_6 \xlongequal{\quad} H_2SO_4 + SO_2\uparrow + 3S\downarrow$$

用适当的氧化剂(如 H_2O_2、I_2)与硫代硫酸钠反应也可获得连多硫酸盐：

$$2\,Na_2S_2O_3 + 4H_2O_2 \xlongequal{\quad} Na_2S_3O_6 + Na_2SO_4 + 4H_2O$$

用 MnO_2 氧化亚硫酸，可制得连二硫酸：

$$MnO_2 + 2S_2O_3^{2-} + 4H^+ \xlongequal{\quad} Mn^{2+} + S_4O_6^{2-} + 2H_2O$$

连二硫酸中硫的氧化数为+5，不易被氧化，这点与其他氧化数较低的连多硫酸不同。例如，在室温下，氯气不能氧化连二硫酸而可以氧化其他连多硫酸。

在没有氧的条件下，用锌粉还原 $NaHSO_3$ 可制得连二亚硫酸钠：

$$2NaHSO_3 + Zn \xlongequal{\quad} Na_2S_2O_4 + Zn(OH)_2\downarrow$$

析出的晶体含有 2 个结晶水($Na_2S_2O_4 \cdot 2H_2O$)。它在空气中极易被氧化，不便于使用，经乙醇和浓 NaOH 共热后，就成为比较稳定的无水盐。$Na_2S_2O_4$ 是一种白色固体，加热至 402 K 即分解：

$$2Na_2S_2O_4 \xlongequal{\quad} Na_2S_2O_3 + Na_2SO_3 + SO_2\uparrow$$

$Na_2S_2O_4$ 在碱性溶液中是一种强还原剂：

$$2\,SO_3^{2-} + 2H_2O + 2e^- \xlongequal{\quad} S_2O_4^{2-} + 4OH^- \qquad E^\ominus = -1.12\ V$$

它能将含硝基的有机化合物还原成胺。在工业上把这个化合物称为保险粉，它可用作染色工艺的还原剂，纸浆、稻草、黏土、肥皂等的漂白剂，在水处理和控制污染方面可将许多重金属离子如 Pb^{2+}、Bi^{3+}等还原为金属，还可用于保存食物等。X 射线衍射分析表明，在保险粉中的 $S_2O_4^{2-}$ 是由两个 SO_2 原子团通过 S—S 键(键长为 239 pm)结合而成的。

连二硫酸和连多硫酸不同的另一点是，前者不能与硫结合生成含硫数目较多的连多硫酸，而后者可以：

$$H_2S_4O_6 + S \xlongequal{\quad} H_2S_5O_6$$

连二硫酸与连多硫酸的最根本差别在于，前者酸根中没有氧化数为零的硫原子与硫原子相连的化学结构。在硫的化合物中，硫原子可以相连形成长硫链，如多硫化氢 H_2S_x、多硫化物 M_2S_x 和连多硫酸 $H_2S_xO_6$ 等，这是硫属元素中硫最突出的一个特点。

硫及其重要化合物间的转化关系用图 18-25 表示。

18.5.3 硒、碲的含氧酸

SeO_2 可溶于水生成亚硒酸，TeO_2 不易与水化合成亚碲酸，但溶于碱液产生亚碲酸盐，加硝酸使其酸化，即有白色片状的游离酸析出。

亚硒酸与亚碲酸都是弱酸。它们的酸性按 H_2SO_3＞H_2SeO_3＞H_2TeO_3 的顺序减弱，但与硫

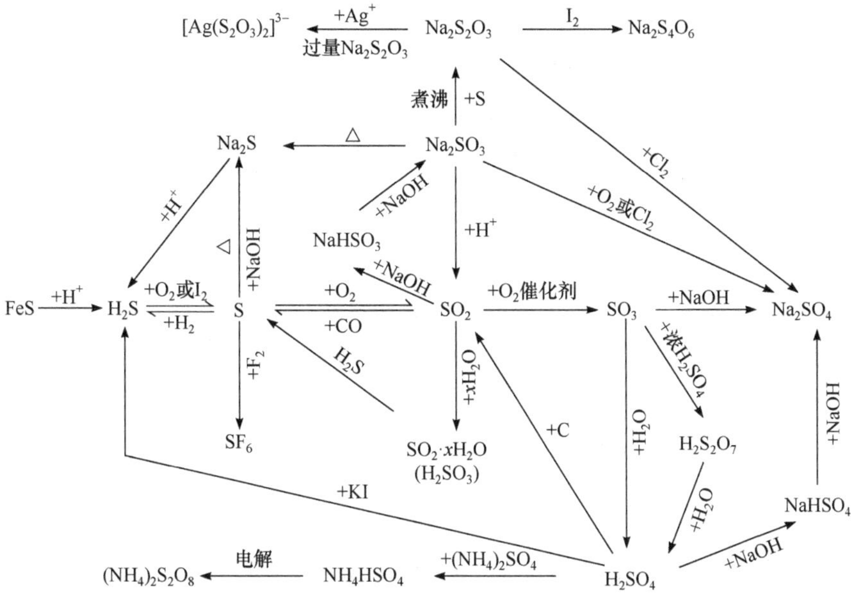

图 18-25　硫及其重要化合物间的转化关系

不同，氧化数为+4 的硒和碲氧化物以及相应的酸和盐都是比较稳定的。而硫氧化数为+6 的化合物较稳定。硒和碲的氧化数为+4 的化合物虽然也有还原性，但以氧化性为主要特征，它们容易被还原为单质硒和碲，可由它们的标准电极电势看出：

$$TeO_2 + 4H^+ + 4e^- \rightleftharpoons Te + 2H_2O \qquad E^\ominus = 0.53\ V$$

$$H_2SeO_3 + 4H^+ + 4e^- \rightleftharpoons Se + 3H_2O \qquad E^\ominus = 0.74\ V$$

$$H_2SO_3 + 4H^+ + 4e^- \rightleftharpoons S + 3H_2O \qquad E^\ominus = 0.45\ V$$

故亚硒酸和亚碲酸可以将亚硫酸氧化为硫酸：

$$2SO_2 + H_2O + H_2SeO_3 = 2H_2SO_4 + Se\downarrow$$

$$2SO_2 + H_2O + H_2TeO_3 = 2H_2SO_4 + Te\downarrow$$

这两个反应被用来从烟道尘和某些工业淤泥中回收硒和碲。

硒和碲的三氧化物制备比较困难，SeO_3 强烈吸水而成硒酸，加热达 450 K 以上即分解为 SeO_2 和 O_2。三氧化碲可以从 H_6TeO_6 加热制得，但最后微量的水很难除去。加强热又将使它分解为 TeO_2 和 O_2。三氧化碲几乎既不溶于水，也不溶于稀酸或稀碱，但是溶于浓碱而生成相应的碲酸盐。

只有在强氧化剂如氯酸的作用下，+4 价的亚硒酸和亚碲酸才能被氧化为+6 价的硒酸和碲酸：

$$5H_2SeO_3 + 2HClO_3 = 5H_2SeO_4 + Cl_2\uparrow + H_2O$$

$$5H_2TeO_3 + 2HClO_3 + 9H_2O = 5H_6TeO_6 + Cl_2\uparrow$$

这两种酸都是无色晶体。

自由的碲酸以原碲酸 H_6TeO_6 的形成存在，而不是 H_2TeO_4。用溶于硝酸的铬酸使碲或二氧化碲氧化，冷却其溶液得到原碲酸：

$$3TeO_2 + H_2Cr_2O_7 + 6HNO_3 + 5H_2O = 3H_6TeO_6 + 2Cr(NO_3)_3$$

X 射线研究证明碲酸分子内的六个 OH^- 排列在碲原子周围成八面体结构。

硒酸溶液和硫酸溶液相似，都是强酸。在高浓度时也可使有机物炭化，但它的氧化性远高于硫酸。例如，浓硒酸与盐酸混合会有氯气产生。

$$SeO_4^{2-} + 2H^+ + 2Cl^- = SeO_3^{2-} + Cl_2\uparrow + H_2O$$

它们盐的性质也相似，同一个金属的硒酸盐和硫酸盐具有相近的溶解度，如铅、钡盐都难溶于水。与硫酸不同，碲酸虽然是很弱的酸($K_1^\ominus = 6\times10^{-7}$，$K_2^\ominus = 4\times10^{-11}$)，但它是一种很强的氧化剂，从下面标准电极电势可以看出：

$$H_6TeO_6 + 2H^+ + 2e^- \rightleftharpoons TeO_2 + 4H_2O \qquad E^\ominus = 1.02\ V$$

$$SeO_4^{2-} + 4H^+ + 2e^- \rightleftharpoons H_2SeO_3 + H_2O \qquad E^\ominus = 1.15\ V$$

$$SO_4^{2-} + 4H^+ + 2e^- \rightleftharpoons H_2SO_3 + H_2O \qquad E^\ominus = 0.172\ V$$

18.6　无机酸强度的变化规律

从中心原子与质子的连接方式来看，无机酸大致可分为两类：一类是中心原子与质子直接相连的氢化物(X—H)；另一类是中心原子与氧直接相连的含氧酸。这两种酸的强度大小意味着它们释放质子(H^+)的难易程度。

18.6.1　影响无机酸强度的直接因素：电子密度

影响酸强度的因素很多，但主要反映在与质子直接相连的原子对质子的束缚力的强弱上，这种束缚力的强弱又与该原子的电子密度大小有直接的关系。电子密度是最近国外一些无机化学教材经常引用的一个概念，目前只给出了一个定性的含义，它的大小与该原子所带负电荷数及原子体积(原子半径)有关，它表明了某原子吸引带正电荷的原子或原子团的能力。若原子的负电荷高，原子半径小，则电子密度大，与质子相连原子的电子密度越大，它对质子的引力就越强，故质子越难解离，酸性越弱。

如果将水合质子(H_3O^+)、水(H_2O)、氢氧根(OH^-)加以比较，酸性强弱次序为 $H_3O^+ > H_2O > OH^-$。如何用电子密度解释呢？无论物质原来的极性如何，当它释放质子的一瞬间，它已经完全被离子化了，此时质子所需要摆脱的束缚力就是与其直接相连的原子的库仑引力。在上述三种物质中质子均与氧原子直接相连，因此氧原子的电子密度的大小必然决定了质子被释放的难易程度。氧的氧化数为–2，可以认为带有两个负电荷，在水合质子中，因为有三个质子同时吸引一个氧原子上的负电荷，使其电子密度显著地降低，对质子的吸引力减弱，容易释放出质子，因而显较强的酸性。然而，在氢氧根离子中，只有一个质子吸引氧原子上的负电荷，使 OH^- 中氧原子的电子密度比它在 H_3O^+ 中的高得多，因此它对质子的引力也比它在 H_3O^+ 中的强得多，以致不但不能释放质子，反而接受质子而呈现碱性。

可见与质子直接相连的原子的电子密度是决定无机酸强度的直接因素，这个原子的电子密度越低，它对质子的引力就越弱，因而酸性越强，反之亦然。从这个观点出发，以下进一步探讨无机酸强度大小的规律问题。

18.6.2 氢化物酸性强弱的规律

有的氢化物在水溶液中既不接受质子，也不释放出质子，无酸碱性(如碳族元素的氢化物)；有的氢化物能接受质子显碱性(如氮族氢化物)；而卤素和氧族的氢化物能释放出质子，显酸性。

具有酸碱性的ⅤA～ⅦA 族氢化物水溶液酸碱性变化规律如下：

NH_3	H_2O	HF	酸性增强（自上而下）
PH_3	H_2S	HCl	
AsH_3	H_2Se	HBr	
SbH_3	H_2Te	HI	

酸性增强（从左至右）

可见，同一周期内的氢化物从左至右酸性增强；同一族内的氢化物自上而下酸性增强。

从与质子直接相连的原子的电子密度的角度很容易解释氢化物的酸碱性这种变化规律。在同一周期的氢化物中，如 NH_3、H_2O 和 HF，由于直接与质子相连的原子(N、O、F)的氧化数逐渐降低，因而所带负电荷也依次减少，从而使这些原子的电子密度越来越小，对质子的引力就越来越弱，故相应的氢化物的酸性依次增强。在同一族的氢化物中(如 H_2O、H_2S、H_2Se、H_2Te)，尽管与质子直接相连的原子(O、S、Se、Te)的氧化数相同，原子所带负电荷相同，但它们的原子(离子)半径却依次增大，使这些原子的电子密度逐渐降低，对质子的引力也就依次减弱，故相应的氢化物的酸性依次增强。

18.6.3 含氧酸酸性强弱的规律

含氧酸(H_mXO_n)中可解离的质子均与氧原子相连，即含有 X—O—H 键。因此，氧原子的电子密度大小是决定酸性强弱的关键，而氧原子的电子密度又受到中心原子(X)的电负性、原子半径及氧化数等因素的影响。

1. 含氧酸强度的定性描述

(1) 在同一周期内，最高氧化数含氧酸的酸性从左至右逐渐增强，如

$$H_4SiO_4 < H_3PO_4 < H_2SO_4 < HClO_4$$

这是因为中心原子(Si、P、S、Cl)的电负性越来越大，氧化数越来越高，半径越来越小，则它们和与其相连的氧原子争夺电子的能力依次增强，使氧原子的电子密度依次降低，对质子的束缚力越来越弱，质子的解离越来越容易，故相应的含氧酸的酸性依次增强。

(2) 在同一族内，氧化数相同的含氧酸的酸性自上而下逐渐减弱，如

$$HClO > HBrO > HIO$$

可见中心原子(Cl、Br、I)的电负性依次减小，中心原子的离子半径依次增大，争夺氧原子上的负电荷的能力依次减弱，使氧原子的电子密度依次增高，相应含氧酸的酸性依次减弱。

(3) 在同一元素具有不同氧化数的含氧酸中，高氧化数的含氧酸的酸性往往比低氧化数的

酸性强。例如，$HClO_4 > HClO_3 > HClO$；$HNO_3 > HNO_2$；$H_2SO_4 > H_2SO_3$。随着中心原子氧化数的增加，中心原子的正电性进一步增强，其从羟基氧上争夺电子的能力加强，羟基氧原子的电子密度相应降低，故酸性增强。

2. 含氧酸强度的定量表示

有关无机含氧酸的酸性强度，国内外化学家们做了许多工作，下面简单介绍鲍林提出的两条半定量的规律。

(1) 对多元含氧酸而言，它的逐级电离常数(酸常数)之间有如下近似关系：

$$K_1^{\ominus} : K_2^{\ominus} : K_3^{\ominus} \approx 1 : 10^{-5} : 10^{-10}$$

例如，298 K 时，H_3PO_4 的 $K_1^{\ominus} = 7.1\times10^{-3}$，$K_2^{\ominus} = 6.3\times10^{-8}$，$K_3^{\ominus} = 2.2\times10^{-13}$($K_1^{\ominus} : K_2^{\ominus} : K_3^{\ominus} = 1 : 0.89\times10^{-5} : 0.31\times10^{-10}$)；$H_2SO_3$ 的 $K_1^{\ominus} = 1.5\times10^{-2}$，$K_2^{\ominus} = 1.0\times10^{-7}$($K_1^{\ominus} : K_2^{\ominus} = 1 : 0.67\times10^{-5}$)。

(2) 若无机含氧酸的化学式写为 $XO_m(OH)_n$(式中，m 为非羟基氧原子数目)，则含氧酸的强度($K_1^{\ominus}$)与 m 间有如下近似关系：

m	化学式	$K_1^{\ominus}$	实例	
0	$X(OH)_n$	$\leqslant 10^{-8}$	H_3BO_3	$K^{\ominus} = 5.8\times10^{-8}$
1	$XO(OH)_n$	$\sim 10^{-2}$	H_3PO_4	$K_1^{\ominus} = 0.71\times10^{-2}$
2	$XO_2(OH)_n$	$\sim 10^{3}$	H_2SO_4	($\sim 10^{3}$)
3	$XO_3(OH)_n$	$\sim 10^{8}$	$HClO_4$	

利用鲍林规则既可在一般情况下粗略地估计无机含氧酸的强度，又可以将实测的酸常数与估计的酸常数比较推测酸的结构。例如，亚磷酸 H_3PO_3 的实测 $K_1^{\ominus} = 6.3\times10^{-2}$，则其结构式不可能是 $P(OH)_3$，若是此种结构，则根据规则估计，应为弱酸，$K_1^{\ominus} \leqslant 10^{-8}$。据此，结构中应有一个非羟基氧(即 $m = 1$)，是二元酸。

值得说明的是，无机酸强度是个很复杂的问题，它不但与物质的组成、结构有关，而且与溶解过程的溶剂作用有关，因此用电子密度说明酸性强度的变化规律只是定性说明。

18.7　氧族元素的应用

氧气与人们的生产、生活密切相关。在炼钢过程中吹高纯度氧气，氧便与碳及磷、硫、硅等发生氧化反应，这不但降低了钢的含碳量，还有利于清除磷、硫、硅等杂质。而且氧化过程中产生的热量足以维持炼钢过程所需的温度，因此吹氧不但缩短了冶炼时间，同时提高了钢的质量。高炉炼铁时，提高鼓风中的氧浓度可以降焦比，提高产量。在有色金属冶炼中，采用富氧也可以缩短冶炼时间提高产量。液氧是现代火箭最好的助燃剂，在超音速飞机中也需要液氧作氧化剂，可燃物质浸渍液氧后具有强烈的爆炸性，可制作液氧炸药。氧气也用于在缺氧、低氧或无氧环境中供给呼吸，如潜水作业、登山运动、高空飞行、宇宙航行、医疗抢救等。

硫可以合成硫酸、制造火药，还被用来杀真菌，用作化肥，在造纸业中用来漂白等。硫酸作为工业三酸之一，是一种非常重要的化工原料，在工业、农业、国防军事领域中以及人们的吃穿住行方面有着重要作用。例如，在冶金工业和金属加工过程中进行酸洗，汽油、润滑油等石油产品的生产过程中精炼，以除去其中的含硫化合物和不饱和碳氢化合物，以及各种无机盐工业中使用硫酸作为原料。农业上化肥的生产是消费硫酸的大户，消费量占硫酸总量的 70%以上，尤其是磷肥耗硫酸最多。许多农药都要以硫酸为原料，如硫酸铜、硫酸锌可作植物的杀菌剂，硫酸铊可作杀鼠剂，硫酸亚铁、硫酸铜可作除锈剂。轻工系统的自行车、皮革行业，纺织系统的黏胶、纤维、维尼纶等产品，冶金系统的钢材酸洗、氟盐生产部门，石油系统的原油加工、石油催化剂、添加剂及医药工业等都离不开硫酸。

硒是一种稀少而又分散的元素，广泛应用于玻璃工业、冶金工业、电子工业、国防工业、化工、医学和农业等。硒又是人体必需的重要微量元素之一，同样也是其他动、植物新陈代谢必不可少的生命元素。硒的营养主要是通过蛋白质结合发挥抗氧化作用。硒与其他微量元素、维生素具有协同作用。硒对一些金属有毒元素(如镉、汞、砷、铊等)有拮抗作用；能防止镰刀菌毒素(T-2)对心肌细胞、肝细胞和软骨细胞的损害；可抗病毒，对强致癌物质——黄曲霉毒素 B1(AFB1)诱导的白细胞 DNA 非程序合成有阻断作用，并可阻止乙型肝炎发展成肝癌；硒有调节并提高人体免疫功能的作用，使人体特异性免疫和非特异性免疫、体液免疫和细胞免疫功能处于相对平衡状态；硒有抗衰老作用，能使实验动物延长寿命；有抗辐射作用，能有效地减轻癌症放、化疗的毒副作用，增大抗癌药的剂量，有利于癌症的治疗；能保护视力，预防白内障的发生，能够抑制眼晶体的过氧化损伤；硒在遗传领域也有一席之地，近年的研究表明，硒参与体内蛋白质、酶和辅酶的合成，硒-半胱氨酸(Se-cys)是遗传密码正常编码的第 21 个氨基酸。

碲消费量的 80%是在冶金工业中：钢和铜合金加入少量碲，能改善其切削加工性能并增加硬度；在白口铸铁中碲用作碳化物稳定剂，使表面坚固耐磨；含少量碲的铅可提高材料的耐蚀性、耐磨性和强度，用作海底电缆的护套；铅中加入碲能增加铅的硬度，用来制作电池极板和印刷铅字。碲可用作石油裂解催化剂的添加剂及制取乙二醇的催化剂。氧化碲用作玻璃的着色剂。高纯碲可作温差电材料的合金组分。碲化铋为良好的致冷材料。碲和若干碲化物是半导体材料。超纯碲单晶是新型的红外材料。另外，在定时炸药中，碲还是延时爆炸的引信。

习 题

18-1 为什么氧单质以 O_2 形式存在而硫单质以 S_8 形式存在？

18-2 $O + 2e^- \longrightarrow O^{2-}$的过程是吸热过程，但为什么许多化合物中存在 O^{2-}？

18-3 比较 O_3 和 O_2 的氧化性、沸点、极性和磁性的相对大小。

18-4 大气层中臭氧是怎样形成的？哪些污染物引起臭氧层的破坏？怎样鉴别 O_3？

18-5 O_2、O_3 和 H_2O_2 中 O—O 键键长分别为 121 pm、128 pm 和 149 pm，为什么会有这种增加趋势？

18-6 试用分子轨道理论说明：许多过氧化物有颜色。

18-7 用乙基蒽醌法生产 H_2O_2 有什么好处？

18-8 油画久置后会发暗、发黑，为什么可用 H_2O_2 处理？

18-9 单质硫既可以作为氧化剂，也可以作为还原剂使用，用相关反应方程式表示。

18-10 从标准电极电势看：

$$E^{\ominus}_{H_2O_2/H_2O}(1.776\ V) > E^{\ominus}_{MnO_4^-/Mn^{2+}}(1.491\ V) > E^{\ominus}_{Cl_2/Cl^-}(1.358\ V)$$

为什么 H_2O_2 遇 $KMnO_4$ 和 Cl_2 时都起还原剂的作用？写出相应的离子方程式。

18-11 利用电极电势解释在 H_2O_2 中加入少量的 Mn^{2+}，可以促进 H_2O_2 分解的原因。

18-12 比较 H_2O、H_2S 和 H_2Se 的热稳定性、还原性和酸性，并从结构上加以说明，推测 H_2Te 的上述性质。

18-13 比较硫和氮的含氧酸在酸性、氧化性、热稳定性等方面的递变规律。

18-14 下列各种物质在酸性溶液中能否共存？说明理由。

(1) KI 与 KIO_3 溶液　　(2) $FeCl_3$ 和 KI 溶液　　(3) KBr 与 $KBrO_3$ 溶液

18-15 完成并配平下列反应方程式：

(1) $H_2SO_3 + H_2S \longrightarrow$　　(2) H_2SO_4(浓) $+ H_2S \longrightarrow$

(3) H_2SO_4(浓) $+ S \longrightarrow$　　(4) $H_2S + NaOH \longrightarrow$

(5) $NaHSO_3 \xrightarrow{\triangle}$　　(6) $KIO_3 + SO_2$(过量) $+ H_2O \longrightarrow$

(7) $Na_2S_2O_3 + HCl \longrightarrow$　　(8) $Na_2S_4O_6 + HCl \longrightarrow$

(9) $Se + HNO_3$(浓) $\longrightarrow$　　(10) $H_2SeO_4 + I^- + H^+ \longrightarrow$

(11) $Na_2S + Na_2SO_3 + H^+ \longrightarrow$　　(12) $H_2S + H_2O_2 \longrightarrow$

(13) $Na_2S_2O_3 + I_2 \longrightarrow$　　(14) $Na_2S_2O_3 + Cl_2 \longrightarrow$

(15) $Na_2S_2O_3 + AgBr \longrightarrow$　　(16) $SO_2 + H_2O + Cl_2 \longrightarrow$

(17) $H_2O_2 + MnO_4^- + H^+ \longrightarrow$　　(18) $S_2O_8^{2-} + Mn^{2+} + H^+ \longrightarrow$

18-16 硫代硫酸钠在药剂中常用作解毒剂，可解卤素单质、重金属离子及氰化物中毒。请说明能解毒的原因，写出有关的反应方程式。

18-17 石灰硫磺合剂(又称石硫合剂)通常是以硫磺粉、石灰及水混合，煮沸、摇匀而制得的橙色至樱桃色透明水溶液，可用作杀菌、杀螨剂。请给予解释，写出有关的反应方程式。

18-18 以 Na_2CO_3 和硫磺为原料，怎样制取 $Na_2S_2O_3$？写出有关反应方程式。

18-19 有四种试剂：Na_2SO_4、Na_2SO_3、$Na_2S_2O_3$、$Na_2S_4O_6$，其标签已脱落，怎样鉴别它们？

18-20 一种盐 A 溶于水后，加入稀 HCl，有刺激性气体 B 产生，同时有黄色沉淀 C 析出，气体 B 能使 $KMnO_4$ 溶液褪色。若将 Cl_2 通入 A 溶液中，Cl_2 即消失并得到溶液 D，D 与钡盐作用，即产生不溶于稀硝酸的白色沉淀 E。试确定 A、B、C、D、E 各是什么物质。写出各步反应方程式。

18-21 将 SO_2 气体通入纯碱溶液中，有无色无味的气体 A 生成，所得溶液经烧碱中和后加入硫化钠溶液除去杂质，过滤后得溶液 B。溶液 B 中加入非金属单质 C 并加热，反应后经过滤、除杂，得到溶液 D。将溶液 D 分为三份：一份加入 HCl 溶液，有沉淀产生；一份加入少许 AgBr 固体，AgBr 溶解生成配合物 E；一份加入几滴溴水，溴水颜色消失，再加入 $BaCl_2$ 溶液，得到不溶于稀盐酸的白色沉淀 F。确定 A～F 的化学式，并写出各步反应方程式。

18-22 在 298 K、1 atm 下，将 50 cm^3 O_3 和 O_2 的混合气体加热使 O_3 全部分解为 O_2，再冷却至 298 K、1 atm，其体积增加到 52 cm^3。如将分解前的混合气体通入过量的 KI 溶液中，能析出多少碘？分解前的混合气体中，O_3 的体积分数是多少？

18-23 解释下列酸的酸性大小：

(1) HI　HBr　H_2Se　H_2S

(2) H_2SO_4　H_2SO_3　$HClO_4$　HClO　H_2SeO_4

第19章　卤　　素

元素周期表的第ⅦA族的氟(fluorine，F)、氯(chlorine，Cl)、溴(bromine，Br)、碘(iodine，I)、砹(astatine，At)统称为卤族元素，简称卤素。卤素希腊文原意是成盐元素，它们表现出典型的非金属性质。除稀有气体外，在周期表中它们是唯一没有金属元素的族。卤素中的砹属于放射性元素，在自然界中仅以微量短暂地存在于镭、锕或钍的蜕变产物中。对砹的性质研究得不多，但已经知道它与碘十分相似。

19.1　卤素的通性

卤素的一些基本性质列于表19-1。

表19-1　卤素的基本性质

性质	氟(F)	氯(Cl)	溴(Br)	碘(I)
原子序数	9	17	35	53
相对原子质量	18.998	35.453	79.904	126.905
价层电子构型	$2s^22p^5$	$3s^23p^5$	$4s^24p^5$	$5s^25p^5$
共价半径/pm	64	99	114	133
离子(X^-)半径/pm	135	181	195	216
电子亲和能/($kJ \cdot mol^{-1}$)	328	348.8	324.5	295.3
电负性	3.90	3.15	2.85	2.65
第一电离能/($kJ \cdot mol^{-1}$)	1681	1251	1140	1008
离子(X^-)水合热/($kJ \cdot mol^{-1}$)	−515	−381	−347	−305
分子解离能/($kJ \cdot mol^{-1}$)	155	240	190	149
主要氧化数	−1, 0	−1, 0, +1, +3, +4, +5,+7	−1, 0, +1, +3, +5, +7	−1, 0, +1, +3, +5, +7

卤素的价层电子构型均为ns^2np^5，仅比8电子稳定结构少一个电子，卤素原子都有获得一个电子成为卤素离子的强烈趋势，因此卤素表现出典型的非金属元素特征。卤素的原子半径随原子序数增加而依次增大，但与同周期元素相比，原子半径较小，容易获得电子，故卤素都有较大的电负性。电子亲和能除F外，按Cl、Br、I顺序依次减小。卤素的第一电离能都较大，说明它们失去电子的倾向较小，随原子序数增加电离能依次降低。Cl、Br、I的第一电离能比H的电离能(1312 $kJ \cdot mol^{-1}$)低，但为什么水溶液中有H^+存在却没有简单的X^+生成？这是因为H^+体积很小，在水溶液中生成水合离子时可以释放出较多的能量，因而H所需电离能可以得到补偿。而X^+体积较大，水合作用弱，生成水合离子时释放的能量较少。相比之下，由于I的电负性较小而原子半径较大、第一电离能较小，因此卤素原子失去电子成为X^+最可能存在的是I^+。I^+主要以化合物或溶剂化物形式存在。例如，

$$I_2 + AgNO_3 + 2C_5H_5N = [I(C_5H_5N)_2]^+ + NO_3^- + AgI\downarrow$$

该阳离子的结构如下：

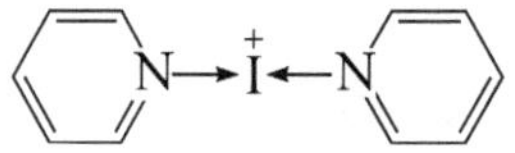

卤素分子都是双原子分子。根据分子轨道理论，卤素分子中原子之间的结合力相当于一个单键。例如，F_2的电子构型为

$$(\sigma_{1s})^2(\sigma_{1s}^*)^2(\sigma_{2s})^2(\sigma_{2s}^*)^2(\sigma_{2p_z})^2(\pi_{2p_x})^2(\pi_{2p_y})^2(\pi_{2p_x}^*)^2(\pi_{2p_y}^*)^2$$

除 F_2 外，卤素分子中随着原子序数和原子半径的增大，原子轨道的有效重叠程度随周期数增加依次减小，因此卤素分子的解离能按 Cl_2、Br_2、I_2 顺序依次降低。

在卤素性质中，氟表现出反常的变化规律。例如，虽然氟的电负性很大，但它的电子亲和能却小于氯。这主要是因为氟的原子半径小，原子核周围的电子云密度较大，当它接受一个外来电子时，电子间的斥力增大，部分抵消了氟原子接受一个电子成为氟离子(F^-)时放出的能量。相对于 Cl_2 和 Br_2，F_2 的分子解离能较小，其原因同样是氟的原子半径小，使电子对之间的排斥作用较大。氟的原子半径最小，电负性最大，因此氟与其他元素结合时，总是表现出氧化性。

卤素单质及其化合物在水溶液中的氧化还原能力可以用标准电极电势数值表示。图 19-1

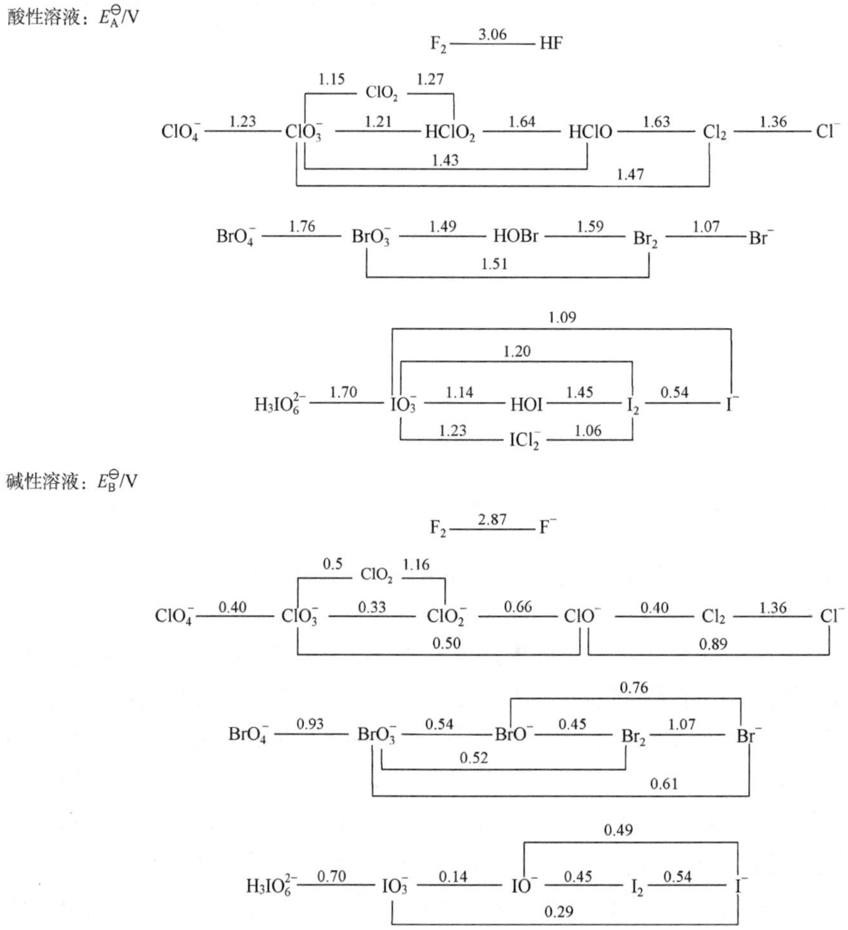

图 19-1　卤素的元素电势图

列出了卤素在酸性溶液和碱性溶液中的元素电势图。由图 19-1 可知，卤素各氧化态之间组成的电对都具有正的电极电势，表明它们都具有一定的氧化性。由于在酸性溶液中大多数电对具有较大的正值，表明酸性溶液中卤素各氧化态的氧化能力比在碱性溶液中强。

19.2　卤 素 单 质

19.2.1　卤素的成键特征

卤素原子的最外层电子构型为 ns^2np^5，除氟外其他卤素原子最外层还有 nd 轨道可以成键，因此卤素在形成单质和化合物时具有如下的成键特征：

(1) 卤素原子的价电子层中有一个成单的 p 电子，在形成单质的双原子分子时可以形成一个非极性共价键。

(2) 氧化数为−1 的卤素有三种成键方式：①卤素与活泼金属化合生成离子化合物，其中卤素以 X^- 形式存在，生成的化学键是离子键；②卤素与电负性较小的非金属元素化合时，生成的化学键是极性共价键；③在配合物中，卤素离子(X^-)可以作为电子对给予体而与中心离子配位，如$[FeCl_6]^{3-}$，其中卤素与中心离子之间的键是配位键。

(3) 除氟外，氯、溴和碘均可显正氧化态，氧化数通常是+1、+3、+5 和+7。在卤素具有正氧化数的化合物中，经常形成共价键。卤素的含氧化合物和卤素的互化物基本属于这类化合物。在形成这类化合物时，卤素的原子轨道通常要发生杂化。在卤素的含氧化合物中，卤素原子一般发生 sp^3 杂化，卤素原子中的成单电子与氧原子之间形成单键，卤素原子中的成对电子与氧原子之间形成双键。在卤素互化物中，往往是原子半径较大的卤素原子显正氧化态。显+1 价的电负性较小的卤素原子与显−1 价的电负性较大的卤素原子通过未成对的 p 电子的成对来实现共价键结合。显正氧化态的卤素原子与显负氧化态的另一种卤素原子结合时，也可以将本来成对的 np 电子、ns 电子拆开，使一些电子以自旋平行的方式占据部分 d 轨道，采取有 d 轨道参与杂化的方式与负氧化态的另一种卤素原子形成极性共价键。每拆开一对成对电子时，将增加 2 个单电子。因此，在+1 价的基础上，将出现+3、+5 和+7 的奇数价态。

氟是第二周期元素，价轨道为 2s、2p，具有如下成键特点：

(1) 氟原子半径小，F_2 中孤电子对之间有较大的排斥力。另外，氟原子的价轨道中不存在 d 轨道，不能形成 d-p π 键，所以 F—F 键弱。

(2) 在氟化物中，氟与其他元素形成的化学键很强(200～600 kJ · mol^{-1})，而且与氟原子反应的活化能低(≤4 kJ · mol^{-1})，因此 F_2 参与的反应无论在热力学还是动力学上都是有利的。

19.2.2　卤素单质及性质

1. 卤素的物理性质

卤素是周期表中原子半径最小、电子亲和能和电负性最大的元素，因此非金属性是周期表中最强的。随着卤素原子半径的增大，卤素分子之间的色散力也逐渐增大。因此，卤素单质的熔点、沸点、密度等物理性质都按氟、氯、溴、碘的顺序依次递增。

在常温常压下，氟和氯呈气态，溴呈液态，碘呈固态。氯容易液化，在 293 K 超过 6.7×10^5 Pa 压力时，气态氯即可转变为液态氯。固态碘具有高的蒸气压，在加热时固态碘可直接升华为气态碘，人们常利用这种性质对碘进行纯化。

气态卤素单质氟呈浅黄色，氯呈黄绿色，溴呈棕红色，碘呈紫色。固态碘呈紫黑色并带有金属光泽。卤素单质颜色的变化规律可以用分子轨道理论加以解释。当可见光照射到物体上时，其中一部分光被物体吸收，物体所显示的颜色就是未被吸收的那部分光的复合颜色。对气态卤素单质的吸收光谱的研究表明，其颜色变化规律与从反键轨道 π_{np}^* 激发一个电子到反键空轨道 σ_{np}^* 上所需要的能量的变化规律是一致的。

$$(\sigma_{np})^2(\pi_{np})^4(\pi_{np}^*)^4 \longrightarrow (\sigma_{np})^2(\pi_{np})^4(\pi_{np}^*)^3(\sigma_{np}^*)^1$$

随着卤素原子序数的增加，分子中这种激发所需要的能量依次降低。氟主要吸收可见光中能量较高、波长较短的那部分光，而显示出波长较长的那部分光的复合颜色——黄色；碘则主要吸收可见光中能量较低、波长较长的那部分光，而显示出波长较短的那部分光的复合颜色——紫色。同样可以说明氯和溴的颜色。这些颜色都是指气态物质的颜色，当物质由气态向液态转化时，显示的颜色会不断加深，如固态的碘呈紫黑色。

卤素单质的分子是非极性分子，在极性溶剂中溶解度不大。通常条件下氯、溴、碘在水中的饱和浓度分别为 0.09 $mol \cdot L^{-1}$、0.22 $mol \cdot L^{-1}$ 和 0.0011 $mol \cdot L^{-1}$。氟与水相遇猛烈反应，放出氧气。氯和溴的水溶液称为氯水和溴水，它们在水中不仅有单纯的溶解，而且还有不同程度的反应。碘在水中溶解度极小，但易溶于碘化物溶液(如碘化钾)，这主要是由于形成溶解度很大的 I_3^-：

$$I_2 + I^- = I_3^-$$

在这个平衡中，总有碘单质存在，因此多碘化钾溶液的性质实际上与碘溶液相同。实验室常用此反应获得浓度较大的碘水溶液，其他的多卤离子如 Cl_3^- 和 Br_3^- 远不及 I_3^- 稳定。氯、溴、碘在有机溶剂如乙醇、四氯化碳、乙醚、苯、氯仿、二硫化碳等溶剂中的溶解度比在水中的溶解度大得多，并呈现出一定的颜色。例如，溴在这些有机溶剂中溶解而形成的溶液随着溴的浓度不同而呈现从黄色到棕红色的颜色。碘在乙醇和乙醚中生成的溶液显棕色，这是由于发生了溶剂化。碘在介电常数较小的非极性二硫化碳、四氯化碳等溶剂中生成紫色溶液，是因为在这些溶液中碘主要以分子形式存在。

卤素单质均有刺激性气味，强烈刺激眼、鼻、喉、气管的黏膜。空气中含有 0.01%的氯气时，就会引起严重的氯气中毒。此时可吸入乙醇和乙醚的混合气体解毒，吸入少量氨气也有缓解作用。

2. 卤素的化学性质

卤素单质具有较强的化学活性。在化学反应中卤素原子显著地表现出获得电子的能力，这种能力是它们最典型的化学性质。因此，卤素单质是很强的氧化剂，随着原子半径增大，其氧化能力依次减弱。尽管在同族中氯的电子亲和能最高，但最强的氧化剂却是氟。卤素单质的化学性质主要表现在以下几个方面。

1) 与水(酸、碱)的反应

卤素单质与水可以发生两种类型的反应。

(1) 对水的氧化作用。

$$2X_2 + 2H_2O = 4H^+ + 4X^- + O_2\uparrow$$

这一反应可以由两个电极反应组成：

$$X_2 + 2e^- \xlongequal{\quad} 2X^-$$

$$4H^+ + O_2 + 4e^- \xlongequal{\quad} 2H_2O \qquad E^{\ominus} = 0.816\ \text{V}\ (\text{pH} = 7)$$

从组成该反应的两个半电池的 $E^{\ominus}$值可以得知：

pH = 0 时(酸性介质中)，F_2、Cl_2能将水氧化放出 O_2，而 Br_2、I_2无此反应；

pH = 7 时(纯水中)，F_2、Cl_2、Br_2能将水氧化放出 O_2，而 I_2不能；

pH = 14 时(碱性介质中)，F_2、Cl_2、Br_2、I_2均能将水氧化放出 O_2。

事实上，F_2无论在酸还是碱介质中均与水剧烈作用放出氧气；Cl_2只有在光照下，才缓慢使水氧化放出氧气；溴与水作用放出氧气的速率极慢。

$$2F_2 + 2H_2O \xlongequal{\quad} 4HF + O_2\uparrow$$

(2) 卤素在水中的歧化。

$$X_2 + H_2O \xlongequal{\quad} H^+ + X^- + HXO$$

在 298.15 K，除氟外，氯、溴、碘在水中均可以发生这类反应。常温下氯、溴、碘歧化反应的平衡常数 K 值分别为 4.2×10^{-4}、7.2×10^{-9}、2×10^{-13}。可见，氯在水中能发生歧化反应但不完全，而溴和碘可认为不发生歧化反应。

歧化反应的平衡移动与氢离子浓度有关。若增加 H^+，平衡向左移动，歧化反应受到阻碍。当 H^+浓度为 1 mol · L^{-1}时，氯、溴、碘均不发生歧化反应，换句话说，氯、溴、碘在酸中都能稳定存在。

若向溶液中增加 OH^-，平衡向右移动，歧化反应可以发生。当 OH^-浓度为 1 mol · L^{-1}时，氯、溴、碘均发生歧化反应，即氯、溴、碘在碱中不能稳定存在。反应方程式为

$$Cl_2 + 2OH^- \xlongequal{\quad} Cl^- + ClO^- + H_2O$$

$$Br_2 + 2OH^- \xlongequal{\quad} Br^- + BrO^- + H_2O$$

另外，次卤酸根在碱性溶液中也是不稳定的，还要进一步发生歧化反应：

$$3XO^- \xlongequal{\quad} 2X^- + XO_3^-$$

因此，在室温时将溴或碘溶于碱溶液中，发生的反应实际上是

$$3Br_2 + 6OH^- \xlongequal{\quad} 5Br^- + BrO_3^- + 3H_2O$$

$$3I_2 + 6OH^- \xlongequal{\quad} 5I^- + IO_3^- + 3H_2O$$

2) 与金属的反应

氟能强烈地与所有金属直接作用，生成高价氟化物。氟与铜、镁、镍作用时，由于在金属表面生成一层氟化物膜而阻止了氟与它们的进一步作用，因此氟可以储存在铜、镁、镍或其合金制成的容器中。

氯也能与各种金属作用，有的需要加热，反应较为剧烈。氯在干燥的情况下不与铁作用，因此可将氯储存于铁罐中。

溴和碘在常温下可以与活泼金属作用，与其他金属的反应需要加热。

3) 与非金属的反应

氟几乎与所有的非金属元素(除氧、氮外)都能直接化合，甚至在低温下，氟仍能与溴、碘、

硫、磷、砷、硅、碳、硼等非金属猛烈反应，产生火焰或炽热，这是因为生成的氟化物具有挥发性，它们的生成并不妨碍非金属表面与氟的进一步作用。氟和稀有气体直接化合形成多种类型的氟化物。

氯可以与大多数非金属单质直接化合，作用程度不如氟剧烈。溴、碘的活泼性比氯差。

氯气与硫化合生成一种液态的橡胶硫化剂——一氯化硫，当氯气过量时，硫被氧化为二氯化硫：

$$2S(s) + Cl_2(g) \xlongequal{\quad} S_2Cl_2(l)$$
$$S(s) + Cl_2(g，过量) \xlongequal{\quad} SCl_2(l)$$

在氯与磷的反应中，若磷过量将生成三氯化磷，而氯气过量则生成五氯化磷：

$$2P(过量) + 3Cl_2 \xlongequal{\quad} 2PCl_3$$
$$2P + 5Cl_2(过量) \xlongequal{\quad} 2PCl_5$$

溴和碘同样与磷作用，但由于氧化能力较弱，只生成三溴化磷和三碘化磷：

$$2P + 3Br_2 \xlongequal{\quad} 2PBr_3$$
$$2P + 3I_2 \xlongequal{\quad} 2PI_3$$

4) 与氢的反应

卤素单质都能与氢直接化合：

$$X_2 + H_2 \xlongequal{\quad} 2HX$$

但反应的剧烈程度鲜明地表现出卤素单质化学活性的差异。氟在低温和暗处即可与氢化合放出大量的热并引起爆炸；氯与氢在暗处室温下反应非常慢，但在加热(523 K 以上)或强光照射下发生爆炸性反应；在紫外光照射时或加热至 648 K 时，溴与氢可发生作用，但剧烈程度远不如氯；碘和氢的反应则需要更高的温度，并且作用不完全。

从上述卤素单质与金属、非金属、氢气作用的反应条件和反应剧烈程度可见，氟、氯、溴、碘的化学活性是依次减弱的。

5) 与某些化合物的反应

氯、溴、碘与 H_2S 反应析出硫单质。氯和溴与 CO 反应，得到碳酰卤，如光气($COCl_2$)。氟、氯和溴单质在一定条件下均可以将氨氧化：

$$3X_2 + 8NH_3 \xlongequal{\quad} 6NH_4X + N_2$$

以上反应都体现了卤素单质的强氧化性。

19.2.3　卤素的存在、制备

1. 卤素的存在

卤素单质具有较高的化学活性，因此在自然界中，卤素不可能以单质形式存在，大多数卤素以氢卤酸盐形式存在于自然界，而碘还以碘酸盐形式存在于自然界。

卤素在地壳中的质量分数，氟约为 0.015%，氯为 0.031%，溴为 $1.6\times10^{-4}\%$，而碘为 $3\times10^{-5}\%$。在陆地上氟多半以难溶的化合物形式存在，如萤石 CaF_2、冰晶石 Na_3AlF_6 和氟磷灰石 $Ca_5F(PO_4)_3$。其次在动物的骨骼、牙齿、毛发、鳞、羽毛等组织内部也含有氟的成分。氯、溴和碘一般以溶解状态同时存在于海洋中。海水中大约含氯 1.9%、溴 0.0065%和碘 $5\times10^{-8}\%$。

氯与溴在海水中总质量之比约为 300∶1。氯也存在于某些盐湖、盐井和盐床[钾石盐(KCl)和光卤石($KCl\cdot MgCl_2\cdot 6H_2O$)]中。溴与氯相似，大多数以与锂、钠及镁的化合物形式存在，只是数量比氯要少得多。溴也存在于一些盐湖和盐井中。碘在海水中含量很少，有几种水藻能够从海水中吸收碘而富集在自己体内。碘也存在于某些盐井的卤水中，碘以矿石形式存在的数量很少。在南美洲的智利硝石 $NaNO_3$ 中含少量的碘酸钠 $NaIO_3$，它可以作为提取碘的原料。

2. 卤素的制备

1) 氟的制备

氟的制备采用中温(373 K)电解氧化法。由于无水氟化氢是电的不良导体，电解使用的电解质是氟氢化钾和无水氟化氢的混合物(熔点 345 K)。用铜制容器作电解槽，用压实的无定形碳或渗铜的碳片作阳极。电解反应为

阳极　$$2F^- = F_2 + 2e^-$$

阴极　$$2HF_2^- + 2e^- = H_2 + 4F^-$$

在电解槽中有一隔膜将阳极生成的氟与阴极生成的氢分开，防止两种气体相混合而发生爆炸。只要在电解过程中不断添加无水氟化氢，反应就能不断进行。把电解生成的氟冷却到 203 K，并通过氟化钠吸收，以高压装入镍制的特别容器中。

实验室中可用含氟化合物的热分解反应制得少量的氟：

$$K_2PbF_6 = K_2PbF_4 + F_2\uparrow$$

$$BrF_5 = BrF_3 + F_2\uparrow$$

但这种方法不能认为是化学方法制取氟，因为 K_2PbF_6 和 BrF_5 的制备过程中要以氟为原料，因此只能认为是氟的储存和释放。

1986 年，也就是用电解法第一次制得单质氟后的整 100 年，人们成功地用化学方法制得了氟。首先制备 K_2MnF_6 和 SbF_5：

$$4KMnO_4 + 4KF + 20HF = 4K_2MnF_6 + 10H_2O + 3O_2\uparrow$$

$$SbCl_5 + 5HF = SbF_5 + 5HCl$$

再以 K_2MnF_6 和 SbF_5 为原料制得 MnF_4，而 MnF_4 不稳定，可以分解出 F_2：

$$K_2MnF_6 + 2SbF_5 \xrightleftharpoons{420\ K} 2KSbF_6 + MnF_2 + F_2\uparrow$$

这种制备方法的起始原料是 HF 和 KF，可以认为是化学方法制氟。

2) 氯的制备

氯的制备可采用水溶液电解法、熔盐电解法和氧化法。

工业上制氯采用电解饱和食盐水溶液的方法。石墨作阳极，铁网作阴极，用石棉网隔膜将阳极区和阴极区分开，如图 19-2 所示。当电流通过食盐水溶液时，电解反应为

阳极　$$2Cl^- = Cl_2\uparrow + 2e^-$$

阴极　$$2H_2O + 2e^- = H_2\uparrow + 2OH^-$$

总反应　$$2NaCl + 2H_2O = H_2\uparrow + Cl_2\uparrow + 2NaOH$$

氯在常温下，不需要较高的压力即可液化，并装入钢瓶中储存使用。

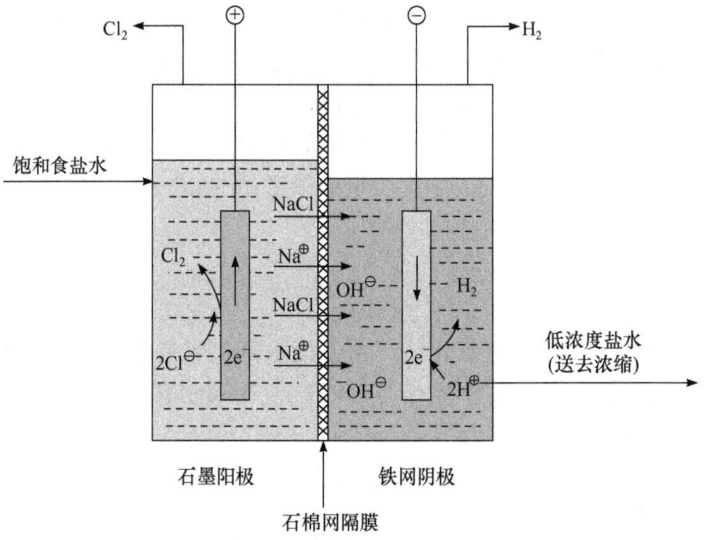

图 19-2　电解制氯的示意图

氯也可在电解氯化钠熔融盐制取金属钠的反应中作为副产物得到：

$$2NaCl \xlongequal{} 2Na(l) + Cl_2(g)$$

在实验室中，可以用二氧化锰或高锰酸钾等强氧化剂与浓盐酸反应制取氯气。反应为

$$MnO_2 + 4HCl(浓) \xlongequal{} MnCl_2 + Cl_2\uparrow + 2H_2O$$

$$2KMnO_4 + 16HCl(浓) \xlongequal{} 2MnCl_2 + 2KCl + 5Cl_2\uparrow + 8H_2O$$

3) 溴的制备

工业上从海水中制溴。在 383 K 时，将氯气通入 pH 为 3.5 的海水中，将溴离子氧化成单质：

$$Cl_2 + 2Br^- \xlongequal{} Br_2 + 2Cl^-$$

得到的单质溴用空气吹出并吸收在碳酸钠溶液中，单质溴发生歧化反应：

$$3Br_2 + 3Na_2CO_3 \xlongequal{} 5NaBr + NaBrO_3 + 3CO_2\uparrow$$

用硫酸酸化溶液时，单质溴又从溶液中析出：

$$5HBr + HBrO_3 \xlongequal{} 3Br_2 + 3H_2O$$

4) 碘的制备

碘离子具有较强的还原性，很多氧化剂如 Cl_2、Br_2、MnO_2 等在酸性溶液中都能将碘离子氧化为碘单质：

$$Cl_2 + 2NaI \xlongequal{} 2NaCl + I_2$$

$$2NaI + 3H_2SO_4 + MnO_2 \xlongequal{} 2NaHSO_4 + I_2 + 2H_2O + MnSO_4$$

析出的碘可用有机溶剂如 CS_2 和 CCl_4 萃取分离。在上述反应中要避免使用过量的氧化剂，以免单质碘进一步被氧化成高价碘的化合物：

$$I_2 + 5Cl_2 + 6H_2O \xlongequal{} 10Cl^- + 2IO_3^- + 12H^+$$

大量的碘是由碘酸钠制取的，经浓缩的碘酸盐溶液用亚硫酸氢钠还原而析出碘：

$$2IO_3^- + 5HSO_3^- \longequal 3HSO_4^- + 2SO_4^{2-} + I_2\downarrow + H_2O$$

19.3　卤化氢和氢卤酸

19.3.1　卤化氢的物理性质

卤化氢是具有强烈刺激性气味的无色气体。卤化氢分子的极性随着卤素电负性的不同而变化，HF 分子极性最大，HI 分子的极性最小。卤化氢分子有极性，在水中有很大的溶解度。273 K 时 1 m^3 的水可溶解 500 m^3 的氯化氢，氟化氢则可无限制地溶于水中。卤化氢的水溶液是氢卤酸。卤化氢极容易液化，液态卤化氢不导电。

在常压下蒸馏氢卤酸(无论是稀酸还是浓酸)，溶液的沸点和组成都将不断改变，但最后都会达到溶液的组成和沸点恒定不变的状态，此时的溶液称为恒沸溶液。因为此时从溶液蒸出的气相的组成和液相的组成相同，所以达到恒沸温度时，H_2O 和 HX 以一定比例共同蒸出，溶液的组成保持恒定，故沸点不再改变。例如，HCl 水溶液恒沸点是 108.58℃，恒沸溶液含 20.22%氯化氢。

卤化氢的物理性质按 HI、HBr、HCl 的顺序呈规律性的变化，但 HF 却有一个突变。HF 生成时放热相当多，键能很大，难以解离。更值得注意的是，其熔点和沸点在卤化氢中是反常的，反常的原因是 HF 分子间存在氢键，存在其他卤化氢没有的缔合作用。HF 分子是靠氢键结合在一起的，蒸气密度的测定表明，HF 气体在常温下的主要存在形式应是$(HF)_2$和$(HF)_3$；在 359 K 时蒸气密度才与化学式 HF 所表示的一致，在 359 K 以上 HF 气体才以单分子状态存在。在固态时氟化氢是由无限的曲折长链构成的，如图 19-3 所示。

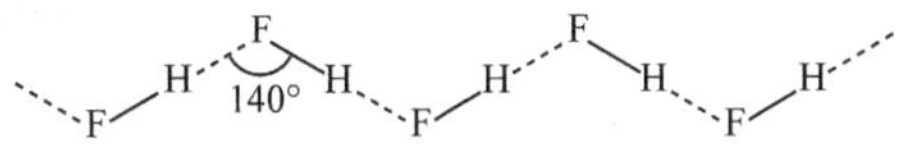

图 19-3　固态氟化氢的无限长链

19.3.2　卤化氢的化学性质

氢卤酸在水溶液中可以电离出氢离子和卤离子，因此酸性和卤离子的还原性是卤化氢的主要化学性质。

1. 酸性

除氢氟酸外，其余的氢卤酸在稀的水溶液中全部解离为氢离子和卤离子，都是强酸，而且按照 HCl、HBr、HI 的顺序，酸的强度增大。氢氟酸只是发生部分电离：

$$HF \longequal H^+ + F^- \qquad K_a^\ominus = 6.6\times10^{-4}$$

电离产生的F^-可以和没有电离的 HF 发生缔合：

$$F^- + HF \longequal HF_2^- \qquad K^\ominus = 5$$

这种缔合作用在浓溶液中更易发生。从平衡常数可以看出，在浓氢氟酸溶液中所含HF_2^-比 F^-多。在 1 mol · L^{-1} 的氢氟酸溶液中HF_2^-占 10%，而F^-只占 1%，因此在不太稀的溶液中，氢氟酸是以两分子缔和$(HF)_2$形式存在的。在溶液中存在如下电离平衡：

$$(HF)_2 \xlongequal{} H^+ + HF_2^-$$

可见，$(HF)_2$是一元酸而不是二元酸。在很浓的氢氟酸溶液中，电离度反而增大，这是因为在浓的氢氟酸中$(HF)_2$的浓度增大，而$(HF)_2$的酸性比 HF 的酸性强。许多金属氟化物可以生成稳定的氢氟酸盐如 KHF_2。$M[HF_2]$在室温条件下能够稳定存在，而 HCl、HBr、HI 形成的类似物在低温条件下能够存在。

氢氟酸具有与二氧化硅或硅酸盐(玻璃的主要成分)反应生成气态 SiF_4 的特殊性质：

$$SiO_2 + 4HF \xlongequal{} 2H_2O + SiF_4\uparrow$$

$$CaSiO_3 + 6HF \xlongequal{} CaF_2 + 3H_2O + SiF_4\uparrow$$

其他氢卤酸没有该性质。因此，氢氟酸不能盛于玻璃容器中，一般储存于塑料容器中。氢氟酸常用于蚀刻玻璃、分解硅酸盐以测定硅的含量。

2. 还原性

根据 X_2/X^-的标准电极电势数据可知卤素的氧化能力和卤离子的还原能力大小顺序为

氧化能力　　　　$F_2 > Cl_2 > Br_2 > I_2$

还原能力　　　　$I^- > Br^- > Cl^- > F^-$

因此，按 F—Cl—Br—I 的次序，前面的卤素单质(X_2)可以将后面的卤素从它们的卤化物中置换出来。例如，

$$Cl_2 + 2Br^- \xlongequal{} 2Cl^- + Br_2$$

$$Cl_2 + 2I^- \xlongequal{} 2Cl^- + I_2$$

$$Br_2 + 2I^- \xlongequal{} 2Br^- + I_2$$

这类反应在工业上常用来制备单质溴和碘。因此，氢卤酸和卤化氢的还原能力按 HF、HCl、HBr、HI 的顺序增强。氢碘酸在常温时可以被空气中的氧气氧化：

$$4H^+ + 4I^- + O_2 \xlongequal{} 2I_2 + 2H_2O$$

氢溴酸和氧的反应进行得很慢。盐酸不能被氧气氧化，但在强氧化剂如 $KMnO_4$、MnO_2、$K_2Cr_2O_7$ 等的作用下可以表现出还原性。

$$MnO_2 + 4HCl(浓) \xlongequal{} MnCl_2 + 2H_2O + Cl_2\uparrow$$

氢氟酸没有还原性。

3. 热稳定性

卤化氢分子的热稳定性按 HF＞HCl＞HBr＞HI 的顺序依次减弱，HF 在很高温度下并不显著地解离，而 HI 在 573 K 时就大量分解为碘和氢。

从热力学角度考虑，化合物的热稳定性可粗略地由得到的生成热数据说明。生成热为负值的化合物比生成热为正值的化合物稳定，因为负值表示在生成该化合物时放热。负值越大，放热就越多，化合物内能就越小，因而越稳定。另外，若从结构角度分析，用键能数据也同样可粗略地说明 HX 热稳定性的差异。键能越大，键越难打开，稳定性就越强。HF 的键能是 HX 中最大的，并且按 HF 至 HI 的顺序，键能依次减小，其热稳定性也依次减弱。

19.3.3 氢卤酸的制法

氢卤酸的制取主要采取卤化物置换和单质还原两种方法。

1. 卤化物的浓硫酸置换法

实验室中制取卤化氢常常采用这种方法：

$$2MX + H_2SO_4 \xlongequal{} M_2SO_4 + 2HX\uparrow$$

采用这种方法制取氟化氢时，以萤石为原料，反应在铅或铂蒸馏釜中进行：

$$CaF_2 + H_2SO_4 \xlongequal{} CaSO_4 + 2HF\uparrow$$

氟化氢用水吸收得氢氟酸，保存在铅、石蜡或塑料瓶中。

在较低温度下，食盐和浓硫酸作用生成氯化氢和硫酸氢钠：

$$NaCl + H_2SO_4(浓) \xlongequal{} NaHSO_4 + HCl\uparrow$$

若反应温度高，硫酸氢钠可与氯化钠进一步作用生成氯化氢和硫酸钠：

$$NaHSO_4 + NaCl \xlongequal{} Na_2SO_4 + HCl\uparrow$$

用这种方法不能制取溴化氢和碘化氢，因为浓硫酸具有氧化性，能将生成的溴化氢和碘化氢进一步氧化，使生成的卤化氢不纯。

$$NaBr + H_2SO_4(浓) \xlongequal{} NaHSO_4 + HBr\uparrow$$

$$2HBr + H_2SO_4(浓) \xlongequal{} SO_2\uparrow + Br_2 + 2H_2O$$

$$NaI + H_2SO_4(浓) \xlongequal{} NaHSO_4 + HI\uparrow$$

$$8HI + H_2SO_4(浓) \xlongequal{} H_2S\uparrow + 4I_2 + 4H_2O$$

如果采用无氧化性、高沸点的浓磷酸代替浓硫酸，用这种方法也可以制取溴化氢和碘化氢。

2. 卤素与氢直接化合法

卤素与氢直接化合可制备氢卤酸：

$$H_2 + X_2 \xlongequal{} 2HX$$

卤素单质的化学活性从 F_2 到 I_2 明显降低。氟和氢反应猛烈，并且单质氟的成本高，没有实用价值。溴与碘和氢反应很不完全，并且反应速率缓慢，也无工业生产价值。实际上只有氯气和氢气直接反应是工业上生产盐酸的重要方法之一，使氢气在氯气流中平静燃烧直接合成氯化氢。

3. 卤化物水解

这类反应比较剧烈，适用于溴化氢和碘化氢的制取：

$$PBr_3 + 3H_2O \xlongequal{} H_3PO_3 + 3HBr\uparrow$$

$$PI_3 + 3H_2O \xlongequal{} H_3PO_3 + 3HI\uparrow$$

实际上不一定先制取卤化磷，可将溴逐滴加在磷和少许水的混合物上，或将水逐滴加在磷和溴的混合物上，即可连续地产生溴化氢和碘化氢：

$$2P + 3Br_2 + 6H_2O = 2H_3PO_3 + 6HBr\uparrow$$

$$2P + 3I_2 + 6H_2O = 2H_3PO_3 + 6HI\uparrow$$

除上述三种方法外，还有一种值得一提的方法是生产氯代烃时，氯化氢作为副产物大量生成，设法收集起来即为产品：

$$C_2H_6(g) + Cl_2(g) = C_2H_5Cl(l) + HCl(g)$$

19.4　卤化物、卤素互化物、拟卤素和拟卤化物

19.4.1　卤化物

除氦、氖、氩外，元素周期表中的其他元素都能形成卤化物。从形成卤化物的元素区分，卤化物可分为金属卤化物和非金属卤化物两大类；从卤化物的键型区分，可以分为离子型卤化物和共价型卤化物两大类。离子型卤化物主要指碱金属、碱土金属卤化物，而共价型卤化物主要是指非金属卤化物、较高氧化态(氧化数≥3)的金属及 18 电子和 18+2 电子构型的金属卤化物。

1. 卤化物的制备

一般卤化物都可以通过元素的直接卤化作用而制得：

$$Mg + Cl_2 = MgCl_2$$

$$2As + 3Cl_2 = 2AsCl_3$$

$$Si + 2Cl_2 = SiCl_4$$

对于呈现多种氧化态的金属元素，卤素过量时生成高氧化态卤化物，金属过量时生成低氧化态卤化物。

$$2Fe + 3Cl_2(\text{过量}) = 2FeCl_3$$

$$Fe(\text{过量}) + Cl_2 = FeCl_2$$

氟和氯比溴、碘容易生成高氧化态的卤化物。这是由于单质氟和氯的氧化能力强，或 F^-、Cl^-的离子半径比 Br^-、I^-小，其还原性也比 Br^-、I^-弱。例如，硫可生成氟化物 SF_6、氯化物 SCl_4、溴化物 S_2Br_2、碘化物 S_2I_2；铅可制取 PbF_4，但 $PbCl_4$ 极不稳定，会分解为 $PbCl_2$ 和 Cl_2。

卤化物还可以通过其他化学反应制备。例如，

$$CuO + 2HCl = CuCl_2 + H_2O$$

$$B_2O_3 + 6HF = 2BF_3\uparrow + 3H_2O$$

$$SiO_2 + 4HF = SiF_4\uparrow + 2H_2O$$

$$Fe(OH)_3 + 3HCl = FeCl_3 + 3H_2O$$

$$MnCO_3 + 2HCl = MnCl_2 + H_2O + CO_2\uparrow$$

$$AgNO_3 + NaCl = AgCl\downarrow + NaNO_3$$

2. 卤化物的溶解性

根据相似相溶原理，离子型卤化物一般难溶于有机溶剂，易溶于水及其他极性溶剂；共价型卤化物易溶于有机溶剂，如 $FeCl_3$ 易溶于丙酮。

金属卤化物中，由于 F^-半径小、变形性小，氟化物相对于其他卤化物通常表现出不同的性质。例如，锂、钙的氟化物难溶于水，但这些元素的其他卤化物都易溶于水。又如，AgF 属于离子型卤化物，易溶于水，但 AgCl、AgBr、AgI 中阴、阳离子显示出强的极化作用呈明显的共价性，导致其难溶于水。一般来说，重金属卤化物的溶解度次序为 $MF_n > MCl_n > MBr_n > MI_n$。

3. 形成配合物

在共价型卤化物中，其热稳定性以氟化物为最大，从氟化物到碘化物依次减小。因为破坏氟化物的共价键时吸收能量最大，而分解形成其他分子时放出能量又小，因此氟存在高配位数共价型氟化物，如 AsF_5、BiF_5、SF_6、SiF_6^{2-} 等，但不存在相应的氯化物、溴化物和碘化物，因为它们易分解为低氧化态的卤化物。另外，氟原子半径小及 F^-不易被氧化，也是存在高配位数氟化物的原因。

19.4.2　卤素互化物

由两种卤素组成的化合物称为卤素互化物，其分子由一个较重的卤素原子和奇数个较轻的卤素原子构成。中心卤素原子(较重的卤素原子)的氧化数取决于两种互相化合的卤原子电负性之差，电负性相差越大，中心卤素原子的氧化数越高。例如，碘能够形成 IF_7，而溴最高只能形成 BrF_5，氯只能形成 ClF_3。卤素互化物的结构可以通过价层电子对互斥理论进行判断。常见卤素互化物的性质见表 19-2。

表 19-2　常见卤素互化物的性质

化合物	状态	熔点/K	沸点/K	$\Delta_f H_m^\ominus$(298 K)/(kJ·mol^{-1})	偶极矩/deb
ClF	无色气体	117	173	−50.3	0.89
BrF	浅黄色气体	≈240	≈293	−58.5	1.42
ICl	红色固体	300	≈373	−23.8	1.24
IBr	黑色固体	313	389	−10.5	0.73
ClF_3	无色气体	197	285	−163.2	0.6
BrF_3	黄色液体	282	399	−300.8	1.19
IF_3	黄色固体	245	—	≈ −500	—
I_2Cl_6	橙色固体	337	—	−89.3	0
ClF_5	无色气体	170	260	−255	—
BrF_5	无色液体	212.5	314	−458.6	1.51
IF_5	无色液体	282.5	373	−864.8	2.18
IF_7	无色气体	278	—	−962	0

卤素互化物 XY_n 中 X—Y 键的键能随着 X 氧化态的升高而减小，如 ClF、ClF_3 和 ClF_5 中

Cl—F 键键能依次为 257 kJ · mol^{-1}、172 kJ · mol^{-1} 和 153 kJ · mol^{-1}，因此这些卤素互化物的反应活性依次升高。XF_n 中，按照 Cl、Br、I 的顺序，反应活性依次降低。

卤素互化物绝大多数都是不稳定的，具有极强的化学活性，能够与大多数金属和非金属作用生成相应的卤化物。其中的卤素氟化物的氧化性非常强，如 ClF_3 用作火箭推进剂的高能氧化剂。卤素互化物都容易发生水解：

$$IF_5 + 3H_2O = HIO_3 + 5HF$$

卤素互化物一般都可以由卤素单质直接化合制得：

$$Cl_2 + F_2 = 2ClF$$

半径较大的碱金属可以形成多卤化合物，如 $KICl_2$、$CsIBr_2$，其结构和性质与卤素互化物相似。

BrF_3 室温下为浅黄色的液体，是常见的非质子的非水溶剂。BrF_3 为强的氟化剂，与其他试剂反应形成氟化物。BrF_3 中存在自电离：

$$2BrF_3 \rightleftharpoons [BrF_2]^+ + [BrF_4]^-$$

根据溶剂酸碱理论的观点，$[BrF_2]^+$为溶剂酸，$[BrF_4]^-$为溶剂碱。IF_5 中存在类似的反应。

19.4.3 拟卤素和拟卤化物

某些原子团形成的分子与卤素单质具有相似的性质，它们的离子也与卤素离子的性质相似，称这些原子团为拟卤素。拟卤素主要包括氰$(CN)_2$、硫氰$(SCN)_2$、氧氰$(OCN)_2$。

1. 拟卤素的制备

拟卤素通常可以通过其重金属盐制得：

$$2AgCN = 2Ag + (CN)_2$$

$$Hg(CN)_2 + HgCl_2 = Hg_2Cl_2 + (CN)_2$$

$$2AgSCN + Br_2 = 2AgBr + (SCN)_2$$

2. 物理性质

拟卤素在游离状态皆为二聚体，通常具有挥发性。

氰是无色可燃气体，有苦杏仁味。

硫氰常温下为黄色液体，凝固点为 270 K，$(SCN)_2$ 不稳定，可逐渐聚合为不溶性的砖红色固体$(SCN)_x$。

3. 氰和氰化合物

氰化物与酸作用生成氰化氢：

$$NaCN + HCl = NaCl + HCN$$

氰化氢的凝固点为 260 K，沸点为 298.8 K，其分子结构式为 H—C≡N，可以与水以任意比例混合，其水溶液为氢氰酸($K_a^\ominus = 6.2\times10^{-10}$)。

氢氰酸的盐又称为氰化物。碱金属氰化物溶解度很大，不溶于水的重金属氰化物可与 CN^-

生成配合物而变得可溶。

氰和氰化物均为剧毒品。利用 CN^-的配合性和还原性，可以对其毒性进行处理：

$$FeSO_4 + 6CN^- = [Fe(CN)_6]^{4-} + SO_4^{2-}$$

$$NaClO + CN^- = NaCl + OCN^-$$

4. 硫氰和硫氰化物

硫氰的氧化性与溴相当，能发生如下反应：

$$(SCN)_2 + H_2S = 2HSCN + S$$

$$(SCN)_2 + 2I^- = 2SCN^- + I_2$$

硫氰酸(HSCN)在 0℃以下呈固体，其水溶液呈强酸性，它有两种互变异构体：H—S—C≡N (正硫氰酸)和 H—N=C=S(异硫氰酸)。

常见的硫氰酸盐主要有硫氰酸钾和硫氰酸铵，可以采用如下反应制得：

$$KCN + S = KSCN$$

$$4NH_3 + CS_2 = NH_4SCN + (NH_4)_2S$$

硫氰酸根离子 SCN^-也是良好的配体，作为电子给予体，既可以是 S 原子上的孤电子对，也可以是 N 原子上的孤电子对。SCN^-与 Fe^{3+}生成血红色的配离子，常用于 Fe^{3+}的鉴定：

$$Fe^{3+} + nSCN^- = Fe(SCN)_n^{3-n}$$

19.5　卤素的含氧化合物

19.5.1　卤素的氧化物

卤素的强氧化性决定了其氧化物大多数不稳定，受到撞击或光照即可爆炸分解。其中碘的含氧化合物最稳定，氯和溴的氧化物在室温下就明显分解。高价态的卤素氧化物比低价态的卤素氧化物稳定。由于氟的电负性大于氧，因此氟和氧的二元化合物是氧的氟化物而不是氟的氧化物。已知的卤素氧化物见表 19-3，它们都是间接制成的。在这些化合物中重要的有 OF_2、ClO_2、I_2O_5。

表 19-3　卤素氧化物

氟	氯	溴	碘
OF_2	Cl_2O	Br_2O	I_2O_4
O_2F_2	Cl_2O_3	BrO_2	I_2O_5
O_4F_2	ClO_2	Br_3O_8	I_2O_9
	Cl_2O_6		
	Cl_2O_7		

1. 二氟化氧

二氟化氧(OF_2)是无色气体，具有强氧化性，与金属、硫、磷、卤素等剧烈作用生成氟化物和氧化物。与一氧化二氯(Cl_2O)的分子结构一样，其中的氧原子采取 sp^3 杂化，氧原子有两个孤电子对。将单质氟通入 2% NaOH 溶液中即可制得 OF_2：

$$2F_2 + 2NaOH = 2NaF + H_2O + OF_2\uparrow$$

OF_2 溶解到 NaOH 溶液中得到 F^-和氧气。

2. 二氧化氯

二氧化氯(ClO_2)是黄色气体，冷凝时为红色液体，沸点为 284 K，其分子结构呈 V 形(图 19-4)，键角为 117°，键长为 147 pm，比单键短些。大量制取 ClO_2 的方法是

$$2NaClO_3 + SO_2 + H_2SO_4 = 2ClO_2\uparrow + 2NaHSO_4$$

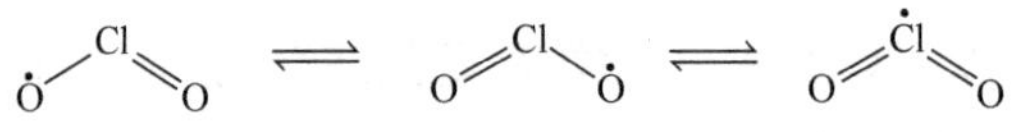

Cl—O键键长 = 147 pm；∠OClO = 117°

图 19-4　ClO_2 的分子结构

ClO_2 气体与碱作用生成亚氯酸盐和氯酸盐，因此它是混合酸的酸酐：

$$2ClO_2 + 2NaOH = NaClO_2 + NaClO_3 + H_2O$$

ClO_2 气体分子中含有成单电子，因此具有顺磁性。含有奇数电子的分子通常具有高的化学活性，ClO_2 是强氧化剂和氯化剂，与还原性物质接触时可发生爆炸。它可用于对水的净化和对纸张、纤维、纺织品的漂白。

3. 五氧化二碘

五氧化二碘(I_2O_5)是白色固体，是所有卤素氧化物中最稳定的。I_2O_5 可由碘酸加热至 443 K 脱水生成：

$$2HIO_3 = I_2O_5 + H_2O$$

I_2O_5 是碘酸的酸酐，作为氧化剂它可以氧化 NO、C_2H_4、H_2S、CO 等。在合成氨工业中用 I_2O_5 来定量测定 CO 的含量：

$$I_2O_5 + 5CO = 5CO_2 + I_2$$

I_2O_5 的分子结构如下：

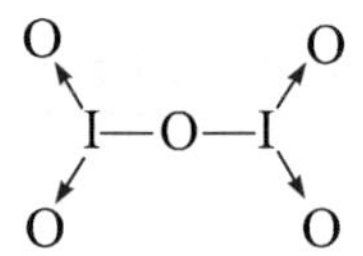

19.5.2　卤素的含氧酸及其盐

氯、溴和碘可生成四种类型的含氧酸，分别为次卤酸(HXO)、亚卤酸(HXO_2)、卤酸(HXO_3)和高卤酸(HXO_4)，其中卤素的氧化数分别为+1、+3、+5、+7。氯、溴和碘的含氧酸的存在形式见表 19-4。在它们的含氧酸根离子结构中，卤素原子全都采用 sp^3 杂化，故次卤酸根为直线形，亚卤酸根为 V 形，卤酸根为三角锥形，高卤酸根为四面体形(图 19-5)。

表 19-4　卤素含氧酸

氯	溴	碘
HOCl	HOBr	HOI
HOClO(HClO₂)		
HOClO₂(HClO₃)	HOBrO₂(HBrO₃)	HOIO₂(HIO₃)
HOClO₃(HClO₄)	HOBrO₃(HBrO₄)	HOIO₃(HIO₄)
		(HO)₅IO(H₅IO₆)

次卤酸根离子　　亚卤酸根离子　　卤酸根离子　　高卤酸根离子

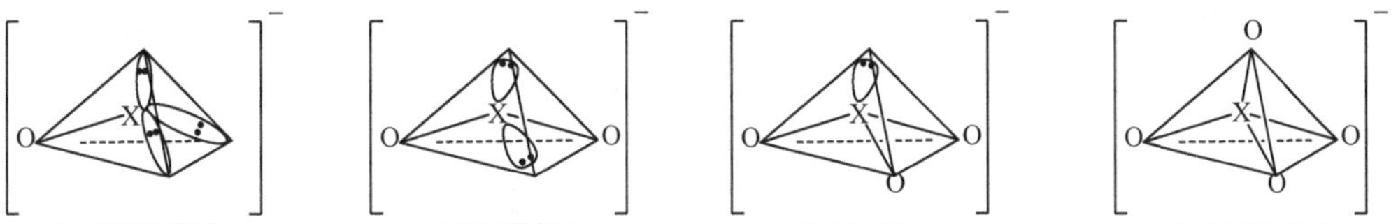

图 19-5　卤素含氧酸根的结构

很多的卤素含氧酸仅存在于溶液中或仅存在于含氧酸盐中。在卤素的含氧酸中，只有氯的含氧酸有较多的实际用途。$HBrO_2$ 和 HIO 的存在是短暂的，往往只是化学反应的中间产物。

1. 次卤酸及其盐

次卤酸都是很弱的一元酸，其酸强度按 HClO＞HBrO＞HIO 的顺序依次减弱。

卤素单质与水作用生成次卤酸和氢卤酸：

$$X_2 + H_2O \Longrightarrow H^+ + X^- + HXO$$

这是一种水解反应，也是一种自氧化还原反应。这个反应的标准平衡常数对于 Cl_2、Br_2、I_2 分别为 4.2×10^{-4}、7.2×10^{-9}、2.0×10^{-13}，可见卤素单质与水反应的进行程度是按 Cl、Br、I 依次递减的。在卤素与水的反应中，如果能设法除去生成的氢卤酸，则反应向右进行的程度将增大。例如，在 Cl_2 的水溶液中加入 HgO 和 $CaCO_3$：

$$HgO + H_2O + 2Cl_2 \Longrightarrow HgCl_2 + 2HClO$$

$$CaCO_3 + H_2O + 2Cl_2 \Longrightarrow CaCl_2 + CO_2\uparrow + 2HClO$$

将反应混合物蒸馏，在接收器中得到次氯酸溶液。使水解作用完全的另一方法是加入碱，如 KOH：

$$X_2 + 2KOH \Longrightarrow KX + KXO + H_2O$$

次卤酸都很不稳定，仅存在于水溶液中，其稳定程度按 HClO、HBrO、HIO 顺序减小。次卤酸的分解方式基本有两种：

$$2HXO \Longrightarrow 2HX + O_2\uparrow \tag{a}$$

$$3HXO \Longrightarrow 3H^+ + 2X^- + XO_3^- \tag{b}$$

这是两个能同时独立进行的平行反应，究竟以哪个反应为主，主要取决于外界条件。在光照或使用催化剂时，次卤酸几乎完全按式(a)进行而放出氧气，因此次卤酸都是强氧化剂。如果加热，则反应主要按式(b)进行，这是次卤酸的歧化反应。从它们的标准电极电势可以看出：在酸性介质中，只有 HClO 可以自发发生歧化反应；而在碱性介质中，都能发生歧化反应且趋势也都较大。

实验证明，XO^-的歧化反应速率取决于物种和反应温度。ClO^-在室温或低于室温时，歧化反应速率极慢，当加热至 350 K 时反应速率急剧加快，生成ClO_3^-和Cl^-；BrO^-在室温时歧化速率也相当快，只有在 273 K 左右才能较稳定并得到BrO^-，若在 323 K 以上时，歧化反应进行完全，全部得到BrO_3^-和Br^-；而对于IO^-，其歧化反应速率在任何温度下都很快，并且进行得相当彻底，也就是说，碱性介质中不存在IO^-，因此碘与碱溶液反应能定量地得到碘酸盐：

$$3I_2 + 6OH^- \longrightarrow IO_3^- + 5I^- + 3H_2O$$

次氯酸及次氯酸盐是强氧化剂，具有杀菌、漂白作用。若将氯气通入 $Ca(OH)_2$ 中，就得到大家熟知的漂白粉。漂白粉是由 $Ca(ClO)_2$、$Ca(OH)_2$、$CaCl_2$ 等组成的混合物，其有效成分是 $Ca(ClO)_2$。

工业上生产次氯酸钠采取电解冷的稀食盐溶液的方法。在阴极放出氢气，从而使溶液中的 OH^-浓度增大，阳极上生成的氯气与 OH^-作用生成次氯酸盐。

阳极反应　　$2Cl^- - 2e^- \longrightarrow Cl_2$　　$Cl_2 + 2OH^- \longrightarrow ClO^- + Cl^- + H_2O$

阴极反应　　$2H^+ + 2e^- \longrightarrow H_2$

2. 亚卤酸及其盐

已知的亚卤酸仅有亚氯酸 $HClO_2$，它存在于水溶液中，酸性强于次氯酸，为中强酸，$K_a^\ominus(298\,K)$ 为 1.1×10^{-2}。

纯的亚氯酸溶液可用硫酸和亚氯酸钡溶液作用制取：

$$H_2SO_4 + Ba(ClO_2)_2 \longrightarrow BaSO_4\downarrow + 2HClO_2$$

过滤分离硫酸钡，可得稀的亚氯酸溶液。亚氯酸的水溶液也不稳定，易发生如下分解反应：

$$8HClO_2 \longrightarrow 6ClO_2\uparrow + Cl_2\uparrow + 4H_2O$$

将过氧化钠或过氧化氢的碱溶液与 ClO_2 作用，可得到纯净的 $NaClO_2$：

$$2ClO_2 + Na_2O_2 \longrightarrow 2NaClO_2 + O_2\uparrow$$

亚氯酸盐在溶液中较稳定，有强氧化性，用作漂白剂。在固态时加热或击打亚氯酸盐，则迅速分解发生爆炸。在溶液中加热发生歧化反应，并转化为氯酸盐和氯化物：

$$3NaClO_2 \longrightarrow 2NaClO_3 + NaCl$$

3. 卤酸及其盐

氯酸和溴酸可稳定存在于水溶液中，但浓度不能太大，当稀溶液加热时或浓度太大(质量分数：氯酸超过 40%，溴酸超过 50%)时分解。

$$4HBrO_3 \longrightarrow 2Br_2 + 5O_2\uparrow + 2H_2O$$

$$8HClO_3 \longrightarrow 4HClO_4 + 2Cl_2\uparrow + 3O_2\uparrow + 2H_2O$$

碘酸以白色固体存在。固体碘酸在加热时可以脱水生成 I_2O_5。可见，卤酸的稳定性按 $HClO_3$、$HBrO_3$、HIO_3 的顺序增大。

$HClO_3$、$HBrO_3$ 是强酸，HIO_3 是中强酸，其浓溶液都是强氧化剂。

氯酸和溴酸可由相应的钡盐与硫酸作用而制取：

$$Ba(XO_3)_2 + H_2SO_4 \xlongequal{} BaSO_4\downarrow + 2HXO_3$$

碘酸则可用碘与浓硝酸作用制取：

$$I_2 + 10HNO_3 \xlongequal{} 2HIO_3 + 10NO_2\uparrow + 4H_2O$$

卤酸盐通常用卤素单质在热的浓碱中歧化或氧化卤化物制得，即

$$3X_2 + 6KOH \xlongequal{} KXO_3 + 5KX + 3H_2O \qquad (X = Cl, Br, I)$$

碘酸盐也可用碘化物在碱溶液中用氯气氧化得到：

$$KI + 6KOH + 3Cl_2 \xlongequal{} KIO_3 + 6KCl + 3H_2O$$

从 XO_3^- 的标准电极电势来看，其氧化能力的次序是溴酸盐＞氯酸盐＞碘酸盐。

卤酸盐中氯酸钾最重要，它在 630 K 时熔化，约在 670 K 时开始歧化分解：

$$4KClO_3 \xlongequal{} 3KClO_4 + KCl$$

当使用 MnO_2 作催化剂时，氯酸钾在较低的温度下按下式分解：

$$2\,KClO_3 \xlongequal{} 2KCl + 3O_2\uparrow$$

氯酸锌的热分解产物则为氧化锌、氧气和氯气：

$$2Zn(ClO_3)_2 \xlongequal{} 2ZnO + 2Cl_2\uparrow + 5O_2\uparrow$$

固体氯酸钾是强氧化剂，当它与硫磺或红磷混合均匀，撞击时会发生猛烈爆炸。氯酸钾大量用于制造火柴、炸药的引信、信号弹和礼花等。氯酸钠用作除草剂，溴酸盐和碘酸盐用作分析试剂。

4. 高卤酸及其盐

用浓硫酸和高氯酸钾作用可以制取高氯酸：

$$KClO_4 + H_2SO_4(浓) \xlongequal{} KHSO_4 + HClO_4$$

经减压蒸馏可以获得浓度为 60%的市售 $HClO_4$。工业上采用电解氧化盐酸的方法制取高氯酸。电解时用铂作阳极，用银或铜作阴极，在阳极区可得到质量分数达 20%的高氯酸：

$$4H_2O + Cl^- \xlongequal{} ClO_4^- + 8H^+ + 8e^-$$

无水高氯酸是无色液体，不稳定，当温度高于 363 K 时发生爆炸分解：

$$4HClO_4 \xlongequal{} 4ClO_2\uparrow + 3O_2\uparrow + 2H_2O \qquad 2ClO_2 \xlongequal{} Cl_2\uparrow + 2O_2\uparrow$$

因此使用和储存无水高氯酸时应特别小心。但 $HClO_4$ 的水溶液是稳定的，浓度低于 60%的 $HClO_4$ 加热近沸点也不分解。冷稀的 $HClO_4$ 水溶液氧化能力低于 $HClO_3$，没有明显的氧化能力，但浓热的 $HClO_4$ 是强氧化剂，与有机物质可以发生猛烈作用。高氯酸是无机酸中最强的酸，在水溶液中完全解离为 H^+和 ClO_4^-。

ClO_4^- 为正四面体结构，对称性高，而 ClO_3^- 为三角锥形结构，因此 ClO_4^- 比 ClO_3^- 稳定。SO_2、S、HI 及 Zn、Al 等均不能使稀溶液中的 ClO_4^- 还原，而氯酸却很容易将上述还原剂氧化。在浓溶液中，高氯酸以分子形式存在。只有一个氧原子与质子结合形成对称性较低的不稳定的高氯酸分子，因此表现出很强的氧化性。

高氯酸是常用的分析试剂。高氯酸盐易溶于水，但钾盐的溶解度很小，因此在定性分析中常用高氯酸钾鉴定钾离子。高氯酸镁吸湿性很强，可用作干燥剂。

过去曾长期认为高溴酸不存在。近年来，人们用 F_2 或 XeF_2 将饱和 BrO_3^- 的碱性溶液氧化而获得成功：

$$F_2 + BrO_3^- + 2OH^- \longrightarrow BrO_4^- + 2F^- + H_2O$$

$$XeF_2 + BrO_3^- + H_2O \longrightarrow BrO_4^- + 2HF + Xe\uparrow$$

将得到的 BrO_4^- 酸化，即可获得 $HBrO_4$。浓度为 55%(6 $mol \cdot L^{-1}$)以下的 $HBrO_4$ 溶液能长期稳定存在，甚至在 373 K 也不分解，但高于此浓度时高溴酸不稳定。

高碘酸通常有两种形式，即正高碘酸(H_5IO_6)和偏高碘酸(HIO_4)。在强酸性溶液中主要以 H_5IO_6 形式存在。H_5IO_6 在 373 K 时真空蒸馏，可逐步失水转化为 HIO_4。高碘酸的酸性比高氯酸弱得多($K_{a1}^\ominus = 2\times10^{-2}$，$K_{a2}^\ominus = 4\times10^{-9}$，$K_{a3}^\ominus = 1\times10^{-15}$)，但它的氧化性比高氯酸强，与一些试剂反应平稳而又快速，因此在分析化学上把它作为稳定的强氧化剂使用。例如，它可以将 Mn^{2+} 氧化为 MnO_4^-。

$$2Mn^{2+} + 5IO_6^{5-} + 14H^+ \longrightarrow 2MnO_4^- + 5IO_3^- + 7H_2O$$

高碘酸盐一般难溶于水，将氯通入碘酸盐的碱溶液中可以得到高碘酸盐：

$$Cl_2 + IO_3^- + 6OH^- \longrightarrow IO_6^{5-} + 2Cl^- + 3H_2O$$

在实验室中，高碘酸是通过硫酸酸化高碘酸钡，然后除去硫酸钡沉淀而制得：

$$Ba_5(IO_6)_2 + 5H_2SO_4 \longrightarrow 5BaSO_4\downarrow + 2H_5IO_6$$

浓缩溶液还可以制得晶体。

从上述讨论中可以看出，卤素含氧酸及其盐主要表现的性质是酸性、氧化性和稳定性。现以氯的含氧酸及其盐为代表将这些性质的变化规律总结如图 19-6 所示。

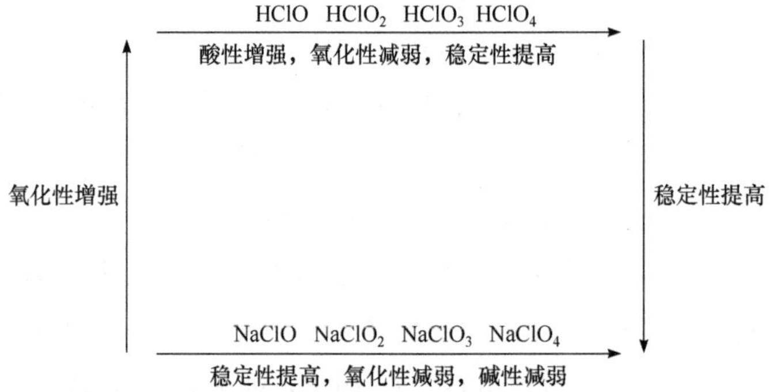

图 19-6　氯的含氧酸及其盐的性质变化

19.6　无机含氧酸的氧化还原性

各种含氧酸的氧化还原性的相对强弱规律及其原因比较复杂，有的还涉及反应机理。这里仅从无机含氧酸的结构和热力学角度进行讨论。通常采用标准电极电势 $E^\ominus$ 作为氧化还原能力强弱的量度：$E^\ominus$ 越正，表示电对中氧化型物质的氧化性越强；$E^\ominus$ 越负，表示电对中还原型物质的还原性越强。

19.6.1 含氧酸氧化还原的周期性

以元素最高氧化态的含氧酸(包括酸酐)在 pH = 0 条件下还原为单质时的标准电极电势 $E^{\ominus}$ 为纵坐标，原子序数 Z 为横坐标作图，可得到 $E^{\ominus}$ 随 Z 递增呈周期性变化的关系图(图 19-7)。

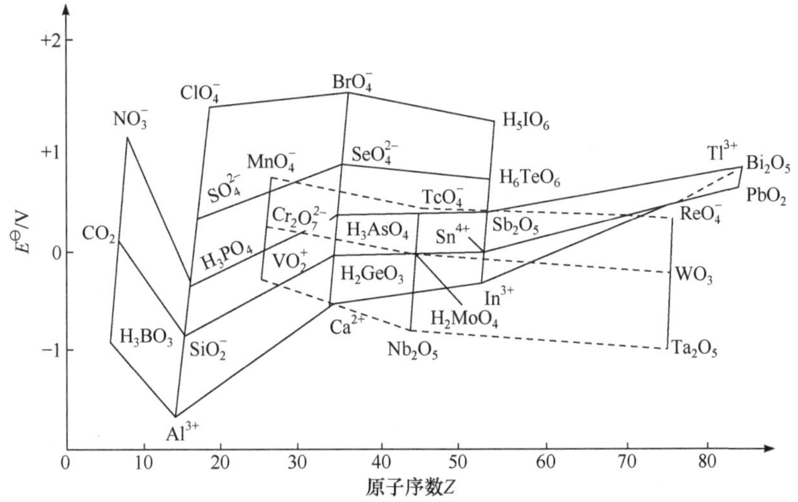

图 19-7 各元素含氧酸(包括酸酐)氧化还原性的周期性

由图 19-7 可见各种无机含氧酸的氧化还原能力变化规律如下：

(1) 在同一周期，主族元素和过渡元素最高氧化态的含氧酸的氧化性随原子序数增大而增强。例如，

$$H_2SiO_3 < H_3PO_4 < H_2SO_4 < HClO_4 \qquad VO_2^+ < Cr_2O_7^{2-} < MnO_4^-$$

(2) 同族中，主族元素最高氧化态含氧酸的氧化还原性随原子序数的增加而呈现锯齿形变化。第三周期元素含氧酸的 $E^{\ominus}$有下降趋势，第四周期元素含氧酸的 $E^{\ominus}$有升高趋势，从第四周期到第五周期元素含氧酸的 $E^{\ominus}$变化比较复杂。同副族元素含氧酸的 $E^{\ominus}$随周期数的递增而略有下降。

(3) 相同氧化态的同一周期的主族元素的含氧酸的氧化性大于副族元素的含氧酸。例如，$BrO_4^- > MnO_4^- > SeO_4^{2-} > Cr_2O_7^{2-}$。

(4) 同一元素形成的不同氧化态的含氧酸其氧化性随氧化数升高而减弱。例如，$HClO_2 <$ $HClO$，HNO_3(稀)$<HNO_2$。

对于上述变化规律，可从影响含氧酸氧化能力的几个主要因素进行分析。

19.6.2 影响含氧酸氧化能力的因素

1. 中心原子结合电子的能力

含氧酸的还原就是中心原子获得电子的过程，因此中心原子结合电子的能力越强，酸越容易被还原，即酸的氧化性越强($E^{\ominus}$值越正)。而原子结合电子的能力可用电负性的大小来表示。因此，含氧酸中心原子电负性越大，越容易获得电子而被还原，氧化性越强。

图 19-8 表明了主族元素电负性随原子序数的递变情况。可见，主族元素电负性随原子序数的变化趋势，与其最高氧化态含氧酸氧化性的变化趋势基本吻合。

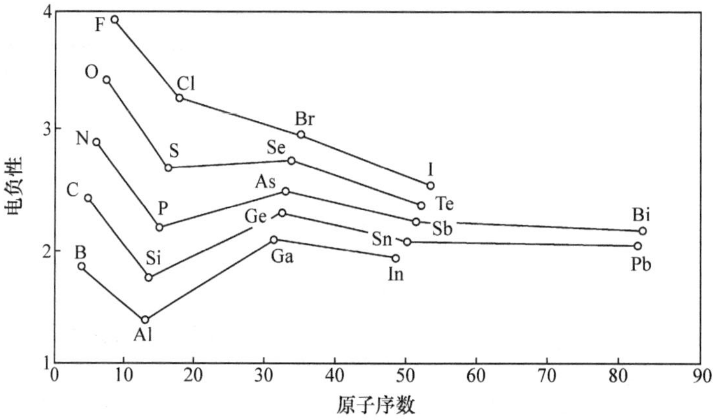

图 19-8　主族元素电负性和原子序数的关系

2. 中心原子和氧原子之间键(R—O 键)的强度

含氧酸还原为低氧化态或单质的过程包括 R—O 键的断裂。因此，R—O 键越强和必须断裂的 R—O 键越多，酸越稳定，氧化性也越弱。

影响含氧酸中 R—O 键强度的因素有中心原子的电子层结构、成键情况、H^+的反极化作用和温度等。

含氧酸根可看作是一个以氧负离子作为配体的配离子。近代配合物的化学键理论认为，中心原子和氧原子之间存在配位键和 d-p π 键，相当于一个双键。根据组成分子轨道的能量近似原则，用中心原子的 d 轨道和配位原子 p 轨道生成 d-p π 键的强弱顺序为 3d＜4d＜5d。因此，同族副族元素随周期增加其含氧酸的 R—O 键增强，酸的稳定性增强，氧化性减弱。例如，ⅦB 族 Re 的电负性虽然比 Tc、Mn 大，但由于 Re—O 键中的 d-p π 键比 Tc—O 和 Mn—O 键的强，所以 ReO_4^- 的稳定性反而比 TcO_4^- 和 MnO_4^- 的大。因此，同族过渡元素含氧酸的氧化性随周期增加而略有减弱。

在弱酸分子中存在的 H^+对含氧酸中心原子的反极化作用，使 R—O 键容易断裂。因此对同一元素来说，一般是弱酸(低氧化态)的氧化性强于稀的强酸(高氧化态)。例如，HNO_2 强于稀 HNO_3，H_2SO_3 强于稀 H_2SO_4。但在浓酸溶液中，由于强酸溶液中存在自由的酸分子，因此表现出强氧化性，尤其是热的浓强酸，具有很强的氧化性，如浓 H_2SO_4 和 $HClO_4$。

同一元素不同氧化态的含氧酸，通常是高氧化态酸的氧化能力弱(指还原为同一低氧化态)。例如，$HClO_4$ 弱于 $HClO_3$，其原因可能是在还原过程中氧化态越高的含氧酸需要断裂的 R—O 键越多。酸根离子越稳定，氧化性越弱。

3. 含氧酸还原过程中伴随发生的其他过程的能量效应

在含氧酸还原过程中，常伴随一些非氧化还原过程，如水的生成、溶剂化和去溶剂化作用、解离、沉淀的生成、缔合等。这些过程的能量效应有时在总的能量效应中占有很大的比例。如果这些过程放出的能量越多，或更确切地说是降低的自由能越多，总反应进行的趋势越大，即含氧酸的氧化性越强。

当一种含氧酸做同样的氧化态变化时，酸性溶液中的氧化性比碱性溶液中的强。例如，

(Ⅰ) $ClO_4^- + 8H^+ + 8e^- = Cl^- + 4H_2O$ $\Delta_r G_{m,1}^{\ominus}$， $E_1^{\ominus} = 1.34\ V$

(Ⅱ) $ClO_4^- + 4H_2O + 8e^- = Cl^- + 8OH^-$ $\Delta_r G_{m,2}^{\ominus}$， $E_2^{\ominus} = 0.51\ V$

为了说明这两个反应差别的实质，反应(Ⅰ)–反应(Ⅱ)得

(Ⅲ) $8H^+ + 8OH^- = 8H_2O$ $\Delta_r G_{m,3}^{\ominus}$

根据热力学原理得到关系式：

$$\Delta_r G_{m,3}^{\ominus} = \Delta_r G_{m,1}^{\ominus} - \Delta_r G_{m,2}^{\ominus}$$

又根据关系式：

$$\Delta_r G_m^{\ominus} = -nFE^{\ominus}$$

则

$$\begin{aligned}\Delta_r G_{m,3}^{\ominus} &= -nF(E_1^{\ominus} - E_2^{\ominus}) \\ &= -8 \times 96500 \times (1.34 - 0.51) \\ &= -640\ (kJ \cdot mol^{-1})\end{aligned}$$

这一数值表明反应(Ⅰ)和反应(Ⅱ)两个半反应的标准电极电势之差所对应的标准吉布斯自由能变化。反应(Ⅲ)表示由 8 mol H^+和 8 mol OH^-生成 8 mol H_2O，该反应的标准吉布斯自由能变化可通过如下计算获得：

$$\begin{aligned}\Delta_r G_{m,3}^{\ominus} &= 8\Delta_f G_m^{\ominus}(H_2O, l) - 8\Delta_f G_m^{\ominus}(H^+, aq) - 8\Delta_f G_m^{\ominus}(OH^-, aq) \\ &= 8 \times (-237.1) - 8 \times 0 - 8 \times (-157.30) \\ &= -638\ (kJ \cdot mol^{-1})\end{aligned}$$

可见，两种计算方法的结果几乎相同。这说明 ClO_4^- 在酸性溶液中比在碱性溶液中具有较高的 $E^{\ominus}$值而表现出较强的氧化性，是因为前者伴随发生了由 8 mol H^+和 8 mol OH^-生成 8 mol H_2O 的反应。

习 题

19-1 卤素原子都有 ns^2np^5 的电子构型，为什么氟和氯、溴、碘不同，并不呈现变价？

19-2 为什么 F 的电子亲和能低于 Cl，而 F_2 却比 Cl_2 活泼？

19-3 卤化氢中 HF 分子的极性特别强，熔、沸点特别高，但其水溶液的酸性却最小，试分析其原因。

19-4 为什么不能用浓硫酸与卤化物作用制备 HBr 和 HI？解释并写出有关反应式。在实验室可用怎样的实际操作分别制备 HBr 和 HI？写出有关反应式。

19-5 有三瓶白色固体试剂已失去标签，它们分别是 KClO、$KClO_3$ 和 $KClO_4$，用什么方法将它们加以鉴别？

19-6 叙述由自然界的卤化物制备卤素的方法。

19-7 在碱性溶液中$(SCN)_2$ 水解得到硫酸根离子、氰根离子和硫氰根离子，写出此水解的离子方程式。根据此反应，能否将$(SCN)_2$分类在拟卤素中？说明理由。

19-8 试解释下列现象：

(1) I_2溶解在 CCl_4 中得到紫色溶液，而 I_2溶解在乙醚中却得到红棕色溶液。

(2) I_2难溶于水却易溶于 KI 溶液中。

19-9 试对下列比较做出必要的解释：

(1) 比较高氯酸、高溴酸、高碘酸的酸性和氧化性顺序。

(2) 比较氯酸、溴酸、碘酸的酸性和氧化性顺序。

(3) 试解释氯的含氧酸的氧化性顺序：$HClO > HClO_3 > HClO_4$。

(4) 说明卤化氢热稳定性、还原性及酸性的递变规律。

19-10 回答下列问题：

(1) 卤素互化物中两种卤素的原子个数、氧化数有什么规律？

(2) 多卤化物的热分解规律如何？为什么氟一般不易存在于多卤化物中？

(3) 向溴水中通入氯气是否有$HBrO_3$生成？为什么？

19-11 已知化合物ClO_2的键角∠OClO 为 116.5℃，Cl—O 键键长为 149 pm，正常 Cl—O 单键键长为 170 pm。化合物ClO_2不具有双聚的倾向，但ClO_2具有顺磁性。试根据以上性质确定化合物ClO_2的几何构型、中心原子的杂化态，并对以上性质做出解释，写出相应成键过程。

19-12 举例说明非金属含氧酸氧化还原性的一般规律。非金属含氧酸盐的水溶性、热稳定性、氧化还原性的一般规律是什么？

19-13 写出下列各反应的化学方程式：

(1) 硫在氯气中燃烧　　(2) PCl_3水解

(3) 碘溶于 KI 溶液中　　(4) 在碱性溶液中ClO_2的歧化反应

(5) 氟气与二氧化硅反应

19-14 完成下列化学反应方程式：

(1) 化学合成制单质氟　　(2) 碘化钾与浓硫酸反应

(3) $(SCN)_2$与碱作用　　(4) 二氧化锰与硫氰酸反应

19-15 用漂白粉漂白物料时，常采用以下步骤：

(1) 将物料浸入漂白粉溶液，然后暴露在空气中；

(2) 将物料浸在稀盐酸中；

(3) 将物料浸在大苏打溶液中，最后取出放在空气中干燥。

试说明每一步处理的作用，并写出有关的反应方程式。

19-16 已知下列元素电势图：

$$IO_3^- \text{ ——— } HIO \xrightarrow{1.45\ V} I_2 \xrightarrow{0.53\ V} I^-$$

$$\underbrace{IO_3^- \longrightarrow I_2}_{1.20\ V}$$

(1) 计算$E_{IO_3^-/HIO}$和$E_{IO_3^-/I^-}$。

(2) 电势图中哪种物质能发生歧化反应，写出反应方程式，并计算反应的K。

19-17 现有白色的钠盐晶体 A 和 B，A 和 B 都溶于水，A 的水溶液呈中性，B 的水溶液呈碱性，A 溶液与$FeCl_3$溶液作用溶液呈棕色，A 溶液与$AgNO_3$溶液作用有黄色沉淀析出，晶体 B 与浓 HCl 反应有黄绿色气体生成，此气体与冷 NaOH 作用可得含 B 的溶液，向 A 溶液中滴加 B 溶液时，溶液呈红棕色，若继续加过量 B 溶液，则溶液的红棕色消失。试问 A、B 为什么物质？写出有关反应方程式。

19-18 有一种可溶性的白色晶体 A(钠盐)，加入无色油状液体 B 的浓溶液，可得一种紫黑色固体 C，C 在水中溶解度较小，但可溶于 A 的溶液成棕黄色溶液 D，将 D 分成两份，一份加入一种无色(钠盐)溶液 E，另一份通入过量气体 F，都变成无色透明溶液，E 溶液中加入盐酸时，出现乳白色混浊并有刺激性气体逸出，E 溶液中通入过量气体 F 后再加入$BaCl_2$溶液有白色沉淀产生，该沉淀不溶于HNO_3。A～F

各是什么物质？写出有关反应方程式。

19-19　有一瓶白色固体，它可能含 NaCl、$BaCl_2$、KI、CaI_2、KIO_3 中的两种。试根据下列实验现象判断这种白色固体包含哪两种化合物？写出有关的反应方程式。实验现象：

(1) 溶于水，得无色溶液；

(2) 溶液中加入稀硫酸后，显棕色，并有少量白色沉淀生成；

(3) 加入适量 NaOH 溶液，溶液呈无色，而白色沉淀未消失。

19-20　有一易溶于水的钠盐 A，加入浓 H_2SO_4 并微热，有气体 B 生成，将气体 B 通入酸化的 $KMnO_4$ 溶液则有气体 C 生成，再将气体 C 通入另一钠盐 D 溶液中得红棕色物质 E，E 溶于碱其颜色立即褪去，当酸化溶液时红棕色又呈现。A～E 各为什么物质？写出各步反应的方程式。

第 20 章　铜、锌副族

20.1　铜副族元素

铜副族元素在周期表中位于ⅠB 族，包括铜、银、金 3 种元素。铜、银、金在自然界中以单质状态存在，是人们最早认识的 3 种金属，历史上均曾用于铸造钱币，因此也称它们为货币金属。铜在自然界中分布很广，其质量分数为 $4.7\times10^{-3}\%$，主要以硫化物、氧化物等矿物质形式存在，如黄铜矿($CuFeS_2$)、赤铜矿(Cu_2O)、孔雀石[$CuCO_3 \cdot Cu(OH)_2$]等。我国的铜矿主要分布于江西、西藏和云南 3 个省区，储量在世界排名第三。银除了以游离态形式存在外，主要是以硫化物矿物质形式存在，如闪银矿(Ag_2S)，硫化银通常与方铅矿共存，我国含银的铅锌矿蕴藏丰富。金在自然界分布较少，其质量分数仅为 $4.3\times10^{-7}\%$，主要是以游离态的形式存在，包括散存在岩石中的岩脉金和存在于沙砾中的冲积金两大类，海水中也含有极少的金。

铜副族元素中原子的价层电子构型为$(n-1)d^{10}ns^1$，主要有+1、+2、+3 三种氧化态，这是由于铜副族元素 ns 轨道电子和$(n-1)$d 轨道电子能量相近，d 轨道可参与成键，在形成化合物时显示变价。其中稳定氧化态铜为+2 价，银为+1 价，金为+3 价。在酸性溶液中 Cu^+和 Au^+不稳定，会发生歧化反应。

由于 ds 区元素的次外层有 18 个电子，有很强的极化力和明显的变形性，因此铜副族元素容易形成共价化合物。另外，铜副族元素离子的 d、s、p 轨道能量相近，而且空轨道较多，易形成配合物。

铜副族元素的电势图如下：

酸性溶液中 $E_A^\ominus$/V

$$Cu^{2+} \xrightarrow{0.152} Cu^+ \xrightarrow{0.521} Cu$$

$$Ag^{2+} \xrightarrow{1.980} Ag^+ \xrightarrow{0.7996} Ag$$

$$Au^{3+} \xrightarrow{1.41} Au^+ \xrightarrow{1.68} Au$$

碱性溶液中 $E_B^\ominus$/V

$$Cu(OH)_2 \xrightarrow{-0.222} Cu$$

$$AgO \xrightarrow{-0.607} Ag_2O \xrightarrow{0.342} Ag$$

20.1.1　铜副族元素单质

1. 铜副族元素单质的性质

1) 物理性质

铜副族元素具有特征颜色和金属光泽，如铜呈紫红色，银呈银白色，金呈黄色。它们的熔点和沸点低，具有优良的导电性、导热性和延展性。例如，1 g 金能抽成长达 3 km 的金丝或碾压成 0.0001 mm 厚的金箔。铜的导电性和导热性仅次于银，但比银便宜。目前世界上一半以上的铜用在电器、电信工业和航天领域。铜易与其他金属 Zn、Sn、Ni 形成合金，主要的合金有黄铜(铜和锌)、青铜(锡和铜)、白铜(铜、镍和锌)等。

2) 化学性质

铜副族元素的金属活泼性远低于碱金属，并且按铜、银、金顺序依次降低，而碱金属恰好相反。其原因是随着原子序数增加，次外层 d 轨道电子对核电荷的屏蔽能力相对较小，使有效核电荷数增大，对最外层 s 电子的吸引力增强，故金属活泼性依次减弱。

常温下，铜副族元素在干燥空气中比较稳定，加热条件下铜能与氧反应生成黑色的氧化铜。将铜放置在含有二氧化碳的潮湿空气中，在其表面会逐渐生成一层铜绿。

$$2Cu + O_2 + H_2O + CO_2 = Cu(OH)_2 \cdot CuCO_3$$

铜绿可阻止金属进一步腐蚀。银和金不会发生上述反应。

银与含有 H_2S 气体的空气接触后，银的表面会生成一层黑色薄膜(Ag_2S)：

$$4Ag + 2H_2S + O_2 = 2Ag_2S + 2H_2O$$

而银和金不能与 O_2 发生反应，当有沉淀剂或配位剂存在时，则可以与氧气发生反应：

$$4Ag + 8CN^- + 2H_2O + O_2 = 4[Ag(CN)_2]^- + 4OH^-$$

$$4Au + O_2 + 2H_2O + 8CN^- = 4[Au(CN)_2]^- + 4OH^-$$

这是由于中心离子能与 CN^-形成配合物，电极电势降低，使它们单质的还原性增强。

铜副族元素的活动顺序位于氢之后，它们不能与稀盐酸或稀硫酸作用放出氢气。但铜和银可溶于硝酸或热的浓硫酸，金只能溶于王水(浓硝酸和浓盐酸的混合溶液)中。例如，

$$Cu + 4HNO_3(浓) = Cu(NO_3)_2 + 2NO_2\uparrow + 2H_2O$$

$$3Cu + 8HNO_3(稀) = 3Cu(NO_3)_2 + 2NO\uparrow + 4H_2O$$

$$Cu + 2H_2SO_4(浓) = CuSO_4 + SO_2\uparrow + 2H_2O$$

$$Au + HNO_3 + 4HCl = HAuCl_4 + NO\uparrow + 2H_2O$$

铜在生命系统中起着重要作用，人体有 30 种含有铜的蛋白质和酶。血浆铜几乎全部结合在铜蓝蛋白中，铜蓝蛋白具有亚铁氧化酶的功能，在铁的代谢中起着重要的作用。有些动物如鲎等，是通过铜蓝蛋白来传递 O_2 的，因此它们的血液是蓝色的。

2. 铜副族元素的提取

1) 铜的冶炼与提取

工业上从黄铜矿($CuFeS_2$)中提取铜单质。将矿石粉碎，然后利用不同矿物颗粒表面对水具有不同的润湿程度，进行不同矿物的分离，也就是浮选法。将浮选法富集到的黄铜矿进行氧化焙烧，除去部分的硫和挥发性杂质如 As_2O_3 等，并使部分硫化物变成氧化物：

$$2CuFeS_2 + O_2 \xlongequal{焙烧} Cu_2S + 2FeS + SO_2\uparrow$$

$$2FeS + 3O_2 \xlongequal{焙烧} 2FeO + 2SO_2\uparrow$$

然后将焙烧过的矿石(Cu_2S，FeS，FeO)与沙子混合，加热至 1673 K，FeS 进一步氧化为 FeO，而 FeO 与 SiO_2 形成熔渣 $FeSiO_3$，因其密度小而浮在上层。

$$FeO + SiO_2 \xlongequal{高温} FeSiO_3$$

Cu_2S 和剩余的 FeS 熔融在一起形成较重的“冰铜”，沉于下层。将冰铜放入转炉熔炼，鼓

入大量的空气，得到大约含铜 98%的粗铜：

$$2Cu_2S + 3O_2 \xlongequal{高温} 2Cu_2O + 2SO_2\uparrow$$

$$2Cu_2O + Cu_2S \xlongequal{高温} 6Cu + SO_2\uparrow$$

生成的 SO_2 气体可用来制备硫酸。

工业上采用电解法精炼粗铜。在一个电解槽中，以粗铜为阳极，纯铜为阴极，$CuSO_4$ 和 H_2SO_4 混合溶液为电解液，电极反应为

阳极反应　　$Cu(粗铜) \xlongequal{} Cu^{2+} + 2e^-$

阴极反应　　$Cu^{2+} + 2e^- \xlongequal{} Cu(精铜，99.95\%)$

电解过程中，原粗铜阳极中所含的杂质，如金、银、铂、硒等沉积在阳极底部，称为阳极泥，是提炼贵金属的原料。

2) 银和金的提取

银和金矿含量较低，直接分离很困难，工业上采用氰化钠浸取转化为配合物，再用活泼 Zn、Al 等将其还原得到单质。

$$4Ag + 8NaCN + 2H_2O + O_2 \xlongequal{} 4Na[Ag(CN)_2] + 4NaOH$$

$$Ag_2S + 4NaCN(aq) \xlongequal{} 2Na[Ag(CN)_2] + Na_2S$$

$$2[Ag(CN)_2]^- + Zn \xlongequal{} [Zn(CN)_4]^{2-} + 2Ag$$

氰化法提取金首先用氰化钠溶液浸取矿粉，将金溶出：

$$4Au + 8NaCN + 2H_2O + O_2 \xlongequal{} 4Na[Au(CN)_2] + 4NaOH$$

再用金属锌还原$[Au(CN)_2]^-$得到单质金。

20.1.2　铜的化合物

铜化合物的常见氧化数为+1 和+2，包括氧化物、氢氧化物、硫化物及配合物等。

1. 氧化数为+1 的化合物

1) 氧化物和氢氧化物

氧化亚铜(Cu_2O)由于晶粒大小不同而呈现不同的颜色，如黄色、橙黄色、鲜红色或深棕色。它属于共价化合物，难溶于水。Cu_2O 具有半导体性质。它本身有毒，主要用于玻璃、搪瓷工业作红色染料。实验室通常采用高温分解 CuO 制备 Cu_2O：

$$4CuO \xlongequal{高温} 2Cu_2O + O_2\uparrow$$

碱性 Cu(Ⅱ)盐溶液与还原剂葡萄糖反应，生成了红色的 Cu_2O 沉淀：

$$2[Cu(OH)_4]^{2-} + CH_2OH(CHOH)_4CHO \xlongequal{} Cu_2O\downarrow + 4OH^- + CH_2OH(CHOH)_4COOH + 2H_2O$$

Cu^{2+}与酒石酸根 ($C_4H_4O_6^{2-}$) 的配合物在 NaOH 溶液中形成费林(Fehling)试剂，溶液呈深蓝色，有机化学中常用以鉴定醛基。医学上用这个反应诊断糖尿病。

Cu^{2+}盐的碱性溶液与其他还原剂反应，也可以得到 Cu_2O，如与联氨反应：

$$4Cu^{2+} + 8OH^- + N_2H_4 \xlongequal{} 2Cu_2O\downarrow + N_2\uparrow + 6H_2O$$

Cu_2O 是碱性氧化物，能溶于稀酸，并发生歧化反应：

$$Cu_2O + 2H^+ \longequal Cu\downarrow + Cu^{2+} + H_2O$$

Cu_2O 也能溶于氨水，生成无色的$[Cu(NH_3)_2]^+$:

$$Cu_2O + 4NH_3 + H_2O \longequal 2[Cu(NH_3)_2]^+ + 2OH^-$$

CuOH 很不稳定，易脱水变为相应的氧化物 Cu_2O。

2) 卤化物

卤化亚铜除 CuF 外，其余卤化亚铜均为白色难溶化合物，且溶解度依次减小。它们的 $K_{sp}^{\ominus}$(298 K)依次为 1.72×10^{-7}、6.27×10^{-9} 和 1.27×10^{-12}。

在相应卤离子存在的条件下，可用还原剂如 SO_2、$SnCl_2$、Cu 等还原 Cu^{2+}得到卤化亚铜：

$$2Cu^{2+} + 2X^- + SO_2 + 2H_2O \longequal 2CuX\downarrow + 4H^+ + SO_4^{2-}$$

在热的浓盐酸溶液中，$CuCl_2$ 与铜粉混合生成土黄色的$[CuCl_2]^-$溶液；将制得的溶液用大量水稀释，会有白色难溶沉淀 CuCl 析出：

$$Cu^{2+} + Cu + 4Cl^- \xlongequal{\text{加热}} 2[CuCl_2]^-$$

$$[CuCl_2]^- \xlongequal{\text{稀释}} CuCl\downarrow + Cl^-$$

CuI 可以由 Cu^{2+}和 I^- 直接反应制得，其中 I^-为还原剂：

$$2Cu^{2+} + 4I^- \longequal 2CuI\downarrow + I_2$$

在实验室中，通常悬挂涂有 CuI 的纸条来检测空气中汞的含量，如果在 288 K 时经过 3 h CuI 不变色，说明空气中的汞含量低于允许含量值(0.1 mg · m^{-3})，若 3 h 后 CuI 纸条变为亮黄色至暗红色，则说明高于允许含量值。

$$4CuI + Hg \longequal Cu_2HgI_4 + 2Cu$$

3) 硫化物

硫化亚铜(Cu_2S)是一种难溶的黑色物质。可以用铜单质与 S 加热制得，也可以用 Cu(Ⅰ)溶液与 H_2S 气体或$(NH_4)_2S$ 反应制备。

在加热条件下，硫酸铜溶液和 $Na_2S_2O_3$ 溶液也能生成 Cu_2S 沉淀，分析化学中常用此反应除去铜：

$$2Cu^{2+} + 2S_2O_3^{2-} + 2H_2O \longequal 2Cu_2S\downarrow + S\downarrow + 4H^+ + 2SO_4^{2-}$$

Cu_2S 溶于热浓硝酸或氯化钠(钾)溶液中生成相应的 Cu(Ⅰ)盐：

$$3Cu_2S + 16HNO_3(\text{浓}) \xlongequal{\triangle} 6Cu(NO_3)_2 + 3S\downarrow + 4NO\uparrow + 8H_2O$$

$$Cu_2S + 4CN^- \xlongequal{\triangle} 2[Cu(CN)_2]^- + S^{2-}$$

4) 配合物

Cu^+的价电子构型为 $3d^{10}$，核外电子外层的 4s、4p 轨道能量相近，易于形成 sp 杂化轨道。Cu^+以 sp 杂化成键，与配体形成配位数为 2 的配离子，分子构型为直线形，如$[Cu(NH_3)_2]^+$。Cu^+以 sp^3 杂化成键，与配体形成配位数为 4 的配离子，分子构型为四面体，如$[Cu(CN)_4]^{3-}$。最常见的配位数是 2。$[Cu(NH_3)_2]^+$不稳定，与氧气反应生成深蓝色的$[Cu(NH_3)_4]^{2+}$，该反应可用于除去气体中的微量 O_2：

$$4[Cu(NH_3)_2]^+ + O_2 + 8NH_3 + 2H_2O = 4[Cu(NH_3)_4]^{2+} + 4OH^-$$

$[Cu(NH_3)_2]^+$溶液能吸收 CO 和乙烯气体，生成相应的配合物。在合成氨工业中，常用乙酸二氨合铜(Ⅰ)$[Cu(NH_3)_2]Ac$ 溶液吸收能使催化剂中毒的 CO 气体：

$$[Cu(NH_3)_2]^+ + CO \underset{升温减压}{\overset{降温加压}{\rightleftharpoons}} [Cu(CO)(NH_3)_2]^+$$

这个反应是一个可逆反应。加热和减压时反应逆向进行，放出 CO 气体。

2. 氧化数为+2 的化合物

Cu^{2+}的外层电子构型为 $3s^23p^63d^9$，有 1 个单电子，其化合物具有顺磁性。铜(Ⅱ)化合物或配合物因 Cu^{2+}可以发生 d-d 跃迁而呈现颜色，如 $CuSO_4 \cdot 5H_2O$ 和许多水合铜盐都是蓝色的。

1) 氧化物和氢氧化物

氧化铜(CuO)可由铜在空气或氧气中加热，或由含氧酸盐热分解制得：

$$2Cu + O_2 \overset{\triangle}{=} 2CuO$$

$$2Cu(NO_3)_2 \overset{\triangle}{=} 2CuO + 4NO_2\uparrow + O_2\uparrow$$

CuO 为黑色粉末，属于碱性氧化物，不溶于水，但可溶于酸：

$$CuO + 2H^+ = Cu^{2+} + H_2O$$

CuO 具有较好的热稳定性，只有加热到 1000℃以上时才能发生分解反应：

$$4CuO = 2Cu_2O + O_2\uparrow$$

CuO 具有氧化性，在高温下与还原剂 H_2、C、CO 等作用可得 Cu 单质。

向铜(Ⅱ)盐溶液中加入强碱，得到浅蓝绿色的氢氧化铜沉淀：

$$Cu^{2+} + 2OH^- = Cu(OH)_2\downarrow$$

氢氧化铜受热容易分解，加热至 353 K 时，$Cu(OH)_2$ 脱水变成黑色 CuO：

$$Cu(OH)_2 \overset{\triangle}{=} CuO + H_2O$$

氢氧化铜易溶于氨水，生成深蓝色铜氨配离子：

$$Cu(OH)_2 + 4NH_3 \cdot H_2O = [Cu(NH_3)_4]^{2+} + 2OH^- + 4H_2O$$

氢氧化铜略显两性，既可溶于酸，也可溶于过量的浓碱溶液中。例如，

$$Cu(OH)_2 + H_2SO_4 = CuSO_4 + 2H_2O$$

$$Cu(OH)_2 + 2NaOH(aq) = Na_2[Cu(OH)_4]$$

2) 卤化铜

卤化铜有 CuF_2(白色)、$CuCl_2$(黄棕色)和 $CuBr_2$(黑色)，以及带有结晶水的蓝色 $CuF_2 \cdot 2H_2O$ 和绿蓝色 $CuCl_2 \cdot 2H_2O$。卤化铜的颜色随阴离子的不同而变化。无水 $CuCl_2$ 为共价化合物，Cu^{2+} 采用 dsp^2 杂化与 4 个 Cl^-配位，形成由$[CuCl_4]^{2-}$平面组成的无限长链结构，每个 Cu 处于 4 个 Cl 形成的正方形的中心，见图 20-1。

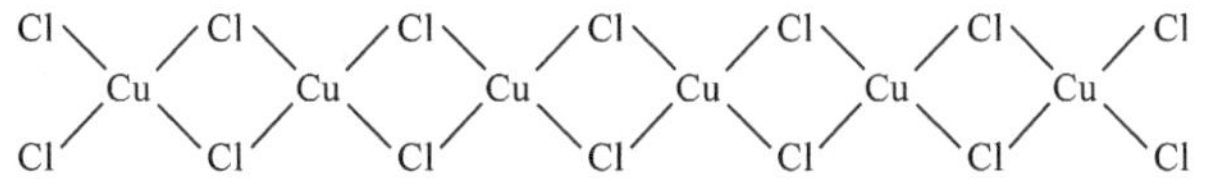

图 20-1　$[CuCl_4]^{2-}$平面长链结构

无水 $CuCl_2$ 可由单质 Cu 和 Cl_2 直接作用，也可用 CuO 和盐酸反应：

$$Cu + Cl_2 = CuCl_2$$

$CuCl_2$ 在空气中易潮解，能溶于水，也溶于一些有机溶剂，如乙醇或丙酮。

在很浓的 $CuCl_2$ 水溶液中或当水溶液中 $c(Cl^-)$高时，可形成黄色的配离子$[CuCl_4]^{2-}$：

$$Cu^{2+} + 4Cl^- = [CuCl_4]^{2-}$$

而 $CuCl_2$ 的稀溶液为浅蓝色，这是因为溶液中 Cu^{2+}主要以浅蓝色的配离子$[Cu(H_2O)_4]^{2+}$存在。

$$[CuCl_4]^{2-} + 4H_2O = [Cu(H_2O)_4]^{2+} + 4Cl^-$$

$CuCl_2$ 溶液由于同时含有$[CuCl_4]^{2-}$和$[Cu(H_2O)_4]^{2+}$，以及 Cl^-和 H_2O 的混合配离子，通常为黄绿色或绿色。

加热 $CuCl_2 \cdot 2H_2O$ 可发生分解：

$$2CuCl_2 \cdot 2H_2O \xlongequal{\triangle} Cu(OH)_2 \cdot CuCl_2 + 2HCl\uparrow + 2H_2O$$

由于脱水时发生水解，因此用脱水方法制备无水 $CuCl_2$ 时，要在 HCl 气流保护下进行。无水 $CuCl_2$ 进一步受热，发生如下反应：

$$2CuCl_2 \xlongequal{\triangle} 2CuCl + Cl_2\uparrow$$

3) 含氧酸的铜盐

五水硫酸铜($CuSO_4 \cdot 5H_2O$)俗称胆矾或蓝矾。4 个 H_2O 分子中的氧与 Cu^{2+}配位，余下的 H_2O 分子通过氢键将SO_4^{2-}与其他 H_2O 分子相连，图 20-2 为 $CuSO_4 \cdot 5H_2O$ 的结构示意图。$CuSO_4 \cdot 5H_2O$ 不同的温度下加热时逐步脱水，依次形成一系列化合物 $CuSO_4 \cdot 3H_2O$、$CuSO_4 \cdot H_2O$ 和 $CuSO_4$：

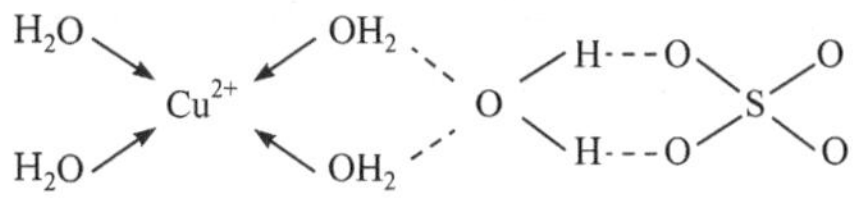

图 20-2　$CuSO_4 \cdot 5H_2O$ 的结构示意图

$$CuSO_4 \cdot 5H_2O \longrightarrow CuSO_4 \cdot 3H_2O \longrightarrow CuSO_4 \cdot H_2O \longrightarrow CuSO_4$$

无水 $CuSO_4$ 为白色粉末，不溶于乙醇和乙醚，具有很强的吸水性，吸水后显出水合铜离子的特征蓝色。可利用这一性质来检验或除去乙醇、乙醚等有机溶剂中所含的微量水分。

向硫酸铜溶液中加入少量氨水，生成浅蓝色的碱式硫酸铜沉淀：

$$2\,CuSO_4 + 2NH_3 \cdot H_2O = (NH_4)_2SO_4 + Cu_2(OH)_2SO_4\downarrow$$

若继续加入氨水，沉淀溶解，得到深蓝色的四氨合铜(Ⅱ)配离子：

$$Cu_2(OH)_2SO_4 + 8NH_3 = 2[Cu(NH_3)_4]^{2+} + 2OH^- + SO_4^{2-}$$

$CuSO_4$ 广泛用于电镀工艺中，也可以在蓄水池、游泳池中作除藻剂。在农业上 $CuSO_4$ 与石灰乳按一定比例配制得到波尔多液，波尔多液常用来消灭植物病虫害。

4) 配合物

Cu^{2+}的外层电子构型为 $3s^23p^63d^9$。Cu^{2+}带两个正电荷，Cu^{2+}比 Cu^+更易形成配合物，一般

能形成配位数为 4 的正方形配离子，如$[CuCl_4]^{2-}$、$[Cu(H_2O)_4]^{2+}$、$[Cu(NH_3)_4]^{2+}$等。此外，Cu^{2+}还可以与卤素、羟基、焦磷酸根等配体形成稳定性程度不同的配离子。

3. Cu(Ⅰ)和 Cu(Ⅱ)的相互转化

铜可形成氧化数为+1 和+2 的化合物，在一定条件下，Cu(Ⅰ)和 Cu(Ⅱ)的化合物可以相互转化。

在高温固态时，Cu^+的化合物比 Cu^{2+}的化合物稳定，CuO 在 1000℃以上高温分解可得到红棕色 Cu_2O，Cu_2O 十分稳定，在 1244℃熔化但不分解。

$$4CuO = 2Cu_2O + O_2\uparrow$$

气态时，$Cu^+(g)$比 $Cu^{2+}(g)$稳定，可以从热力学能量变化来判断：

$$2Cu^+(g) = Cu^{2+}(g) + Cu(s) \quad \Delta_r G_m^\ominus = -897\ kJ \cdot mol^{-1}$$

在水溶液中，Cu^+是不稳定的，这是因为电荷高、半径小的 Cu^{2+}的水合热($2121\ kJ \cdot mol^{-1}$)比 Cu^+的水合热($582\ kJ \cdot mol^{-1}$)大得多；同样也可以从酸中铜的元素电势图 $Cu^{2+} \xrightarrow{0.152\ V} Cu^+ \xrightarrow{0.521\ V} Cu$ 看出，$E^\ominus_{右} > E^\ominus_{左}$；因此 Cu^+在溶液中易发生歧化反应生成 $Cu^{2+}(aq)$和 Cu：

$$2Cu^+ = Cu^{2+} + Cu\downarrow \qquad K^\ominus = 1.4 \times 10^6$$

在水溶液中，Cu^{2+}化合物很稳定，要使 Cu^{2+}转变为 Cu^+，不仅要有还原剂(如 Cu、SO_2、I^-)存在，还要有 Cu^+的沉淀剂或配位剂(X^-、CN^-)存在，以降低溶液中 Cu^+的浓度，使其成为难溶物或难解离的配离子：

$$Cu^{2+} + Cu + 2Cl^- = 2CuCl\downarrow$$

上述反应中 Cu 是还原剂，Cl^-是沉淀剂。CuCl 沉淀生成降低了 Cu^+浓度，$E^\ominus(Cu^+/Cu)$下降，而$E^\ominus(Cu^{2+}/Cu^+)$升高，导致$E^\ominus(Cu^{2+}/Cu^+) > E^\ominus(Cu^+/Cu)$，故反应正向进行。

在 Cu(Ⅱ)溶液中加入 CN^-，生成白色 CuCN 沉淀，并放出$(CN)_2$气体：

$$2Cu^{2+} + 4CN^- = 2CuCN\downarrow + (CN)_2\uparrow$$

若继续加入过量的 CN^-，则 CN^-成为 Cu(Ⅰ)的配位剂，CuCN 溶解而生成$[Cu(CN)_4]^{3-}$配离子：

$$CuCN + 3CN^- = [Cu(CN)_4]^{3-}$$

20.1.3 银的化合物

在银的化合物中，常见的氧化数为+1。

1. 氧化物和氢氧化物

在可溶性 Ag(Ⅰ)盐中加入强碱生成白色 AgOH 沉淀，AgOH 极不稳定，立即脱水变为棕黑色 Ag_2O：

$$2Ag^+ + 2OH^- = Ag_2O\downarrow + H_2O$$

Ag_2O 不稳定，加热至 300℃时分解生成 Ag 和 O_2。

AgOH 只有用强碱与可溶性银盐的乙醇溶液，在低于 228 K 时反应才能真正得到。

Ag_2O 微溶于水，易溶于氨水生成无色的配离子$[Ag(NH_3)_2]^+$。

$$Ag_2O + 4NH_3 + H_2O = 2[Ag(NH_3)_2]^+ + 2OH^-$$

Ag_2O 为碱性氧化物，与稀酸反应可以生成稳定的 Ag(Ⅰ)盐。例如，

$$Ag_2O + 2HNO_3 = 2AgNO_3 + H_2O$$

2. 卤化银

在卤化银中，AgF 是离子化合物，易溶于水，其他卤化银均不溶于水，有一定的共价性且溶解度按 AgF、AgCl、AgBr、AgI 的次序依次降低，这是由于阴离子半径增大，变形性增大，从离子键过渡到共价键，共价性增强，因而溶解度依次减小。

AgF 可由 Ag_2O 溶于氢氟酸后蒸发至晶体析出：

$$Ag_2O + 2HF = 2AgF + H_2O$$

而其他卤化银制备的方法是将 Ag(Ⅰ)盐溶液与相应的卤化物反应生成不同颜色的卤化银沉淀。AgF 和 AgCl 呈白色，AgBr 呈淡黄色，AgI 呈黄色。

除 AgF 外，其余卤化银都有感光性，如在摄影过程中底片上的 AgBr 感光部分分解生成 Ag 形成银核：

$$2AgBr \xlongequal{h\nu} 2Ag + Br_2$$

然后用氢醌、亚硫酸钠等还原剂处理，将含有银核的 AgBr 还原为金属银，这就是显影。最后，用 $Na_2S_2O_3$ 等定影液溶解掉未感光的 AgBr，这就是定影。

$$AgBr + 2S_2O_3^{2-} = [Ag(S_2O_3)_2]^{3-} + Br^-$$

3. 其他化合物

硫化银(Ag_2S)是黑色物质，难溶于水。向 Ag^+溶液中通入 H_2S 气体可以得到硫化银。Ag_2S 难溶于水，可借助热浓硝酸氧化作用使其溶解：

$$Ag_2S + 4HNO_3(浓) \xlongequal{\triangle} 2AgNO_3 + S\downarrow + 2NO_2\uparrow + 2H_2O$$

硝酸银是一种常见的可溶性银盐，稳定性差。硝酸银在光照或加热到 440℃时发生分解：

$$2AgNO_3 \xlongequal{\triangle} 2Ag + 2NO_2\uparrow + O_2\uparrow$$

因此，$AgNO_3$ 要保存在棕色瓶中，避光保存。$AgNO_3$ 主要用于制造照相底片所需的 AgBr。在医药上 10% $AgNO_3$ 常用作消毒剂和防腐剂。

与 $AgNO_3$ 相比，$Cu(NO_3)_2$ 的热稳定性更差，这是因为 Cu(Ⅱ)的反极化作用比 Ag(Ⅰ)强。

从银在酸中的元素电势图 $Ag^{2+} \xrightarrow{1.980\ V} Ag^+ \xrightarrow{0.7996\ V} Ag$ 可以看出，Ag(Ⅰ)很难被氧化成 Ag(Ⅱ)，而且在溶液中 Ag^+也不发生歧化反应。

Ag^+具有氧化性，Ag(Ⅰ)可以将 N_2H_4 和 NH_2OH 氧化成 N_2，还可以将大多数金属氧化至高价。例如，

$$2Ag^+ + Zn = 2Ag + Zn^{2+}$$

在碱性介质中，Ag(Ⅰ)的氧化性更为明显。例如，

$$2Ag^+ + Mn^{2+} + 4OH^- = 2Ag\downarrow + MnO(OH)_2\downarrow + H_2O$$

在水溶液中，Ag^+能与多种配体结合，形成配位数为 2 的直线形分子，如$[Ag(CN)_2]^-$、$[Ag(NH_3)_2]^+$、$[Ag(S_2O_3)_2]^{3-}$等。这些配离子通常是无色的，主要是由于 Ag^+的价电子构型为 d^{10}，d 轨道全充满，不会发生 d-d 跃迁。

$[Ag(NH_3)_2]^+$溶液能与醛或葡萄糖反应：

$$2[Ag(NH_3)_2]^+ + RCHO + 3OH^- = 2Ag\downarrow + RCOO^- + 4NH_3\uparrow + 2H_2O$$

该反应称为银镜反应，用于制作镜子或保温瓶镀银，也可用来鉴定醛。

20.1.4　金的化合物

金可以形成 +1 价、+3 价的化合物，其中以+3 价化合物最稳定。从金在酸中的元素电势图 $Au^{3+} \xrightarrow{1.41\,V} Au^+ \xrightarrow{1.68\,V} Au$ 可以看出，在酸性溶液中，$E^\ominus_右 > E^\ominus_左$，$Au^+$不稳定，容易发生歧化反应生成 Au^{3+}和 Au。反应式为

$$3Au^+ = Au^{3+} + 2Au\downarrow \qquad K^\ominus = 10^{13}$$

$AuCl_3$ 加热到 423 K 时，分解成 AuCl 和 Cl_2，若温度继续升高将有单质金生成。

金粉在 473 K 下与氯气作用，得到反磁性的红色固体 $AuCl_3$：

$$2Au + 3Cl_2 = 2AuCl_3$$

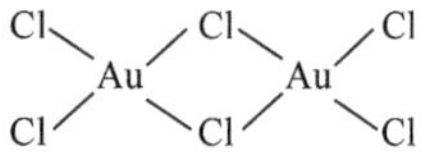

图 20-3　$AuCl_3$ 的二聚体结构

无论在固态还是在气态下，$AuCl_3$ 均有二聚体结构单元，具有氯桥结构，如图 20-3 所示，单元中的 8 个原子共平面。

$AuCl_3$ 溶于水时转化为氯金酸($HAuCl_4 \cdot 3H_2O$)，溶于盐酸可以得到$[AuCl_4]^-$。

20.2　锌副族元素

锌副族元素位于周期表中ⅡB 族，原子的价层电子构型为$(n-1)d^{10}ns^2$，包括锌、镉、汞 3 种元素。锌氧化数有+2、+1；锌和镉通常形成氧化数为+2 的化合物，汞除了形成氧化数为+2 的化合物外，还有氧化数为+1 的化合物 (Hg_2^{2+}) 。锌副族元素易于形成稳定的配合物。锌副族元素在自然界中含量较少，主要以硫化物的矿物质形式存在，如闪锌矿(ZnS)、菱锌矿($ZnCO_3$)和辰砂(又名朱砂，HgS)等。锌矿常与铅、铜、镉等共存，如铅锌矿。

20.2.1　锌副族元素单质

1. 锌副族元素单质的性质

1) 物理性质

锌、镉、汞都是银白色重金属，其熔点、沸点都低。汞是室温下唯一的液态金属。原因是锌副族元素的原子半径大及次外层 d 轨道全充满，与惰性元素相似，不参与形成金属键，故金属键较弱。特别是汞原子($5d^{10}6s^2$)的 6s 轨道上两个电子非常稳定，因此它的金属键更弱，其熔点是所有金属中最低的。汞在室温下有流动性，在 253～573 K 其膨胀系数随温度升高而

均匀改变，并且不润湿玻璃，因此常用来制作温度计。

汞可以与其他金属如锌、镉、铜、金等形成合金，这种合金称为汞齐。汞齐有液态和固态两种形式。汞齐中其他金属仍保持本身的性质，只是反应比较温和。例如，钠汞齐与水反应缓慢放出氢气。在有机化学中，钠汞齐通常作较温和的还原剂。此外，利用汞能溶解金、银的性质，在冶金工业上常用汞齐法来提取金、银。例如，将金矿粉与汞混合生成金汞齐，加热时汞挥发即得到单质金。由于汞对环境造成严重的污染，这种方法已被禁止使用。

锌副族元素的元素电势图如下：

酸性溶液中 $E_A^\ominus$/V

$$Zn^{2+} \xrightarrow{-0.762} Zn$$

$$Cd^{2+} \xrightarrow{-0.403} Cd$$

$$Hg^{2+} \xrightarrow{0.911} Hg_2^{2+} \xrightarrow{0.796} Hg$$

碱性溶液中 $E_B^\ominus$/V

$$ZnO_2^{2-} \xrightarrow{-1.22} Zn$$

$$Cd(OH)_2 \xrightarrow{-0.081} Cd(Hg)$$

$$HgO \xrightarrow{0.098} Hg$$

2) 化学性质

锌副族元素比铜副族元素的化学性质活泼，其化学活性从锌到汞依次降低，与碱土金属恰好相反。

单质 Zn、Cd、Hg 常温下都很稳定，在空气中加热条件下均可与 O_2 反应生成氧化物 MO：

$$2Hg + O_2 \xlongequal{\triangle} 2HgO$$

在含有二氧化碳潮湿的空气中，Zn 的表面生成一层碱式碳酸盐薄膜：

$$4Zn + 2O_2 + CO_2 + 3H_2O \xlongequal{} ZnCO_3 \cdot 3Zn(OH)_2$$

汞与硫粉室温下研磨就能生成 HgS，但 Zn、Cd 与硫在加热条件下才能反应：

$$Hg + S \xlongequal{研磨} HgS$$

如果在使用过程中不慎将汞洒在实验台面或地面上，在有金属汞的地方覆盖硫磺粉，以使汞转化成 HgS。

Zn、Cd、Hg 均可与氯气发生反应。例如，Hg 与氯气反应时，氯气过量时生成 $HgCl_2$，汞过量时生成甘汞 Hg_2Cl_2。

Zn 和 Cd 的金属活动顺序位于氢前，而 Hg 位于氢后。Zn、Cd 都能与稀酸反应，而 Hg 只能与氧化性酸反应得汞(Ⅱ)盐。例如，

$$Zn + 2H^+ \xlongequal{} Zn^{2+} + H_2\uparrow$$

$$Hg + 2H_2SO_4(浓) \xlongequal{} HgSO_4 + SO_2\uparrow + 2H_2O$$

Zn、Cd、Hg 中仅 Zn 有两性，Zn 不仅可以与稀盐酸反应，也可以与碱反应：

$$Zn + 2NaOH + 2H_2O \xlongequal{} Na_2[Zn(OH)_4] + H_2\uparrow$$

Zn 还能溶于氨水中形成配离子：

$$Zn + 4NH_3 + 2H_2O \xlongequal{} [Zn(NH_3)_4]^{2+} + H_2\uparrow + 2OH^-$$

Al 也具有两性，但不能溶于氨水中，利用上述性质可以鉴别 Zn 和 Al。

2. 锌副族元素的提取

1) 锌和镉的提取

工业上从闪锌矿中提取锌单质。经浮选得到的精矿(含 ZnS 40%～60%)进行焙烧，使 ZnS 转化为 ZnO：

$$2ZnS + 3O_2 \xlongequal{\text{焙烧}} 2ZnO + 2SO_2\uparrow$$

所得的氧化锌和焦炭混合，在鼓风炉中加热至 1373～1573 K，锌以蒸气逸出，冷凝得到纯度为 99%的锌粉。

$$2C + O_2 \xlongequal{\text{高温}} 2CO\uparrow$$

$$ZnO + CO \xlongequal{\text{高温}} Zn(g)\uparrow + CO_2\uparrow$$

将生成的锌蒸馏出来，得到纯度为 98%的粗锌，再通过精馏将铅、镉、铜、铁等杂质除去，得到纯度为 99.9%的锌。

镉主要存在于锌的各种矿石中，大部分是在炼锌时作为副产品得到的。由于镉的沸点 767℃比锌的沸点 907℃低，将含镉的锌加热到 1038～1180 K，镉先被分离出来得到粗镉，再将粗镉溶于 HCl，用 Zn 置换，可以得到较纯的镉。

2) 汞的提取

可从辰砂(HgS)中提取汞。将浮选富集后的 HgS 在空气中焙烧：

$$HgS + O_2 \xlongequal{\text{灼烧}} Hg + SO_2\uparrow$$

所得的粗汞用稀硝酸 HNO_3 洗涤后鼓入空气，使杂质金属 Pb、Cd、Cu 被氧化溶解生成硝酸盐，汞进一步真空蒸馏提纯，得到纯度为 99.99%的汞。

20.2.2 锌和镉的化合物

锌和镉的常见氧化数为+2。它们价电子构型为$(n-1)d^{10}ns^2$，无单电子，其化合物为抗磁性。锌(Ⅱ)为 d^{10} 构型，它们的化合物或配合物常因 Zn^{2+}不会发生 d-d 跃迁而呈现无色。锌和镉的化合物性质相似，而汞化合物的性质与它们相比有许多不同之处，因此汞的化合物单独讨论。

1. 氧化物和氢氧化物

在加热条件下单质与氧气反应得到相应的氧化物，含氧酸盐受热分解也可以得到：

$$ZnCO_3 \xlongequal{\triangle} ZnO + CO_2\uparrow$$

$$CdCO_3 \xlongequal{\triangle} CdO + CO_2\uparrow$$

ZnO 为白色粉末，俗称锌白，常用作白色颜料。加热时变为黄色，冷却后又变为白色，ZnO 的结构属硫化锌型。CdO 由于制取方法不同而呈现出不同的颜色，如镉在空气中加热生成褐色 CdO，氢氧化镉高温热分解则得到绿色 CdO，CdO 具有 NaCl 型晶体结构。氧化物的热稳定性依 ZnO、CdO、HgO 次序递减。ZnO、CdO 较稳定且共价性较强，受热升华但不分解。CdO 属碱性氧化物，而 ZnO 属两性氧化物。ZnO 在工业上主要用作橡胶及油漆颜料的原料，在有机合成中作催化剂，在医药上用于制造药膏。

锌盐和镉盐溶液中加入适量强碱，得到相应的氢氧化物：

$$ZnCl_2 + 2NaOH(aq) = Zn(OH)_2\downarrow + 2NaCl$$

$$CdCl_2 + 2NaOH(aq) = Cd(OH)_2\downarrow + 2NaCl$$

氢氧化锌为两性物质，与强酸作用生成锌盐，与强碱作用得到四羟合锌酸盐：

$$Zn(OH)_2 + 2H^+ = Zn^{2+} + 2H_2O$$

$$Zn(OH)_2 + 2OH^- = [Zn(OH)_4]^{2-}$$

氢氧化镉也显两性，但偏碱性。只有在热、浓的强碱中才缓慢溶解，生成 $Na_2[Cd(OH)_4]$。这两种氢氧化物受热脱水分别生成 ZnO 和 CdO：

$$Zn(OH)_2 \xlongequal{1050\ K} ZnO + H_2O$$

$$Cd(OH)_2 \xlongequal{470\ K} CdO + H_2O$$

$Zn(OH)_2$ 的热稳定性强于 $Cd(OH)_2$。

在有铵离子存在的条件下，$Zn(OH)_2$、$Cd(OH)_2$ 都可以在氨水中形成配合物，而 $Al(OH)_3$ 却不能，因此可用此方法将铝盐和锌盐、镉盐进行区分。

$$Zn(OH)_2 + 4NH_3 = [Zn(NH_3)_4]^{2+} + 2OH^-$$

$$Cd(OH)_2 + 4NH_3 = [Cd(NH_3)_4]^{2+} + 2OH^-$$

2. 其他化合物

锌副族元素是亲硫元素，易形成硫化物。在含 Zn^{2+}、Cd^{2+}的溶液中通入 H_2S 气体，得到相应的硫化物。ZnS 是白色的，CdS 是黄色的，ZnS 和 CdS 都难溶于水。可用锌副族元素单质与硫直接反应或向锌盐的酸性溶液中通入 H_2S 气体可制备相应的硫化物：

$$Zn^{2+} + H_2S = ZnS\downarrow + 2H^+$$

ZnS 可能沉淀不完全，这是因为在生成 ZnS 沉淀过程中 $c(H^+)$增加，而 ZnS 能溶于 $0.1\ mol \cdot L^{-1}$ 的盐酸，阻碍了 ZnS 进一步沉淀。

ZnS 可作白色颜料，与 $BaSO_4$ 共沉淀形成的混合晶体 $ZnS \cdot BaSO_4$ 称为锌钡白，俗称立德粉，是一种较好的白色颜料，没有毒性，在空气中比较稳定，其制备反应如下：

$$ZnSO_4(aq) + BaS(aq) = ZnS \cdot BaSO_4\downarrow$$

CdS 称为镉黄，可作黄色颜料。CdS 的溶度积更小，不溶于稀酸，但可溶于浓酸。通过控制溶液的 pH 可以将 Zn^{2+}、Cd^{2+}分离，如通入 H_2S 气体。

由于 Zn^{2+}和 Cd^{2+}均为 18 电子构型，阳离子极化能力和变形性都很强，因此氯化锌和氯化镉具有相当程度的共价性，主要表现在熔点、沸点较低，熔融状态下导电能力差。

无水氯化锌为白色固体，可由金属锌与氯气直接反应，或将干燥的氯化氢通过金属锌而制成。也可以在加热条件下，由 $ZnCl_2 \cdot H_2O$ 与 $SOCl_2$ 反应制得：

$$ZnCl_2 \cdot H_2O + SOCl_2 = ZnCl_2 + SO_2\uparrow + 2HCl\uparrow$$

无水 $ZnCl_2$ 不能通过湿法制得，因为将 $ZnCl_2$ 溶液蒸干或加热含结晶水的化合物 $ZnCl_2 \cdot H_2O$，只能得到碱式氯化锌：

$$ZnCl_2 \cdot H_2O \xlongequal{\triangle} Zn(OH)Cl + HCl\uparrow$$

$ZnCl_2$易潮解，极易溶于水，吸水性也很强，在有机化学中可用作脱水剂和催化剂。$ZnCl_2$在浓溶液中能够生成二氯 · 羟合锌(Ⅱ)酸：

$$ZnCl_2 + H_2O \xlongequal{} H[ZnCl_2(OH)]$$

生成的配酸具有显著的酸性，能溶解金属氧化物 FeO：

$$FeO + 2H[ZnCl_2(OH)] \xlongequal{} Fe[ZnCl_2(OH)]_2 + H_2O$$

工业上利用上述性质来清除焊接金属表面的金属氧化物。焊接金属时，用 $ZnCl_2$浓溶液清除金属表面的氧化物，当烙铁的高温使水分蒸发后，熔化的盐覆盖在金属表面，使其不再氧化，能保证焊接金属表面的直接接触。氯化锌浓溶液也称为“熟镪水”，但它不损害金属表面。Zn^{2+}与含有某些基团(如—N═N—)的螯合剂反应时，能生成有颜色的配合物，如在碱性条件下，Zn^{2+}与二苯硫腙 C_6H_5—$(NH)_2$—CS—N═N—C_6H_5反应，生成粉红色的内配盐沉淀。分析化学上利用这个性质来鉴定 Zn^{2+}。

20.2.3 汞的化合物

锌副族元素中，汞的化学性质较特殊。汞有+2 价的化合物，还有稳定的+1 价化合物，这两种价态都是很重要的。

1. 氧化数为+1 的化合物

氧化数为+1 的化合物称为亚汞化合物。这类化合物都是反磁性的，这是因为单个 Hg^+是不存在的，汞总是以二聚体 Hg_2^{2+} 形式出现。氯化亚汞的化学式为 Hg_2Cl_2，分子 Cl—Hg—Hg—Cl 是直线形的。两个汞原子形成 Hg—Hg 键时，$6s^1$ 电子结合成对，因此没有单个电子存在，所以亚汞化合物呈反磁性。

Hg_2Cl_2 为难溶于水的白色固体。Hg_2Cl_2 毒性较低，因味略甜，俗称甘汞，在化学上常被用来制作甘汞电极。

$HgCl_2$溶于金属汞中进行研磨得到氯化亚汞：

$$HgCl_2 + Hg \xlongequal{} Hg_2Cl_2$$

在光的照射下，Hg_2Cl_2易分解为 Hg 和 $HgCl_2$。

$$Hg_2Cl_2 \xlongequal{h\nu} HgCl_2 + Hg$$

Hg_2Cl_2应保存在棕色瓶中。Hg_2Cl_2能与氨水作用生成白色的氨基化合物和黑色的单质汞，因此反应产物的颜色为灰色，反应方程式如下：

$$Hg_2Cl_2 + 2NH_3(aq) \xlongequal{} Hg(NH_2)Cl\downarrow + Hg\downarrow + NH_4Cl$$

该反应被应用于离子分离中，而且此反应可以区分 Hg_2^{2+} 和 Ag^+。

2. 氧化数为+2 的化合物

1) 氧化物和氢氧化物

Hg^{2+}盐与氢氧化钠反应得到黄色的 HgO，这是因为 $Hg(OH)_2$不稳定，立即分解成 HgO：

$$Hg^{2+} + 2OH^- = HgO\downarrow + H_2O$$

HgO 的红色变体可通过加热 $Hg(NO_3)_2$ 或将汞在氧气中燃烧得到。HgO 由于晶粒大小不同而呈现不同颜色，黄色 HgO 颗粒小，红色 HgO 颗粒大。无论黄色 HgO 还是红色 HgO，均属链状结构，其中 Hg 原子的配位方式是线形的。HgO 具有氧化性：

$$HgO + SO_2 = Hg + SO_3$$

因 Hg 有毒，一般不用 HgO 作氧化剂。

在空气中灼烧 HgS，得到汞单质，而不是 HgO。用同样方法处理闪锌矿 ZnS 时，得到的是 ZnO，其中的杂质 CdS 也转化成 CdO。说明 HgO 的稳定性较差。HgO 为制备汞盐的主要原料，也可作医疗、分析试剂、陶瓷颜料等。

2) 硫化物

在 Hg^{2+}的溶液中通入 H_2S 气体得到黑色 HgS，天然辰砂 HgS 呈红色。黑色的 HgS 加热到 659 K 晶型发生改变，转变为比较稳定的红色 HgS。硫化汞难溶于水和盐酸或硝酸，但可溶于过量的浓 Na_2S 或 KI 溶液：

$$HgS + Na_2S(浓) = Na_2[HgS_2]$$

$$HgS + 2H^+ + 4I^- = [HgI_4]^{2-} + H_2S\uparrow$$

实验室中，常用王水溶解 HgS：

$$3HgS + 8H^+ + 2NO_3^- + 12Cl^- = 3[HgCl_4]^{2-} + 3S\downarrow + 2NO\uparrow + 4H_2O$$

此反应中，浓硝酸具有强氧化性，将 HgS 中的 S^{2-}氧化为 S，同时盐酸与 HgS 生成配离子$[HgCl_4]^{2-}$，两者的作用促使 HgS 溶解。

3) 氯化物

氯化汞为白色针状晶体，略溶于水，有剧毒。$HgCl_2$ 为共价化合物，分子构型为 Cl—Hg—Cl，呈直线形。氯化汞熔点较低，易升华，俗称升汞。可用固体 $HgSO_4$ 和固体 NaCl 混合物加热制得：

$$HgSO_4 + 2NaCl \xlongequal{300℃} HgCl_2 + Na_2SO_4$$

其稀溶液有杀菌作用，在医疗中用作外科非金属器具的消毒剂。

氯化汞在水中的解离度很小，主要是以 $HgCl_2$ 分子形式存在：

$$HgCl_2 = HgCl^+ + Cl^- \qquad K_1^\ominus = 3.2\times10^{-6}$$

$$HgCl^+ = Hg^{2+} + Cl^- \qquad K_2^\ominus = 1.8\times10^{-7}$$

$HgCl_2$ 在水中有微弱的水解，这是因为 Hg^{2+}的有效核电荷比 Zn^{2+}、Cd^{2+}的高，离子极化力强，使键型发生变化，$ZnCl_2$、$CdCl_2$ 为离子键，$HgCl_2$ 为共价键。

$$HgCl_2 + H_2O = Hg(OH)Cl\downarrow + HCl$$

$HgCl_2$ 遇到氨水立即产生氨基氯化汞白色沉淀：

$$HgCl_2 + 2NH_3(aq) = Hg(NH_2)Cl\downarrow + NH_4Cl$$

$HgCl_2$ 是一种较强的氧化剂，适量的 $SnCl_2$ 可将其还原生成难溶于水的白色氯化亚汞(Hg_2Cl_2)沉淀：

$$2HgCl_2 + Sn^{2+} + 2Cl^- = Hg_2Cl_2\downarrow + SnCl_4$$

继续加入 $SnCl_2$ 至过量，生成的 Hg_2Cl_2 被 Sn^{2+}还原为黑色的金属汞：

$$Hg_2Cl_2 + Sn^{2+} + 2Cl^- \xlongequal{\quad} 2Hg\downarrow + SnCl_4$$

在分析化学中，常利用此反应来鉴定 Hg^{2+}或 Sn^{2+}。

4) 配合物

Hg^{2+}与含有 C、N、P、S 等配位原子的配体形成配合物，常见的配位数是 4。向 Hg^{2+}中滴加 KI 溶液，首先产生红色碘化汞沉淀，继续加入 KI 溶液，沉淀溶解生成无色的$[HgI_4]^{2-}$配离子：

$$Hg^{2+} + 2I^- \xlongequal{\quad} HgI_2\downarrow$$

$$HgI_2 + 2I^- \xlongequal{\quad} [HgI_4]^{2-}$$

$K_2[HgI_4]$和 KOH 的混合溶液称为奈斯勒(Nessler)试剂。如果溶液中有微量 NH_4^+ 存在时，加入几滴奈斯勒试剂，立即产生特殊的红色碘化氨基 · 氧合二汞(Ⅱ)沉淀，即

$$NH_4Cl + 2K_2[HgI_4] + 4KOH \xlongequal{\quad} [Hg_2NH_2O]I\downarrow + KCl + 7KI + 3H_2O$$

此反应被用来鉴定 NH_4^+。

3. 汞(Ⅰ)和汞(Ⅱ)的相互转化

由汞在酸中的元素电势图($Hg^{2+} \xrightarrow{0.911\,V} Hg_2^{2+} \xrightarrow{0.796\,V} Hg$)可以看出在酸性溶液中，Hg_2^{2+} 比较稳定，不容易发生歧化反应。相反，Hg^{2+}与单质 Hg 能发生反应生成 Hg_2^{2+}：

$$Hg^{2+} + Hg \rightleftharpoons Hg_2^{2+} \qquad K^{\ominus} = 88.9$$

前文提到 Hg_2Cl_2 的制取就是利用这个反应进行的。

要使化学反应 $Hg + Hg^{2+} \rightleftharpoons Hg_2^{2+}$ 逆向进行，可向溶液中加入 Hg^{2+}沉淀剂或配位剂，降低产物中 Hg^{2+}的浓度，使平衡向有利于 Hg_2^{2+} 歧化反应的方向移动。例如，在 Hg_2^{2+} 溶液中加入 OH^-或通入硫化氢时：

$$Hg_2^{2+} + 2OH^- \xlongequal{\quad} HgO\downarrow + Hg\downarrow + H_2O$$

$$Hg_2^{2+} + H_2S \xlongequal{\quad} HgS\downarrow + Hg\downarrow + 2H^+$$

上述反应不能得到氧化亚汞和硫化亚汞沉淀。

如果存在 Hg^{2+}的配位剂时，Hg_2^{2+} 也易于发生歧化反应：

$$Hg_2^{2+} + 4CN^- \xlongequal{\quad} [Hg(CN)_4]^{2-} + Hg\downarrow$$

$$Hg_2^{2+} + 4I^- \xlongequal{\quad} [HgI_4]^{2-} + Hg\downarrow$$

20.2.4 Ⅱ-Ⅵ族化合物半导体简介

半导体是指在常温下导电性能介于导体和绝缘体之间的材料。半导体主要包括元素半导体、无机合成物半导体和有机合成物半导体等各类物质。Ⅱ-Ⅵ族化合物半导体属于无机合成物半导体，它是由元素周期表ⅡB 族元素与ⅥA 族元素组成的化合物，如 ZnO、ZnS、CdTe 等。这些化合物通常是直接带宽禁带半导体，其频率可覆盖可见光区域，并到达紫外和远红外的范围，因此受到人们的极大关注。

1. 硫化锌半导体

硫化锌(ZnS)主要有α-ZnS 和β-ZnS 两种类型。α-ZnS 又称纤锌矿结构，属于六方晶型，其晶体结构可以看作 S^{2-}六方最紧密堆积。β-ZnS 又称闪锌矿，属于面心立方晶型。β-ZnS 是自然界最稳定的存在形式，在高温(1020℃)条件下β-ZnS 转变成α-ZnS。ZnS 具有许多优异的性能，用于化工油漆、塑料、半导体、太阳能电池及光纤维通信等中。目前，制备 ZnS 的方法主要有一步固相法、直接法、气/液相沉淀法、热解法等。例如，通过 Zn^{2+}盐溶液与 $Na_2S·9H_2O$ 在硫代乙酰胺在玛瑙研钵中充分研磨，可得到硫化锌。该方法具有无须溶剂、产率高、无污染等优点。

2. 硫化镉半导体

硫化镉(CdS)晶体具有闪锌矿和纤锌矿两种结构，两种结构的特性比较接近，分别具有立方对称性和六方对称性。CdS 属于Ⅱ-Ⅵ族化合物半导体，为直接带隙本征型半导体材料，禁带宽度约为 2.42 eV。硫化镉是良好的半导体，对可见光有强烈的光电效应。CdS 可用于制作黄色颜料、太阳能电池、发光二极管等。

CdS 难溶于水，不溶于稀酸，但能溶于浓酸。主要采用 Cd^{2+}盐与 H_2S 气体直接作用生成 CdS。目前研究最多和最深入的制备方法是化学浴沉积法，即通过溶液中镉离子与硫离子发生化学反应从而在基底表面沉积。其中溶液的成分和外界条件如溶质浓度、溶液、反应温度、沉积时间等都会对薄膜的质量和性能产生重要的影响。

3. 硒化镉半导体

硒化镉(CdSe)属于六角晶型，具有铅锌矿型结构。在 CdSe 中，Cd 原子和 Se 原子以离子键结合，熔点为 1254℃。禁带宽度 1.74 eV，为直接带隙半导体。CdSe 可通过高温使金属镉与硒直接合成，也可将 H_2Se 气体通入 Cd(Ⅱ)溶液中。CdSe 用于电子发射器、光谱分析、半导体、光敏元件等。

20.2.5　ⅡB 族元素与ⅡA 族元素性质的对比

ⅡB 族元素与ⅡA 族元素最外层电子层都是 ns^2，形成 M(Ⅱ)化合物。由于锌副族元素原子次外层有 18 个电子，而碱土金属原子次外层有 8 个电子，次外层电子构型的差异导致锌副族元素与碱土金属在性质上表现出明显的差异。

(1) 熔点、沸点。锌副族元素金属单质的熔点、沸点低于碱土金属，汞在常温下是液体。

(2) 化学活泼性。锌副族元素的化学活泼性按 Zn、Cd、Hg 次序依次降低，这与碱土金属恰好相反。锌副族元素比碱土金属活泼性差，如锌副族元素常温下都很稳定，它们都不能从水中置换出氢气。

(3) 氢氧化物的酸碱性。锌副族元素的氢氧化物是弱碱性，易脱水分解，$Zn(OH)_2$ 和 $Be(OH)_2$ 都是两性氢氧化物。锌副族元素氢氧化物的碱性随原子序数的增大而增强，这与碱土金属氢氧化物的碱性一致。

(4) 盐类的溶解性与水解。ⅡA 和ⅡB 两族元素的硝酸盐都易溶于水；它们的碳酸盐难溶于水；锌副族元素的硫酸盐易溶于水，而钙、锶、钡的硫酸盐则微溶于水。锌副族元素的盐在水溶液中都有一定程度的水解，而钙、锶、钡的盐一般不水解。

(5) 配合物。锌副族元素离子能与含有 C、N、P、S 等配位原子的配体形成配合物，而碱土金属离子不能形成配合物。

习　题

20-1 比较铜副族元素与碱金属元素化学性质的异同点。

20-2 简述怎样从黄铜矿($CuFeS_2$)中提取粗铜，以及粗铜怎样精炼。

20-3 在什么条件下，Cu(Ⅱ)会向 Cu(Ⅰ)转化？比较 Cu(Ⅰ)和 Cu(Ⅱ)的稳定性。

20-4 简述怎样从闪锌矿(ZnS)中提取粗锌，以及粗锌怎样精炼。

20-5 从 Au-Ag 合金制备金属 Au 和金属 Ag (以反应式表示，并指出必要的条件) 。

20-6 奈斯勒试剂的主要成分是什么？使用奈斯勒试剂可以鉴定溶液中微量 NH_4^+，为什么？

20-7 完成并配平下列反应方程式：

(1) $Ag + CN^- + H_2O + O_2 \longrightarrow$　　(2) $Cu + HNO_3(浓) \longrightarrow$

(3) $CuFeS_2 + O_2 \xrightarrow{焙烧}$　　(4) $Cu_2O + Cu_2S \xrightarrow{高温}$

(5) $Ag_2S + NaCN(aq) \longrightarrow$　　(6) $[Ag(CN)_2]^- + Zn \longrightarrow$

(7) $Cu^{2+} + S_2O_3^{2-} + H_2O \longrightarrow$　　(8) $ZnCl_2 \cdot H_2O \longrightarrow$

(9) $HgCl_2 + Hg \longrightarrow$　　(10) $HgS + H^+ + NO_3^- + Cl^- \longrightarrow$

20-8 完成并配平下列反应方程式：

(1) 将铜放置在含有二氧化碳的潮湿空气中，在其表面会逐渐生成一层铜绿；

(2) 银与含有 H_2S 气体的空气接触后，银的表面会生成一层黑色薄膜(Ag_2S)；

(3) Cu^{2+}和 I^-反应生成白色沉淀；

(4) 氢氧化铜略显两性，溶于过量的浓碱溶液中；

(5) $[Ag(NH_3)_2]^+$溶液与醛发生银镜反应；

(6) Ag_2S 难溶于水，但能溶于热浓硝酸；

(7) 洒落金属汞的地方用硫磺粉覆盖；

(8) ZnS 可作白色颜料，与 $BaSO_4$ 共沉淀形成锌钡白；

(9) 硫化汞难溶于水和盐酸或硝酸，但可溶于过量的浓 Na_2S 或 KI 溶液；

(10) 向 Hg_2^{2+} 溶液中通入硫化氢。

20-9 解释下列实验现象：

(1) 碱性 Cu(Ⅱ)盐溶液与还原剂葡萄糖反应，生成了红色的沉淀；

(2) 在实验室中，悬挂涂有 CuI 的纸条 3 h 后变为亮黄色至暗红色；

(3) 稀释 $CuCl_2$ 浓溶液后，溶液的颜色由黄色经绿色变为蓝色；

(4) 铜和银可溶于硝酸，金只能溶于王水中；

(5) 将 SO_2 气体通入 $CuSO_4$ 和 NaCl 浓溶液中生成白色沉淀；

(6) 焊接金属时，用“熟镪水”清除金属表面的氧化物。

20-10 有三种白色粉末，分别为 CuCl、AgCl 和 Hg_2Cl_2，试加以鉴别。

20-11 一溶液中含有 Cu^{2+}、Ag^+、Zn^{2+}和 Hg_2^{2+} 4 种离子，怎样将它们分离并鉴定它们的存在？

20-12 在硝酸银、硝酸铜和硝酸汞溶液中，分别加入过量的碘化钾溶液，各生成什么产物？写出相关的化学反应方程式。

20-13 写出照相过程中相关的化学反应方程式。

20-14 为什么当 $[Ag(NH_3)_2]Cl$ 遇到硝酸时，会析出白色沉淀？请解释该现象。

20-15 黑色固体 A 不溶于水，但溶于热盐酸中生成一种绿色的溶液 B。将其与铜丝共煮逐渐变成土黄色溶液 C，大量水稀释 C 后生成白色沉淀 D，该沉淀溶于氨溶液中有蓝色沉淀 E 生成，最后得到深蓝色溶液 F。在 F 中加入 H_2S 饱和溶液生成黑色沉淀 G，G 可溶于浓硝酸。试写出 A～G 所代表的物质的化学式，并用化学反应方程式表示各过程。

20-16 在硝酸盐溶液 A 中加入少量的钾盐溶液 B，生成黄绿色沉淀 C。加入过量 B 溶液中则生成无色溶液 D 和灰黑色沉淀 E。E 和浓硫酸加热生成溶液 F 和气体 G，试写出 A～G 所代表的物质的化学式，并用化学反应方程式表示各过程。

20-17 以 Hg 为原料制备：(1) $Hg(NO_3)_2$；(2) $Hg_2(NO_3)_2$；(3) HgO；(4) HgI_2；(5) $K_2[HgI_4]$。

20-18 根据铜在酸中的元素电势图回答下列问题：

$$E_A^\ominus \qquad Cu^{2+} \xrightarrow{0.152\ V} Cu^+ \xrightarrow{0.521\ V} Cu$$

(1) 在酸性介质中 Cu^+能否发生歧化反应？

(2) 计算反应 $Cu^{2+} + Cu \!=\!=\!=\! 2Cu^+$的平衡常数 $K^\ominus$；

(3) 什么情况下可使 Cu^{2+}转化为 Cu^+，试举例说明。

20-19 使 0.10 mmol 的 AgCl 完全溶解生成$[Ag(NH_3)_2]^+$，需要 1.0 cm^3 氨水的浓度最小是多少？

20-20 已知 $K_{稳}^\ominus([Cu(NH_3)_4]^+) = 2.1\times10^{13}$，$E_{Cu^{2+}/Cu}^\ominus = 0.34$，$[Cu(NH_3)_4]^+$和 NH_3 的浓度分别为 1 $mol \cdot L^{-1}$，计算 $[Cu(NH_3)_4]^{2+}/Cu$ 的标准电极电势。

第 21 章　过渡金属(一)

21.1　概　　述

具有部分 d 电子或 f 电子的元素，包括周期表第四、五、六周期从ⅢB 族到Ⅷ族的元素，统称为过渡元素(有时将ⅠB、ⅡB 列入)。此处“过渡”的含义是指从活泼金属元素到非金属元素的过渡或由周期表 s 区元素过渡到 p 区元素。由于过渡元素的最外层电子数比较少，只有 1 个或 2 个，都属于金属，因此过渡元素又称为过渡金属。根据电子结构的特点，又可将过渡元素分为外过渡元素(d 区元素)和内过渡元素(f 区元素)两大组。第ⅢB 族的钪(scandium，Sc)、钇(yttrium，Y)和镧系元素的性质相近，因此常将 Sc、Y 和镧系的 15 个元素共 17 个元素总称为稀土元素。

过渡元素有许多不同于 s 区和 p 区元素的性质，且性质的周期性变化不如 s 区和 p 区元素存在明显的递变规律。由于元素的物理化学性质主要取决于电子结构，特别是其价电子构型，因此过渡元素也反映出一些共性。

21.1.1　过渡元素单质的物理性质

d 区元素原子的价电子构型是$(n-1)d^{1\sim10}ns^{1\sim2}$。由于$(n-1)$d 电子对 ns 电子的屏蔽作用不如$(n-1)$s、$(n-1)$p 电子完全，致使吸引 ns 电子的有效核电荷较大，所以同周期过渡元素随着原子序数的增加，其原子半径缓慢地减小。在同一族中，从上到下，原子半径变化不大。与其他金属相比，过渡金属的原子半径一般较小，因此金属的密度较大。其中第六周期的Ⅷ族元素的密度最大。锇是所有元素中密度最大的金属。

过渡金属的熔点和沸点一般都较高，而且在同一周期，从ⅢB 族到ⅥB 族依次升高，但从ⅥB 族到Ⅷ族又依次降低，故ⅥB 族金属的熔点和沸点最高。金属的熔点和沸点与金属键的强弱有一定关系。由于$(n-1)$d 电子参与成键，过渡金属中的金属键都比较强，因此熔点和沸点一般都较高，而金属键又随着成单 d 电子数的增加而增加。在同一周期，ⅥB 族有最多的成单电子，因此ⅥB 族金属的金属键最强，其熔点和沸点最高。在同一族中，从上到下熔点和沸点升高。因此，在过渡金属中，熔点和沸点最高的是钨。

21.1.2　过渡元素单质的化学性质

1. 单质的还原性

第一过渡系元素都是活泼金属，能置换出酸中的 H^+，随着原子序数的增加，从左到右其电极电势依次增大，但变化的趋势不大。第二、第三过渡系元素的电极电势比同族第一过渡系元素的都大，它们都是不活泼金属，一般不能置换出酸中的氢。铂系贵金属也极难与无氧化性的酸反应，因此铂质器皿具有耐酸(特别是 HF)的性能。但ⅢB 族的 Y 及镧系元素都是活泼金属，和第一过渡系元素与酸的作用相似。

总之，第一过渡系的元素为活泼金属，而第二、第三过渡系的元素为不活泼金属(Y、La、Ln 除外)。在第一过渡系的元素中，相邻两种金属的活泼性较相似。而在同一族中，第一过渡系元素与第二、第三过渡系元素之间的活泼性相差较大。

2. 氧化态

过渡元素都可形成多种氧化态(ⅢB 族例外)的化合物。在某些条件下，这些元素的原子仅用最外层 s 电子参与成键；在另外的条件下，这些元素的部分或全部 d 电子也参与成键。研究发现第一过渡系元素的典型氧化态的分布是过渡系两端元素的氧化态数目少而且低，中间元素的氧化态数目多而且高。这是因为过渡系列前面的元素 d 电子数少，而后面元素虽然 d 电子数不少，但是由于有效核电荷增加，d 轨道能量降低，不易参与成键。两端元素几乎无变价，中间的锰从−3 到 +7 多达 11 种。从钛到锰的最高氧化态等于最高能级组中的电子总数。钛有+2、+3、+4 三种价态，稳定性依次升高，而镍的+2 价却比+3 价稳定。总的来说，第一过渡系元素从左到右高氧化态的稳定性在减弱。从铁开始，由于高氧化态的稳定性减弱，铁、钴、镍的常见氧化态为+2 和+3。第二、第三过渡系元素的氧化态的变化趋势与第一过渡系元素基本一致。

在过渡元素的多种氧化态中，一般来说，最高氧化态比其低氧化态的氧化性强。最高氧化态化合物主要以氧化物、含氧酸盐或氟化物的形式存在，如 WO_3、MnO_4^-、FeO_4^{2-} 等。最低氧化态的化合物主要以配合物形式存在，如$[Cr(CO)_5]^{2-}$。

第一过渡系元素的低氧化态比较稳定，而最高氧化态一般不稳定(Sc、Ti 例外)。第二、第三过渡系的元素正好相反，高氧化态稳定，低氧化态不稳定，不易形成低价化合物。例如，在ⅥB 族中，Cr 在氧气中燃烧得 Cr_2O_3，而 Mo、W 在氧气中燃烧得 MoO_3 和 WO_3。

3. 易形成配合物

过渡金属离子易形成配合物，且配合物一般都比较稳定。这与过渡金属离子的电子构型有关。从杂化轨道理论来看，由于过渡金属低价离子都有未填满的 d 轨道，它们有可能提供空的$(n-1)$d 轨道，形成内轨型配合物，使配合物稳定。从晶体场理论来看，过渡金属低价离子的 d 电子为 $d^{1\sim9}$(ⅢB 族例外)，与 d^{10} 和 d^0 相比，在形成配合物时，它们可从 d 轨道分裂过程中获得晶体场稳定化能，从而使配合物稳定。

含 $d^{1\sim9}$ 的过渡金属离子形成的配离子一般都有特征的颜色。配离子的颜色是由于存在 d-d 跃迁。而不同配离子有自己特征的颜色，这取决于中心离子的电荷、半径和配体的性质。表 21-1 列出了第一过渡系金属离子与水形成配离子的颜色。

表 21-1　第一过渡系金属水合离子的颜色

d 电子构型	d^0	d^1	d^2	d^3	d^4	d^5	d^6	d^7	d^8	d^9	d^{10}
离子	Sc^{3+}	Ti^{3+}	V^{3+}	Cr^{3+}、V^{2+}	Mn^{2+}、Cr^{2+}	Fe^{3+}、Mn^{2+}	Fe^{2+}	Co^{2+}	Ni^{2+}	Cu^{2+}	Zn^{2+}
配离子颜色	无色	紫红色	绿色	蓝紫色，紫色	紫色，蓝色	淡紫色，淡红色	绿色	粉红色	绿色	蓝色	无色

同一中心离子与不同配体形成的配合物，因配体对中心离子形成的晶体场的强度不同，

其 d-d 跃迁所需的能量也不同，因此这些配合物吸收和透过的光也不一样，这些配合物就呈现不同的颜色。例如，$[Fe(SCN)_n]^{3-n}$呈血红色，$[FeF_6]^{3-}$呈无色，$[Fe(CN)_6]^{3-}$呈黄褐色。

21.2　钛副族元素

21.2.1　钛副族元素通性

周期表第ⅣB 族(不考虑第七周期)的三个元素是钛、锆、铪，称为钛副族，属于稀有元素。钛在地壳中的丰度是 0.63%，但大部分的钛是处于分散状态，主要的矿物有金红石(TiO_2)和钛铁矿($FeTiO_3$)，其次是钒钛铁矿。锆分散地存在于自然界中，主要矿物有锆英石 $ZrSiO_4$。铪常与锆共生，锆英石中平均约含 2%的铪，含量最高可达 7%。

钛副族元素原子的价电子构型为$(n-1)d^2ns^2$，d 轨道在全空(d^0)的情况下，原子的结构比较稳定，因此钛、锆、铪都以失去 4 个电子为特征。由于镧系收缩的影响，锆和铪的离子半径(Zr^{4+} 80 pm、Hf^{4+} 79 pm)十分接近，因此它们的化学性质很相似，造成锆和铪分离上的困难。这些元素的最稳定氧化态是+4，其次+3、+2 价氧化态的化合物还原性很强，因此很少见。钛副族元素的原子失去 4 个电子导致其离子半径小，氧化数高，极化能力强，同时遇水极易发生水解，所以它们的 M(Ⅳ)化合物主要以共价键结合，在水溶液中主要以 MO^{2+}形式存在。钛副族元素的元素电势图如图 21-1 所示。

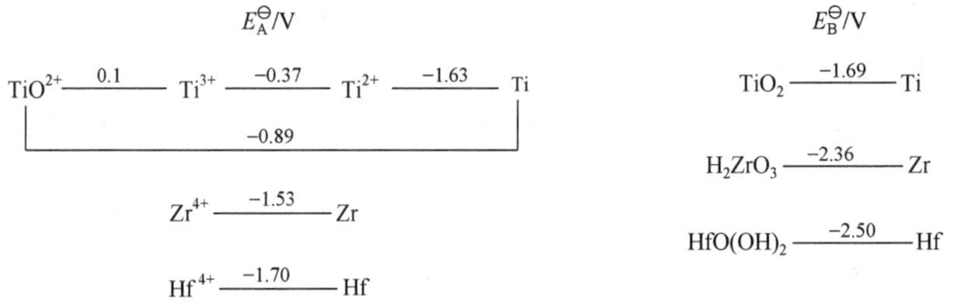

图 21-1　钛副族元素的元素电势图

21.2.2　钛单质

1. 理化性质

钛为银白色，密度 4.54 g · cm^{-3}，比钢铁的密度 7.8 g · cm^{-3} 小得多，比铝的密度 2.7 g · cm^{-3} 大，较轻，强度接近钢铁，兼有铝和铁的优点，且强度高，因此是航空、航天工业中的重要材料。

虽然钛在热力学上属于很活泼的元素，但其表面生成钝性的氧化物，故在常温下极其稳定。常温下它不与 X_2、O_2、H_2O 反应，也不与强酸(包括王水)及强碱反应。因此，钛和钛合金是优异的不锈钢原料。

高温时钛相当活泼：

$$Ti + O_2 = TiO_2(红热)$$

$$Ti + 2Cl_2 = TiCl_4(600\ K)$$

$$3Ti + 2N_2 = Ti_3N_4(800\ K)$$

上述化合物中钛均为最高氧化态+4。

虽然 Ti 的电极电势较负，但由于表面形成致密的、钝性的氧化物保护膜，在室温下不与无机酸反应。但在加热时可缓慢溶解于浓盐酸和浓硫酸中：

$$2Ti + 6HCl = 2TiCl_3(\text{紫色}) + 3H_2\uparrow \quad (\text{盐酸浓度大于 5\%才反应})$$

溶解单质钛最好的溶剂是氢氟酸或氢氟酸与盐酸的混合液：

$$Ti + 6HF = H_2TiF_6 + 2H_2\uparrow$$

Ti 不溶于热碱溶液反应，但能与熔融碱作用：

$$2Ti + 6KOH = 2K_3TiO_3 + 3H_2\uparrow$$

2. 钛的冶炼

由于高温时，Ti 和 O、N 生成氧化物和氮化物，熔融时，与碳酸盐、硅酸盐等形成碳化物和硅化物，因此冶炼比较困难。工业上以钛铁矿为原料制取钛单质时，先用浓 H_2SO_4 处理磨碎后的钛铁矿粉：

$$FeTiO_3 + 3H_2SO_4 = Ti(SO_4)_2 + FeSO_4 + 3H_2O$$

矿石中的 FeO 和 Fe_2O_3 也同时转变成了硫酸盐，加入 Fe 粉，还原 $Fe_2(SO_4)_3$ 至 $FeSO_4$，冷却使 $FeSO_4 \cdot 7H_2O$(绿矾)结晶，得副产品。

水解 $Ti(SO_4)_2$：

$$Ti(SO_4)_2 + H_2O = TiOSO_4 + H_2SO_4$$

$$TiOSO_4 + 2H_2O = H_2TiO_3(\text{白色沉淀，偏钛酸}) + H_2SO_4$$

煅烧 H_2TiO_3 制得 TiO_2：

$$H_2TiO_3 \xlongequal{\triangle} TiO_2 + H_2O$$

由 TiO_2 直接制取金属钛是比较困难的，因为 TiO_2 的生成热太大。例如，用碳还原钛，反应的标准吉布斯自由能变化 ($\Delta_r G_m^\ominus$) 为

$$TiO_2(s) + 2C = Ti(s) + 2CO(g)$$

$$\Delta_f G_m^\ominus /(kJ \cdot mol^{-1}) \qquad -889.5 \qquad 0 \qquad\qquad 0 \quad 2\times(-137.3)$$

$$\Delta_r G_m^\ominus = 614.9\ kJ \cdot mol^{-1}$$

虽然这一反应是熵值增大的反应，但由于 $\Delta_r G_m^\ominus$ 的值过大，甚至在高温下，如 1800℃也难以使反应的 $\Delta_r G_m^\ominus$ 变为负值，故反应难以进行。目前常用 TiO_2 与碳和氯气在 800～900℃时进行反应，先制得 $TiCl_4$：

$$TiO_2(s) + 2C(s) + 2Cl_2(g) \xrightarrow{800\sim900℃} TiCl_4(l) + 2CO(g)$$

然后在氩(Ar)气氛中用镁还原 $TiCl_4$：

$$TiCl_4(l) + 2Mg(s) = Ti(s) + 2MgCl_2(s) \qquad \Delta_r G_m^\ominus = -447.3\ kJ \cdot mol^{-1}$$

可以将剩余的 Mg 和生成的 $MgCl_2$ 蒸发掉，或用盐酸将 Mg 和 $MgCl_2$ 溶解得海绵钛。再用电弧法熔融、铸锭得钛锭。也可直接氯化金红石矿粉，制备 $TiCl_4$，实现钛的冶炼。

21.2.3　钛的重要化合物

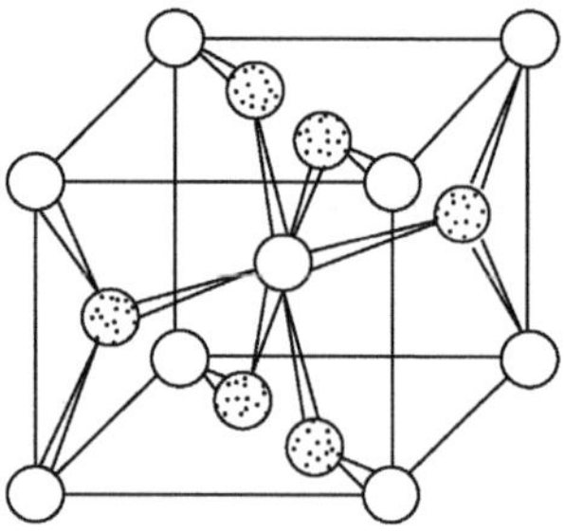

图 21-2　金红石的晶胞

1. 二氧化钛

在自然界中 TiO_2 有三种晶型，其中最重要的是金红石型，它属于简单四方晶系，是典型的 AB_2 型化合物的结构。金红石的晶胞见图 21-2。

在 TiO_2 晶体中，Ti 的配位数为 6，6 个 O 配位在 Ti 的周围形成八面体结构，O 的配位数为 3。由于阳离子和阴离子的半径比 $R^+/R^- = 0.68/1.40 = 0.486$，因此晶体中的 Ti^{4+}和 O^{2-}互相接触，而 O^{2-}之间互不接触(在 AB_2 型离子晶体中若 R^+/R^-为 0.414～0.732，阳离子和阴离子彼此接触，而阴离子间互不接触)。自然界的金红石是红色或桃红色晶体，有时因含有微量的 Fe、Nb、Ta、Sn、Cr、V 等杂质，而呈黑色。

钛白是经过化学处理制造出来的纯净的二氧化钛，冷时呈白色，热时呈浅黄色，它的重要用途是用来制备钛的其他化合物。纯净的 TiO_2 具有折射率高、着色力强、遮盖力大、化学性能稳定等优点，常用作高级白色颜料，在造纸工业中作填充剂，在合成纤维中作消光剂。

1) 与酸的作用

TiO_2 不溶于 H_2O、稀酸和稀碱，在一定条件下可溶于热浓 H_2SO_4：

$$TiO_2 + 2H_2SO_4(浓) \xlongequal{\triangle} Ti(SO_4)_2 + 2H_2O$$

Ti^{4+}电荷半径比很高，电场过强，在水中易水解成 TiO^{2+}，TiO^{2+}称为钛氧基或钛酰基，因此上述反应可写成：

$$TiO_2 + H_2SO_4(浓) \xlongequal{\triangle} TiOSO_4 + H_2O$$

Ti^{4+}和 TiO^{2+}之间有如下平衡：

$$Ti^{4+} + H_2O \rightleftharpoons TiO^{2+} + 2H^+$$

$$Ti(SO_4)_2 + H_2O \rightleftharpoons TiOSO_4 + H_2SO_4$$

水溶液中不能析出 $Ti(SO_4)_2$，却可以析出白色粉末 $TiOSO_4 \cdot H_2O$。

TiO_2 与 $KHSO_4$ 共熔，得可溶性盐类：

$$TiO_2 + 2KHSO_4 \xlongequal{\quad} TiOSO_4 + K_2SO_4 + H_2O$$

2) 与碱性化合物作用

TiO_2 具有两性，除了能与酸反应外，也能与碱反应：

$$TiO_2 + MgO \xlongequal{熔融} MgTiO_3$$

$$TiO_2 + BaCO_3 \xlongequal{熔融} BaTiO_3 + CO_2\uparrow$$

$BaTiO_3$，偏钛酸钡，是一种压电材料，受压时两端产生电位差。

2. 钛酸

在钛盐中加碱，可得α-钛酸(氢氧化钛或水合 TiO_2)：

$$TiBr_4 + 4NaOH = Ti(OH)_4\downarrow + 4NaBr$$

α-钛酸活性强，可溶于酸或碱，它可以写成 $Ti(OH)_4$、H_4TiO_4 或 $TiO_2 \cdot xH_2O$ 等形式。将钛盐溶液煮沸，水解生成 β-钛酸，这种水解过程即使加强酸也不能抑制。得到的β-钛酸稳定，不溶于酸也不溶于碱。

$$Ti(SO_4)_2 + 4H_2O \xlongequal{\triangle} Ti(OH)_4 + 2H_2SO_4$$

3. 四氯化钛

$TiCl_4$ 是钛的最重要卤化物，以它为原料可以制备一系列钛化合物和金属钛。常温下 $TiCl_4$ 为无色液体(沸点 408 K)，有刺激性气味，极易水解，在空气中冒白烟：

$$TiCl_4 + 3H_2O = H_2TiO_3 + 4HCl$$

制备 $TiCl_4$ 时，为了防止 $TiCl_4$ 水解，反应物 Cl_2 要严格除水，反应前装置要通 CO_2 气体排除 H_2O，反应停止后还要通 CO_2 保护。尾气 Cl_2 的吸收装置上也要有干燥管，防止外界水的侵入。制备 $TiCl_4$ 的关键是防止水解。

制备 $TiCl_4$ 也可用 TiO_2 与 $COCl_2$、$SOCl_2$、CCl_4 等反应：

$$TiO_2 + CCl_4 = TiCl_4 + CO_2\uparrow$$

在强还原剂作用下，Ti(Ⅳ)化合物可转变为 Ti(Ⅲ)化合物：

$$2TiCl_4(g) + H_2(g) = 2TiCl_3(l) + 2HCl(g)$$

4. 三氯化钛

单质钛在加热的情况下与盐酸反应得 $TiCl_3$ 紫色溶液。$TiCl_3$ 也可以由 $TiCl_4$ 还原制得：

$$2TiCl_4 + Zn = 2TiCl_3 + ZnCl_2$$

从水溶液中可以析出 $TiCl_3 \cdot 6H_2O$ 的紫色晶体，配合物的组成是$[Ti(H_2O)_6]Cl_3$。若用乙醚从 $TiCl_3$ 的饱和溶液中萃取，可得 $TiCl_3 \cdot 6H_2O$ 绿色晶体，配合物的组成是$[Ti(H_2O)_5Cl]Cl_2 \cdot H_2O$。两者互为水合异构。

三价钛离子在酸性溶液中是一个比 Sn^{2+}更强的还原剂，它的标准电极电势为

$$E_A^\ominus(TiO^{2+} / Ti^{3+}) = 0.1\ V < E_A^\ominus(Sn^{4+} / Sn^{2+}) = 0.15\ V$$

溶液中的 Ti^{3+}可用 Fe^{3+}为氧化剂进行滴定，用 KSCN 作指示剂。此反应用于测定溶液中钛的含量：

$$Ti_2(SO_4)_3 + Fe_2(SO_4)_3 = 2Ti(SO_4)_2 + 2FeSO_4$$

$$Fe^{3+} + 6SCN^- = [Fe(SCN)_6]^{3-}$$

Ti^{3+}可以将 $CuCl_2$ 还原成白色氯化亚铜沉淀：

$$2Ti^{3+} + 2CuCl_2 + 2H_2O = 2CuCl\downarrow + 2TiO^{2+} + 4H^+ + 2Cl^-$$

21.2.4 锆与铪

由于镧系收缩的影响，Zr 与 Hf 极为相似，分别为浅灰色和灰色金属。

Zr 和 Hf 耐酸性比 Ti 强，尤其是 Hf，100℃ 以下对酸稳定(HF 除外)，与碱可反应：

$$Zr + 4KOH \xlongequal{} K_4ZrO_4 + 2H_2\uparrow$$

锆、铪在化合物中主要呈+4 价氧化态。

纯的二氧化锆是硬的白色粉末，不溶于水，未经高温处理的二氧化锆能溶于无机酸，但经高温煅烧而制得的二氧化锆不溶于盐酸、硝酸和硫酸，在加热的条件下溶于氢氟酸。它还是一个难熔的氧化物，熔点(2973 K)很高，因此它是制造坩埚和优良高温陶瓷的原料。

ZrO_2 硬度大，高温处理的 ZrO_2，除 HF 外，不溶于其他酸。常用的可溶性锆盐是 $ZrOCl_2$，易水解：

$$ZrOCl_2 + (x+1)H_2O \xlongequal{} ZrO_2 \cdot xH_2O(\text{锆酸}) + 2HCl$$

锆酸比钛酸弱，也有两性。

四氯化锆为白色粉末，非常容易吸湿，在潮湿的空气中产生盐酸烟雾，遇水剧烈水解：

$$ZrCl_4 + 9H_2O \xlongequal{} ZrOCl_2 \cdot 8H_2O + 2HCl$$

水解产物是水合氯化锆酰，难溶于冷浓盐酸，却能溶于水。它可用作纺织品的防水剂、防汗剂和防臭剂。四氯化锆和四氯化铪还是制备金属锆和铪的原料。

四氟化锆是一种具有高折射率的无色单斜晶体，几乎不溶于水，与碱金属氟化物作用生成 $M_2^{(I)}ZrF_6$ 型配合物，它在空气中稳定，且不吸潮。可利用钾和铵的氟锆酸盐和氟铪酸盐在溶解度上的差别来分离锆、铪。但这种分离方法需要的时间长，手续较烦琐。目前主要采用溶剂萃取和离子交换等方法分离锆和铪。利用强碱性酚醛树脂阴离子交换剂可将锆、铪分离。溶剂萃取法是利用锆、铪的硝酸溶液以磷酸三丁酯或三辛胺 N_{235} 的甲基异丁酮溶液萃取，锆较易进入有机溶剂相而铪留在水溶液中。

21.3 钒副族元素

21.3.1 钒副族元素通性

周期表第ⅤB 族元素钒、铌、钽三种元素统称钒副族。它们在地壳中含量很少，属于稀有元素。钒的主要矿物是钒钛铁矿、钒酸钾铀矿[$K(UO_2)VO_4 \cdot 3/2H_2O$]和钒铅矿[$Pb_5(VO_4)_3Cl$]等。由于镧系收缩，铌和钽离子半径极为相近，它们又是同族元素，在自然界中总是共生在一起，主要矿物为共生的铌铁或钽铁矿{$Fe[(Nb \cdot Ta)O_3]_2$}。

钒副族元素的价电子构型为$(n-1)d^3ns^2$，因 5 个电子都可参与成键，所以稳定氧化态为+5，此外还能形成+4 价、+3 价、+2 价的低氧化态化合物。按 V、Nb、Ta 的顺序，高氧化态的稳定性依次增强，低氧化态的稳定性依次减弱。钒副族元素的元素电势图如图 21-3 所示。

$E_A^\ominus/V$

$$VO_2^+ \xrightarrow{\ 0.991\ } VO^{2+} \xrightarrow{\ 0.337\ } V^{3+} \xrightarrow{\ -0.255\ } V^{2+} \xrightarrow{\ -1.175\ } V$$

$$Nb_2O_5 \xrightarrow{\ -0.1\ } Nb^{3+} \xrightarrow{\ -1.1\ } Nb$$

$$\underset{-0.64}{\rule{7cm}{0pt}}$$

$$Ta_2O_5 \xrightarrow{\ -0.81\ } Ta$$

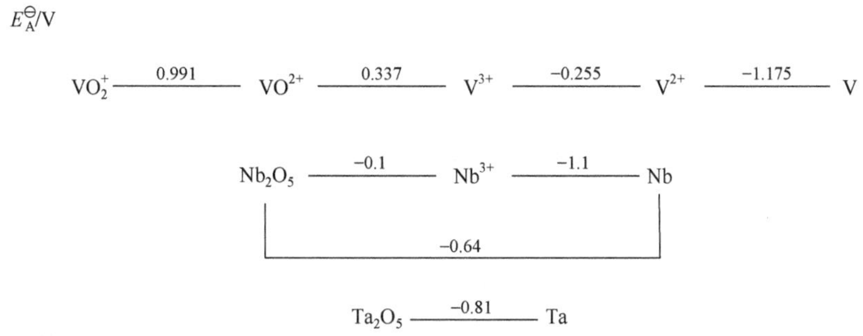

图 21-3　钒副族元素的元素电势图

21.3.2　钒单质

1. 钒单质的理化性质

钒在自然界中非常分散，V(Ⅲ)经常与铁矿混生，如钒钛铁矿，V(Ⅴ)尚可独立成矿。钒是稀有金属，单质钒呈浅灰色，有金属光泽，具有典型的体心立方晶格结构，熔点为 1910℃，纯净时延展性好，不纯时硬而脆。由于钒族各金属比同周期的钛族金属有较强的金属键，因而具有较高的熔点和沸点。

$$V^{2+} + 2e^- \longrightarrow V \qquad E_A^\ominus = -1.175\ V$$

从电极电势看，它是极活泼的金属，但由于表面钝化，常温下不活泼，块状的钒可以抵抗空气的氧化和海水的腐蚀，非氧化性酸及碱也不能与钒作用。

钒可以溶于浓硫酸和硝酸中，以 $V(NO_3)_4$ 或 $VO(NO_3)_2$ 形式存在。

$$V + 8HNO_3 =\!=\!= V(NO_3)_4 + 4NO_2 + 4H_2O$$

钒也可以与熔融的强碱反应。

高温下，钒的反应活性很高。钒与氧气共热时，可以得到不同氧化数的氧化物，如绿色的 VO、黑色的 V_2O_3、蓝黑色的 VO_2。温度高时得到砖红色的 V_2O_5。而钒与卤素共热时，可以得到无色液体 VF_5、红色液体 VCl_4、黑绿色固体 VBr_3 等卤化物。

$$4V + 5O_2 =\!=\!= 2V_2O_5$$

$$V + 2Cl_2 =\!=\!= VCl_4$$

2. 钒的冶炼

由于钒副族单质在高温下有较强的反应活性，它们都很难提取。铁/钒合金(钒铁)是通过铝热法制备的，然后再将它添加到合金钢中。纯钒可以通过金属 Na 或 H_2 还原 VCl_3、单质 Mg 还原 VCl_4 来获得。所有的钒副族金属均可以通过电解熔融氟的配合物如 $K_2[NbF_7]$ 来制备。

21.3.3　钒的重要化合物

1. 五氧化二钒

V_2O_5 为橙黄色或砖红色粉末，无嗅、无味，有毒，微溶于水。V_2O_5 是钒酸 H_3VO_4 及偏钒酸 HVO_3 的酸酐。加热偏钒酸铵或三氯氧钒水解可得 V_2O_5：

$$2NH_4VO_3 = V_2O_5 + 2NH_3\uparrow + H_2O$$

$$2VOCl_3 + 3H_2O = V_2O_5 + 6HCl$$

V_2O_5在水中溶解度很小，但在酸中、碱中都可溶，是两性氧化物。

$$V_2O_5 + 6NaOH = 2Na_3VO_4 + 3H_2O$$

$$V_2O_5 + H_2SO_4 = (VO_2)_2SO_4 + H_2O$$

V_2O_5在酸性介质中有强氧化性，与盐酸反应放出Cl_2，自身被还原成V(Ⅳ)：

$$V_2O_5 + 6HCl = 2VOCl_2 + Cl_2\uparrow + 3H_2O$$

V_2O_5是接触法制硫酸的催化剂，用它代替昂贵的铂作催化剂加速SO_2变成SO_3的反应：

$$2SO_2 + O_2 \xrightarrow[V_2O_5]{723\ K} 2SO_3$$

将V_2O_5加入玻璃中还可以防止紫外光透过。

2. 钒酸盐

V^{5+}比Ti^{4+}有更大的电荷半径比，水中不存在简单的V^{5+}。V^{5+}是以钒氧基(VO_2^+、VO^{3+})或钒的含氧酸根(VO_4^{3-}、VO_3^-)形式存在。

钒酸盐有许多存在形式，如偏钒酸盐VO_3^-、正钒酸盐VO_4^{3-}、二聚钒酸盐$V_2O_7^{4-}$、多聚钒酸($H_{n+2}V_nO_{3n+1}$)。它的存在形式与体系的pH有关，pH越大，聚合度越低；pH越小，聚合度越高。

(1) 当pH＞13时，以VO_4^{3-}存在，pH降低，经二聚、四聚、五聚……逐渐升高；

(2) 当pH = 2时，以V_2O_5形式析出；

(3) 当pH≤1时，以淡黄色的VO_2^+存在，实际上为V_2O_5与强酸的反应产物。

VO_4^{3-}中氧可被过氧链取代，向钒酸盐溶液中加H_2O_2：碱性、中性、弱酸性时，得黄色的二过氧钒酸根$[VO_2(O_2)_2]^{3-}$；在酸性溶液中，以阳离子存在，得红棕色过氧钒离子$[V(O_2)]^{3+}$，两者之间有平衡：

$$[VO_2(O_2)_2]^{3-} + 6H^+ \rightleftharpoons [V(O_2)]^{3+} + H_2O_2 + 2H_2O$$

以上反应可以鉴定V(Ⅴ)。

3. 各种氧化态的钒离子

钒的不同氧化态化合物具有不同的特征颜色。若向紫色V^{2+}溶液中加入氧化剂如$KMnO_4$，先得到绿色的V^{3+}溶液，继续被氧化为蓝色的VO^{2+}溶液，最后VO^{2+}被氧化为黄色的VO_2^+溶液。不同氧化态钒化合物的颜色和相应离子颜色比较相近。

从酸性溶液中钒的元素电势图$VO_2^+ \xrightarrow{0.991\ V} VO^{2+} \xrightarrow{0.337\ V} V^{3+} \xrightarrow{-0.255\ V} V^{2+} \xrightarrow{-1.175\ V} V$来看，$V^{3+}$和$V^{2+}$有较明显的还原性，在酸性介质中$VO_2^+$是一种较强的氧化剂。$VO_2^+$也可以被$Fe^{2+}$、草酸等还原剂还原为$VO^{2+}$：

$$VO_2^+ + Fe^{2+} + 2H^+ \longrightarrow VO^{2+} + Fe^{3+} + H_2O$$

$$2VO_2^+ + H_2C_2O_4 + 2H^+ \xrightarrow{\triangle} 2VO^{2+} + 2CO_2\uparrow + 2H_2O$$

钒酸根 (VO_4^{3-}) 和磷酸根 (PO_4^{3-}) 结构相似，均为四面体，若向钒酸盐溶液中加酸，使 pH 逐渐下降，则生成不同缩合度的多钒酸盐。随着 pH 的降低，多钒酸根中含钒原子越多，缩合度越大，其缩合平衡为

$$2VO_4^{3-} + 2H^+ \rightleftharpoons V_2O_7^{4-} + H_2O \qquad pH = 10.6 \sim 12$$

$$2V_2O_7^{4-} + 4H^+ \rightleftharpoons H_2V_4O_{13}^{4-} + H_2O \qquad pH \approx 9$$

$$5H_2V_4O_{13}^{4-} + 8H^+ \rightleftharpoons 4H_4V_5O_{16}^{3-} + H_2O \qquad pH \approx 7$$

若向浓度较大的钒酸盐溶液中加酸，继续缩合，经 $H_4V_5O_{16}^{3-}$得到 V_2O_5 沉淀：

$$2H_4V_5O_{16}^{3-} + 6H^+ \rightleftharpoons 5V_2O_5\downarrow + 7H_2O \qquad pH \approx 2$$

继续加酸，V_2O_5 溶解得到 VO_2^+ 浅黄色溶液：

$$V_2O_5 + 2H^+ \rightleftharpoons 2VO_2^+ + H_2O \qquad pH < 1$$

4. 钒副族的卤化物

钒的五卤化物只有 VF_5，铌和钽的四种五卤化物 MX_5 (X = F，Cl，Br，I)均可由金属与卤素单质直接化合制得。除 VF_5 为无色液体外，铌和钽的五卤化物都是易升华和易水解的固体，NbF_5、TaF_5 为白色；$NbCl_5$、NbI_5、$TaCl_5$、$TaBr_5$ 为深浅不同的黄色；$NbBr_5$ 为橙色；TaI_5 为黑色。钒副族元素的五卤化物气态时都是单体，具有三角双锥结构。常温下 NbF_5 和 TaF_5 是四聚体；$NbCl_5$、$TaCl_5$、$NbBr_5$ 和 $TaBr_5$ 是二聚体。四聚体和二聚体的结构分别见图 21-4。

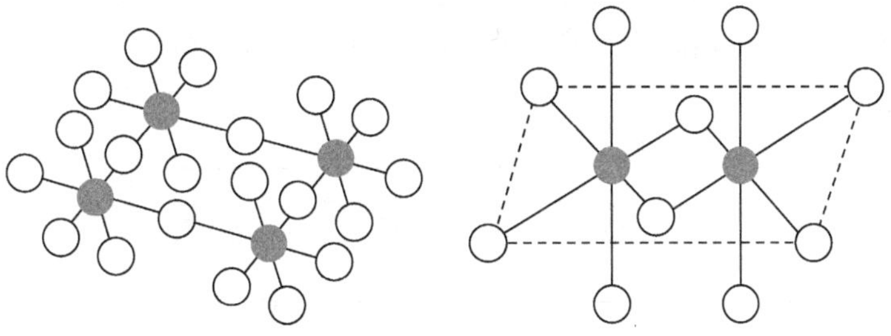

(a)　(b)

图 21-4　四聚体(a)和二聚体(b)的结构

除五卤化物外，钒副族元素还有许多卤化物，如固态的 VF_4(灰绿色)和 VF_3(绿色)，液态的 VCl_4(棕红色)，铌和钽的卤化物均为固态。

钒的卤化物对潮气十分敏感，易吸潮和水解。随着钒氧化数的升高，水解能力增强。

$$VCl_4 + H_2O \longrightarrow VOCl_2 + 2HCl$$

中间氧化态钒的卤化物会发生歧化，高氧化态的卤化物还能发生自氧化：

$$2VCl_3 \xlongequal{} VCl_2 + VCl_4$$

$$2VCl_3 \xlongequal{} 2VCl_2 + Cl_2$$

21.3.4　铌和钽

Nb 和 Ta 均为灰色的高熔点金属，性质十分相似。Nb、Ta 在空气中氧化，表面生成钝性的氧化膜，致使其在室温下活性很低，尤其是 Ta，甚至不与王水反应，但可以缓慢地溶于氢氟酸，尤其是 HF-HNO_3 的混酸中。在空气中加热均可得五价的氧化物：

$$4Nb + 5O_2 \xlongequal{\triangle} 2Nb_2O_5$$

$$4Ta + 5O_2 \xlongequal{\triangle} 2Ta_2O_5$$

Ta_2O_5 相当稳定，加热至 1470℃熔化也不分解，不被 H_2 还原。

Nb 和 Ta 的含氧酸和钒酸相似，有多酸形式，$NbOCl_3$ 易水解：

$$2NbOCl_3 + (x + 3)H_2O \xlongequal{} Nb_2O_5 \cdot xH_2O + 6HCl$$

21.4　铬副族元素

21.4.1　铬副族元素通性

周期表第ⅥB 族元素铬、钼、钨三种元素称为铬副族元素。铬的最重要矿物是铬铁矿 $Fe(CrO_2)_2$，常见的钼矿主要有辉钼矿 MoS_2，钨矿主要有黑钨矿 $FeWO_4$、$MnWO_4$ 和白钨矿 $CaWO_4$。我国的钨矿和钼矿储量都很丰富。

铬副族元素的价电子构型为$(n-1)d^{4\sim5}ns^{1\sim2}$，最高能级组的 6 个电子占据 6 个原子轨道，s 电子和 d 电子都参与成键，形成非常强的金属键，导致该族元素是周期表中熔点最高、硬度最大的金属。同时，6 个电子都可以失去，生成的最高氧化态为+6；若部分 d 电子参与成键则呈现低氧化态，如铬有+3、+2 氧化态。从存在于自然界的矿物也可以看出，铬、钼、钨的最高氧化态依次趋向于稳定。铬副族元素的元素电势图如图 21-5 所示。

$E_A^\ominus$/V

$Cr_2O_7^{2-}$ —1.232— Cr^{3+} —−0.407— Cr^{2+} —−0.913— Cr （Cr^{3+} —−0.74— Cr）

H_2MoO_4 —0.4— MoO_2^+ —0.0— Mo^{3+} —−0.2— Mo

WO_3 —−0.03— W_2O_5 —−0.04— WO_2 —−0.15— W^{3+} —−0.11— W

$E_B^\ominus$/V

CrO_4^{2-} —−0.13— $Cr(OH)_3$ —−1.1— $Cr(OH)_2$ —−1.4— Cr

MoO_4^{2-} —−1.4— MoO_2 —−0.87— Mo

WO_4^{2-} —−1.25— W

图 21-5　铬副族元素的元素电势图

21.4.2　铬单质

1. 铬单质的理化性质

单质铬为银白色，由于成单电子数多，金属键强，故硬度及熔、沸点均高，铬是硬度最大的金属。由于铬的机械强度好，抗腐蚀性能强，硬度大，被广泛用于钢铁、合金及金属表面镀铬。若不锈钢中有不同铬含量的成分，不锈钢的性能不同，其最高可达 20%左右。许多金属表面镀铬，不仅防锈，而且光亮如新。

从电极电势看，Cr 是活泼的金属，由于表面生成钝性的氧化膜，常温下 Cr 不活泼，不溶于硝酸、硫酸，甚至王水。Cr 的钝化可以在空气中迅速发生。例如，在空气中将铬块击碎投入汞中，无汞齐生成；在汞中将铬块击碎，有汞齐生成。

Cr 缓慢地溶于稀盐酸和稀硫酸，先有 Cr(Ⅱ)(蓝色)生成，Cr(Ⅱ)在空气中迅速被氧化成 Cr(Ⅲ)(绿色)：

$$Cr + 2HCl = CrCl_2 + H_2\uparrow$$

$$4CrCl_2 + 4HCl + O_2 = 4CrCl_3 + 2H_2O$$

高温时铬活泼，与 X_2、O_2、S、C、N_2 直接化合，一般生成 Cr(Ⅲ)化合物。高温时也可与酸反应，熔融时也可以与碱反应。

2. 铬的冶炼

工业上主要是将铬铁矿与固体 Na_2CO_3(或 NaOH)在高温下空气中氧化，使铬铁矿中的铬氧化成可溶性的铬酸盐：

$$4FeCr_2O_4 + 7O_2 + 8Na_2CO_3 = 2Fe_2O_3 + 8Na_2CrO_4 + 8CO_2\uparrow$$

然后用水浸取 Na_2CrO_4，过滤除去氧化铁等杂质，再加酸酸化并浓缩得 $Na_2Cr_2O_7$ 结晶：

$$2Na_2CrO_4 + H_2SO_4 = Na_2Cr_2O_7 + Na_2SO_4 + H_2O$$

再用碳还原 $Na_2Cr_2O_7$ 得 Cr_2O_3：

$$Na_2Cr_2O_7 + 2C = Cr_2O_3 + Na_2CO_3 + CO\uparrow$$

最后可用铝热法由 Cr_2O_3 得到金属铬：

$$Cr_2O_3 + 2Al = 2Cr + Al_2O_3$$

21.4.3　Cr(Ⅲ)化合物

1. Cr(Ⅲ)和 Al(Ⅲ)的相似性

1) 氧化物

Cr_2O_3 是特征的两性氧化物，是灰绿色的固体，可作绿色颜料，俗称铬绿，熔点很高，难溶于水，溶于酸和碱：

$$Cr_2O_3 + 3H_2SO_4 = Cr_2(SO_4)_3(\text{蓝紫色}) + 3H_2O$$

$$Cr_2O_3 + 2NaOH = 2NaCrO_2(\text{绿色}) + H_2O$$

$Cr_2(SO_4)_3$ 无水盐呈紫红色粉末。高温时灼烧过的 Cr_2O_3 对酸和碱均呈惰性，需与 $K_2S_2O_7$ 或 $KHSO_4$ 共熔后，再转入溶液中。

2) 氢氧化物

在 Cr^{3+}的溶液中加入适量的 NaOH，先生成灰蓝色的 $Cr(OH)_3$沉淀。与 $Al(OH)_3$的两性相似，$Cr(OH)_3$也是两性氢氧化物：

$$Cr(OH)_3 + 3H^+ = Cr^{3+} + 3H_2O$$

$$Cr(OH)_3 + OH^- = [Cr(OH)_4]^-$$

$[Cr(OH)_4]^-$为绿色溶液。

3) 盐类

铬的盐类多带结晶水，$CrCl_3 \cdot 6H_2O$、$Cr_2(SO_4)_3 \cdot 18H_2O$、$K_2SO_4 \cdot Cr_2(SO_4)_3 \cdot 24H_2O$ 均与 $AlCl_3 \cdot 6H_2O$、$Al_2(SO_4)_3 \cdot 18H_2O$、$K_2SO_4 \cdot Al_2(SO_4)_3 \cdot 24H_2O$ 一致。

含水氯化物受热脱水时发生水解：

$$CrCl_3 \cdot 6H_2O = Cr(OH)Cl_2 + 5H_2O + HCl$$

硫酸盐加热脱水时不水解，因为 H_2SO_4不挥发。

Cr^{3+}和 Al^{3+}的电荷高，易与 OH^-结合，发生水解：

$$2Cr^{3+} + 3S^{2-} + 6H_2O = 2Cr(OH)_3\downarrow + 3H_2S$$

$$2Cr^{3+} + 3CO_3^{2-} + 6H_2O = 2Cr(OH)_3\downarrow + 3CO_2\uparrow + 3H_2O$$

2. Cr(Ⅲ)和 Al(Ⅲ)的不同点

1) 颜色

溶液中 Cr^{3+}由于配位方式不同，进而表现出不一样的颜色。这些颜色与晶体场中的 d-d 跃迁有关：

$$[Cr(H_2O)_6]^{3+}\text{(蓝紫色)} \xrightarrow{Cl^-} [CrCl(H_2O)_5]^{2+}\text{(浅绿色)}$$

$$[Cr(H_2O)_6]^{3+} \xrightarrow{\text{加}NH_3} [Cr(NH_3)_3(H_2O)_3]^{3+}\text{(浅红色)} \xrightarrow{NH_3} [Cr(NH_3)_6]^{3+}$$

$$[CrCl(H_2O)_5]^{2+} \xrightarrow{\text{加}NH_3} [Cr(NH_3)_6]^{3+}$$

2) 与氧化剂的反应

Al^{3+}不表现还原性，与氧化剂不反应。Cr(Ⅲ)在碱中易被氧化至 Cr(Ⅵ)：

$$2CrO_2^- + 3H_2O_2 + 2OH^- = 2CrO_4^{2-} + 4H_2O$$

Cr(Ⅲ)在酸中用强氧化剂才可被氧化至 Cr(Ⅵ)：

$$10Cr^{3+} + 6MnO_4^- + 11H_2O = 6Mn^{2+} + 5Cr_2O_7^{2-} + 22H^+$$

3) 配合物的形成

Al 是主族元素，Al^{3+}不易形成配合物，一般形成螯合物，如 AlY^-(Y 表示 EDTA，四元酸)、8-羟基喹啉螯合物等。与 $NH_3 \cdot H_2O$ 作用：

$$Al^{3+} + 3NH_3 \cdot H_2O = Al(OH)_3\downarrow + 3NH_4^+$$

生成的 $Al(OH)_3$不溶于过量的 $NH_3 \cdot H_2O$ 中。

Cr^{3+}和 NH_3则可以形成配合物。Cr^{3+}的价电子排布式为 $3d^3$，形成六配位时，无论是强场还是弱场配体，d 轨道中的 3 个电子都进入低能的 d_ε轨道，都形成高自旋配合物。由价键理论可知，此时中心原子的杂化方式为 d^2sp^3 杂化，为内轨型八面体配合物。

3. Cr(Ⅵ)化合物

Cr^{6+}比同周期的 Ti^{4+}和 V^{5+}有更高的电荷、更小的半径(52 pm)，故 Cr(Ⅵ)总是以氧化物(CrO_3)、含氧酸根(CrO_4^{2-}、$Cr_2O_7^{2-}$)、铬氧基(CrO_2^{2+})等形式存在。由于强烈的极化作用，Cr(Ⅵ)化合物中的电子跃迁，Cr(Ⅵ)化合物一般有特征的颜色。

1) 存在形式与转化

不同氧化态的 Cr 的含氧酸根有不同的颜色：

CrO_4^{2-}	$Cr_2O_7^{2-}$	CrO_3	CrO_2^{2+}
黄色	橙色	红色(针状)	深红色

Cr(Ⅵ)在碱中以单聚酸根 CrO_4^{2-} 存在，在酸中以二聚 $Cr_2O_7^{2-}$ 存在，在强酸中沉淀出氧化物 CrO_3，酸性过强 Cr(Ⅵ) 显碱性，为 CrO_2^{2+}。

$$2CrO_4^{2-} + 2H^+ \longrightarrow Cr_2O_7^{2-} + H_2O \qquad K^{\ominus} = 1.0\times10^{14}$$

配制洗液时 H_2SO_4(浓)与 $K_2Cr_2O_7$ 混合：

$$K_2Cr_2O_7 + 2H_2SO_4(浓) \longrightarrow 2KHSO_4 + 2CrO_3\downarrow + H_2O$$

有 CrO_3 红色针状晶体析出。洗液利用了 CrO_3 的强氧化性和 H_2SO_4 的强酸性。

CrO_2^{2+} 称为铬氧基、铬酰基。CrO_2Cl_2 是四面体共价分子，深红色液体(沸点 390 K)，易挥发，可与 CCl_4、CS_2、$CHCl_3$ 互溶。将 $K_2Cr_2O_7$ 和 KCl 粉末相混合，滴加浓 H_2SO_4，加热则有 CrO_2Cl_2 挥发出来：

$$K_2Cr_2O_7 + 4KCl + 3H_2SO_4 \longrightarrow 2CrO_2Cl_2\uparrow + 3K_2SO_4 + 3H_2O$$

CrO_2Cl_2 易水解：

$$2CrO_2Cl_2 + 3H_2O \longrightarrow H_2Cr_2O_7 + 4HCl$$

钢铁分析中排除 Cr 的干扰时发生反应：

$$Cr_2O_7^{2-} + 4Cl^- + 6H^+ \longrightarrow 2CrO_2Cl_2 + 3H_2O$$

生成的 CrO_2Cl_2 蒸发至冒烟除去。

2) 化学性质

$$H_2CrO_4 \longrightarrow H^+ + HCrO_4^- \qquad K_{a1}^{\ominus} = 4.1 \quad 酸性较强$$

Cr(Ⅵ)的氧化性是其重要的性质。CrO_3 是 H_2CrO_4 的酸酐，表现出强氧化性、热不稳定性和水溶性。

氧化性：遇有机物强烈反应以至着火。

热不稳定性：熔点(470 K)逐渐分解，$CrO_3 \rightarrow Cr_3O_8 \rightarrow Cr_2O_5 \rightarrow CrO_2 \rightarrow Cr_2O_3$。

$$4CrO_3 \longrightarrow 2Cr_2O_3 + 3O_2\uparrow$$

水溶性：

$$CrO_3 + H_2O \longrightarrow H_2CrO_4$$

$Cr_2O_7^{2-}$ 有较强的氧化性。在酸性溶液中，$Cr_2O_7^{2-}$ 是强氧化剂；但在碱性溶液中其氧化性要弱得多：

$$Cr_2O_7^{2-} + 14H^+ + 6e^- = 2Cr^{3+} + 7H_2O \qquad E_A^\ominus = +1.232\ V$$

$$CrO_4^{2-} + 4H_2O + 3e^- = Cr(OH)_3 + 5OH^- \qquad E_B^\ominus = -0.13\ V$$

例如，在冷溶液中，$K_2Cr_2O_7$可以氧化 H_2S、SO_3^{2-}、I^- 等：

$$Cr_2O_7^{2-} + 3H_2S + 8H^+ = 2Cr^{3+} + 3S\downarrow + 7H_2O$$

$$Cr_2O_7^{2-} + 3SO_3^{2-} + 8H^+ = 2Cr^{3+} + 3SO_4^{2-} + 4H_2O$$

$$Cr_2O_7^{2-} + 6I^- + 14H^+ = 2Cr^{3+} + 3I_2 + 7H_2O$$

在分析化学中，常用 $K_2Cr_2O_7$来测定 Fe 的含量：

$$Cr_2O_7^{2-} + 6Fe^{2+} + 14H^+ = 2Cr^{3+} + 6Fe^{3+} + 7H_2O$$

+6 价的铬酸难溶盐常见的有以下几种：Ag_2CrO_4(砖红色)、$PbCrO_4$(黄色)、$BaCrO_4$(黄色)、$SrCrO_4$(黄色)，它们均溶于强酸，故不会生成重铬酸沉淀：

$$CrO_4^{2-} + Pb^{2+} = PbCrO_4\downarrow$$

$$Cr_2O_7^{2-} + 2Pb^{2+} + H_2O = 2PbCrO_4\downarrow + 2H^+$$

其中，$SrCrO_4$溶解度较大，可溶于 HAc 中，且 Sr^{2+}加入 $Cr_2O_7^{2-}$ 中不能生成 $SrCrO_4$沉淀。

4. Cr(Ⅵ)的过氧化物

与+4 价的 Ti、Zr、Hf 和+5 价的 V、Nb、Ta 相似，+6 价的 Cr、Mo、W 也可形成过氧化物。以 Cr(Ⅵ)为例，在重铬酸盐的酸性溶液中加入少许乙醚和过氧化氢溶液，轻轻摇荡，乙醚层呈现深蓝色：

$$Cr_2O_7^{2-} + 4H_2O_2 + 2H^+ = 2CrO_5 + 5H_2O$$

深蓝色化合物的化学式为 $CrO(O_2)_2\cdot(C_2H_5)_2O$：

$$CrO_5 + (C_2H_5)_2O = CrO(O_2)_2\cdot(C_2H_5)_2O$$

在分析化学中常用这个反应来检验铬或 H_2O_2。这个深蓝色的过氧化物并不稳定，会逐渐分解：

$$4CrO_5 + 12H^+ = 4Cr^{3+} + 7O_2\uparrow + 6H_2O$$

过氧铬酸盐有两种：将 30%的 H_2O_2 在 273 K 时小心地加到 $K_2Cr_2O_7$溶液中，可生成蓝色的 $K_2Cr_2O_{12}$；在碱性 $K_2Cr_2O_7$溶液中加入 30%的 H_2O_2 得暗红色的 K_3CrO_8。

这两种过氧铬酸盐均不稳定，在碱性溶液中，

$$2Cr_2O_{12}^{2-} + 4OH^- = 4CrO_4^{2-} + 2H_2O + 5O_2\uparrow$$

$$4CrO_8^{3-} + 2H_2O = 4CrO_4^{2-} + 4OH^- + 7O_2\uparrow$$

在酸性溶液中，

$$Cr_2O_{12}^{2-} + 8H^+ = 2Cr^{3+} + 4H_2O + 4O_2\uparrow$$

$$2CrO_8^{3-} + 12H^+ = 2Cr^{3+} + 6H_2O + 5O_2\uparrow$$

5. 常见金属阳离子的分离

Zn^{2+}、Cu^{2+}、Ag^{+}、Cr^{3+}、Al^{3+}、Pb^{2+}、Sb^{3+}、Ba^{2+}、Na^{+}在同一溶液中，利用在不同溶液中的沉淀溶解性的不同，加以分离，具体方法如图 21-6 所示。

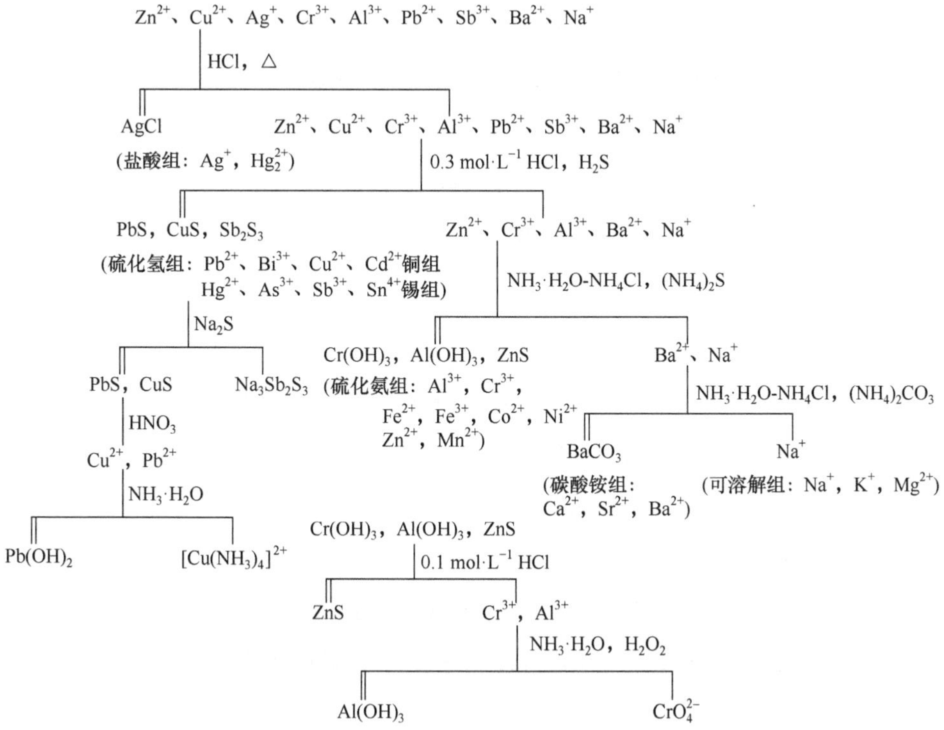

图 21-6 分离方法

6. 重铬酸钾的生产

以铬铁矿 $Fe(CrO_2)_2$ 为原料制 $K_2Cr_2O_7$，可以将原料看成 $FeO \cdot Cr_2O_3$。

(1) 将矿石和碱混合并熔融，在空气作用下完成 Cr(Ⅲ)向 Cr(Ⅵ)的转化：

$$4Fe(CrO_2)_2 + 8Na_2CO_3 + 7O_2 \xlongequal{\quad} 8Na_2CrO_4 + 2Fe_2O_3 + 8CO_2\uparrow$$

(2) 去铁：将上述熔融并氧化后的块状物溶于水，滤去 Fe_2O_3。

(3) 滤液加酸完成 CrO_4^{2-} 向 $Cr_2O_7^{2-}$ 的转化。

(4) 加入 KCl，由于 NaCl 的溶解度基本不随温度变化，可用变温的方法除去 NaCl，于是得橙红色的 $K_2Cr_2O_7$ 晶体，俗名红矾。

21.4.4 钼和钨

1. Mo 和 W 的单质

Mo、W 都是银白色金属，硬度大，熔点高。W 是熔点最高的金属，熔点 3683 K。我国 W 的储量居世界第一位。从电极电势看，Mo、W 的活性与 Pb、Sn 相近，由于表面钝化，它们的单质表现得十分稳定。最高氧化态的 Mo(Ⅵ)和 W(Ⅵ)的氧化性很弱。

2. 钼和钨的提炼

先将辉钼矿的精矿焙烧除硫：

$$2MoS_2 + 7O_2 \xlongequal{} 2MoO_3 + 4SO_2$$

氨水浸取烧结块使 MoO_3 转化为可溶性的钼酸铵：

$$MoO_3 + 2NH_3 \cdot H_2O \xlongequal{} (NH_4)_2MoO_4 + H_2O$$

过滤后用$(NH_4)_2S$ 沉淀滤液中的铜、铁、铝等杂质：

$$[Cu(NH_3)_4]^{2+} + S^{2-} \xlongequal{} CuS\downarrow + 4NH_3$$

然后加适量的 $Pb(NO_3)_2$ 除去多余的$(NH_4)_2S$：

$$Pb^{2+} + S^{2-} \xlongequal{} PbS\downarrow$$

滤去硫化物沉淀后用酸酸化滤液即析出钼酸：

$$(NH_4)_2MoO_4 + 2HCl \xlongequal{} H_2MoO_4\downarrow + 2NH_4Cl$$

将 H_2MoO_4 加热至 400～500℃得到 MoO_3：

$$H_2MoO_4 \xlongequal{} MoO_3 + H_2O$$

用氢还原 MoO_3 可得金属钼：

$$MoO_3 + 3H_2 \xlongequal{} Mo + 3H_2O$$

白钨矿经过浮选、黑钨矿经过磁选后得到的精钨矿与碳酸钠混合后焙烧至 800～900℃，形成可溶性的钨酸钠：

$$CaWO_4 + Na_2CO_3 \xlongequal{} Na_2WO_4 + CaCO_3$$

$$4FeWO_4 + 4Na_2CO_3 + O_2 \xlongequal{} 4Na_2WO_4 + 2Fe_2O_3\downarrow + 4CO_2\uparrow$$

$$6MnWO_4 + 6Na_2CO_3 + O_2 \xlongequal{} 6Na_2WO_4 + 2Mn_3O_4\downarrow + 6CO_2\uparrow$$

用水浸取 Na_2WO_4，除去杂质后过滤，滤液用盐酸酸化得钨酸：

$$Na_2WO_4 + 2HCl \xlongequal{} H_2WO_4\downarrow + 2NaCl$$

为得到纯的 WO_3，可将 H_2WO_4 与 $NH_3 \cdot H_2O$ 作用得到$(NH_4)_2WO_4$ 溶液，蒸发浓缩后得$(NH_4)_2WO_4$ 晶体：

$$H_2WO_4 + 2NH_3 \cdot H_2O \xlongequal{} (NH_4)_2WO_4 + 2H_2O$$

焙烧$(NH_4)_2WO_4$ 得黄色 WO_3 粉末：

$$(NH_4)_2WO_4 \xlongequal{} WO_3 + H_2O\uparrow + 2NH_3\uparrow$$

用氢还原 WO_3 即得纯的金属钨：

$$WO_3 + 3H_2 \xlongequal{} W + 3H_2O$$

3. Mo 和 W 的化合物

1) 氧化还原性

从元素电势图可知，Cr(Ⅵ)是强氧化剂，而 Mo(Ⅵ)和 W(Ⅵ)的氧化能力极弱。在酸性溶液中，只能用强还原剂才能将 M_2MoO_4 还原为 Mo^{3+}。例如，向 $(NH_4)_2MoO_4$ 溶液中加入浓盐酸，再用金属锌还原，溶液最初显蓝色，然后变为绿色的 $MoCl_5$，最后生成棕色的 $MoCl_3$：

$$2(NH_4)_2MoO_4 + 3Zn + 16HCl = 2MoCl_3 + 3ZnCl_2 + 4NH_4Cl + 8H_2O$$

钨酸盐的氧化性就更弱了。

当简单的钼酸盐或钨酸盐被缓和地还原时，生成深蓝色的钼蓝或钨蓝，它们是 Mo(Ⅴ)和 Mo(Ⅵ)或 W(Ⅴ)和 W(Ⅵ)的氧化物-氢氧化物混合体。例如，用 Sn(Ⅱ)将 Mo(Ⅵ)部分还原，可得到钼蓝，其组成介于 $MoO(OH)_3$ 和 MoO_3 之间。

2) 过氧化物

与过氧铬酸盐的生成一样，Mo(Ⅵ)盐和 W(Ⅵ)盐与 H_2O_2 作用也可形成相应的过氧化物。

向碱性钼酸盐、钨酸盐溶液中加入 H_2O_2，生成红色的四过氧钼酸盐和黄色的四过氧钨酸盐：

$$MoO_4^{2-} + 4H_2O_2 = Mo(O_2)_4^{2-} + 4H_2O$$

$$WO_4^{2-} + 4H_2O_2 = W(O_2)_4^{2-} + 4H_2O$$

向弱碱性钼酸盐、钨酸盐溶液中加入 H_2O_2，得到黄色的二过氧钼酸盐和无色的二过氧钨酸盐：

$$MoO_4^{2-} + 2H_2O_2 + H_2O = HMoO_2(O_2)^{3+} + 5OH^-$$

$$WO_4^{2-} + 2H_2O_2 + H_2O = HWO_2(O_2)^{3+} + 5OH^-$$

3) 酸性和缩合性

按铬酸、钼酸、钨酸的顺序，酸性越来越弱。在讨论 CrO_4^{2-} 时已经知道，向 CrO_4^{2-} 溶液中加酸后可得 $Cr_2O_7^{2-}$，当酸度较大时，还可形成 Cr_3O_{10}、Cr_4O_{13} 等。钼酸和钨酸比铬酸弱，那么钼酸盐和钨酸盐缩合形成多酸盐的现象就更突出。

由两个或两个以上的同种简单含氧酸分子缩水而形成的多酸称为同多酸。形成同多酸倾向较大的元素有 V、Cr、Mo、W、B、Si、P、As 等。多酸可以看作是若干水分子与 2 个或 2 个以上的酸酐所组成的酸。例如，$H_2Mo_4O_{13}$ 可以看作 $4MoO_3 \cdot H_2O$，这种表示式称为同多酸的解析式。这些同多酸的结构是简单含氧酸根以角、棱或面相连而成，其连接的公共点为氧原子。

Mo(Ⅵ)和 W(Ⅵ)的含氧酸易形成多酸，中心相同的多酸称为同多酸，多磷酸、多硅酸、多钒酸都是同多酸；由两种不同中心的含氧酸缩聚而成的多酸称为杂多酸。杂多酸可以看成是一类特殊的配合物，其中的 P 或 Si 是配合物的中心原子，多钼酸根或多钨酸根为配体。它们都是固体酸。

钼酸铵与磷酸根离子可生成 $(NH_4)_3PO_4 \cdot 12MoO_3 \cdot 6H_2O$ 黄色沉淀：

$$H_3PO_4 + 12(NH_4)_2MoO_4 + 21HNO_3 = (NH_4)_3PO_4 \cdot 12MoO_3 \cdot 6H_2O\downarrow + 21NH_4NO_3 + 6H_2O$$

$(NH_4)_3PO_4 \cdot 12MoO_3 \cdot 6H_2O$ 可以写成十二钼磷杂多酸铵的形式 $(NH_4)_3[PMo_{12}O_{40}] \cdot 6H_2O$。$WO_4^{2-}$ 和 SiO_4^{4-} 还可以形成十二钨硅杂多酸 $H_4SiO_4 \cdot 12WO_3$。

21.5　锰副族元素

21.5.1　锰副族元素通性

周期表第ⅦB 族的锰、锝、铼三种元素统称为锰副族。Tc 是放射性元素，Re 为稀有元素。地壳中锰的主要矿石有软锰矿 $MnO_2 \cdot xH_2O$、黑锰矿 Mn_3O_4 和水锰矿 $Mn_2O_3 \cdot H_2O$。近年在深海海底发现大量的锰矿——锰结核，它是一种一层一层的铁锰氧化物层间夹有黏土层而构成的一个个同心圆状的团块，其中还含有铜、钴、镍等重金属元素。

锰副族元素的价电子构型为$(n-1)d^5ns^2$，其中 Tc 为 $4d^65s^1$。s 电子和 d 电子都参与成键，最高氧化态为+7，此外，锰的氧化态还有+6、+4、+3、+2，比较重要的是+7、+4 和+2 的化合物。锰元素的元素电势图如图 21-7 所示。

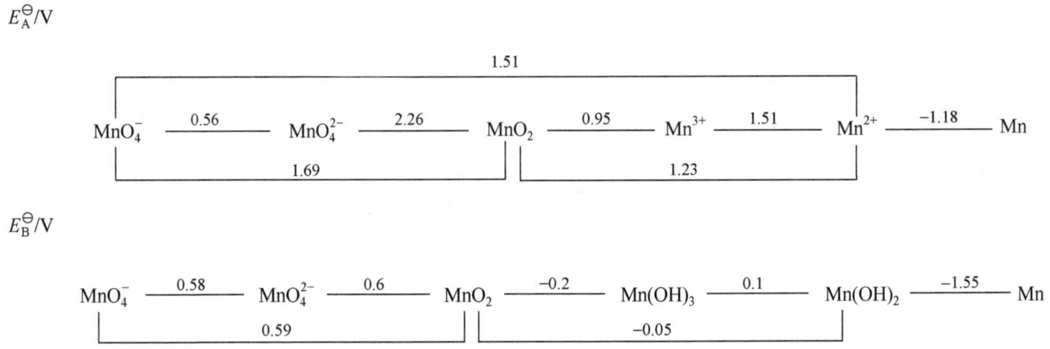

图 21-7　锰元素的元素电势图

21.5.2　锰

1. 锰单质

锰不属于稀有金属，常以软锰矿(MnO_2)存在于自然界中。

锰的外观像铁，纯锰块状时呈银白色，硬度较大，熔点高，但不如 Ti、V、Cr 高。

金属锰的还原性较强，且锰不钝化，易溶于稀的非氧化性酸中产生氢气。

$$Mn^{2+} + 2e^- \xlongequal{\quad} Mn \qquad E_A^{\ominus} = -1.18\ V$$

$$Mn + 2H^+ \xlongequal{\quad} Mn^{2+} + H_2\uparrow$$

Mn 和冷水不发生反应，因生成的 $Mn(OH)_2$ 膜阻碍了反应的进行，加入 NH_4Cl 即可发生反应，放出 H_2，这一点与 Mg 相似。Mn 和热水也可以发生反应。

高温时，Mn 与 X_2、O_2、S、B、C、Si、P 等非金属直接化合，更高温度时，可以与 N_2 化合。

$$Mn + X_2 \xlongequal{\quad} MnX_2$$

$$3Mn + N_2 \xlongequal{\quad} Mn_3N_2$$

$$3Mn + C \xlongequal{\quad} Mn_3C$$

有氧化剂存在时，Mn 与熔融碱反应：

$$2Mn + 4KOH\ (熔融) + 3O_2 = 2K_2MnO_4\ (锰酸钾，墨绿色) + 2H_2O$$

2. 锰的冶炼

锰单质通过铝热反应用 Al 还原 MnO_2 或 Mn_3O_4 制备：

$$3MnO_2 + 4Al = 3Mn + 2Al_2O_3(点燃)$$

$$3Mn_3O_4 + 8Al = 9Mn + 4Al_2O_3(点燃)$$

3. Mn(Ⅱ)化合物

1) 难溶性

Mn(Ⅱ)强酸盐易溶，如 $MnSO_4$、$MnCl_2$ 和 $Mn(NO_3)_2$ 等，而弱酸盐和氢氧化物难溶：

物质	$MnCO_3$	$Mn(OH)_2$	MnS	MnC_2O_4
$K_{sp}^{\ominus}$	1.8×10^{-11}	1.9×10^{-13}	2.0×10^{-13}	1.1×10^{-15}

这些盐可以溶于强酸中，这是过渡元素的一般规律。

由于 Mn^{2+}的 5 个 d 电子自旋平行，电子 d-d 跃迁需要改变自旋方向，不符合对称性选律，化合物颜色一般较浅。较浓的 Mn^{2+}水溶液为粉红色，稀溶液近无色；Mn^{2+}水合盐多数是粉红色或玫瑰色，如 $MnSO_4\cdot7H_2O$ 和 $MnCl_2\cdot6H_2O$；无水盐 $MnSO_4$ 和 $Mn(NO_3)_2$ 为白色。

2) 还原性

向 Mn^{2+}水溶液中加碱首先生成白色的 $Mn(OH)_2$ 沉淀：

$$Mn^{2+} + 2OH^- = Mn(OH)_2\downarrow$$

在碱中，Mn(Ⅱ)还原性较强，易被氧化成高价，生成 $MnO(OH)_2$：

$$MnO_2/Mn(OH)_2 \qquad E_B^{\ominus} = -0.05\ V$$

$$2\ Mn(OH)_2 + O_2 = 2MnO(OH)_2$$

酸根有氧化性时，Mn(Ⅱ)盐受热分解的同时即被氧化：

$$Mn(NO_3)_2 \xlongequal{\triangle} MnO_2 + 2NO_2\uparrow$$

$$Mn(ClO_4)_2 \xlongequal{\triangle} MnO_2 + Cl_2\uparrow + 3O_2\uparrow$$

Mn(Ⅱ)在酸中稳定，需强氧化剂才能被氧化成 Mn(Ⅶ)：

$$MnO_4^- + 8H^+ + 5e^- = Mn^{2+} + 4H_2O \qquad E_A^{\ominus} = 1.51\ V$$

如过二硫酸铵、铋酸钠、二氧化铅、高碘酸及其盐等才能将 M(Ⅱ)氧化成 MnO_4^-：

$$2Mn^{2+} + 5S_2O_8^{2-} + 8H_2O \xlongequal{Ag^+} 2MnO_4^- + 10SO_4^{2-} + 16H^+$$

$$2Mn^{2+} + 5NaBiO_3 + 14H^+ = 2MnO_4^- + 5Bi^{3+} + 5Na^+ + 7H_2O$$

3) 配合物

Mn^{2+}为 d^5 组态，与 H_2O、Cl^- 等弱场配体形成高自旋配合物。八面体场中，d 轨道中电子的分布如图 21-8 所示。

$[Mn(H_2O)_6]^{2+}$和$[MnCl_6]^{4-}$与强场配体 CN^-形成低自旋配合物。八面体场中，d 轨道中电子的分布如图 21-9 所示。

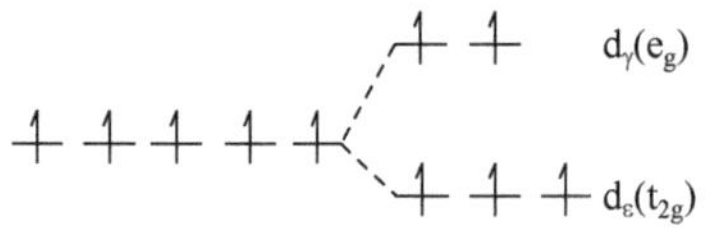

图 21-8 高自旋配合物 d 电子排布图   图 21-9 低自旋配合物 d 电子排布图

4. Mn(Ⅳ)化合物

MnO_2 很稳定，不溶于 H_2O、稀酸和稀碱，在酸、碱中均不歧化。但 MnO_2 是两性氧化物，可以与浓酸、浓碱反应。

$$4MnO_2 + 6H_2SO_4(浓) \Longrightarrow 2Mn_2(SO_4)_3 (紫红色) + 6H_2O + O_2\uparrow$$

$$2Mn_2(SO_4)_3 + 2H_2O \Longrightarrow 4MnSO_4 + O_2\uparrow + 2H_2SO_4$$

$$MnO_2 + 2NaOH(浓) \Longrightarrow Na_2MnO_3(亚锰酸钠) + H_2O$$

在强酸中有氧化性：

$$MnO_2 + 4HCl(浓) \Longrightarrow MnCl_2 + 2H_2O + Cl_2\uparrow$$

在碱性条件下，可被氧化至 Mn(Ⅵ)：

$$3MnO_2 + 6KOH + 6KClO_3 \Longrightarrow 3K_2MnO_4(绿色) + 6KCl + 3H_2O$$

$$MnO_2/Mn^{2+} \qquad E_A^\ominus = 1.23 \text{ V} \qquad MnO_4^{2-}/MnO_2 \qquad E_B^\ominus = 0.60 \text{ V}$$

总之，MnO_2 在强酸中具有强氧化性，易被还原；在碱中有一定的还原性；在中性环境中稳定。

5. Mn(Ⅵ)化合物

锰酸钾(K_2MnO_4)呈绿色，是 Mn(Ⅵ)在强碱中的存在形式，其元素电势图为

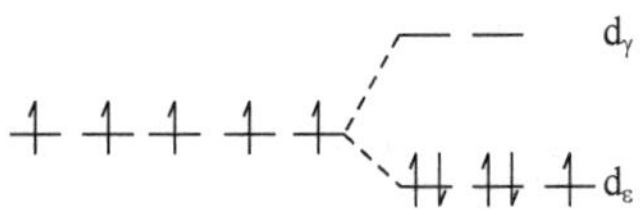

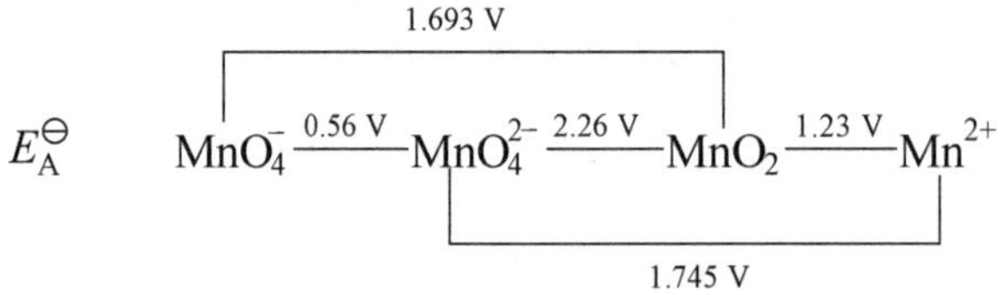

$$E_A^\ominus \quad MnO_4^- \xrightarrow{0.56 \text{ V}} MnO_4^{2-} \xrightarrow{2.26 \text{ V}} MnO_2 \xrightarrow{1.23 \text{ V}} Mn^{2+}$$

（上方跨度标注 1.693 V，下方跨度标注 1.745 V）

$$E_B^\ominus \quad MnO_4^- \xrightarrow{0.56 \text{ V}} MnO_4^{2-} \xrightarrow{0.60 \text{ V}} MnO_2$$

MnO_4^{2-} 只有在相当强的碱中才稳定，在弱碱或中性条件下及酸中均发生歧化反应。

$$3MnO_4^{2-} + 2H_2O \Longrightarrow 2MnO_4^- + MnO_2\downarrow + 4OH^-$$

$$3MnO_4^{2-} + 4H^+ \Longrightarrow 2MnO_4^- + MnO_2\downarrow + 2H_2O$$

6. Mn(Ⅶ)化合物

锰的氧化物 Mn_2O_7 为绿色油状液体，既是高价金属氧化物又是酸性氧化物，是高锰酸的酸酐，有强氧化性，易潮解，晶体类型为分子晶体。该物质在室温下不稳定，易发生爆炸性分解。Mn(Ⅶ)以 $KMnO_4$ 最为常见。

1) 强氧化性

$KMnO_4$在酸中被还原成 Mn^{2+}、在强碱中被还原成MnO_4^{2-}，在中性中则是 MnO_2，因为这些产物在相应的介质中稳定：

$$2MnO_4^- + 16H^+ + 10Cl^- = 2Mn^{2+} + 5Cl_2\uparrow + 8H_2O$$

$$2MnO_4^- + 3SO_3^{2-} + H_2O = 2MnO_2\downarrow + 3SO_4^{2-} + 2OH^-$$

$$2MnO_4^- + SO_3^{2-} + 2OH^- = 2MnO_4^{2-} + SO_4^{2-} + H_2O$$

2) $KMnO_4$的分解

在酸中，$KMnO_4$溶液不稳定，见光分解：

$$4MnO_4^- + 4H^+ = 4MnO_2\downarrow + 3O_2\uparrow + 2H_2O$$

在碱中，$KMnO_4$不稳定，易分解：

$$4MnO_4^- + 2H_2O = 4MnO_2\downarrow + 3O_2\uparrow + 4OH^-$$

$KMnO_4$在固相中的稳定性高于在溶液中，受热时分解：

$$2KMnO_4(s) \xlongequal{200℃} K_2MnO_4 + MnO_2\downarrow + O_2\uparrow$$

3) 高锰酸钾的制备

以软锰矿(MnO_2)为原料制备高锰酸钾，先制备 K_2MnO_4：

$$3MnO_2 + 6KOH + KClO_3 = 3K_2MnO_4 + KCl + 3H_2O$$

从 K_2MnO_4制 $KMnO_4$有三种方法。

(1) 歧化法。酸性介质中，有利于歧化：

$$3K_2MnO_4 + 4H^+ = 2KMnO_4 + MnO_2\downarrow + 4K^+ + 2H_2O$$

反应的平衡常数很大，但锰酸钾的利用率仅为 2/3。

(2) 氧化法。

$$2MnO_4^{2-} + Cl_2 = 2MnO_4^- + 2Cl^-$$

(3) 电解法。电解 K_2MnO_4溶液：

阳极　　$MnO_4^{2-} - e^- = MnO_4^-$

阴极　　$2H_2O + 2e^- = H_2 + 2OH^-$

电解池的总反应　$2K_2MnO_4 + 2H_2O = 2KMnO_4 + 2KOH + H_2\uparrow$

电解法利用率高，得到的 KOH 可用于第一步由 MnO_2制MnO_4^{2-}。

21.5.3 锝和铼

锝(Tc)最初是人工元素，后来在自然界中也有少量发现。铼(Re)也是非常稀少的元素，是银白色软金属，延展性好，熔点较高。Tc 和 Re 不溶于非氧化性的稀酸，可溶于硝酸：

$$3M + 7HNO_3 = 3HMO_4 + 7NO\uparrow + 2H_2O$$

可见 M(Ⅶ)的氧化性不强。Re 在氢氟酸中不被腐蚀。

习　题

21-1　对于主族元素通常表现出“从上到下较低氧化态越来越稳定”的规律，过渡元素的情况正好相反，为什么？

21-2　为什么 d 区(ⅢB～Ⅷ)的大多数元素不能形成稳定的碳酸盐？

21-3　试设计以钛白粉为原料制备纯金属钛的方法步骤，并写出主要的化学反应方程式。

21-4　用反应方程式表示下列制备过程：

(1) 由钛铁矿制备金属钛；

(2) 由铬铁矿制备铬黄；

(3) 由黑钨矿制备钨粉；

(4) 由 MnS 制备 $KMnO_4$；

(5) 由 $MnSO_4$ 制备 $K_4[Mn(CN)_6]$。

21-5　根据下列实验写出有关的反应式：

(1) 将装有 $TiCl_4$ 的瓶塞打开立即冒白烟；

(2) 向 $TiCl_4$ 溶液中加入浓 HCl 和金属锌时生成紫色溶液；

(3) 向(2)的紫色溶液中慢慢加入 NaOH 至溶液呈碱性，出现紫色沉淀；

(4) 用浓 HNO_3 处理上述紫色沉淀，在所得溶液中加入稀碱溶液，生成白色沉淀；

(5) 将白色沉淀过滤并灼烧，再与等物质的量的 MgO 共熔。

21-6　为什么有 VF_5 而没有 VCl_5？为什么 Nb、Ta 既有五氟化物，又有五氯化物？

21-7　酸性钒酸盐溶液中通入 SO_2 时生成一深蓝色溶液，相同量的钒酸盐溶液被 Zn-Hg 齐还原，得到紫色溶液，将此二溶液相混合，得到绿色溶液，在这个过程中发生了哪些反应？写出反应方程式。已知：

$E^{\ominus}(VO_2^+/VO^{2+}) = +1.00\ V$　　$E^{\ominus}(VO_2^+/V^{2+}) = +0.36\ V$

$E^{\ominus}(VO^{2+}/V^{3+}) = +0.34\ V$　　$E^{\ominus}(V^{3+}/V^{2+}) = -0.25\ V$

$E^{\ominus}(SO_4^{2-}/SO_2) = +0.17\ V$　　$E^{\ominus}(Zn^{2+}/Zn) = -0.77\ V$

21-8　写出下列变化过程的化学反应方程式：在硫酸铬溶液中滴加氢氧化钠溶液，先析出灰绿色絮状沉淀，后沉淀又溶解。此时加入溴水，溶液由绿色转变为黄色。向溶液中加酸酸化后，由黄色变为橙色。

21-9　某金属盐溶液，①加入 Na_2CO_3 溶液后，生成灰绿色沉淀；②再加入适量 Na_2O_2，并加热，得黄色溶液；③冷却，并酸化黄色溶液，得橙色溶液；④再加入 H_2O_2 溶液呈蓝色；⑤该蓝色化合物在水中不稳定，而在乙醚中较稳定。这是哪种金属离子？写出各步化学反应方程式。

21-10　在 $K_2Cr_2O_7$ 的饱和溶液中加入浓 H_2SO_4，并加热到 200℃时，发现溶液的颜色变为蓝绿色，经检查，反应开始时溶液中并无任何还原剂存在，试做出解释。

21-11　根据下列实验现象写出相应的反应方程式：

(1) 向 $Cr_2(SO_4)_3$ 溶液中滴加 NaOH 溶液，先析出葱绿色絮状沉淀，后沉淀又溶解，得亮绿色溶液。此时加入溴水，溶液又转变为黄色。用 H_2O_2 代替溴水，得到相同的结果。

(2) 当黄色 $BaCrO_4$ 沉淀溶解在浓盐酸溶液中时得到一种绿色溶液。

(3) 在酸性介质中，用锌还原 $Cr_2O_7^{2-}$ 时，溶液颜色由橙色经绿色变成蓝色。放置后，又变为绿色。

(4) 将 H_2S 通入已用硫酸酸化的 $K_2Cr_2O_7$ 溶液中时，溶液颜色由橙色变为绿色，同时析出淡黄色沉淀。

(5) 向酸性 $VOSO_4$ 溶液中滴加 $KMnO_4$ 溶液，溶液由蓝色变为黄色。

(6) 向酸性 $K_2Cr_2O_7$ 溶液中通入 SO_2 时，溶液由橙色变为绿色。

(7) 向 $MnSO_4$ 溶液中滴加 NaOH 溶液有白色沉淀生成，在空气中放置，沉淀逐渐变为棕褐色。

(8) 向酸性 $KMnO_4$ 溶液通入 H_2S，溶液由紫色变成近无色，并有乳白色沉淀析出。

21-12 向一含有三种阴离子的混合溶液中滴加 $AgNO_3$ 溶液至不再有沉淀生成为止，过滤，当用硝酸处理沉淀时，砖红色沉淀溶解得到橙色溶液，但仍有白色沉淀。过滤呈紫色，用硫酸酸化后，加入 Na_2SO_3，紫色逐渐消失。指出上述溶液中含有哪三种阴离子，并写出有关反应方程式。

21-13 试比较 Cr^{3+}和 Al^{3+}在化学性质上的相同点与不同点。

21-14 设计方案将含有 Al^{3+}、Cr^{3+}、Mn^{2+}、Zn^{2+}的溶液进行分离(用分离流程图表示)。

21-15 绿色固体混合物中可能含有 K_2MnO_4、MnO_2、$NiSO_4$、Cr_2O_3、$K_2S_2O_8$。根据下列实验现象判断哪些物质肯定存在，哪些物质肯定不存在。

(1) 向混合物中加入浓 NaOH 溶液得绿色溶液。

(2) 向混合物中加水得紫色溶液和棕色沉淀。过滤后滤液用稀硝酸酸化，再加入过量 $Ba(NO_3)_2$ 溶液，紫色褪去的同时有不溶于酸的白色沉淀析出。向棕色沉淀中加入浓盐酸并微热，有黄绿色气体生成。

(3) 混合物溶于硝酸得紫色透明溶液。

21-16 现有钛的化合物 A，它是无色液体，在空气中迅速冒“白烟”，其水溶液与金属锌反应，生成紫色溶液 B，加入 NaOH 溶液至呈碱性后，产生紫色沉淀 C，过滤后，沉淀 C 用稀 HNO_3 处理，得无色溶液 D。将 D 逐滴加入沸腾的热水中得白色沉淀 E。将 E 过滤灼烧后，再与 $BaCO_3$ 共熔，得一种压电性晶体 F。试判断 A～F 各是什么物质并写出各步化学反应方程式。

21-17 某化合物 A 是紫色晶体，化合物 B 是浅绿色结晶水合物。将 A、B 混合于稀 H_2SO_4 中得一黄棕色混合溶液 C；在 C 中加 KOH 溶液得深棕色混合沉淀 D；在 D 中加稀 H_2SO_4，沉淀部分溶解得黄棕色溶液 E，在 E 中加过量 NH_4F 溶液得无色溶液 F。将不溶于稀 H_2SO_4 的沉淀与固体 KOH、$KClO_3$ 熔融得绿色物质 G；将 G 溶于水并通入 Cl_2 后蒸发结晶又得到化合物 A。判断 A～G 各是什么物质，并写出各步离子反应方程式。

21-18 橙红色固体 A 受热后得绿色固体 B 和无色气体 C，加热时 C 能与镁反应生成灰色固体 D。固体 B 溶于过量的 NaOH 溶液生成绿色溶液 E，在 E 中加适量 H_2O_2 则生成黄色溶液 F。将 F 酸化变为橙色溶液 G，在 G 中加 $BaCl_2$ 溶液，得黄色沉淀 H。在 G 中加 KCl 固体，反应完全后有橙红色晶体 I 析出，滤出 I 烘干并加强热得到的固体产物中有 B，同时得到能支持燃烧的气体 J。判断 A～J 各是什么物质，并写出有关反应方程式。

21-19 某橙红色钾盐晶体 A 用浓 HCl 处理产生黄绿色刺激性气体 B 并生成暗绿色溶液 C。在 C 中加入适量 KOH 溶液生成灰绿色沉淀 D，加入过量 KOH 溶液则沉淀溶解，生成亮绿色溶液 E。在 E 中加入 H_2O_2，加热则生成黄色溶液 F，F 用稀硫酸酸化，又变为原来的化合物 A 的溶液。判断 A～F 各是什么物质，并写出各步变化的反应方程式。

21-20 某物质 A 是一种不溶于水且很稳定的黑色粉末，将 A 与浓硫酸作用生成肉色溶液 B，并放出无色气体 C。向溶液 B 中加入强碱可得白色沉淀 D，此沉淀很不稳定，很快被空气氧化成棕色沉淀 E。若将 A 与 KOH 和 $KClO_3$ 混合熔融则得到一种绿色物质 F。将 F 溶于水并通入 CO_2 则溶液变为紫色 G，同时析出棕褐色沉淀 H。H 经加热脱水后又生成黑色粉末 A。判断 A～H 各是什么物质，并写出各步反应方程式。

21-21 白色化合物 A 在煤气灯上加热转化为橙色固体 B 并有无色气体 C 生成。B 溶于硫酸得黄色溶液 D。向 D 中滴加适量 NaOH 溶液又析出橙色固体 B，NaOH 过量时 B 溶解得无色溶液 E。向 D 中通入 SO_2 得蓝色溶液 F，F 可使酸性高锰酸钾溶液褪色。将少量 C 通入 $AgNO_3$ 溶液有棕褐色沉淀 G 生成，通入过量的 C 后沉淀 G 溶解得无色溶液 H。试写出 A～H 所代表的物质名称，并写出相关的反应方程式。

21-22 棕黑色粉末 A 不溶于水。将 A 与稀硫酸混合后加入 H_2O_2 并微热得无色溶液 B。向酸性的 B 中加入一些 $NaBiO_3$ 粉末后得紫红色溶液 C。向 C 中加入 NaOH 溶液至碱性后滴加 Na_2SO_3 溶液有绿色溶液 D 生成。向 D 中滴加稀硫酸又生成 A 和 C。少量 A 与浓盐酸作用在室温下生成暗黄色溶液 E，加热 E 后有黄绿色气体 F 和近无色的溶液 G 生成。向 B 中滴加 NaOH 溶液有白色沉淀 H 生成，H 不溶于过量的 NaOH 溶液，但 H 在空气中逐渐变为棕黑色。试写出 A～H 所代表的物质名称，并写出相关的反应方程式。

第 22 章　过渡金属(二)

元素周期表的第Ⅷ族元素在周期表中表现特殊。整个Ⅷ族元素包括铁、钴、镍、钌、铑、钯、锇、铱、铂，共 9 种元素，与其他族元素相比，Ⅷ族元素的化学性质和递变关系的水平相似性高于元素之间的垂直相似性。因此，将化学反应活性较高、性质相似的第四周期的铁、钴、镍元素称为铁系元素；而第五、第六周期的钌、铑、钯与锇、铱、铂这 6 种元素由于镧系收缩，其半径接近，在化学反应中性质也相似，称为铂系元素。

22.1　铁 系 元 素

铁系元素包括铁(iron)、钴(cobalt)、镍(nickel)三种元素。

铁在公元前即为人们所知。冶铁技术开始于原始社会的末期。冶铁技术使人类可以制造铁器工具，使社会生产力取得重大发展。铁是地壳中丰度排第四位的元素，仅次于氧、硅和铝，但铁在地壳中极少以单质存在，通常以化合态的形式存在。铁的重要矿物有赤铁矿(Fe_2O_3)、磁铁矿(Fe_3O_4)、褐铁矿($2Fe_2O_3 \cdot 3H_2O$)和黄铁矿(FeS_2)等。

纯铁是一种银白色的金属，具有很好的延展性，掺杂痕量其他元素后，性质会发生很大变化，如含少量碳(0.02%～3%)的铁碳合金即为钢，除此之外还可以添加硅、铬、锰、镍、钨等制备各种特殊性能的铁合金。

早在 1450 年，埃及人和巴比伦人制作的陶器中就已经用到了钴颜料，我国在元朝也已经用钴土矿作颜料烧制釉下彩青花瓷器的技术。钴元素是瑞典科学家布朗特(Brandt)在 1735 年发现的。钴在地壳中分布很广，我国钴资源丰富，但品位低，多为共生矿。钴也是一种银白色的金属，与纯铁和镍相似。钴的硬度高于铁，当含有少量碳时(最高达 0.3%)会增加钴的耐压强度和抗张强度。与铁类似，钴也是铁磁性的。铁的磁化强度在铁系元素中最大，钴可以增大铁的磁化强度，因此钴常用于制造特种钢和磁性材料。

我国在 2000 多年前开始冶炼白铜，即铜镍合金。但分离得到纯镍则是 1755 年由瑞典科学家贝格曼(Bergmann)首次实现的。镍是一种具有良好抛光性能的银白色金属，具有很高的抗腐蚀性。镍是不锈钢的重要组成部分。镍在工业中常用作催化剂，如雷尼镍常用作加氢催化剂。

22.1.1　铁系元素概述及通性

铁、钴、镍三种元素的原子价电子构型为 $3d^{6\sim8}4s^2$，这三种元素最外层的 s 轨道都有两个电子，而次外层分别有 6 个 d 电子、7 个 d 电子、8 个 d 电子，在发生化学反应时，最外层的 4s 轨道上的电子可以失去，形成+2 氧化态，其内层的 d 轨道电子可以继续参与成键，形成其他氧化态，如铁可以形成+2、+3、+6 氧化态。铁系元素的原子半径接近，化学性质相似。铁系元素的多种氧化态使其可以成为均相催化剂或多相催化剂完成很多化学反应的催化。铁系元素在生物体内参与了很多重要的生物过程。例如，人体运输和储存氧功能的氧载体的活性中心就是含有铁离子的蛋白质。而人们所熟知的维生素 B_{12} 的中心金属就是钴离子。存在于细菌、真菌和植物中的尿素酶的活性中心含有镍。铁系元素的基本性质见表 22-1。

表 22-1　铁系元素的基本性质

性质	铁(Fe)	钴(Co)	镍(Ni)
原子序数	26	27	28
相对原子质量	55.85	58.93	58.70
常见氧化态	+2，+3	+2，+3	+2，+3
价电子构型	$3d^64s^2$	$3d^74s^2$	$3d^84s^2$
金属原子半径/ pm	117	116	115
M^{2+}半径/pm	76	74	72
M^{3+}半径/pm	64	63	62
密度/(g · cm^{-3})	7.85	8.90	8.90
熔点/℃	1538	1495	1455
沸点/℃	2750	2870	2732

对 d 区元素而言，周期表左边的元素通常容易获得族氧化态(氧化数与族数相等)，而靠右的元素通常不能获得高氧化态。因此，在铁系元素中可以看到，除铁在强碱性阳极溶解的情况下生成 FeO_4^{2-}，获得+6 氧化态外，钴和镍均不能获得+6 氧化态。在通常的反应条件下，铁只表现+2 和+3 氧化态，在强碱性介质和强氧化剂存在条件下，铁可以表现为不稳定的+6 氧化态(高铁酸盐)。而钴和镍在通常条件下表现为+2 氧化态，在碱性介质强氧化剂存在时或在有给电子的配体形成的配合物存在的情况下，钴可以被氧化到+3 氧化态；镍被氧化到+3 氧化态更困难，强碱性条件下，次溴酸钾可以将氧化数为+2 的镍氧化到+3 氧化态。可以看出第四周期的 d 区元素从钪到Ⅷ族时，由于 3d 轨道已超过半满状态，失去 d 轨道的全部价电子参与成键的趋势大大降低。

铁系元素的原子半径、离子半径、电离能等性质基本上随原子序数的增加而有规律地变化。但镍的相对原子质量比钴小，这是因为镍的同位素中质量数小的一种占比较大。

铁系元素单质中，铁、钴为灰白色金属，而镍为银白色。铁系元素单质具有强磁性，其单质的合金是很好的磁性材料。铁在地壳中的质量分数为 4.1%，居第四位。它们的密度都比较大，熔点也比较高，它们的熔点随原子序数的增加而降低，这可能是因为 3d 轨道中成单电子数按 Fe、Co、Ni 的顺序依次减少(4、3、2)，金属晶体中自由电子数减少，金属键依次减弱。钴比较硬而脆，铁和镍却有很好的延展性。铁、钴、镍均能形成金属型氢化物，如 FeH_2、CoH_2。这类氢化物的体积比原金属的体积有显著增加。钢铁与氢(如稀酸清洗钢铁制件产生的氢气)作用生成氢化物时会使钢铁的延展性和韧性下降，甚至使钢铁形成裂纹，即所谓“氢脆”。

图 22-1 给出了铁系元素的元素电势图。

$E_A^\ominus/V$

$$FeO_4^{2-} \xrightarrow{2.20} Fe^{3+} \xrightarrow{0.771} Fe^{2+} \xrightarrow{-0.44} Fe$$

$$Co^{3+} \xrightarrow{1.808} Co^{2+} \xrightarrow{-0.277} Co$$

$$NiO_2 \xrightarrow{1.678} Ni^{2+} \xrightarrow{-0.25} Ni$$

$E_B^\ominus/V$

$$FeO_4^{2-} \xrightarrow{0.72} Fe(OH)_3 \xrightarrow{-0.56} Fe(OH)_2 \xrightarrow{-0.877} Fe$$

$$Co(OH)_3 \xrightarrow{0.17} Co(OH)_2 \xrightarrow{-0.73} Co$$

$$NiO_2 \xrightarrow{0.49} Ni(OH)_2 \xrightarrow{-0.72} Ni$$

图 22-1　铁系元素的元素电势图

由元素电势图可以明显看出，铁、钴、镍都是中等活泼的金属。

(1) 在酸性溶液中，Fe^{2+}、Co^{2+}和 Ni^{2+}分别是铁、钴、镍离子的最稳定状态。高氧化态的铁(Ⅵ)、钴(Ⅲ)、镍(Ⅳ)在酸性溶液中都是很强的氧化剂。空气中的氧能将酸性溶液中的 Fe^{2+}氧化成 Fe^{3+}，但是不能将 Co^{2+}和 Ni^{2+}氧化成 Co^{3+}和 Ni^{3+}。

(2) 在碱性介质中，铁的最稳定氧化态是+3，而钴和镍的最稳定氧化态仍是+2；在碱性介质中将低氧化态的铁、钴、镍氧化为高氧化态比在酸性介质中容易得多。低氧化态氢氧化物的还原性按 $Fe(OH)_2$、$Co(OH)_2$、$Ni(OH)_2$ 的顺序依次降低。例如，向 Fe^{2+}的溶液中加入碱，先生成白色的 $Fe(OH)_2$ 沉淀，但空气中的氧立即把白色的 $Fe(OH)_2$ 氧化成红棕色的 $Fe(OH)_3$ 沉淀：

$$Fe^{2+} + 2OH^- = Fe(OH)_2\downarrow$$

$$4Fe(OH)_2 + O_2 + 2H_2O = 4Fe(OH)_3\downarrow$$

在同样的条件下，Co^{2+}生成粉红色的 $Co(OH)_2$ 比较稳定，在空气中放置，能缓慢地被空气中的氧氧化成棕褐色的 $Co(OH)_3$：

$$Co^{2+} + 2OH^- = Co(OH)_2\downarrow$$

$$4Co(OH)_2 + O_2 + 2H_2O = 4Co(OH)_3\downarrow$$

而在同样条件下，Ni^{2+}生成绿色的 $Ni(OH)_2$ 最稳定，不能被空气中的氧氧化。

(3) 铁系元素易溶于稀酸中，只有钴在稀酸中溶解得很慢。它们遇到浓硝酸都呈钝态。铁能被热的浓碱液侵蚀，而钴和镍在碱溶液中的稳定性比铁高。

(4) 在没有水汽存在时，一般温度下，铁系元素与氧、硫、氯、磷等非金属几乎不发生作用，但在高温下发生猛烈反应。

22.1.2　铁

1. 铁的单质

铁是银白色的金属，在高温下吸收氢生成固熔体。铁的标准电极电势 $E^\ominus(Fe^{2+}/Fe) = -0.44\ V$，属于中等活泼的金属。通常条件下，铁与氧的反应产物与反应条件有关。铁的微细粉末可以在空气中发生自燃。在干燥的空气中，温度超过 150℃时，铁块开始氧化，生成 Fe_2O_3 或 Fe_3O_4。含有少量杂质的铁在潮湿的空气中由于发生电化学反应而缓慢锈蚀，生成棕色疏松状的水合氧化物固体 $Fe_2O_3 \cdot nH_2O$。在 200℃左右，铁可以与卤素反应，除与碘反应生成 Fe(Ⅱ)的 FeI_2，其余的均生成 Fe(Ⅲ)化合物 FeX_3。

铁可以与稀盐酸、稀硫酸、冷稀硝酸反应生成 Fe^{2+}和氢气，与热浓氧化性酸生成 Fe(Ⅲ)盐，当铁与浓硝酸短时间接触后，会生成一层氧化物保护膜而发生表面钝化，用其他氧化剂，如铬(Ⅵ)酸也可以使铁钝化。

铁在高于 500℃时可以与水蒸气快速反应放出氢气，本身被氧化为 Fe_3O_4(500～570℃)或 FeO(高于 570℃)。铁与一氧化碳在 100～200℃和 200 atm 下反应，生成挥发性剧毒化合物 $Fe(CO)_5$。铁与二氧化碳反应生成 CO，铁因温度不同分别生成 Fe_3O_4 或 FeO。

2. 氧化数为+2 的简单化合物

1) FeO 和 $Fe(OH)_2$

将铁在低压的氧中加热到 575℃以上得到黑色的氧化亚铁粉末，其仅在高温下稳定，在缓慢冷却时歧化分解为 Fe 和 Fe_3O_4。可将高温 FeO 骤冷以防止其分解。制备 FeO 的一般方法是在隔绝空气的条件下热分解非氧化性的含氧酸盐(如草酸盐、碳酸盐)：

$$FeC_2O_4 \xlongequal{\triangle} FeO + CO\uparrow + CO_2\uparrow$$

FeO 是碱性氧化物，能溶于盐酸、稀硫酸生成亚铁盐，在高温下可以被 CO、H_2、Al、C、Si 等还原。

在无氧的条件下，在淡绿色的 Fe^{2+}溶液中加碱，得到白色胶状沉淀 $Fe(OH)_2$。当与空气接触时，由于氧气的氧化作用，颜色很快加深变为暗绿色沉淀，最后变成黑色，此时是 Fe(Ⅱ)和 Fe(Ⅲ)的混合物，在过量氧存在时转化为棕红色的水合氧化铁(Ⅲ)。新制的 $Fe(OH)_2$ 具有微弱的酸性，可溶于浓碱溶液生成$[Fe(OH)_6]^{4-}$：

$$Fe(OH)_2 + 4OH^- \xlongequal{\quad} [Fe(OH)_6]^{4-}$$

2) $FeSO_4$

$FeSO_4 \cdot 7H_2O$ 又称绿矾、铁矾，呈亮绿色单斜结晶或颗粒。在干燥的空气中能风化，64～90℃失去六个结晶水，300℃时完全脱水得到白色无水硫酸亚铁，并同时部分分解：

$$2FeSO_4 \xlongequal{\triangle} Fe_2O_3 + SO_2 + SO_3$$

$FeSO_4$ 易溶于水、无水甲醇，微溶于乙醇；有腐蚀性；易被潮湿空气氧化。制备 $FeSO_4 \cdot 7H_2O$ 的方法是在隔绝空气的条件下将纯铁溶于稀硫酸。工业上通过氧化黄铁矿来制取：

$$2FeS_2 + 7O_2 + 2H_2O \xlongequal{\triangle} 2FeSO_4 + 2H_2SO_4$$

也可由钛铁矿制取二氧化钛时的副产物得到。

硫酸亚铁在水中有微弱的水解，并能被空气中的氧氧化：

$$Fe^{2+} + H_2O \rightleftharpoons Fe(OH)^+ + H^+$$

$$4FeSO_4 + O_2 + 2H_2O \xlongequal{\quad} 4Fe(OH)SO_4\downarrow$$

所以在绿矾晶体表面常有铁锈色斑点，其溶液长期放置后有棕色沉淀。因此，在保存 $FeSO_4$ 溶液时要加入适量的硫酸和铁钉。

$FeSO_4$ 可以与碱金属或铵的硫酸盐形成相对稳定的复盐 $M_2SO_4 \cdot FeSO_4 \cdot 6H_2O$，如常用作还原剂的莫尔盐$(NH_4)_2SO_4 \cdot FeSO_4 \cdot 6H_2O$。莫尔盐在定量分析中常用来标定重铬酸钾或高锰酸钾溶液：

$$10FeSO_4 + 2KMnO_4 + 8H_2SO_4 = 5Fe_2(SO_4)_3 + K_2SO_4 + 2MnSO_4 + 8H_2O$$

$$6FeSO_4 + K_2Cr_2O_7 + 7H_2SO_4 = 3Fe_2(SO_4)_3 + K_2SO_4 + Cr_2(SO_4)_3 + 7H_2O$$

莫尔盐也用作聚合催化剂、光量子剂等。

3. 氧化数为+3 的简单化合物

1) Fe_2O_3 和 $Fe(OH)_3$

Fe_2O_3 是砖红色固体，可以用作红色颜料、涂料、媒染剂、抛光粉及某些反应的催化剂。Fe_2O_3 具有 α 和 γ 两种不同的构型。α 型是顺磁性的，而 γ 型是铁磁性的。自然界中存在的赤铁矿是 α-Fe_2O_3，将硝酸铁或草酸铁加热可得 α-Fe_2O_3。Fe_3O_4 氧化所得产物是 γ-Fe_2O_3，γ-Fe_2O_3 在 673 K 以上可以转变为 α 型。

铁除了生成 FeO 和 Fe_2O_3 外，还生成一种 FeO 和 Fe_2O_3 的混合氧化物——黑色的 Fe_3O_4，也称为磁性氧化铁，它具有磁性，是电的良导体，是磁铁矿的主要成分。将铁或氧化亚铁在空气中加热，或将水蒸气通过烧热的铁，都可以得到 Fe_3O_4：

$$3Fe + 2O_2 = Fe_3O_4$$

$$6FeO + O_2 = 2Fe_3O_4$$

$$3Fe + 4H_2O = 4Fe_3O_4 + 4H_2\uparrow$$

向铁(Ⅲ)盐溶液中加碱，可以沉淀出红棕色的氢氧化铁 $Fe(OH)_3$。它实际是水合三氧化二铁 $Fe_2O_3 \cdot nH_2O$，只是习惯上将它写作 $Fe(OH)_3$。新沉淀出来的 $Fe(OH)_3$ 略有两性，主要显碱性，易溶于酸中，能溶于浓的强碱溶液中形成 $[Fe(OH)_6]^{3-}$。

2) 铁的卤化物

铁的卤化物的稳定性按周期表的顺序从上到下依次降低。FeF_3 的稳定性高，在 1000℃下升华，而 FeI_3 由于 Fe(Ⅲ)的氧化性较强，其很难与碘离子共存。

三氯化铁是比较重要的铁(Ⅲ)盐。将铁与氯气在高温下直接合成可以得到棕黑色的无水 $FeCl_3$；而将铁屑溶于盐酸中，再向溶液中通入氯气，经浓缩、冷却，则得到黄棕色的六水合三氯化铁 $FeCl_3 \cdot 6H_2O$。加热 $FeCl_3 \cdot 6H_2O$ 晶体，会发生水解失去 HCl 而生成碱式盐。而在氯化硫酰中加热回流，可以得到无水 $FeCl_3$。

无水 $FeCl_3$ 的熔点(555 K)、沸点(588 K)都比较低，能借升华法提纯，并易溶于有机溶剂(如丙酮)中，这些都说明无水 $FeCl_3$ 具有明显的共价性。蒸气密度测量表明在 673 K 时，气态的 $FeCl_3$ 以二聚分子 Fe_2Cl_6 形式存在，其结构与 Al_2Cl_6 相似，在 1023 K 以上时，过量氯气气氛下二聚分子分解为单分子 $FeCl_3$。

无水 $FeCl_3$ 在空气中易潮解，得到黄棕色的六水合物。Fe^{3+} 具有较高的电荷和较小的离子半径，因此 $FeCl_3$ 及其他铁(Ⅲ)盐溶于水后都容易水解。由于水解作用，$FeCl_3$ 水溶液具有较强的酸性。$[Fe(H_2O)_6]^{3+}$ 为淡紫色，但由于其发生逐级水解而出现黄色、红棕色，甚至最终生成 $Fe_2O_3 \cdot nH_2O$ 沉淀。

铁(Ⅲ)离子的水解过程很复杂，首先发生逐级水解：

$$[Fe(H_2O)_6]^{3+} + H_2O \rightleftharpoons [Fe(OH)(H_2O)_5]^{2+} + H_3O^+ \qquad K^\ominus = 10^{-3.5}$$

$$[Fe(OH)(H_2O)_5]^{2+} + H_2O \rightleftharpoons [Fe(OH)_2(H_2O)_4]^{+} + H_3O^+ \qquad K^\ominus = 10^{-6.31}$$

随着水解反应的进行，同时发生聚合反应：

$$[Fe(OH)(H_2O)_5]^{2+} + [Fe(H_2O)_6]^{3+} \rightleftharpoons \left[(H_2O)_5Fe-\overset{H}{O}-Fe(H_2O)_5\right]^{5+} + H_2O$$

$$2[Fe(OH)(H_2O)_5]^{2+} \rightleftharpoons \left[(H_2O)_4Fe\begin{matrix}\overset{H}{O}\\ \underset{H}{O}\end{matrix}Fe(H_2O)_4\right]^{4+} + 2H_2O$$

以上总的水解反应可以写成

$$[Fe(H_2O)_6]^{3+} + 2H_2O \rightleftharpoons [Fe(OH)_2(H_2O)_4]^{+} + 2H_3O^{+} \qquad K = 10^{-2.91}$$

水解的最终产物是析出红棕色的氢氧化铁胶状沉淀。

从水解平衡关系式可以看出，当溶液中酸过量，Fe^{3+}主要以$[Fe(H_2O)_6]^{3+}$ 形成存在。pH 约为 0 时，溶液中含约 99%的$[Fe(H_2O)_6]^{3+}$。如果是 pH 提高到 2～3 时，水解趋势明显，聚合倾向增大，最终生成红棕色胶状氢氧化铁(或称为水合三氧化二铁)沉淀。将溶液加热，同样也能促进 Fe^{3+}的水解。

电对 $E^{\ominus}(Fe^{3+}/Fe^{2+})$的标准电极电势为 +0.771 V，因此三氯化铁及其他铁(Ⅲ)盐在酸性溶液中是较强的氧化剂，可以将 I^- 氧化成 I_2，将 H_2S 氧化成单质 S，还可以被 $SnCl_2$ 还原：

$$2FeCl_3 + 2KI = 2KCl + 2FeCl_2 + I_2\downarrow$$

$$2FeCl_3 + H_2S = 2HCl + 2FeCl_2 + S\downarrow$$

$$2FeCl_3 + SnCl_2 = 2FeCl_2 + SnCl_4$$

在分析化学中常用 $SnCl_2$ 还原三价铁盐。另外，$FeCl_3$ 的溶液还可以氧化 Cu，使 Cu 变成 $CuCl_2$ 而溶解：

$$2FeCl_3 + Cu = 2FeCl_2 + CuCl_2$$

在印刷制版中，就是利用 $FeCl_3$ 的这一性质，作铜版的腐蚀剂，把铜版上需要去掉的部分溶解为 $CuCl_2$。

三溴化铁易溶于水，从水溶液中可以得到暗绿色的 $FeBr_3\cdot 6H_2O$ 晶体。与 $FeCl_3$ 类似，$FeBr_3$ 易溶于乙醇、乙醚等有机溶剂中。但由于 Br^- 的还原性较强，很难得到纯的溴化铁。当煮沸溴化铁的水溶液时，容易生成铁(Ⅱ)和单质溴。

4. 氧化数为+6 的简单化合物

氧化数为+6 的铁的化合物主要是高铁酸盐。K_2FeO_4 纯品为暗紫色有光泽粉末，198℃以下稳定，极易溶于水而呈浅紫红色溶液，静置后会分解放出氧气，并沉淀出水合三氧化二铁。高铁酸盐溶液的碱性随其分解而增大，在强碱性溶液中相当稳定，是极好的氧化剂。具有高效的消毒作用，是一种新型非氯高效消毒剂，主要用于饮用水处理。化工生产中用作磺酸、亚硝酸盐、亚铁氰化物和其他无机物的氧化剂，在炼锌时用于除锰、锑和砷，在烟草工业中用于香烟过滤嘴等。

从铁的元素电势图(图 22-1)可以看出，在酸性介质中高铁酸根 FeO_4^{2-} 是一个很强的氧化剂，其氧化能力比 MnO_4^- 还强，因此酸性介质中一般的氧化剂难以将 Fe^{3+}氧化成 FeO_4^{2-}。而在强碱性介质中，$Fe(OH)_3$很容易被一些氧化剂如 NaClO 氧化：

$$2Fe(OH)_3 + 3ClO^- + 4OH^- = 2FeO_4^{2-} + 3Cl^- + 5H_2O$$

将 Fe_2O_3、KNO_3与 KOH 共熔，也可制得高铁酸钾：

$$Fe_2O_3 + 3KNO_3 + 4KOH = 2K_2FeO_4 + 3KNO_2 + 2H_2O$$

FeO_4^{2-} 在酸性介质中不稳定，用盐酸酸化 FeO_4^{2-} 溶液时，会放出氯气。

高铁酸根与 SO_4^{2-}、CrO_4^{2-}、MnO_4^{2-} 类似，也能与 Ba^{2+}生成沉淀。

5. 铁的配合物

1) 羰基配合物

金属羰基配合物是指过渡金属元素与中性 CO 配体所生成的一类配合物。几乎所有过渡金属都能形成金属羰基配合物。

CO 的基态分子轨道能级为

$$(\sigma_{1s})^2(\sigma_{1s}^*)^2(\sigma_{2s})^2(\sigma_{2s}^*)^2(\pi_{2p_y})^2(\pi_{2p_z})^2(\sigma_{2p_x})^2$$

因此，CO 分子有一个 σ 成键分子轨道和空的 π^*分子轨道。金属羰基配合物的形成是由 CO 中 σ 成键轨道中的电子进入中心金属原子的空 d 轨道形成 σ 配位键，而中心原子的 d 电子进入 CO 的 π^* 轨道形成反馈 π 键(图 22-2)，使羰基活化。由于 σ 配位键和反馈 π 键两种键同时作用，金属与 CO 作用形成的配合物具有很高的稳定性。常见的铁的羰基配合物 $Fe(CO)_5$，结构为三角双锥，铁的杂化方式是 dsp^3。

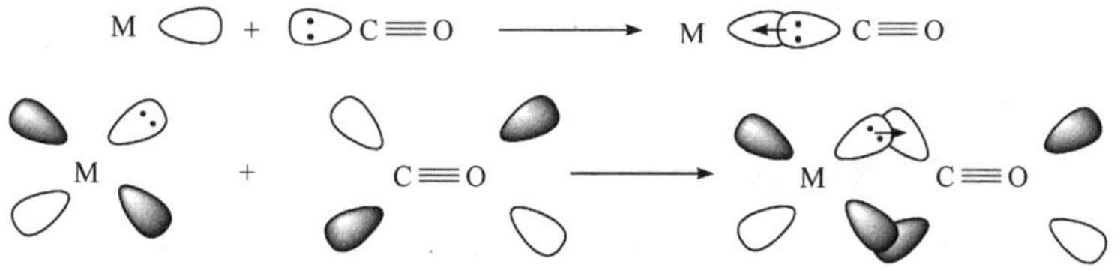

图 22-2　金属和 CO 生成配位键示意图

羰基配合物的熔、沸点通常低于相应的金属化合物，容易挥发，受热容易分解。$Fe(CO)_5$的熔点为−20℃，沸点为 103℃。

$$Fe(CO)_5(s) = Fe(s) + 5CO(g)\uparrow$$

此类反应常用于分离和提纯金属。通常先制备金属羰基配合物，再使其挥发与杂质分离，最后分解羰基配合物得到纯金属。金属羰基配合物有毒，吸入羰基配合物后，血红素与 CO 结合，并把胶状金属带到全身的器官，这种中毒很难治疗。

除此之外，铁的羰基配合物还有 $Fe_2(CO)_9$、$Fe_3(CO)_{12}$ 等。

2) 氰配合物

在 Fe^{2+}的溶液中加入 KCN 溶液时，起初生成淡黄棕色的 $Fe(CN)_2$ 沉淀，当 KCN 过量时，$Fe(CN)_2$ 沉淀溶解生成低自旋配离子$[Fe(CN)_6]^{4-}$。其水合钾盐 $K_4[Fe(CN)_6]\cdot 3H_2O$ 是黄色晶体，俗称黄血盐。黄血盐在 373 K 时失去所有结晶水，形成白色粉末，进一步加热分解：

$$K_4[Fe(CN)_6] \xlongequal{\triangle} 4KCN + FeC_2 + N_2\uparrow$$

黄血盐溶液与 Fe^{3+}作用立即生成深蓝色沉淀 $KFe^{Ⅲ}[Fe^{Ⅱ}(CN)_6]$，俗称普鲁士蓝：

$$K^+ + Fe^{3+} + [Fe(CN)_6]^{4-} = KFe[Fe(CN)_6]$$

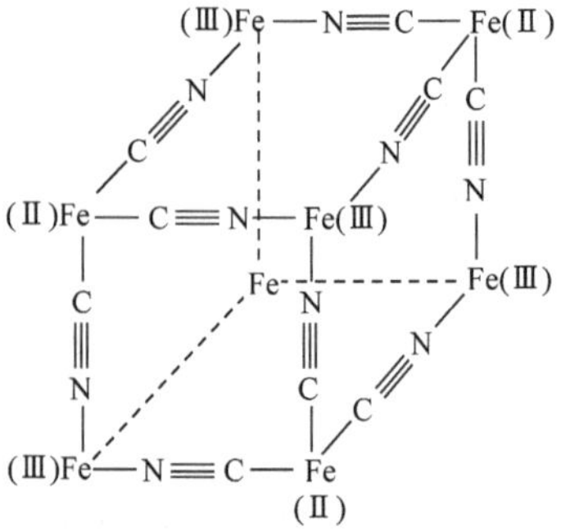

图 22-3　普鲁士蓝(滕氏蓝) $KFe^{Ⅲ}[Fe^{Ⅱ}(CN)_6]$的结构(K^+未标出)

利用这一反应，可以用黄血盐检验 Fe^{3+}。普鲁士蓝的结构如图 22-3 所示。图中表示了铁原子位于立方体的每个顶角，氰根位于每条边上。一半铁原子是铁(Ⅱ)，另一半铁原子是铁(Ⅲ)。每个 CN^-配体，N 原子一方对着铁(Ⅲ)原子，C 原子一方对着铁(Ⅱ)原子，每隔一个立方体在立方体中心含有一个 K^+。

亚铁氰根能与 Cu^{2+}、Cd^{2+}、Co^{2+}、Ni^{2+}、Mn^{2+}、Pb^{2+}等生成沉淀。实验室中常用 Cu^{2+}与黄血盐反应生成红棕色沉淀来鉴定 Cu^{2+}的存在：

$$2Cu^{2+} + [Fe(CN)_6]^{4-} = Cu_2[Fe(CN)_6]\downarrow$$

用氯气或双氧水氧化黄血盐溶液，可以析出俗称赤血盐的深红色六氰合铁(Ⅲ)酸钾 $K_3[Fe(CN)_6]$晶体：

$$2K_4[Fe(CN)_6] + Cl_2 = 2KCl + 2K_3[Fe(CN)_6]$$

赤血盐溶液遇到 Fe^{2+}，立即生成化学式为 $KFe[Fe(CN)_6]$的蓝色沉淀，即滕氏蓝：

$$K^+ + Fe^{2+} + [Fe(CN)_6]^{3-} = KFe[Fe(CN)_6]$$

利用这一反应，可用赤血盐溶液检验 Fe^{2+}的存在。经结构研究证明，滕氏蓝的组成与结构和普鲁士蓝一样，如图 22-3 所示。

赤血盐在碱性溶液中有氧化作用：

$$4K_3[Fe(CN)_6] + 4KOH = 4K_4[Fe(CN)_6] + O_2\uparrow + 2H_2O$$

赤血盐在中性溶液中有微弱的水解：

$$K_3[Fe(CN)_6] + 3H_2O = Fe(OH)_3\downarrow + 3KCN + 3HCN$$

因此，使用赤血盐溶液时，最好现配现用。

3) 二茂铁

Fe^{2+}与环戊二烯基 $C_5H_5^-$ 生成化学式为$(C_5H_5)_2Fe$ 的夹心型化合物，即二茂铁。二茂铁是一种金属有机化合物。常温下为橙黄色粉末，有樟脑气味，不溶于水，易溶于苯、乙醚、汽油、柴油等有机溶剂。与酸、碱不发生作用，化学性质稳定，400℃以内不分解。二茂铁可以在有机溶剂中用溴化环戊二基镁与二氯化铁反应而得：

$$2C_5H_5MgBr + FeCl_2 = (C_5H_5)_2Fe + MgBr_2 + MgCl_2$$

二茂铁是反磁性的，没有未成对的电子。结构测定证实，二茂铁是两个上下平行的 $C_5H_5^-$，中间夹有 Fe^{2+}，如图 22-4 所示。$C_5H_5^-$ 的骨架是 σ 键，每个碳原子上与环平面垂直的 p 轨道上都有一个未参与 σ 键的电子，它们形成离域 π 轨道。$C_5H_5^-$ 环的 π 轨道与 Fe^{2+}的空 d 轨道重叠成键。

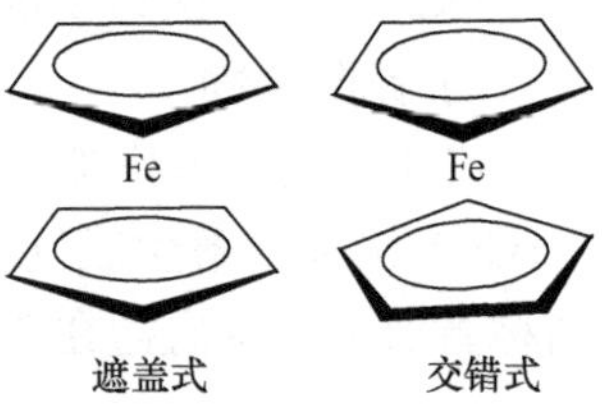

图 22-4　二茂铁结构

4) 其他重要配合物

向 Fe^{3+}溶液中加入硫氰化钾 KSCN 或硫氰化铵 NH_4SCN，溶液立即呈现血红色：

$$[Fe(H_2O)_6]^{3+} + nSCN^- = [Fe(SCN)_n]^{3-n} + 6H_2O$$

式中，$n = 1 \sim 6$，这是鉴定 Fe^{3+}的灵敏反应之一，这一反应也常用于 Fe^{3+}的比色分析。

Fe^{3+} 能与卤素离子形成配合物，它与 F^-有较强的配位能力，当向血红色的$[Fe(SCN)_n]^{3-n}$配合物溶液中加入氟化钠 NaF 溶液(pH≈8)时，血红色的$[Fe(SCN)_n]^{3-n}$ 配离子被破坏，生成了无色的$[FeF_6]^{3-}$配离子：

$$[Fe(SCN)_6]^{3-} + 6F^- = [FeF_6]^{3-} + 6SCN^-$$

因此在分析化学中常加入 F^-或 PO_4^{3-} 作为掩蔽剂以消除 Fe^{3+}对待测离子的干扰。

在很浓的盐酸中，Fe^{3+}能形成四面体的$[FeCl_4]^-$配离子：

$$Fe^{3+} + 4Cl^- = [FeCl_4]^-$$

22.1.3　钴和镍

1. 单质

钴在高温下也很少吸收氢气。$E_A^\ominus(Co^{2+}/Co) = -0.277\ V$，钴单质的还原性不如铁。微细的钴粉末可以在空气中自燃，但块状钴在 300℃以下仍是稳定的。将钴加热到 900℃时表面生成的氧化物外壳是 Co_3O_4，第二层是 CoO，高于 900℃时，表面的 Co_3O_4分解为 CoO。钴单质在加热时可以与许多非金属反应，如与卤素、硼、硫、磷和砷反应，与卤素反应时除与氟生成 CoF_3 外，其他均生成 Co(Ⅱ)的卤化物。

钴在赤热时可以与水蒸气反应生成 CoO 和氢气，200℃和 100 atm 下，微细钴粉与一氧化碳反应生成 $Co_2(CO)_8$，但当温度高于 225℃时，常压下则生成碳化物。钴比铁耐无机酸的腐蚀。钴能溶于稀盐酸和稀硝酸中放出氢气，浓硝酸在室温下与钴迅速反应，但在−10℃下发生表面钝化。氢氟酸和磷酸也与钴反应，但钴不与稀碱反应。氯化氢在 450℃下可以与钴反应生成 $CoCl_2$，在 400℃下，硫化氢与钴粉生成 Co_3S_4，700℃下生成 CoS，700℃以上和二氧化碳反应生成 CoO 和 CO。

镍能有效地吸收氢气，且随温度升高吸氢量增大。镍不吸收氮气，也不与氮直接化合。$E^\ominus(Ni^{2+}/Ni) = -0.25\ V$，在一定条件下，微细分散的镍粉在空气中可以自燃。镍丝可以在氧中燃烧。镍在氯气或溴蒸气中可以燃烧得到黄色的卤化镍(Ⅱ)。镍和碘必须在高于 400℃的封闭管中发生反应。镍和铝可以剧烈化合生成金属互化物。

镍在赤热时与水蒸气反应生成NiO和氢气，卤化氢可以与镍粉反应生成NiX_2，常压下 50℃的镍粉可以与一氧化碳反应生成 $Ni(CO)_4$，镍在无机酸中的溶解比铁慢得多，可以与非氧化性酸反应放出氢气，浓硝酸可使镍表面钝化。镍可以耐碱金属的氢氧化物的腐蚀，广泛用于制碱工业，但镍会被氨水腐蚀。

2. M(Ⅱ)的简单化合物

1) 氧化钴和氢氧化钴

将金属钴在空气或水蒸气中加热，或将氢氧化钴、碳酸钴或硝酸钴等加热分解都可以得到橄榄绿氧化钴，氧化钴通常是灰色粉末，有时是绿棕色晶体，在低于 292 K 时是反铁磁性物质。在氧气中加热至 400℃时可以得到黑色的 Co_3O_4。

在二价的钴盐中加入碱金属氢氧化物，可以得到蓝色或粉红色的氢氧化钴(Ⅱ)沉淀，蓝色变体较长时间放置或加热即转变为更稳定的粉红色变体。氢氧化钴(Ⅱ)具有两性，可溶于碱中得到$[Co(OH)_4]^{2-}$蓝色溶液。$Co(OH)_2$ 的溶液在碱性条件下会被空气中的氧、次氯酸盐、溴水或过氧化氢等氧化为棕色的 CoO(OH)。

2) 卤化钴

在氟化氢气氛中加热氧化钴或氯化钴可以得到氟化钴。氟化钴微溶于水，赤热时与水蒸气生成氧化钴(Ⅱ)和氟化氢，温度超过 300℃可以被氢气还原为金属钴。

在氯气中加热钴的主要产物是氯化钴(Ⅱ)，将粉红色的六水合物在 150℃真空加热脱水或用氯化亚硫酰处理，都可容易地制得无水 $CoCl_2$。氯化钴易溶于水生成粉红色溶液，溶于乙醇是深蓝色溶液。

氯化钴含有不同数目的结晶水分子时呈现不同的颜色：

$$\underset{\text{粉红色}}{CoCl_2\cdot 6H_2O} \xrightleftharpoons{325\ K} \underset{\text{紫红色}}{CoCl_2\cdot 2H_2O} \xrightleftharpoons{363\ K} \underset{\text{蓝紫色}}{CoCl_2\cdot H_2O} \xrightleftharpoons{393\ K} \underset{\text{蓝色}}{CoCl_2}$$

单质溴与金属钴加热可以得到绿色的无水溴化钴，它极易溶于水和许多极性有机溶剂中。在室温下可以结晶出红色的 $CoBr_2\cdot 6H_2O$，100℃下熔化，得到二水合物。

微细的钴粉在 400～500℃下与碘化氢反应得到黑色的碘化钴(Ⅱ)。$CoI_2\cdot 6H_2O$ 晶体在低于 20℃时呈暗红色，高于 35℃时为绿色。

3) 氧化镍和氢氧化镍

氧化镍是黑绿色固体，在室温下是反铁磁性物质。一般通过在隔绝空气的条件下加热分解 Ni(Ⅱ)的碳酸盐、草酸盐制备 NiO。氧化镍不溶于水，但溶于酸，但在高温长时间煅烧后的 NiO 难溶于酸。在二价的镍盐中加入碱金属氢氧化物，可以得到绿色氢氧化镍(Ⅱ)粉末。

4) $NiSO_4$

硫酸镍又名镍矾，有六水物、七水物和无水物三种，是一种重要的镍盐，可利用金属镍与硫酸和硝酸的反应制取，也可以将氧化镍或碳酸镍溶于稀硫酸中制取：

$$2Ni + 2HNO_3 + 2H_2SO_4 \xlongequal{\quad} 2NiSO_4 + NO_2\uparrow + NO\uparrow + 3H_2O$$

$$NiO + H_2SO_4 \xlongequal{\quad} NiSO_4 + H_2O$$

$$NiCO_3 + H_2SO_4 \xlongequal{\quad} NiSO_4 + H_2O + CO_2\uparrow$$

硫酸镍能生成由 $NiSO_4\cdot 7H_2O$ 到 $NiSO_4\cdot H_2O$ 的所有水合物，它们都是绿色晶体。将水合物在高于 300℃脱水可得无水硫酸镍(Ⅱ)。硫酸镍能生成一系列复盐 $M^I_2[Ni(H_2O)_6](SO_4)_2$($M^I$ = K^+，Rb^+，Cs^+，NH_4^+，Tl^+)。

3. M(Ⅲ)的简单化合物

由于 Co^{3+}和 Ni^{3+}的强氧化性，M(Ⅲ)的可溶性盐在热力学上不稳定。在氧气中加热 CoO 至高于 400℃时得到与 Fe_3O_4 异质同晶的黑色四氧化三钴 Co_3O_4。它是 CoO 和 Co_2O_3 的混合物。到目前为止，还未得到纯的氧化钴(Ⅲ)和氧化镍(Ⅲ)，只得到 $Co_2O_3\cdot H_2O$，它在约 570 K 分解为 Co_3O_4，并失去水，放出氧气。在碱性条件下用次溴酸钾或 Br_2 氧化 Ni(Ⅱ)溶液得到 NiO(OH)，而用 NaClO 氧化则可以得到 $NiO_2\cdot xH_2O$。

在 Co(Ⅱ)或 Ni(Ⅱ)溶液中加入碱，则得到相应的氢氧化物沉淀。$Co(OH)_2$ 虽比 $Fe(OH)_2$ 稳定，但在空气中也能缓慢地被氧化成棕黑色的 CoO(OH)。$Ni(OH)_2$ 则十分稳定，长久地置于空气中也不被氧化，除非与强氧化剂作用才变为黑色的 NiO(OH)。

Co(Ⅲ)和 Ni(Ⅲ)只有在固态的氧化物或氢氧化物中是稳定的，在酸性介质中它们都是强氧化剂，与盐酸反应时能将 Cl^- 氧化为 Cl_2：

$$2Co(OH)_3 + 6HCl = 2CoCl_2 + Cl_2\uparrow + 6H_2O$$

$$2NiO(OH) + 6HCl = 2NiCl_2 + 2Cl_2\uparrow + 4H_2O$$

Co^{3+} 和 Ni^{3+} 可以将水氧化放出氧气，故游离态的 Co^{3+} 和 Ni^{3+} 不能在水溶液中稳定存在：

$$4Co^{3+} + 2H_2O = 4Co^{2+} + 4H^+ + O_2\uparrow$$

4. 钴和镍重要的配合物

Co^{3+} 的氧化性很强，在水溶液中都以 Co^{2+} 的形式存在，而 Co(Ⅲ)配合物的稳定性比 Co(Ⅱ)配合物的稳定性高，因此大多数 Co(Ⅲ)的化合物都以配合物的形式存在。

1) 氨配合物

在 Co^{2+}、Ni^{2+} 的溶液中分别加入氨水时，先生成相应的氢氧化物沉淀，当氨水过量时，$Co(OH)_2$ 溶解生成黄色的 $[Co(NH_3)_6]^{2+}$，在空气中可以缓慢被氧化成更稳定的红棕色的 $[Co(NH_3)_6]^{3+}$；$Ni(OH)_2$ 则生成蓝色配合物 $[Ni(NH_3)_6]^{2+}$ 而溶解：

$$Co(OH)_2 + 6NH_3 = [Co(NH_3)_6]^{2+} + 2OH^-$$

$$4[Co(NH_3)_6]^{2+} + O_2 + 2H_2O = 4[Co(NH_3)_6]^{3+} + 4OH^-$$

$$Ni(OH)_2 + 6NH_3 = [Ni(NH_3)_6]^{2+} + 2OH^-$$

2) 氰根配合物

在 Co^{2+}、Ni^{2+} 的溶液中分别加入 KCN 溶液时，起初都生成 $M(CN)_2$ 沉淀，若继续加入过量的 KCN 溶液，所有的 $M(CN)_2$ 沉淀都溶解，生成氰合配离子 $[M(CN)_4]^{2-}$。$[Co(CN)_4]^{2-}$ 在空气中易被氧化生成更稳定的 $[Co(CN)_6]^{3-}$，而 $[Ni(CN)_4]^{2-}$ 不易被空气氧化。

3) 其他配合物

八面体六配位的 Co(Ⅱ)配合物的颜色通常为粉红色至紫色，而四面体配位的 Co(Ⅱ)配合物的颜色通常为蓝色。将 $CoCl_2$ 浓溶液加热或加入浓盐酸，溶液颜色可由粉红色变为蓝色：

$$\underset{\text{粉红色}}{[Co(H_2O)_6]^{2+}} + 4Cl^- = \underset{\text{蓝色}}{[CoCl_4]^{2-}} + 6H_2O$$

Co^{2+} 的鉴定通常是在其水溶液中加入 NH_4SCN 生成蓝色的 $[Co(NCS)_4]^{2-}$，再加入乙醚或戊醇萃取到有机层，观察到有机层出现蓝色。

Ni^{2+} 与丁二酮肟可以发生反应，生成鲜红色的二丁二酮肟合镍沉淀，以下是 Ni^{2+} 的鉴定反应：

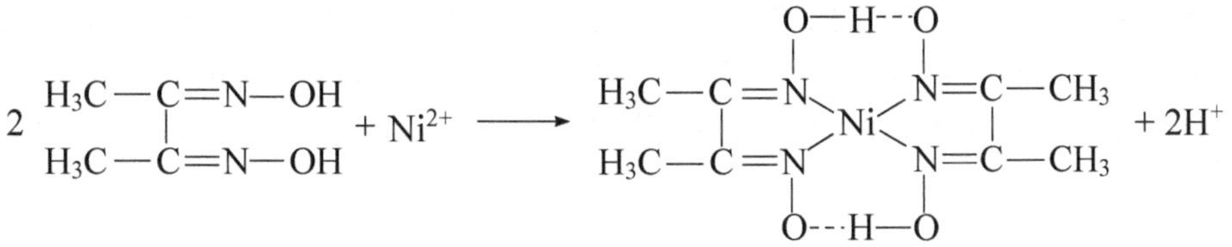

22.1.4 铁系元素及化合物的应用

铁、钴、镍的合金常用于制造永磁体、软磁材料，软磁材料在汽车、新能源、信息、电子等领域中具有重要作用。

$FeSO_4$可用作农药，主治小麦黑穗病；可用于染色、制造蓝黑墨水和木材防腐；可用作除草剂和饲料添加剂、医药收敛剂及补血剂；也用作蔬菜、果料蔬菜和咸菜以及糖类、蚕豆等的发色剂等。

三氯化铁主要用于有机反应中的催化剂。由于它能引起蛋白质的迅速凝聚，在医疗上用作外伤止血剂。可用作饮用水的净水剂和废水的净化沉淀剂，是饮用水、工业用水、工业废水、城市污水及游泳池循环水处理的高效廉价絮凝剂，具有显著的沉淀重金属及硫化物、脱色、脱臭、除油、杀菌、除磷、降低出水 COD 及 BOD 等功效。另外，它还用于照相、印染、印刷电路的腐蚀剂和氧化剂。

使Fe^{3+}水解析出氢氧化铁沉淀是一种典型的除铁方法，在冶金和化工生产中得到广泛应用。例如，试剂生产中常用H_2O_2氧化Fe^{2+}成Fe^{3+}，然后加碱，提高溶液的 pH，使Fe^{3+}成为$Fe(OH)_3$析出，以达到除铁的目的。但这种方法的主要缺点是$Fe(OH)_3$具有胶体性质，不仅沉淀速度慢，过滤困难，而且使一些物质被吸附而损失[一般用凝聚剂将$Fe(OH)_3$凝聚沉降，或长时间加热煮沸以破坏胶体。但当Fe^{3+}浓度较大时，从溶液中分离$Fe(OH)_3$仍然是很困难的]。

在现代工业生产中使用$NaClO_3$作氧化剂，将Fe^{2+}氧化为Fe^{3+}：

$$6Fe^{2+} + NaClO_3 + 6H^+ \xlongequal{\quad} 6Fe^{3+} + NaCl + 3H_2O$$

将Fe^{3+}在较小的 pH(pH = 1.6～1.8)条件下水解，温度保持在 358～368 K，这时在溶液中只存在一些聚合的$[Fe_2(OH)_2]^{4+}$、$[Fe_2(OH)_4]^{2+}$，这些聚合离子能与SO_4^{2-}结合，生成一种浅黄色的复盐晶体，其化学式为$M_2Fe_6(SO_4)_4(OH)_{12}$(M 为K^+、Na^+、NH_4^+)，俗称黄铁矾，如黄铁矾钠$Na_2Fe_6(SO_4)_4(OH)_{12}$。黄铁矾在水中的溶解度小，而且颗粒大，沉淀速度快，很容易过滤，因此在湿法冶金中广泛采用生成黄铁矾的办法除去杂质铁。

二茂铁常用作节能消烟助燃添加剂及汽油抗爆剂，二茂铁可代替汽油中有毒的四乙基铅作为抗爆剂，制成高档无铅汽油，以消除燃油排出物对环境的污染及对人体的毒害。二茂铁还可用作聚合催化剂，以及硅树脂、橡胶的熟化剂。二茂铁可阻止聚乙烯对光的降解作用，用于农用地膜，可在一定时间内使其自然降解裂碎，不影响耕作施肥。另外，二茂铁还可用作聚乙烯、聚丙烯、聚酯纤维的保护剂，改进塑料、橡胶、纤维的热稳定性。在航天工业中二茂铁可用作火箭推进剂的燃速催化剂。在医药方面，二茂铁可作为一些抗菌剂、补血剂的原料。

蓝色$CoCl_2$加入干燥剂硅胶中作为干燥剂吸水程度的指示剂；用$CoCl_2$溶液在粉红色纸上写字不显字迹，烘烤后显出蓝色字迹，因此$CoCl_2$也用作显隐墨水，利用此性质，人们将氯化钴加入水泥中，可制成变色水泥。此外，$CoCl_2$可用于电镀、玻璃陶瓷着色、催化剂、油漆干燥剂、氨吸收剂、防毒面具和肥料添加剂等。

硫酸镍主要应用于电镀镍、化学镀镍及充电电池行业，另外还用作有机合成的催化剂、金属着色剂、还原染料的媒染剂等，同时也是生产其他镍盐及氢氧化镍的原料。

铁、钴、镍也常用于催化领域，代替价格昂贵的贵金属进行催化反应，目前也取得了很好的进展。

22.2　铂系元素

铂系元素包括钌(Ru)、铑(Rh)、钯(Pd)、锇(Os)、铱(Ir)、铂(Pt)共六种元素。它们与金、银一起称为贵金属。铂系元素位于第Ⅷ族的第五周期和第六周期。第五周期的钌、铑、钯的密度约为 12 g · cm^{-3}，称为轻铂金属；第六周期的锇、铱、铂的密度约为 22 g · cm^{-3}，称为重铂金属。铂系元素在地壳中的储量很少，其质量分数估计为

	钌	铑	钯	锇	铱	铂
质量分数/%	10^{-8}	10^{-8}	10^{-8}～10^{-7}	10^{-7}	10^{-7}	10^{-6}

自然界中铂系金属通常作为微量组分高度分散在矿物中，最主要的是天然铂矿(铂系金属共生，以铂为主要成分)和锇铱矿(同时含钌和铑)。

铂系元素的基本性质见表 22-2。从铂系元素原子的价电子结构来看，除锇和铱有 2 个 s 电子外，其余都只有 1 个 s 电子或没有 s 电子。

表 22-2　铂系元素的基本性质

元素名称	钌(Ru)	铑(Rh)	钯(Pd)	锇(Os)	铱(Ir)	铂(Pt)
原子序数	44	45	46	76	77	78
相对原子质量	101.0	102.9	106.4	190.2	192.2	195.0
常见氧化态	+4，+6，+8	+3	+2，	+4，+6，+8	+3，+4	+2，+4
价电子构型	$4d^75s^1$	$4d^85s^1$	$4d^{10}5s^0$	$5d^66s^2$	$5d^76s^2$	$5d^96s^1$
金属半径/pm	134	134	137	135	136	139
共价半径/pm	125	125	128	126	129	130
M^{2+}离子半径/pm	81	80	85	88	92	124
第一电离能/(kJ · mol^{-1})	711	720	805	840	880	870
电负性	2.20	2.28	2.20	2.20	2.20	2.28
密度/(g · cm^{-3})	12.41	12.41	12.02	22.57	22.42	21.45
熔点/K	2583	2239	1825	3318	2683	2045
沸点/K	4173	4000	3413	5300	4403	4100

由于镧系收缩的影响，第二过渡系和第三过渡系元素半径相近，因此铂系元素半径相似。铂系元素形成高氧化态的倾向从左向右(由钌到钯，由锇到铂)逐渐降低。这一点和铁系元素相似。重铂元素形成高氧化态的倾向比轻铂元素相应要大。除钌和锇有+8 氧化态外，其余各元素的最高氧化态均小于+8。

22.2.1　铂系元素的单质

铂系元素的单质除锇呈蓝色外，其他金属均为银白色。铂系金属均为难熔金属，其熔点、沸点从左到右逐渐降低。这六种元素中，最难熔的是锇，最易熔的是钯。熔沸点的这种变化趋势与铁系金属相似，这也可能是因为 *n*d 轨道中成单电子数从左到右逐渐减少(钌、铑、钯分别为 3、2、0；锇、铱、铂分别为 4、3、1)，金属键逐渐减弱。

钌和锇的硬度大并且脆，不能承受机械处理。铑和铱虽可以承受机械处理，但也很困难。钯和铂极易承受机械处理，尤其是铂，纯净的铂具有极高的延展性。将铂冷轧，可以制得厚

度为 0.0025 mm 的箔。其优良的化学稳定性和延展性使铂成为首饰加工和电极的良好材料。

铂系金属的化学稳定性特别高是其显著特点之一。钌、锇、铑和铱对酸的化学稳定性最高，不仅不溶于普通强酸，常温下也不溶于王水。钯和铂都能溶于王水，钯还能溶于硝酸(稀硝酸中溶解慢，浓硝酸中溶解快)和热浓硫酸中。

铂系金属在常温下对空气和氧气都是稳定的，只有在高温下，才能与氧、硫、磷、氟、氯等非金属作用，生成相应的化合物。在有氧化剂存在时，铂系金属与碱一起熔融，可以转变成可溶性的化合物。

铂系金属的另一个显著特性是具有很高的催化活性，金属细粉的催化活性尤其强。在烯烃、炔烃及芳烃的氧化、加氢及氢甲酰化等反应中表现出优异的催化活性。大多数铂系金属能吸收气体，特别是氢气。铂系金属吸收气体的性能与它们的高度催化性能有密切关系。

22.2.2 铂系元素的化合物

1. 简单化合物

1) 氧化物

除锇外，铂系金属在室温下不与氧或空气发生反应。高温下可与氧作用(除铂外)，生成相应的化合物。铂系元素与氧的亲和力顺序为 Pt < Pd < Rh < Ir < Ru < Os。室温下粉末状的锇在空气中会慢慢地被氧化，生成挥发性的 OsO_4，OsO_4 的蒸气无色，对呼吸道有剧毒，尤其对眼睛有害，会造成暂时失明；Ir 和 Rh 则需在红热温度下才能与氧结合生成氧化物；而铂不与氧直接作用。

2) 卤化物

$RuCl_3$ 是最常见的钌化合物，通常以可溶性 $RuCl_3$(以水合三氯化钌 $RuCl_3 \cdot xH_2O$)表示，$RuCl_3 \cdot xH_2O$ 是棕红色固体，易吸湿，能溶于水、酸、碱，在空气中加热至 200℃时分解。$RuCl_3 \cdot xH_2O$ 能与许多试剂反应生成配合物，是制备钌配合物的起始物。$RuCl_3$ 是将 RuO_2 的 HCl 溶液蒸发而制得的。

铑最常见的卤化物是 $RhCl_3$，由氯气与铑粉在高于 500℃温度下反应制得。$RhCl_3$ 是红色单斜晶体，其结构类似于 $AlCl_3$ 层状结构，以 Cl 为桥联基，配位数为 6。

钯最常见的卤化物是 $PdCl_2$，红热温度下钯与氯直接反应即可制得 $PdCl_2$，$PdCl_2$ 为吸湿性红色固体，易溶于水，600℃时开始挥发并分解成 Pd。$PdCl_2$ 可以被氢气、一氧化碳、乙烯醇或乙烯还原成金属 Pd：

$$PdCl_2 + CO + H_2O \longrightarrow Pd\downarrow + CO_2\uparrow + 2HCl$$

利用这一反应可以鉴定 CO 的存在。

钯、铂的溴化物、碘化物也可直接合成获得：

$$2Pt + 3Br_2(\text{或}I_2) \longrightarrow 2PtBr_3(\text{或}PtI_3)$$

$$Pd + Br_2(\text{或}I_2) \longrightarrow PdBr_2(\text{或}PdI_2)$$

除钯外，所有铂系金属都可生成六氟化物，它们是挥发性物质，可以由金属与单质氟直接合成。

2. 配合物

铂系元素很容易生成配合物，如羰基配合物、卤配合物、膦配合物、氮配合物、氰配合物、氢配合物等。铂系元素的配合物种类繁多，本书仅介绍部分简单的配合物。

1) 羰基配合物

与铁系元素类似，铂系元素也很容易形成金属羰基配合物，其成键情况如图 22-2 所示。

170℃和高压条件下，在 CO 中加热 RuI_5 与银粉的混合物，可以生成 $Ru(CO)_5$ 蒸气，冷却得到无色液体，其结构为三角双锥形。Ru 的羰基配合物还有黄色晶体 $Ru_3(CO)_{12}$，由此可以衍生出其他过渡金属簇状化合物，如 $[RuPt_2(CO)_5(PPh_3)_3]$、$[Ru_2Pt(CO)_7(PPhMe_2)_3]$ 等。OsO_2 在 CO 高压气氛中加热到 175℃，可以生成 $Os_3(CO)_{12}$ 黄色晶体，在此基础上可以继续形成更高级的原子簇合物。

2) 乙烯配合物

如图 22-5 所示，金属的 d 空轨道接受乙烯分子的 π 电子形成 σ 配位键，同时金属的 d 电子反馈给乙烯分子的 π^* 反键空轨道，形成反馈 π 键，配合物中同时存在 σ 配位键和反馈 π 键两种键，形成的乙烯配合物具有很高的稳定性。

在 K_2PtCl_4 的盐酸溶液中通入乙烯，得到黄色晶体 $K[PtCl_3(C_2H_4)]\cdot H_2O$，又称蔡斯盐。在乙烯气氛中，$Ru_3(CO)_{12}$ 经紫外光照射，可以得到 $Ru(CO)_4(C_2H_4)$。

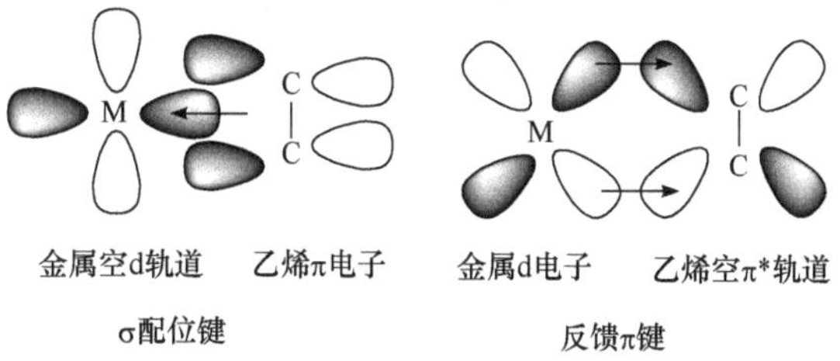

图 22-5　金属和乙烯生成配位键示意图

3) 氨配合物

已报道的铂系元素与氨的配合物种类很多，如 $[Ru(NH_3)_6]Cl_2$ 等。二氯·二氨合铂 $[Pt(NH_3)_2Cl_2]$ 为反磁性物质，其结构为平面正方形，如图 22-6 所示，有顺、反异构体。顺式-$[Pt(NH_3)_2Cl_2]$(也称顺铂)为棕黄色，具有抗癌性能，用作抗癌药物，反式-$[Pt(NH_3)_2Cl_2]$ 为淡黄色，没有抗癌作用。顺铂的抗癌作用一般被认为是顺铂进入人体后，穿过细胞膜进入细胞后，先发生水解反应，生成 $[Pt(NH_3)_2(H_2O)_2]^{2+}$ 等配合物，再与肿瘤细胞的 DNA 碱基中的 N 原子配位，形成链内交联的 Pt-DNA 配合物，从而使肿瘤细胞不认识自己，抑制了 DNA 复制，最终导致癌细胞死亡。

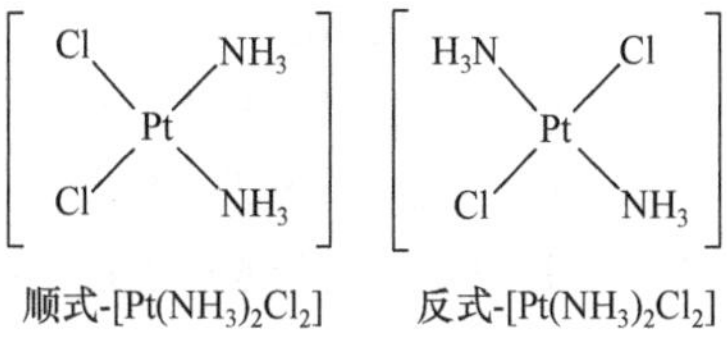

图 22-6　$[Pt(NH_3)_2Cl_2]$ 的顺反异构

22.2.3　铂系元素及化合物的应用

铂系元素及化合物的应用非常广泛，如在化学工程方面：很多铂系元素的配合物都是很好的催化剂，如 $RhCl(PPh_3)_3$ 是烯烃和炔烃均相加氢反应高效的催化剂。$Co_2(CO)_8$ 是 BASF 公司催化丙烯氢甲酰化的催化剂。铂单质的纳米材料在产氢、加氢反应中具有很好的催化作用。

铂系金属的高催化活性和抗腐蚀性也使其用于燃料电池，它们是燃料电池最好的电催化剂。在汽车排气污染及控制上，含铂系金属的催化剂的催化净化效果最好。

铂合金在电气工业中用作电接触点材料是由于其不会形成接触不良的薄膜。钯常替代价格昂贵的铂制备钯合金。铱坩埚用来作为制备如钛酸钡、钨酸钙等高熔点盐单晶的容器。铂的高稳定性使铂可以制成铂坩埚用于精密仪器。

很多铂的配合物具有抗癌的作用，目前已开发了第一代抗癌药物顺铂，第二代抗癌药物卡铂，第三代抗癌药物奈达铂、草酸铂等。

习　题

22-1 写出下列物质的化学式：

(1) 赤铁矿　(2) 菱铁矿　(3) 赤血盐　(4)黄血盐　(5) 莫尔盐

(6) 绿矾　(7) 二茂铁　(8) 蔡斯盐　(9) 氯铂酸　(10) 普鲁士蓝

(11) 辉钴矿

22-2 完成并配平下列方程式：

(1) $FeCl_3 + SnCl_2 \longrightarrow$　(2) $Fe^{3+} + Cu \longrightarrow$

(3) $Fe(OH)_3 + KClO_3 + KOH \longrightarrow$　(4) $Co^{3+} + H_2O \longrightarrow$

(5) $Pt + HNO_3 + HCl \longrightarrow$　(6) $Ni(OH)_2 + Br_2 \longrightarrow$

(7) $RuO_4 + HCl \longrightarrow$　(8) $Co_3O_4 + HCl \longrightarrow$

22-3 完成并配平下列方程式：

(1) 在 $FeCl_3$ 溶液中加入 $SnCl_2$ 溶液；

(2) 碱性条件下向 $NiSO_4$ 溶液中加入 NaClO 溶液；

(3) 将 CO 通入 $PdCl_2$ 溶液中；

(4) 重铬酸钾溶液中加入硫酸亚铁；

(5) 硫酸亚铁受热分解；

(6) 过量的氯水加入 FeI_2 溶液中。

22-4 请解释下列现象：

(1) $CoCl_2$ 与氢氧化钠溶液混合后，产生的沉淀久置后用盐酸酸化时，有刺激性气体产生；

(2) Fe^{3+}的水溶液与 KI 反应得不到 FeI_3；

(3) I_2 不能氧化 Fe^{2+}，但在 KCN 存在下，I_2 可以氧化 Fe^{2+}；

(4) 铁能与氯气发生反应，但氯气可以储存在钢瓶中。

22-5 写出下列化合物或离子的颜色。

(1) $Fe(OH)_2$　(2) $[Fe(H_2O)_6]^{3+}$　(3) $[Fe(H_2O)_6]^{2+}$　(4) $Co(OH)_2$

(5) $Ni(OH)_2$　(6) $[CoCl_4]^{2-}$　(7) $[FeCl_6]^{3-}$　(8) $[Co(NH_3)_6]^{2+}$

(9) $[Ni(NH_3)_6]^{2+}$　(10) $RuCl_3 \cdot xH_2O$

22-6 设计方案分离 Fe^{3+}、Co^{2+}、Ni^{2+}、Al^{3+}、Cr^{3+}。

22-7 根据下列配合物的磁矩，指出配合物杂化轨道的类型，并判断其属于内轨型配合物还是外轨型配合物。

(1) $[Fe(en)_3]^{3+}$ (μ = 5.9 B.M.)　(2) $[Co(NO_2)_6]^{4-}$ (μ = 1.8 B.M.)

(3) $[Ni(NH_3)_6]^{2+}$ (μ = 3.2 B.M.)　(4) $[Co(SCN)_4]^{2-}$ (μ = 4.3 B.M.)

(5) $[Ru(CO)_5]$ (μ = 0 B.M.)　(6) $[Pt(CO)_4]$ (μ = 0 B.M.)

22-8 完成下列物质的转化。

(1) $Fe \longrightarrow FeSO_4 \longrightarrow K_3[Fe(CN)_6]$

(2) $CoSO_4 \cdot 7H_2O \longrightarrow CoCl_2 \longrightarrow [Co(NH_3)_6]Cl_3$

(3) 由粗镍制备高纯镍

22-9 根据铂的性质说明实验室中使用铂丝、铂坩埚等铂的器皿时的注意事项。

22-10 写出下列化学反应的现象和方程式。

(1) $FeSO_4$ 水溶液加入 $NH_3 \cdot H_2O$，在空气中放置一段时间后加入 HCl 溶液，再加入黄血盐。

(2) $FeCl_3$ 水溶液中滴加 KSCN 溶液，然后加入 NaF 固体，再加入过量的 NaOH 溶液后通入 Cl_2，最后加入过量的浓 HCl。

(3) $NiSO_4$ 水溶液中加入 NaOH 溶液，然后加入溴水，最后再加入过量的浓盐酸。

(4) $CoCl_2$ 水溶液中加入 NaOH 溶液，空气中放置一段时间后加入过量的浓盐酸。

(5) $CoCl_2$ 水溶液中加入 NaOH 溶液，生成粉红色沉淀，空气中放置一段时间后沉淀变成棕褐色，加入过量的浓盐酸，沉淀溶解，生成蓝色溶液并放出有刺激性气味的气体。

(6) Pt 粉加入王水中，得到的反应液滴加 KOH 至碱性。

(7) Pt 粉加入王水中，Pt 粉溶解，得到的反应液滴加 KOH 至碱性，生成黄色沉淀。

22-11 已知 $E^{\ominus}(Co^{3+}/Co^{2+}) = 1.84\ V$，$E^{\ominus}(Cl_2/Cl^-) = 1.36\ V$，此时 Cl_2 不能氧化 Co^{2+}，但是 $CoCl_2$ 溶液中加入 NaOH 溶液后，再加入氯水，可以将二价钴氧化到三价，请解释原因。已知：$K_{sp}^{\ominus}[Co(OH)_3] = 1.6\times10^{-44}$，$K_{sp}^{\ominus}[Co(OH)_2] = 5.9\times10^{-15}$。

22-12 比较铂系元素和铁系元素的异同。

22-13 金属 A 溶于稀 HCl 生成 MCl_2，在无氧条件下，MCl_2 与 NaOH 作用产生白色沉淀 B，B 接触空气逐渐变成红棕色沉淀 C，灼烧，B 变成红棕色粉末 D。C 溶于稀 HCl 生成溶液 E。F 中加入 KSCN 溶液，溶液立刻变红，若向 C 的浓 NaOH 悬浮液中通入氯气，可得紫红色溶液 F，加入 $BaCl_2$ 时就能析出红棕色固体 G，G 是一种很强的氧化剂。试确认 A～G 所代表的化合物，并写出反应方程式。

22-14 某黑色氧化物 A 溶于浓盐酸后得到果绿色溶液 B 和气体 C，气体 C 可以使淀粉-碘化钾试纸变蓝，B 中加入 NaOH 后生成苹果绿色沉淀 D，D 溶于氨水可得到蓝色溶液 E，再加入丁二酮肟的乙醇溶液，生成鲜红色沉淀 F，若将 F 加热后又得到 B。试确认 A～F 所代表的化合物，并写出反应方程式。

22-15 蓝色化合物 A 溶于水得到粉红色溶液 B，向 B 中加入过量 NaOH 溶液，先生成蓝色沉淀，然后慢慢变成粉红色沉淀 C，再加入 H_2O_2 溶液，得到棕色沉淀 D，洗涤过滤后，将 D 加入浓盐酸生成蓝色溶液 E 和黄绿色气体 F，将 E 用水稀释后得到粉红色溶液 B，B 中加入 KSCN 晶体和丙酮后得到天蓝色溶液 G。判断 A～G 分别是什么物质。

第 23 章 f 区 元 素

f 区元素通常是指最后一个电子填入$(n-2)$f 轨道的元素。一般来说，周期表中第 57 号元素镧(lanthanum，La)到 71 号元素镥(lutetium，Lu)共 15 种元素统称为镧系元素(lanthanides，简写为 Ln，习惯上，ⅢB 族的 Sc 和 Y 以及 15 种镧系元素统称为稀土元素；而周期表中第 89 号元素锕(actinium，Ac)到 103 号元素铹(lawrencium，Lr)共 15 种元素统称为锕系元素(actinides，简写为 An)。由此看来，f 区元素由镧系元素和锕系元素共同组成，共有 30 种元素。由于这些元素依次将新增加的电子都填入$(n-2)$电子层的 f 轨道，故它们也属于过渡元素。为了与 d 区过渡元素相区别，又把它们称为内过渡元素，镧系元素称为第一内过渡系，锕系元素称为第二内过渡系。

23.1 镧 系 元 素

23.1.1 镧系元素的存在与分布

实际上，稀土元素既不“稀”、更不“土”，它们在自然界中广泛存在，所有稀土元素在地壳中的丰度比一些常见元素多。其中，丰度最大的是 Ce(丰度超过常见的 Zn、Co、Sn 等)；La、Y、Nd 的丰度也大于常见的 Pb；甚至连丰度最低的 Tm 也比 Br、I、Bi、Ag、Au、Pt 等丰度大。

基于镧系元素的物理、化学性质的相似性与差异性，以 Gd 为界，将 La 至 Eu 的镧系元素称为轻稀土或者铈组稀土；将 Gd 至 Lu 以及 Sc、Y 称为重稀土或钇组稀土。若从地球化学和矿物化学角度来划分，一般将 Eu、Gd、Tb、Dy、Ho、Er、Tm、Yb、Lu、(Sc)和 Y 称为钇组稀土。除此之外，根据分离工艺的需要，往往又将稀土元素分为轻、中、重三组，其组间界限随工艺的不同而变化，因而没有严格的界限。

除了放射性元素 Pm 以外，镧系(稀土)元素以化合态存在于自然界的各种稀土矿物中，而且相互共生。其中，具有重要开采价值的主要矿物有以铈组稀土为主的独居石[(RE, Th)PO_4]和氟碳铈矿[RE(CO_3)F]、以钇组稀土为主的磷钇矿[(Ln, Y)PO_4]和我国南方的离子吸附型稀土矿。

我国稀土资源丰富，稀土矿储量占世界总储量的 26%，居世界首位。2010 年年产量为 11.89 万吨(换算为稀土氧化物 RE_2O_3)，占世界总产量的 96%。我国的稀土矿产主要分布地区有内蒙古白云鄂博、江西赣州、广东北部、福建龙岩和三明、湖南南部、山东微山和四川冕宁等。

23.1.2 镧系元素的通性

1. 镧系元素的价层电子结构

镧系元素基态原子的价层电子构型常用发射光谱数据来确定，如表 23-1 所示。镧系元素的外层和次外层的电子构型基本相同，都可以用 $4f^{0\sim14}5d^{0\sim1}6s^2$ 表示，从 Ce 开始，电子逐一填充在 4f 轨道上。其 4f 与 5d 电子数之和为 1～15，其中 57 号 La($4f^0$)、63 号 Eu($4f^7$)、64 号 Gd($4f^7$)、

70 号 Yb($4f^{14}$)及 71 号 Lu($4f^{14}$)处于全空、半满和全满的稳定状态。

表 23-1　镧系元素基态原子的价层电子构型

原子序数	元素	符号	价层电子结构
57	镧	La	$5d^16s^2$
58	铈	Ce	$4f^15d^16s^2$
59	镨	Pr	$4f^36s^2$
60	钕	Nd	$4f^46s^2$
61	钷	Pm	$4f^56s^2$
62	钐	Sm	$4f^66s^2$
63	铕	Eu	$4f^76s^2$
64	钆	Gd	$4f^75d^16s^2$
65	铽	Tb	$4f^96s^2$
66	镝	Dy	$4f^{10}6s^2$
67	钬	Ho	$4f^{11}6s^2$
68	铒	Er	$4f^{12}6s^2$
69	铥	Tm	$4f^{13}6s^2$
70	镱	Yb	$4f^{14}6s^2$
71	镥	Lu	$4f^{14}5d^16s^2$

2. 镧系收缩

表 23-2 列出了镧系元素的原子半径和离子半径从左到右的递变趋势，随着原子序数的增大，镧系元素从镧到镥整个系列的原子半径减小幅度(Δr)缩小的现象称为镧系收缩。镧系收缩的原因是，在镧系元素中，原子核每增加一个质子，相应地有一个电子进入 4f 轨道，而 4f 电子对核的屏蔽不如内层电子，因而随着原子序数的增加，有效核电荷增加，核对最外层电子的吸引增强，使原子半径和离子半径逐渐减少。

表 23-2　镧系元素的原子半径和离子半径

原子序数	元素符号	金属原子半径/pm	离子半径/pm		
			+Ⅱ	+Ⅲ	+Ⅳ
57	La	187.7		106.1	
58	Ce	182.4		103.4	92
59	Pr	182.8		101.3	90
60	Nd	182.1		99.5	
61	Pm	181.0		97.9	
62	Sm	180.2	111	96.4	
63	Eu	204.2	109	95.0	
64	Gd	180.2		93.8	

续表

原子序数	元素符号	金属原子半径/pm	离子半径/pm		
			+Ⅱ	+Ⅲ	+Ⅳ
65	Tb	178.2		92.3	84
66	Dy	177.3		90.8	
67	Ho	176.6		89.4	
68	Er	175.7		88.1	
69	Tm	174.6	94	86.9	
70	Yb	194.0	93	85.8	
71	Lu	173.4		84.8	

镧系收缩有两个特点：

(1) 镧系元素原子半径虽然随原子序数的增加而减小，但多数相邻元素原子半径之差只有 1 pm 左右，即在镧系内原子半径呈缓慢减小的趋势。这是因为随核电荷数的增加，相应增加的电子填入倒数第三层的 4f 轨道，它离原子核更近，比 6s、5s 及 5p 轨道对核电荷有更大的屏蔽作用。因此，随着原子序数的增加，最外层电子受核的引力只是缓慢地增加，从而导致原子半径呈缓慢缩小的趋势。

(2) 随着原子序数的增加，镧系元素的原子半径虽然只缩小约 1 pm，但是经过从 La 到 Lu 的原子半径递减的积累却减小了约 14 pm，从而造成镧系元素后面的 Hf 和 Ta 的原子半径和同族的 Zr 和 Nb 的原子半径极为相近。

在镧系收缩中，离子半径的收缩比原子半径的收缩要显著得多，这一现象可由图 23-1 原子半径、离子半径与原子序数的关系看出。这是因为离子比原子少一层 6s 电子，镧系元素失去最外层的 6s 电子以后，4f 轨道处于次外层，这种状态的 4f 轨道比原子中的 4f 轨道对核电荷的屏蔽作用小，从而使离子半径的收缩效果比原子半径的更为明显。

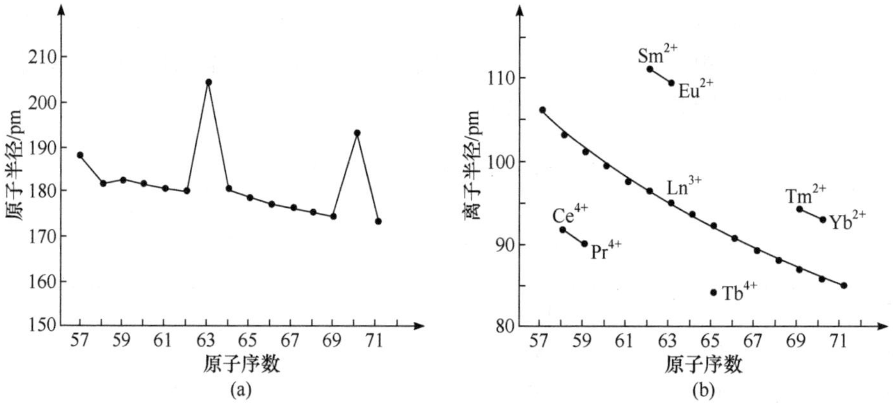

图 23-1　镧系元素的原子半径、离子半径与原子序数的关系

镧系收缩在无机化学中是一个重要现象。由于镧系收缩的影响，ⅢB 族后第五、第六周期各对元素的原子半径和离子半径比较接近，化学性质也相似，故在各对元素的分离上有困难，如ⅣB 族中的 Zr 和 Hf、ⅤB 族中的 Nb 和 Ta、ⅥB 族中的 Mo 和 W。

3. 镧系元素的氧化态

镧系元素氧化态的变化规律见图 23-2。镧系元素的特征氧化态是+3，这是由于镧系元素原子的第一、第二及第三电离能之和不是很大，成键时释放出来的能量足以弥补原子在电离时消耗的能量。因此，它们的+3 价氧化态都是稳定的。除特征氧化态+3 之外，Ce、Pr 和 Tb 等还可显+4 价氧化态，Sm、Eu 和 Yb 等可显+2 价氧化态。

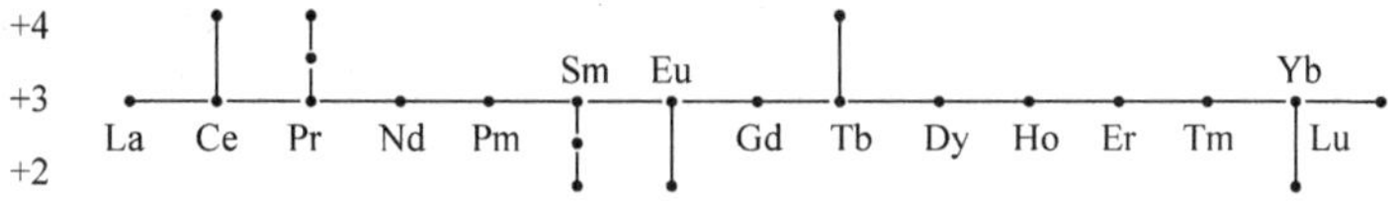

图 23-2　镧系元素氧化态变化规律

这些显示非+3 价氧化态的元素有规律地分布在 La、Gd、Lu 附近，这种情况可由原子结构的规律变化得到解释：La、Gd、Lu 分别具有 4f 轨道全空、半满、全满的稳定电子层结构，因而比稳定结构多一个 f 电子的 Ce 和 Tb 有可能再多失去 1 个 4f 电子而呈现+4 价氧化态，而比稳定结构少一个 f 电子的 Eu 和 Yb 有可能少失去一个电子而呈现+2 价氧化态。显然，镧系离子氧化态变化的周期性规律正是镧系元素电子排布呈现周期性规律的反映。

4. 镧系元素离子的颜色

部分镧系元素的三价离子具有漂亮的颜色，这主要是由 4f 轨道中的电子跃迁所致，即 f-f 跃迁。表 23-3 列出了+3 价镧系元素离子(Ln^{3+})在 200～1000 nm 的吸收谱线及颜色。Ln^{3+}的颜色呈现出周期性变化的规律：4f 电子层为全空和全满的 La^{3+}和 Lu^{3+}在 200～1000 nm(可见光区域在内)无吸收，故无色；具有 f^1、f^6、f^7 和 f^8 结构的离子，其吸收峰全部或大部分在紫外区，所以无色或略带淡粉红色；具有 f^{13} 结构的离子，其吸收峰在红外区，所以无色；从 $La^{3+}(4f^0)$到 $Gd^{3+}(4f^7)$的序列与从 $Lu^{3+}(4f^{14})$到 $Gd^{3+}(4f^7)$的逆序列相互重复，或者说 f^x 和 f^{14-x} 结构($x = 0, 1, 2, \cdots, 7$)的离子有相同或相近的颜色，这意味着最大吸收与未成对 f 电子数呈简单的对应关系。

表 23-3　Ln^{3+}在 200～1000 nm 的吸收谱线及颜色

离子	4f 电子数	主要吸收谱线/nm	颜色	主要吸收谱线/nm	4f 电子数	离子
La^{3+}	0	无	无色	无	14	Lu^{3+}
Ce^{3+}	1	210.5, 222.0, 238.0, 252.0	无色	975.0	13	Yb^{3+}
Pr^{3+}	2	440.5, 469.0, 482.2, 588.5	绿色	360.0，682.5，780.0	12	Tm^{3+}
Nd^{3+}	3	345.0，521.8，574.5，739.5，742.0，797.5，803.0，868.0	淡紫色	364.2，379.2，487.0，522.8，652.5	11	Er^{3+}
Pm^{3+}	4	548.5, 568.0, 702.5, 735.5	浅红色，黄色	287.0，361.1，416.1，450.8，537.0，641.0	10	Ho^{3+}
Sm^{3+}	5	362.5，374.5，402.0	黄色	350.4，365.0，910.0	9	Dy^{3+}
Eu^{3+}	6	375.0，394.1	粉红色(近无色)	284.4, 350.3, 367.7, 487.2	8	Tb^{3+}
Gd^{3+}	7	272.9, 273.3, 275.4, 275.6	无色	272.9, 273.3, 275.4, 275.6	7	Gd^{3+}

5. 镧系元素离子的磁性

镧系元素的磁性与 d 区过渡元素的磁性有本质的区别。d 区过渡元素的磁矩主要由未成对电子的自旋运动产生，由于 d 轨道受晶体场的影响较大，因此轨道运动对磁矩的贡献被周围配位原子的电场所抑制，几乎完全消失。而镧系元素，内层 4f 电子受晶体场的影响较小，轨道运动对磁矩的贡献并没有被周围配位原子的电场所抑制，所以在计算磁矩时，必须同时考虑自旋运动和轨道运动两方面的贡献。图 23-3 表示+3 价镧系元素的离子和化合物的磁矩，虚线是只考虑自旋运动的计算值，实线是考虑了自旋运动和轨道运动的计算值。实线与 300 K 时的实验值符合得很好。

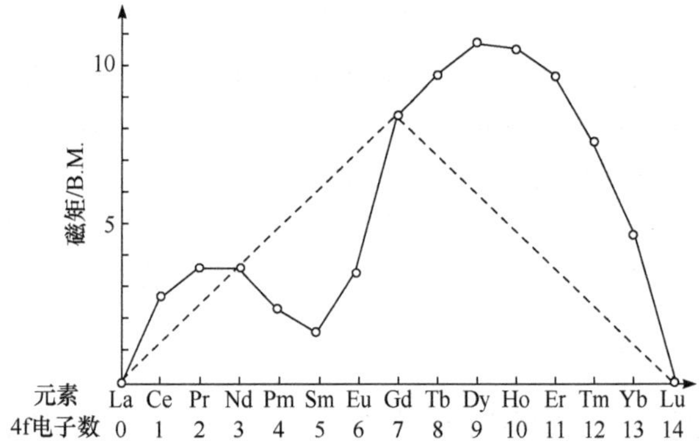

图 23-3　+3 价镧系元素离子和化合物在 300 K 时的顺磁磁矩

由图 23-3 可见，$4f^0(La^{3+})$、$4f^{14}(Lu^{3+})$离子没有未成对电子，因此都是反磁性的；而 $4f^{1\sim13}$ 构型的离子都是顺磁性的。由于镧系元素+3 价离子电子层中未成对的 4f 电子数从 La^{3+}到 Gd^{3+}由 0 增加到 7，处于半满稳定构型，随后又从 Gd^{3+}到 Lu^{3+}由 7 个减少到 0，处于全满状态，因此由自旋运动和轨道运动所贡献的磁矩随原子序数的增加而呈现双峰曲线。

镧系元素及化合物中未成对电子数多，加上电子轨道运动对磁矩的贡献，使它们具有很好的磁性，可作优良的磁性材料，将它们制成稀土合金后还可作永磁材料。

23.1.3　镧系元素的单质

1. 镧系元素单质的物理性质

表 23-4 列出了镧系元素单质的某些物理性质。镧系金属具有银白色金属光泽，质软，有延展性，具有良好的导电性。镧系金属的密度、熔点除 Eu 和 Yb 外，基本上随着原子序数的增加而增大。由于它们的 4f 轨道处于半充满($4f^7$)和全充满($4f^{14}$)状态，屏蔽效应增大，有效核电荷数降低，因此核对 6s 电子的引力减小，其半径突然增大，Eu 和 Yb 的密度、熔点比它们各自左右相邻的两种金属都小。

表 23-4　镧系金属的物理性质

原子序数	元素名称	元素符号	金属的颜色	熔点/K	沸点/K	密度(298 K)/($g \cdot cm^{-3}$)	晶体结构
57	镧	La	银白色	1194	3730	6.1453	Hcp
58	铈	Ce	银白色	1072	3699	6.672	Fcc
59	镨	Pr	银白色	1204	3785	6.773	Hcp

续表

原子序数	元素名称	元素符号	金属的颜色	熔点/K	沸点/K	密度(298 K)/($g \cdot cm^{-3}$)	晶体结构
60	钕	Nd	银白色	1294	3341	7.007	Hcp
61	钷	Pm	银白色	1441	2973	—	—
62	钐	Sm	银白色	1350	2064	7.520	Rhombus
63	铕	Eu	银白色	1095	1870	5.2484	Bcc
64	钆	Gd	银白色	1586	3539	7.9004	Hcp
65	铽	Tb	银白色	1629	3396	8.2294	Hcp
66	镝	Dy	银白色	1685	2835	8.5500	Hcp
67	钬	Ho	银白色	1747	2968	8.7947	Hcp
68	铒	Er	银白色	1802	3136	9.066	Hcp
69	铥	Tm	银白色	1818	2220	9.3208	Hcp
70	镱	Yb	银白色	1092	1467	6.9654	Fcc
71	镥	Lu	银白色	1936	3668	9.8404	Hcp

注：Hcp，密堆六方；Fcc，面心立方；Bcc，体心立方；Rhombus，菱形。

2. 镧系元素单质的化学性质

表 23-5 列出了镧系金属的标准电极电势。从表中可知，镧系元素化学性质十分活泼，属于强还原剂，它们的金属活泼性仅次于碱金属和碱土金属，保存时应隔绝空气。金属活泼性随原子序数增加而递减，能与周期表中绝大多数元素形成非金属化合物和金属间化合物。表 23-6 列出了镧系元素单质的主要化学反应，镧系金属反应所得产物为特征的+3 氧化态化合物。

表 23-5　镧系金属的标准电极电势

符号	$E^{\ominus}/V$ $Ln^{3+} + 3e^- \rightleftharpoons Ln$	$E^{\ominus}/V$ $Ln^{3+} + e^- \rightleftharpoons Ln^{2+}$	$E^{\ominus}/V$ $Ln^{4+} + e^- \rightleftharpoons Ln^{3+}$
La	−2.522		
Ce	−2.483		+1.61
Pr	−2.462		+2.28
Nd	−2.431		
Pm	−2.423		
Sm	−2.414	−1.15	
Eu	−2.407	−0.429	
Gd	−2.397		
Tb	−2.391		
Dy	−2.353		
Ho	−2.319		
Er	−2.296		
Tm	−2.278		
Yb	−2.267		
Lu	−2.255		

表 23-6 镧系金属的主要化学性质

反应	反应条件
$4Ln + 3O_2 = 2Ln_2O_3$	加热时镧系金属可以燃烧，并放出大量的热，Ce、Pr、Tb 生成高价态氧化物 CeO_2、Pr_6O_{11}、Tb_4O_7
$2Ln + 3X_2 = 2LnX_3$	室温下反应慢，加热到 573 K 以上燃烧
$2Ln + 3S = Ln_2S_3$	在硫的沸点时反应，Se、Te 有类似反应
$2Ln + N_2 = 2LnN$	在 1273 K 以上发生反应
$Ln + 2C = LnC_2$(或Ln_2C_3)	高温发生反应
$2Ln + 6H_2O = 2Ln(OH)_3$(或$Ln_2O_3 \cdot xH_2O$)$+ 3H_2$	室温反应慢，较高温度时反应很快
$2Ln + 6H^+ = 2Ln^{3+} + 3H_2$	与稀酸(HCl、H_2SO_4、$HClO_4$、HAc 等)即使在室温下作用也很快
$2Ln + 3H_2 = 2LnH_3$(或LnH_2)	573 K 以上反应快，但生成的并不都是 LnH_3，氢原子数常小于 3

3. 镧系元素的分离

由于镧系元素之间性质极为相似，它们之间的分离非常困难。分级结晶法、分级沉淀法、氧化还原法和离子交换法等都曾作为镧系分离的重要方法。目前，工业规模的镧系分离主要采用离子交换法和溶剂萃取法。

1) 离子交换法

目前，镧系元素分离一般采用磺酸型聚苯乙烯树脂作为阳离子交换树脂。阳离子的交换能力一般遵循如下规律：

(1) 常温下低浓度的水溶液中，正电荷越高的阳离子，交换能力越强。例如，

$$Th^{4+} > Gd^{3+} > Eu^{2+} > Na^+$$

(2) 常温下低浓度的水溶液中，若离子所带的电荷相同，其交换能力随离子水合半径的增加而下降。例如，

$$Sc^{3+} > Y^{3+} > Eu^{3+} > Sm^{3+} > Nd^{3+} > Pr^{3+} > Ce^{3+} > La^{3+}$$

根据离子交换能力的差异，以及离子与淋洗剂结合后所生成化合物的稳定性不同，可以利用离子交换树脂来分离各种元素。通过在离子交换柱上进行反复多次的吸附与脱附(淋洗)，实现镧系金属离子的有效分离。

通过离子交换法实现混合镧系金属离子分离的一般过程为：首先将含混合镧系离子(简记为 Ln^{3+})的溶液从顶部注入钠盐形式(如聚苯乙烯磺酸钠)的阳离子交换柱，Ln^{3+}交换 Na^+后在柱的上部形成一个吸附带。接下来用含有阴离子配体(如酒石酸根和乳酸根)的溶液缓慢流过柱体使 Ln^{3+}沿柱体下移并相互分离。最后阴离子螯合配体在淋洗过程中与 Ln^{3+}形成带负电荷的配离子而进入洗脱液中。

开始时柱体顶部的 Na^+被 Ln^{3+}取代：

$$Ln^{3+}(aq) + 3Na^+(res) \rightleftharpoons Ln^{3+}(res) + 3Na^+(aq)$$

方程式中的“res”代表树脂。配位试剂淋洗时形成电中性或带负电荷的镧系配合物。为了维持树脂本身的电中性，镧系配合物离开后留下的位置重新被 Na^+占据：

$$Ln^{3+}(res) + 3Na^+ + 3RCO_2^-(aq) \rightleftharpoons [Ln(RCO_2)_3]^{3-}(aq) + 3Na^+(res)$$

2) 溶剂萃取法

溶剂萃取法是指含有被分离物质的水溶液与互不混溶的有机溶剂接触，借助于萃取剂的作用，使一种或几种组分进入有机相，而另一种组分仍留在水相中，从而达到分离的目的。在许多情况下，只用有机溶剂不能达到萃取无机物的目的，必须外加萃取剂才能实现。萃取剂一般分为三类：①酸性萃取剂，如 P204(酸性磷酸酯)等；②中性萃取剂，如 TBP(磷酸三丁酯)等；③离子缔合萃取剂，如胺类等。

萃取过程一般包括萃取和反萃取。萃取通常是指原先溶于水相的被萃取物与有机相充分接触后，部分或几乎全部转入有机相的过程。反萃取是将萃取物从有机相转入水相的过程。两个过程交替使用可以提高分离的选择性和完全度，从而获得较纯的产品。

溶剂萃取法具有处理容量大、反应速率快、分离效果好等优点，是目前稀土分离工业中应用最广泛的一种方法。它可用于每种稀土元素的分离，有时一种好的萃取剂几乎可以实现全部稀土元素的分离，纯度可达到 4 个 9 的水平(99.99%)。例如，利用 TBP 从硝酸(8～15 $mol \cdot L^{-1}$)介质中萃取 Ce(Ⅳ)，使其与其他三价镧系离子分离，然后向 TBP 中加入 H_2O_2 水溶液，将 Ce(Ⅳ)还原为 Ce(Ⅲ)进行反萃取，Ce(Ⅲ)进入水层。

23.1.4　镧系元素的重要化合物

1. Ln(Ⅲ)的化合物

1) 氧化物

镧系元素氧化物 Ln_2O_3 的制备方法是将氢氧化物、碳酸盐、草酸盐、硝酸盐在空气中加热分解或由镧系金属在空气中燃烧而制得。但 Ce、Pr、Tb 这三种金属除外，Ce 生成浅黄色的 CeO_2，Pr 生成棕黑色的 Pr_6O_{11}，Tb 生成暗棕色的 Tb_4O_7，所以欲制备 Ce_2O_3、Pr_2O_3、Tb_2O_3，需要在氢气气氛下加热它们的氢氧化物和+3 价盐类。

Ln_2O_3 熔点高，难溶于水或碱性介质，但易溶于强酸，即使经过灼烧的 Ln_2O_3 也易溶于强酸，除非强酸的阴离子与 Ln^{3+}生成沉淀。Ln_2O_3 与碱土金属氧化物的性质类似，与水作用形成水合氧化物，能吸收空气中的 CO_2 生成碱式碳酸盐。

Ln_2O_3 的颜色基本上与相应的 Ln^{3+}颜色一致，磁矩也与相应的+3 价离子的磁矩相近。

2) 氢氧化物

在 Ln^{3+}的盐溶液中加入氨水或 NaOH 等碱溶液，可以得到 $Ln(OH)_3$。镧系元素氢氧化物的碱强度近似于碱土金属，但溶解度却比碱土金属氢氧化物小得多。

$Ln(OH)_3$ 的碱性随着 Ln^{3+}半径的递减而有规律地减弱，这是由于中心离子对 OH^-的吸引力随半径的减小而增加，氢氧化物的电离度随之逐渐减小。镧系元素的氢氧化物开始沉淀时的 pH 随原子序数的增大而降低，这是由于镧系收缩导致+3 价镧系离子的离子势 Z/r 随原子序数的增大而增大。另外，在不同的盐溶液中，$Ln(OH)_3$ 开始沉淀的 pH 也略有不同(表 23-7)。通过实验测定不同 pH 条件下的溶解度，证明镧系金属离子的浓度与氢氧根之间不是简单的 1∶3，这表明 $Ln(OH)_3$ 可能不是以单一的 $Ln(OH)_3$ 形式存在。

$Ln(OH)_3$ 加热发生分解，生成相应的镧系金属氧化物。

表 23-7　$Ln(OH)_3$ 开始沉淀的 pH 和溶度积

氢氧化物	颜色	$\Phi = Z/r$	$K_{sp}^{\ominus}$	溶解度 /(10^{-6} mol · L^{-1})	$Ln(OH)_3$ 开始沉淀的 pH				
					硝酸盐	氯化物	硫酸盐	乙酸盐	高氯酸盐
$La(OH)_3$	白色	2.83	1.0×10^{-19}	7.8	7.82	8.03	7.41	7.93	8.10
$Ce(OH)_3$	白色	2.84	1.5×10^{-20}	4.8	7.60	7.41	7.77	7.77	—
$Pr(OH)_3$	浅绿色	2.96	2.7×10^{-20}	5.4	7.35	7.05	7.66	7.66	7.40
$Nd(OH)_3$	紫红色	3.02	1.9×10^{-21}	2.7	7.31	7.02	7.59	7.59	7.30
$Sm(OH)_3$	黄色	3.11	6.8×10^{-22}	2.0	6.92	6.82	7.40	7.40	7.13
$Eu(OH)_3$	浅粉红色	3.16	3.4×10^{-22}	1.4	6.82	—	7.18	7.18	6.91
$Gd(OH)_3$	白色	3.20	2.1×10^{-22}	1.4	6.83	—	7.10	7.10	6.81
$Tb(OH)_3$	白色	3.25	2.0×10^{-22}						
$Dy(OH)_3$	浅黄色	3.30	1.4×10^{-22}						
$Ho(OH)_3$	浅黄色	3.36	5.0×10^{-23}						
$Er(OH)_3$	浅红色	3.41	1.3×10^{-23}	0.8	6.75	—	6.50	6.95	—
$Tm(OH)_3$	浅绿色	3.45	2.3×10^{-24}	0.6	6.40	—	6.20	6.53	—
$Yb(OH)_3$	白色	3.50	2.9×10^{-24}	0.5	6.30	—	6.18	6.50	6.45
$Lu(OH)_3$	白色	3.54	2.5×10^{-24}	0.5	6.30	—	6.18	6.46	6.45

3) 氢化物

镧系元素氢化物可由镧系金属与 H_2 直接反应制备，产物是组成不定的类合金型氢化物 $LnH_x(0<x\leqslant3)$，氢化物的存在范围见表 23-8。

表 23-8　镧系元素氢化物的存在范围

第一组	第二组氟化钙型	第三组六方形	第四组正交型
$LaH_{1.95\sim3}$	$SmH_{1.92\sim2.55}$	$SmH_{2.59\sim3}$	$EuH_{1.86\sim2}$
$CeH_{1.8\sim3}$	$GdH_{1.8\sim2.3}$	$GdH_{2.85\sim3}$	$YbH_{1.80\sim2}$
$PrH_{1.9\sim3}$	$TbH_{1.90\sim2.15}$	$TbH_{2.81\sim3}$	
$NdH_{1.9\sim3}$	$DyH_{1.95\sim2.08}$	$DyH_{2.86\sim3}$	
	$HoH_{1.95\sim2.24}$	$HoH_{2.95\sim3}$	
	$ErH_{1.86\sim2.13}$	$ErH_{2.97\sim3}$	
	$TmH_{1.99\sim2.41}$	$TmH_{2.76\sim3}$	
	$LuH_{1.85\sim2.23}$	$LuH_{2.78\sim3}$	

除 YbH_2 和 EuH_2 外的 LnH_2 都是金属导体。随着 x 值增加，导电能力减弱，组成接近于 LnH_3 的氢化物变成半导体。LnH_3 不再具有金属导电性，它的性质更像盐类。

4) 卤化物

镧系元素的卤化物中，比较重要的是氟化物和氯化物。

与碱土金属氟化物相似，镧系元素氟化物不溶于水，Ln^{3+}溶液中即使在含 3 mol · L^{-1} 浓度

的 HNO_3 中加入 HF 或 F^-，仍将生成 LnF_3 沉淀。可以利用这一方法来鉴定 Ln^{3+}。

氯化物 $LnCl_3$ 易溶于水，在水溶液中结晶生成水合物。在水溶液中，半径较大的 La^{3+}、Ce^{3+}、Pr^{3+}常含 7 分子结晶水($LnCl_3 \cdot 7H_2O$)，而 Nd^{3+}～Lu^{3+}含 6 分子结晶水($LnCl_3 \cdot 6H_2O$)。

在 Ln 的氧化物、氢氧化物或碳酸盐中加入盐酸即可得氯化物，由于氯化物的溶解度很大，仅用蒸发浓缩的方法很难将水合氯化物结晶出来。在其氯化物溶液中通入氯化氢气体直到饱和时，冷却浓溶液，可析出水合氯化物晶体。

无水氯化物不易从加热水合物中得到，因为加热脱水的同时，伴随发生水解反应。因此，无水卤化物最好采用金属直接卤化的方法制备。

$$2Ln + 3X_2 \xlongequal{\quad} 2LnX_3$$
$$2Ln + 3HgX_2 \xlongequal{\quad} 2LnX_3 + 3Hg$$

另外，也可以通过将 Ln_2O_3 与过量 NH_4Cl 加热脱水，将 Ln_2O_3 和碳粉在通入 Cl_2 条件下加热，在光气 $COCl_2$ 或 CCl_4 的热蒸气下加热 Ln_2O_3 等也可得到无水氯化物。

$$Ln_2O_3 + 6NH_4Cl \xlongequal{\triangle} 2LnCl_3 + 3H_2O + 6NH_3\uparrow$$

$$Ln_2O_3 + 3Cl_2 + 3C \xlongequal{\triangle} 2LnCl_3 + 3CO\uparrow$$

$$Ln_2O_3 + 3CCl_4 \xlongequal{\triangle} 2LnCl_3 + 3COCl_2\uparrow$$

$$Ln_2O_3 + 3COCl_2 \xlongequal{\triangle} 2LnCl_3 + 3CO_2\uparrow$$

5) 硫酸盐

将镧系元素的氧化物、氢氧化物或碳酸盐溶于稀硫酸中可得硫酸盐。最常见的是水合硫酸盐，除硫酸铈为九水合物外，其余的都是八水合物 $Ln_2(SO_4)_3 \cdot 8H_2O$。无水硫酸盐可由以下三种方法制备：氧化物与略过量的浓硫酸反应、水合硫酸盐高温下脱水、酸式硫酸盐热分解。镧系元素的无水硫酸盐和水合硫酸盐都溶于水，它们的溶解度随温度升高而显著下降，因此易于重结晶，在 20℃时，镧系硫酸盐在水中的溶解度从 Ce 到 Eu 依次下降，而从 Gd 到 Lu 又依次上升，如图 23-4 所示。

6) 草酸盐

镧系元素和草酸能生成既难溶于水也难溶于酸的 $Ln_2(C_2O_4)_3 \cdot nH_2O$ 型草酸盐，用这种方法得到的草酸盐一般带有结晶水，通常 $n = 10$，但也有 $n = 6$、7、9 和 11 的盐。其反应式可写为

$$2LnCl_3 + 3H_2C_2O_4 + nH_2O \xlongequal{\quad} Ln_2(C_2O_4)_3 \cdot nH_2O + 6HCl$$

由于草酸盐在酸性溶液中也难溶，因此可以使镧系元素离子以草酸盐的形式析出从而与其他许多金属离子分离开，而且草酸盐结晶颗粒较大，吸附杂质少，易于过滤、洗涤，所以在质量法测定镧系元素和用各种方法使镧系元素分离时，总是使其先转化为草酸盐，经过灼烧，最后得到相应的氧化物。在一定的酸度下，草酸盐的溶解度随镧系原子序数的增大而增加。

草酸盐沉淀的性质取决于生成时的条件。在硝酸溶液中，若主要离子是 $HC_2O_4^-$、NH_4^+，则得到复盐 $NH_4Ln(C_2O_4)_2 \cdot nH_2O$($n = 1$ 或 3)。在中性溶液中，用草酸铵作沉淀剂，则在镧系元素中从 La 到 Eu 生成正草酸盐，而 Eu 后面的元素生成的是草酸盐的混合物。用 0.1 $mol \cdot L^{-1}$ $(NH_4)_2C_2O_4$ 洗复盐，可得到正草酸盐。

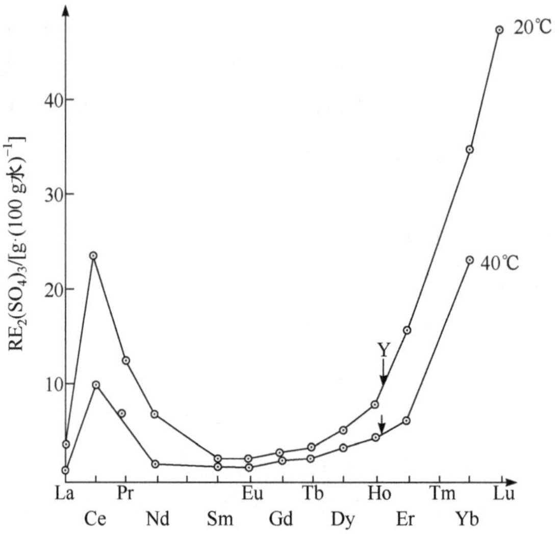

图 23-4　镧系硫酸盐在水中的溶解度等温线

7) 硝酸盐

将镧系元素氧化物 Ln_2O_3 溶于硝酸，蒸发浓缩后，可结晶出硝酸盐。除离子半径较小的 Tm^{3+}、Yb^{3+}和 Lu^{3+}的硝酸盐是五水合物外，其余的硝酸盐都含有 6 个结晶水。它们不但易溶于水，而且能溶于醇、酮、酯和胺。在 373 K 以下加热脱水，可得到无水盐。灼烧时，先分解为碱式盐，再转变为氧化物。硝酸盐的分解速率随离子半径减小而逐渐加快，利用这种差异可进行分级热分解，以达到分离的目的。

La、Ce、Pr、Nd、Pm、Sm 和 Eu 的硝酸盐能与碱金属、铵、镁、锌、镍和锰的硝酸盐形成复盐，如 $2M(Ⅰ)NO_3\cdot Ln(NO_3)_3\cdot xH_2O$、$2NH_4NO_3\cdot Ln(NO_3)_3\cdot 4H_2O$、$3M(Ⅱ)(NO_3)_2\cdot 2Ln(NO_3)_3\cdot 24H_2O$，这些复盐溶解度都很小，且随着镧系元素离子半径的减小而增大。同一元素的复盐溶解度又随温度升高而增大。它们的稳定性随离子半径的减小而减小。因此，Gd、Dy、Ho、Er、Tm、Yb 和 Lu(除 Tb 外)几乎不能形成硝酸复盐。

2. Ln(Ⅳ)和 Ln(Ⅱ)的化合物

Ce、Pr、Nd、Tb 和 Dy 都可以形成氧化态为+4 的化合物，只有 Ce^{4+}化合物在水溶液和固体中是稳定的。常见的+4 价铈盐有 $Ce(SO_4)_2\cdot 2H_2O$ 和 $Ce(NO_3)_4\cdot 2H_2O$，这些盐能溶于水，且能形成复盐，如 $2(NH_4)_2SO_4\cdot Ce(SO_4)_2\cdot 2H_2O$ 和 $2NH_4NO_3\cdot Ce(NO_3)_4$，复盐比相应的简单盐稳定。将+3 价铈的氢氧化物和含氧酸盐(包括碳酸盐、草酸盐、硫酸盐和硝酸盐)煅烧可制得白色 CeO_2。CeO_2 为惰性物质，不溶于酸或碱，当有还原剂(如 H_2O_2 等)存在时，可溶于酸生成 Ce^{3+}的溶液。CeO_2 是强氧化剂，可将浓 HCl 氧化成 Cl_2，将 Mn^{2+}氧化成 MnO_4^-。在一定条件下，Sm^{3+}、Eu^{3+}和 Yb^{3+}可以被还原成 Sm^{2+}、Eu^{2+}和 Yb^{2+}，二价离子中以 Eu^{2+}较为稳定。若溶液中存在 Sm^{3+}、Eu^{3+}和 Yb^{3+}三种离子，可用 Zn 作还原剂将 Eu^{3+}还原。若要将 Sm^{3+}和 Yb^{3+}还原为低价离子，需要用像钠汞齐那样的强还原剂。

3. 配合物

1) 镧系元素的配位能力

镧系元素离子的配位性能和 d 区过渡元素离子的差别较大。镧系元素离子 Ln^{3+}的价层电子是稀有气体型的原子结构，它的 4f 电子被 $5s^2$ 和 $5p^6$ 外层电子所屏蔽。因此，4f 轨道与外部配体轨道之间的相互作用很弱，一般不易参与成键。Ln^{3+}与配体之间的相互作用主要是静电作用，故所形成的配离子稳定性差。但与强螯合剂(如 EDTA)中的氨基氮原子、酸性膦型萃取剂中磷酰基上的氧原子配位时，配位场作用强，引起 4f 轨道电子离域，使配合物表现出部分共价键的性质。

2) 配位原子

一般来说，氧、氮、卤素、硫(硒、碲)和磷等原子都能与镧系离子配位，但它们的配位能力不同，配体的电负性越大，配位能力越强。因此，氟、氧配位能力最强，氮原子次之，硫(硒、碲)、磷的配位能力较弱，单齿配体的配位能力有如下顺序：

$$F^- > OH^- > H_2O > NO_3^- > Cl^-$$

3) 配位数

镧系元素与过渡金属的最大区别是镧系离子能生成高配位数的配合物。Ln^{3+}离子电荷高，且半径较大(85～106 pm)，比一些过渡金属离子半径大得多(如 Cr^{3+}为 64 pm，Fe^{3+}为 60 pm)，而且镧系元素离子外层空的原子轨道多(5d、6s 和 4f 轨道)，导致 Ln^{3+}的配位数一般比较大，最高可达 12，常显示出特殊的几何构型。一般来说，随着镧系元素离子半径的减小，配位数有降低的倾向。例如，半径较小的 Yb^{3+}形成 7 配位的配合物[$Yb(acac)_3(H_2O)$]，而半径较大的 La^{3+}形成 11 配位的配合物[$La(acac)_3(H_2O)_5$]。此外，配位数也受配体的体积和电荷影响，配体体积增大会使配位数变小；配体电荷增大时，金属的配位数有降低的倾向。

23.1.5　镧系元素的应用

稀土元素特别是其中的镧系元素独特的电子结构赋予它们在化学、光学、磁学及核性能等诸多方面优异的性质，使其广泛应用于冶金工业、石油化工、玻璃、陶瓷、电子工业等领域。可以预期，稀土新材料的研究和开发必将促使镧系金属及其化合物的应用深入到各个现代尖端高科技领域中。

在冶金方面，镧系元素对氧、硫、氢、砷等非金属元素有强亲和力，在炼钢中能净化钢液、细化晶粒、去除有害杂质，从而改善钢的机械性能，提高抗氧化性、耐磨、耐腐蚀性能。

在石油化工方面，镧系元素主要用作催化剂。应用于石油裂化，可以提高石油裂化的汽油收率，降低煤油成本。镧系催化剂也可用于催化许多其他有机反应，如氢化、氧化、聚合、脱氢等。

在玻璃、陶瓷工业中，镧系元素可作为抛光剂、脱色剂和添加剂。例如，CeO_2 是良好的玻璃抛光剂，可用于照相机镜头、望远镜、眼镜、光学镜头及电视显像管等物件的抛光。CeO_2 的氧化作用可使玻璃中少量 FeO 氧化为+3 价化合物而起到脱色作用，使玻璃具有良好的透明度，Pr 和 Nd 的化合物也可作为玻璃的脱色剂。在玻璃中加入镧系氧化物还可以提高其性能，如含有 La_2O_3 的玻璃具有高折射及低色散性能。此外，若在玻璃中加入 Pr_2O_3、Nd_2O_3、Eu_2O_3、Er_2O_3 等可使玻璃呈现黄绿、紫红、橙红、粉红等鲜艳的颜色，这些稀土氧化物也是陶瓷着色剂的原料。

镧系元素还可用于制备发光材料、电光源材料和激光材料。例如，在钇的硫氧化物中加入铕杂质(Y_2O_2S：Eu)制成彩色电视显像管的红色荧光粉，使电视画面明亮度提高了 40%，并增加了色彩的鲜艳度。稀土卤化物是制备新型电光源的重要材料，添加有稀土材料的汞-弧光灯能发出很强的不带蓝色而近似日光的光线。Nd 和 Y 的化合物是固体激光器的重要工作物质，在国防工业中得到广泛应用。

镧系金属和过渡金属的合金可作为磁性材料。例如，$SmCo_5$、Sm_2Co_{17} 等磁性能优良的材料已广泛应用于微波通信和一些精密仪器中。另外，Sm、Eu、Gd、La 等镧系金属具有较高的热中子俘获截面，用于核反应堆的控制材料。

镧系作为微量元素在农业微肥方面也有重要的作用。

23.2　锕系元素

23.2.1　锕系元素的通性

锕系元素是指周期表中第 89 号元素锕(Ac)到 103 号元素铹(Lr)，共 15 种元素，它们都是放射性元素。锕系元素只有前 6 种元素(Ac～Pu)存在于自然界中，铀以后的元素都是人工合成的，称为超铀元素。

1. 锕系元素的价层电子结构

锕系元素基态原子价层电子构型见表 23-9。锕系元素的价层电子结构多为 $5f^{0\sim14}6d^{0\sim2}7s^2$，与镧系元素的价层电子结构 $4f^{0\sim14}5d^{0\sim1}6s^2$ 相似。但是锕系元素中从 89 号锕(Ac)到 93 号镎(Np)在电子层结构中存在 1～2 个 6d 电子，这是由于 5f 轨道在空间伸展的范围比 4f 轨道大，因而使 5f 与 6d 轨道能量更接近，相对来说 4f 与 5d 轨道能量相差较大，就造成了有利于 f 电子从 5f 向 6d 轨道的跃迁，有利于 f 电子参与成键。而 Np 以后的锕系元素，价层电子结构类似于镧系元素。

表 23-9　锕系元素的价层电子构型

原子序数	元素符号	元素名称	价层电子结构
89	Ac	锕	$6d^17s^2$
90	Th	钍	$6d^27s^2$
91	Pa	镤	$5f^26d^17s^2$
92	U	铀	$5f^36d^17s^2$
93	Np	镎	$5f^46d^17s^2$
94	Pu	钚	$5f^67s^2$
95	Am	镅	$5f^77s^2$
96	Cm	锔	$5f^76d^17s^2$
97	Bk	锫	$5f^97s^2$
98	Cf	锎	$5f^{10}7s^2$

续表

原子序数	元素符号	元素名称	价层电子结构
99	Es	锿	$5f^{11}7s^2$
100	Fm	镄	$5f^{12}7s^2$
101	Md	钔	$5f^{13}7s^2$
102	No	锘	$5f^{14}7s^2$
103	Lr	铹	$5f^{14}6d^17s^2$

2. 锕系收缩

表 23-10 列出了锕系元素的原子半径、离子半径和氧化态，随着原子序数的增加，从锕(Ac)到铹(Lr)其原子半径和相同氧化态的离子半径整体来看都有减小的趋势。从 Ac 到 Lr，原子半径共收缩 18.8 pm，+3 价离子半径共收缩 17 pm。这种锕系元素的原子半径和离子半径随着原子序数的增加而逐渐减小的现象称为锕系收缩。锕系收缩类似于镧系收缩，但锕系收缩一般比镧系收缩得大一些，前几种元素从 Ac 到 Np 的收缩尤为明显。

表 23-10 锕系元素的原子半径、离子半径和氧化态

原子序数	元素符号	原子半径/pm	离子半径/pm					氧化态
			+2	+3	+4	+5	+6	
89	Ac	189.8		111				$\underline{3}$
90	Th	179.8		108	99			(3)，$\underline{4}$
91	Pa	164.2		105	96	90	83	3，4，$\underline{5}$，6
92	U	154.2		103	93	89	82	3，4，5，$\underline{6}$
93	Np	150.3		101	92	88	81	3，4，$\underline{5}$，6，7
94	Pu	152.3		100	90	87	80	3，$\underline{4}$，5，6，(7)
95	Am	173.0		99	89	86		(2)，$\underline{3}$，4，5，6
96	Cm	174.3		98.6	88			$\underline{3}$，4
97	Bk	170.4		98.1	87			$\underline{3}$，4
98	Cf	169.4		97.6				$\underline{3}$
99	Es	169		97				$\underline{3}$
100	Fm	164		97				$\underline{3}$
101	Md	194		96				2，$\underline{3}$
102	No	194	113	95				$\underline{2}$，3
103	Lr	171	112	94				2，3

注：括号内数字仅存在于固体中，有下划线者为最稳定的氧化态。

3. 锕系元素的氧化态

由表 23-10 可知，锕系元素从 Th 到 Bk 存在多种氧化态，这与镧系元素形成+3 特征氧化态有明显的不同。锕系元素除了+3 价以外，还有+2、+4、+5、+6、+7 等价态。锕系元素从 Th 到 Bk 容易出现大于+3 的高氧化态，这是因为锕系前一部分元素从 5f 到 6d 的激发能较小，5f 电子容易参与成键，因而元素可以表现出高氧化态。当锕系元素最稳定氧化态由+3 达到+6 后，氧化态又逐渐降低，且+3 氧化态逐渐趋于稳定，说明后面的锕系元素，5f 电子参与成键变得越来越困难。

4. 锕系元素离子的颜色

表 23-11 列出了一些锕系离子在水溶液中的颜色，除 $Ac^{3+}(5f^0)$、$Cm^{3+}(5f^7)$、$Th^{4+}(5f^0)$、$Pa^{4+}(5f^1)$、$PaO_2^+(5f^0)$等少数离子无色外，大部分锕系离子都有一定的颜色。锕系元素和镧系元素水合离子颜色的变化规律类似，$Pa^{4+}(5f^1)$和 $Ce^{3+}(4f^1)$、$Cm^{3+}(5f^7)$和 $Gd^{3+}(4f^7)$、$Ac^{3+}(5f^0)$和 $La^{3+}(4f^0)$都是无色的，$U^{3+}(5f^3)$和 $Nd^{3+}(4f^3)$显浅红色。

表 23-11　一些锕系离子在水溶液中的颜色

元素	An^{3+}	An^{4+}	AnO_2^+	AnO_2^{2+}
Ac	无色	—	—	—
Th	—	无色	—	—
Pa	—	无色	无色	—
U	粉红色	绿色	—	黄色
Np	紫色	黄绿色	绿色	粉红色
Pu	深蓝色	黄褐色	红紫色	橙色
Am	粉红色	粉红色	黄色	棕色
Cm	无色	—	—	—

5. 锕系元素离子的磁性

由于锕系元素的 5f 轨道比镧系元素的 4f 轨道伸展范围大，轨道运动对磁矩的贡献受到配体电场的抑制，与镧系元素相比，锕系元素的磁性表现得比较复杂并难以解释。具有未成对 f 电子的锕系元素显示出顺磁性，且与镧系元素中有相同 f 电子数的元素具有平行关系，如图 23-5 所示。

23.2.2　锕系元素的单质

锕系元素的单质具有银白色金属光泽，都是有放射性的金属。与镧系元素相比，熔点稍高，密度稍大，且金属结构的变体多，这可能是锕系金属导带中的电子数目可以变动的原因。锕系元素单质的金属性较强，图 23-6 列出了部分重要的锕系元素在酸性溶液中的元素电势图。

它们在空气中迅速变暗，生成一种氧化膜，保存时应避免与氧接触。可与大多数非金属反应，还可与酸反应。与沸水或蒸气反应，在金属表面生成氧化物，并放出 H_2。

23.2.3　钍及其化合物

钍是性质活泼的金属，可以与大部分非金属发生化学反应，如图 23-7 所示。

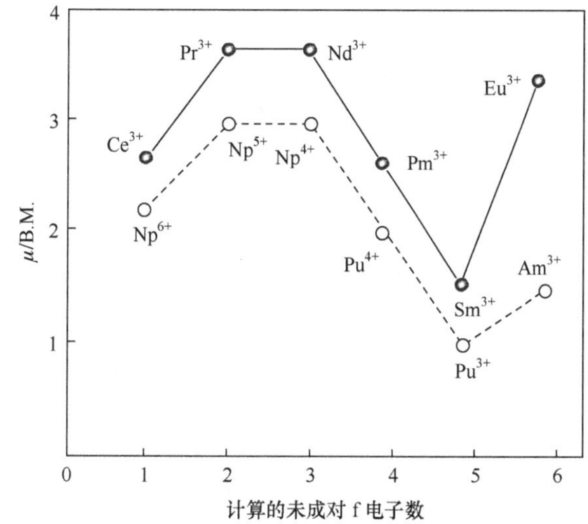

图 23-5　一些锕系离子和镧系离子的磁性

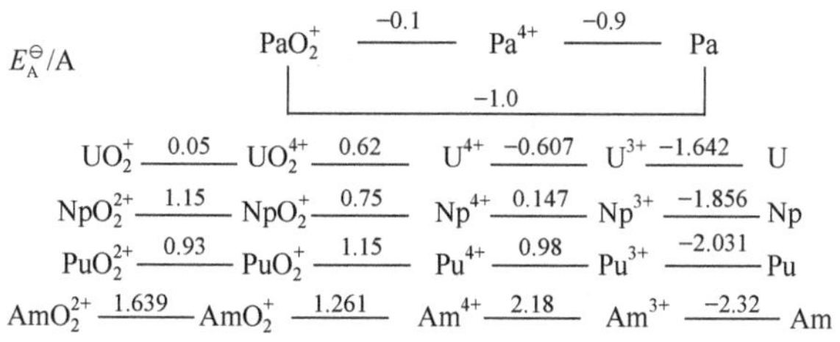

图 23-6　部分锕系元素的元素电势图

$$ThCl_4$$
$$\xleftarrow[870\,K]{CCl_4}$$

$$ThF_4 \xleftarrow[870\,K]{HF} ThO_2 \xrightarrow{HNO_3} Th(NO_3)_4 \cdot 5H_2O$$

$$500\,K \uparrow O_2$$

$$ThH_2 \xleftarrow[870\,K]{H_2} Th \xrightarrow[2400\,K]{C} ThC, ThC_2$$

$$1050\,K \downarrow N_2$$

$$ThN, Th_2N_2$$

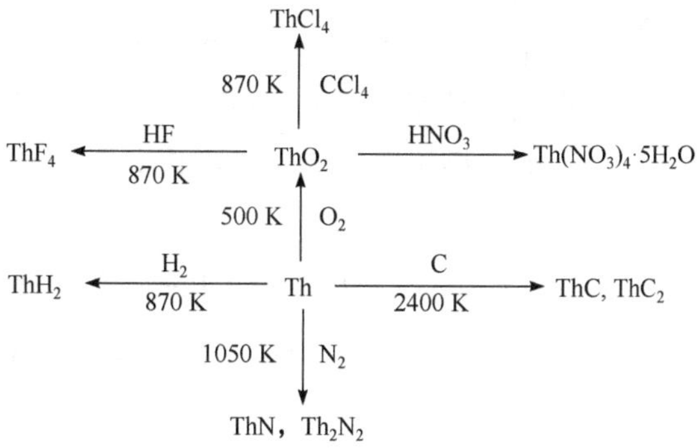

图 23-7　钍及其化合物的反应

钍的特征氧化态是+4，Th^{4+}无论在水溶液中还是在固态中都是稳定的，Th^{4+}能形成各种无水的和水合的盐。钍有以下一些重要化合物。

1. 二氧化钍

二氧化钍(ThO_2)是白色粉末状的物质，它的结构类似于萤石，配位数为 8，即钍原子处于立方体顶角 8 个 O^{2-} 的中央。将粉末状钍在氧气中燃烧，或将氢氧化钍、硝酸钍、草酸钍灼烧，都可得到 ThO_2。ThO_2 是所有氧化物中熔点最高的，达到 3660 K。

ThO_2 的化学活泼性与制备时灼烧的温度有关。强烈高温灼烧后得到的 ThO_2 只能溶于 HNO_3 和 HF 组成的混合酸，显示化学惰性，而在 800 K 时灼烧草酸钍得到的 ThO_2 比较疏松，可以溶于稀盐酸中。

ThO_2应用广泛。含 1% CeO_2的 ThO_2因加热时会发射出强光，被广泛用于制造白炽煤气灯的纱罩。在水煤气合成汽油时，常使用含 8% ThO_2的氧化钍作为催化剂。

2. 氢氧化物

在 Th^{4+} 溶液中加入碱溶液或氨水，可析出白色胶状钍的氢氧化物，也可看作是二氧化钍的水合物。钍的氢氧化物能溶于酸，但不溶于碱，能溶于 Na_2CO_3或 K_2CO_3形成配合物，也能吸收空气中的 CO_2。加热脱水时，在 530～620 K，$Th(OH)_4$稳定存在，在 743 K 转化为 ThO_2。

3. 硝酸钍

硝酸钍 $Th(NO_3)_4 \cdot 5H_2O$ 是最重要的钍盐，是制备其他钍盐的原料，它易溶于水、醇、酮和酯。从 ThO_2 溶于稀 HNO_3 所得的溶液中可以析出水合硝酸钍 $Th(NO_3)_4 \cdot 5H_2O$。在 $Th(NO_3)_4 \cdot 5H_2O$ 晶体中，Th^{4+}的配位数是 11。其中，4 个 NO_3^- 以双齿配位，5 个 H_2O 分子中有 3 个 H_2O 分子参与配位，另外 2 个 H_2O 分子不参与配位，在晶格中通过氢键相连。

在硝酸钍的水溶液中加入不同的沉淀剂，可以得到氢氧化物、氟化物、碘酸盐、草酸盐和磷酸盐等沉淀。除了氢氧化物外，钍的后四种盐即使在 6 mol · L^{-1} 强酸溶液中也不会溶解，因此可用于分离钍和其他阳离子。

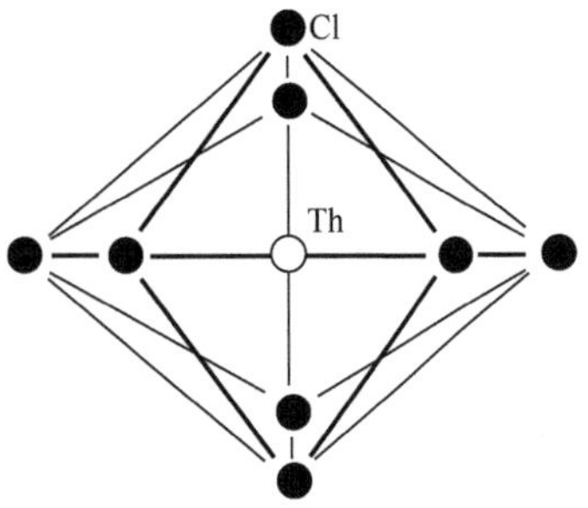

图 23-8 $ThCl_4$的结构

4. 卤化钍

卤化钍(ThX_4)是高熔点的白色固体，除 ThF_4外，都可在真空中于 773～873 K 升华。ThX_4中 Th^{4+}的配位数一般为 8，具有十二面体结构，如图 23-8 所示。除 ThF_4难溶于水外，其余卤化钍都能溶于水，并部分水解生成 $ThOX_2$型卤氧化物。ThX_4一般采用单质直接反应或者用氧化物与 HX、CCl_4、CCl_2F_2反应制备。

$$ThO_2 + CCl_4 \xrightarrow{870\,K} ThCl_4 + CO_2\uparrow$$

$$Th + 2I_2 \xrightarrow{670\,K} ThI_4$$

5. 钍的配合物

Th^{4+}比其他+4 价离子难水解，但当 pH＞3 时发生强烈水解，形成的产物是配离子，配离子随溶液的 pH、浓度和阴离子的性质不同而组成不同。在高氯酸溶液中，主要离子为 $[Th(OH)]^{3+}$、$[Th(OH)_2]^{2+}$、$[Th_2(OH)_2]^{6+}$、$[Th_4(OH)_8]^{8+}$，最后的水解产物为六聚物$[Th_6(OH)_{15}]^{9+}$。

Th^{4+}能与卤素(F、Cl、Br、I)形成多种配合物，如 Na_2ThF_6、$KThF_5$、$RbThCl_5$、$(C_5H_5NH)_2ThBr_6$、$(NBu_4)_2ThI_6$等。Th^{4+}的高电荷决定了它是一个较强的路易斯酸，能与氨、胺、酮、醇、OPR_3、NCS^-、CO_3^{2-}、$C_2O_4^{2-}$ 等电子给予体分子或离子形成配合物，如$[Rb_4Th(NCS)_8] \cdot 2H_2O$、$Th(acac)_4$、$Ca[Th(NO_3)_6]$、$K_6[Th(C_2O_4)_4(H_2O_2)_2] \cdot 2H_2O$、$[Th(NO_3)_4(OPPh_3)_2]$等。图 23-9 为配合物$[Th(NO_3)_4(OPPh_3)_2]$的结构，Th 的配位数是 10，金属周围双齿配位的 4 个 NO_3^- 和 2 个三

苯基膦氧化物按八面体方式排布。

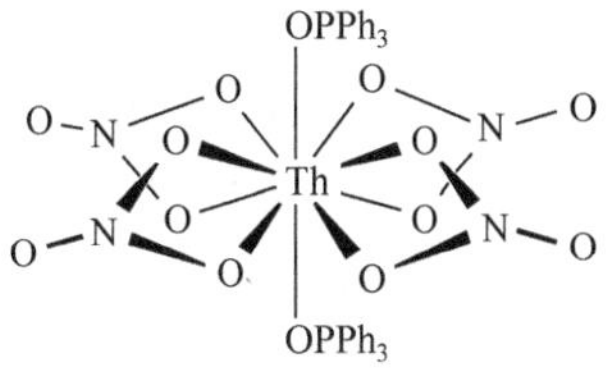

图 23-9　$[Th(NO_3)_4(OPPh_3)_2]$的结构

23.2.4　铀及其化合物

铀是一种活泼金属，可以与很多元素直接化合。在空气中，其表面很快变黄，继而变成黑色的氧化膜，但此氧化膜不能保护金属。粉末状的铀在空气中可自燃。铀易溶于盐酸和硝酸，但在硫酸、磷酸和氢氟酸中溶解较慢。它不与碱反应，能与氧气、卤素、氢气等多种物质反应，生成相应的化合物。铀的主要化学反应如图 23-10 所示。

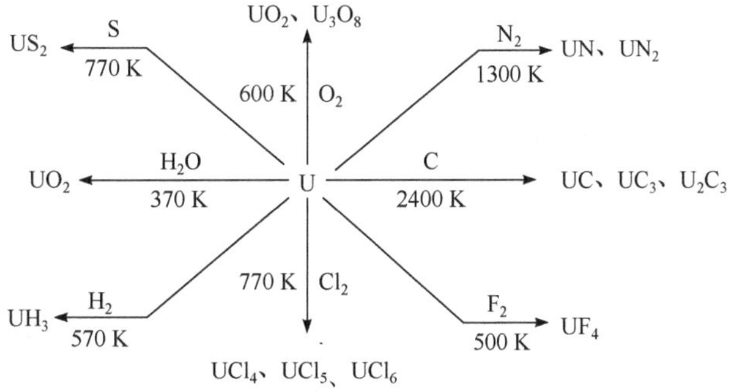

图 23-10　铀及其化合物的反应

1. 氧化物

铀的氧化物主要有棕黑色的 UO_2、墨绿色的 U_3O_8 和橙黄色的 UO_3。

二氧化铀具有半导体性质，已广泛用于制造反应堆燃料元件。在室温下可与盐酸、硫酸、硝酸缓慢反应，易溶于硝酸，生成亮黄色的 $UO_2(NO_3)_2$ 溶液。不溶于水和碱，但溶于含过氧化氢的碱或碳酸盐溶液，生成过铀酸盐。

UO_3 是铀的重要氧化物，具有两性，溶于酸形成铀氧基 UO_2^{2+}，溶于碱生成重铀酸根 $U_2O_7^{2-}$：

$$UO_3 + 2H^+ \longrightarrow UO_2^{2+} + H_2O$$

$$2UO_3 + 2OH^- \longrightarrow U_2O_7^{2-} + H_2O$$

UO_3 受热生成 U_3O_8：

$$3UO_3 \xrightarrow{990\,K} U_3O_8 + \frac{1}{2}O_2$$

U_3O_8 不溶于水，溶于酸生成相应的 UO_2^{2+} 的盐，UO_2 缓慢溶于盐酸和硫酸中，生成铀(Ⅳ)盐，但硝酸容易将其氧化成硝酸铀酰 $UO_2(NO_3)_2$。

2. 硝酸铀酰

上述铀的氧化物 UO_2、UO_3 和 U_3O_8 都能溶于酸生成铀酰离子 UO_2^{2+}，溶于硝酸就生成硝酸铀酰，如

$$UO_3 + 2HNO_3 \longrightarrow UO_2(NO_3)_2 + H_2O$$

UO_2^{2+}是 +6 价铀的稳定物种。在水溶液中，UO_2^{2+}呈黄绿色并带荧光，它能与NO_3^-、SO_4^{2-}、Ac^-等许多阴离子形成配合物，如$UO_2(NO_3)_2 \cdot 2H_2O$、UO_2X_2、$UO_2(CH_3COO)_2 \cdot 2H_2O$和$UO_2SO_4$等。硝酸铀酰在潮湿空气中容易变潮，且易溶于水、醇和醚，UO_2^{2+}在溶液中水解，反应过程复杂，可看成是H_2O失去H^+后，发生OH^-桥联聚合而得到水解产物UO_2OH^+、$[(UO_2)_2(OH)_2]^{2+}$和$[(UO_2)_3(OH)_5]^+$。

在硝酸铀酰溶液中加碱或将UO_3溶于碱，都可析出黄色的重铀酸钠$Na_2U_2O_7 \cdot 6H_2O$。将此盐加热脱水，得无水盐，称为铀黄，可用在玻璃及陶瓷釉中作为黄色颜料。

3. 六氟化铀

铀的氟化物很多，有UF_3、UF_4、UF_5、UF_6、U_2F_9、U_4F_{14}和U_5F_{22}等，其中UF_6最重要。UF_6可由低价氟化物或氧化物氟化得到：

$$UF_4 + F_2 \xrightarrow{490\ K} UF_6$$

$$UO_2F_2 + 2F_2 \xrightarrow{540\ K} UF_6 + O_2$$

UF_6为无色晶体，具有挥发性，利用$^{238}UF_6$和$^{235}UF_6$蒸气扩散速度的差别，使^{238}U和^{235}U分离，从而得到纯^{235}U核燃料。UF_6在干燥的空气中稳定，遇潮湿空气立即分解：

$$UF_6 + 2H_2O \longrightarrow UO_2F_2 + 4HF$$

4. 氢化物

金属铀与H_2在 570 K 反应可得到黑色粉末固体UH_3。UH_3很活泼，可用于制备铀的其他化合物，如UH_3与 HCl 气体反应生成UCl_3：

$$UH_3 + 3HCl \longrightarrow UCl_3 + 3H_2$$

习　题

23-1 镧系元素包括哪些元素？

23-2 简述什么是镧系收缩。镧系收缩造成的影响是什么？

23-3 镧系元素的特征氧化态为+3，为什么 Ce、Pr 和 Tb 常呈现+4 价氧化态，而 Sm、Eu 和 Yb 却能呈现+2 价氧化态？

23-4 从 La 到 Lu，Ln^{3+}的颜色呈现出周期性变化的规律，请解释原因。

23-5 镧系金属的密度、熔点除 Eu 和 Yb 外，基本上随原子序数的增加而增大，请解释原因。

23-6 镧系化合物的化学键特点是什么？参与成键的轨道有哪些？

23-7 锕系元素与镧系元素相比，除了+3 价氧化态之外还有其他氧化态，请简述原因。

23-8 完成并配平下列反应方程式：

(1) $EuCl_2 + FeCl_3 \longrightarrow$　　(2) $CeO_2 + HCl(浓) \longrightarrow$

(3) $Ce(OH)_3 + NaOH + Cl_2 \longrightarrow$　　(4) $UO_3 + NaOH \longrightarrow$

(5) $UO_3 + HF \longrightarrow$

23-9 铕(Eu)是镧系元素，其电子结构为[Xe]$4f^7 6s^2$，有+2、+3 氧化态，当用 Zn 或 Mg 还原 Eu^{3+}(aq)时，可得到 Eu^{2+}。问：

(1) Eu^{2+}(aq)是否显色？

(2) $EuSO_4$ 是否易溶于水？

(3) $Eu(OH)_2$ 的碱性如何？

(4) Eu^{3+}和 Eu^{2+}比较，哪个易与 EDTA 形成配合物？

23-10 写出下列化合物的制备方法：

(1) ThO_2　　(2) UO_2　　(3) UF_6

23-11 比较下列各对物质，哪一种可能存在？若都可能存在，哪一种稳定性更大？并简述理由。

(1) $EuSO_4$ 和 $GdSO_4$　　(2) LaY^-和 LuY^-(Y 代表 EDTA)

(3) $CeCl_4$ 和 UCl_4　　(4) UF_6 和 UI_6

23-12 解释下列现象：

(1) 形成配合物的能力：d 区元素＞f 区元素＞s 区元素。

(2) 锕系元素形成配合物的能力大于镧系元素。

(3) 镧系元素的原子半径在 Eu 和 Yb 出现“反常”(双峰现象)，而其离子半径无此现象。

第 24 章　放 射 化 学

放射化学(radiochemistry)是近代化学的一个分支，主要研究放射性物质和原子核转变过程的相关化学问题。放射化学的主要研究对象是放射性物质，与普通化学相比，放射化学有其自身的特点。首先，放射化学具有灵敏度高的优点，放射性核素因其带有放射性，常作为示踪剂加入待研究的对象中，通过研究示踪剂的运动及变化，可以对整个化学过程进行观察。与其他方法相比，示踪法的灵敏度高，可达到 10^{-14} g。放射线探测仪不需要对样品进行分离提纯等工作，不干扰待研究对象，测试简便快捷，可以真实地反映物质的变化规律。其次，放射性物质在使用时通常是低浓度和微量的，因此在实验中必须考虑在容器上以及在常量的固体物质上的吸附问题。放射性物质还具有不稳定的特点，与普通的化学物质不同，放射性物质会自发地衰变，因此组成和含量是不恒定的，对于短寿命的放射性核素必须考虑到时间因素。最后，放射化学的实验中还要考虑射线对工作人员产生的辐射损伤，在操作中要做好放射防护，同时对废弃物要考虑环境的辐射污染问题。

放射化学这个概念是 1910 年由英国人卡麦隆(Cameron)提出的，当时的定义为：放射化学是研究放射性元素及其衰变产物的化学性质和属性的一门科学。

1896 年，法国物理学家贝克勒尔(Becquerel)发现铀的化合物能使包在黑纸里的照片底片感光，从而发现了铀具有放射性，人们第一次知道自然界中有一些元素可以放出射线，同时转变为另一种元素。之后，人们试图人为地使核发生转变，但是在当时的实验条件下，原子核很难被改变。直到 1919 年，卢瑟福(Rutherford)利用天然放射性物质产生的极高速度的 α粒子轰击氮，终于成功地将氮原子核敲碎得到了氢原子核，即质子，这是首次人工实现的核蜕变。这个核反应方程式为

$$^{14}_{7}N + ^{4}_{2}He \longrightarrow ^{17}_{8}O + ^{1}_{1}H$$

随后，人们又成功地用 α 粒子进行了轰击硼、氟、钠、铝等轻元素的核反应。1932 年，在卢瑟福实验室工作的查德威克(Chadwick)发现利用 α 粒子轰击锂、铍等轻元素时，它放出一种穿透力很强的中性辐射粒子，他将这种新的、质量与质子相近的中性粒子称为中子。

$$^{9}_{4}Be + ^{4}_{2}He \longrightarrow ^{12}_{6}C + ^{1}_{0}n$$

发现中子以后，人们建立了原子核是由质子和中子组成的理论，将质子和中子统称为核子。由于中子不带电，容易进入原子核内部从而引发核反应。1934 年，居里(Currie)夫妇发现当粒子轰击硼、铝、镁时，除了放出质子和中子外，还有正电子放出，而且当照射进行几分钟后，正电子才能放出，而照射完成后，即使移去粒子源后仍然有正电子放出。研究表明，正电子是由上述核反应中人工获得的放射性的磷原子发出的，这是人工放射性的首次发现，也是核反应化学工作的开端。核反应为

$$^{27}_{13}Al + ^{4}_{2}He \longrightarrow ^{30}_{15}P + ^{1}_{0}n$$

$$^{30}_{15}P \longrightarrow ^{30}_{14}Si + ^{0}_{1}e$$

人工放射性的发现为人工制造元素的放射性同位素提供了可行的方法，使现代核反应得以迅猛地发展。1939 年，哈恩(Hahn)利用热中子轰击铀-235 时，铀核分裂为两种质量数接近的碎片，同时放出 2～3 个中子，而这些中子又引起其他铀核继续发生分裂，同时放出巨大的能量，这一现象称为裂变，核的裂变具有链式反应的特点。铀原子核裂变现象的发现使原子能技术进入了一个崭新的时代。1942 年，在费米(Fermi)的领导下，美国芝加哥大学建立了世界上第一座核反应堆，首次实现了核裂变的链式反应。1942 年 6 月，美国开始利用核裂变进行了原子弹的研制，也称曼哈顿计划。1945 年 7 月，美国成功地进行了世界上第一次核爆炸，并按计划制造出两颗实用的原子弹。随后美军在日本投下了铀弹和钚弹。第二次世界大战以后，中、高能核化学迅速兴起，目前放射性同位素已经广泛用于工业、农业、生物、医学等领域。

在放射化学的研究中，常用到核素的概念。与元素概念不同，核素是指具有一定原子序数、原子质量数和核能态的原子，而元素是指原子序数相同的一类原子。

24.1　原子核的基本性质

原子是由带正电的原子核和围绕原子核运动的电子构成的。原子质量的 99.9%都集中在原子核上，直径大小为 10^{-12} cm 数量级。而原子核是由质子和中子组成的。人们在衰变中发现了中微子和正电子，在宇宙射线中发现了各种介子等，这使人们对微观世界的认识进入粒子的层次。对这些粒子的研究称为粒子物理学，又由于研究粒子层次的能量(GeV 甚至 TeV)比研究原子核层次的能量(MeV)高很多，因而又称为高能物理学。

某元素的原子核中的质子数 Z 等于核外电子数，也等于该元素的原子序数，Z 是原子核所带的正电荷，所以 Z 也称为核电荷数。原子核所包含的中子数 N 和质子数 Z 之和为原子核的质量数。质子数 Z 和中子数 N 均相同的一类原子称为同一核素。质子数 Z 相同，而中子数 N 不同的核素称为同位素。

24.1.1　原子核的半径、质量与质量亏损

大部分原子核为球形或接近球形的旋转椭球形。除大形变核和超形变核外，其长轴和短轴相差不超过百分之几，因此可以用核半径 R 表示原子核的大小，核半径可以用经验公式表示为

$$R = r_0 A^{\frac{1}{3}} \tag{24-1}$$

式中，R 为核半径；A 为原子的质量数；r_0 为常数，通常可以取 $r_0 = 1.4\times10^{-15}$ m 。

原子核半径一般有两种定义：

(1) 核力作用半径：实验表明，粒子和原子核之间的作用力除了库仑力之外，还有很强的吸引力，这种力称为核力。核力是一种短程力，在一定的作用半径以外，作用力几乎为零。该作用半径 $r_0 = 1.4\times10^{-15}$ m $= 1.4$ fm(费米)。

(2) 电荷分布半径：质子分布半径，在原子核的中央部分的电荷密度是几乎不变的，在边缘部分逐渐下降，将电荷密度为 50%的位置所对应的距离称为电荷分布半径。

核的电荷分布半径反映了核内质子的分布，对中子数较多的不稳定核而言，中子的分布半径要略大于质子的分布半径，称为“中子皮”，而对于轻核如 Li 等，中子的分布可以扩展到距离核很远的地方，形成所谓的“中子晕”。

原子核的质量 $m(Z, A)$通常忽略原子核和核外电子之间的结合能，等于原子的质量 $M(Z, A)$减去 Z 个核外电子的质量。原子核的质量很小，用普通质量单位表示为小于 10^{-21} g，一般选用原子质量单位(atomic mass unit，u)作为质量单位，规定 ^{12}C 原子质量的 1/12 为原子质量单位，1 u = 1.6605×10^{-27} g。原子核的质量不等于 Z 个质子和$(A-Z)$个中子的质量之和，组成原子核的 Z 个质子和$(A-Z)$个中子的质量与该原子核的质量 $m(Z, A)$之差称为质量亏损(mass defect)。

各种原子核的密度几乎是相等的，大约为 10^{17} kg · m^{-3}，原子核的密度比地球上密度最大的物质 Os 还要大 10^{14} 倍。

24.1.2 原子核结构模型

为了解释原子核反应，人们试图提出一些原子核的模型。但至今人们对于质子和中子如何组成原子核，它们在核中如何运动，如何描述维持质子和中子的作用力之类的问题仍在研究中。目前人们在大量实验的基础上，建立了多种原子核的简化物理模型，这些模型从不同的角度描述了原子核的性质。比较主要的模型有液滴模型、壳层模型与集体运动模型。

1. 液滴模型

液滴模型是根据各种原子核的密度几乎相等，核内各种核子的平均结合能和体积几乎相等的事实提出的：核力的作用力程短，只有 2×10^{-15} m 左右，比原子核的半径小得多，所以核子都只与相邻几个核子发生作用，这一点与液体中的分子很类似；原子核的密度是基本不变的，这与液体的不可压缩性类似；核子在结合成原子核时放出结合能，而且核的结合能与核的总质量成正比。而对于液滴，分子结合成液滴时放出液化能，并且液化能的大小与液滴的质量成正比。因此，玻尔(Bohr)提出可以将原子核类比于高密度的带正电的液滴。根据液滴模型，魏扎克(Weizsacker)提出了原子核结合能的半经验公式：

$$E_B = E_V + E_S + E_C + E_A + E_P \tag{24-2}$$

式中，E_B、E_V、E_S、E_C、E_A、E_P 分别为结合能、体积能、表面能、库仑能、对称能和奇偶能。原子核的液滴模型可以解释核裂变等现象，但该模型没有揭示出原子核的结构及核能级状况，因此人们又提出了壳层模型。

2. 壳层模型

通过对原子核的资料分析发现，原子核同样具有类似周期性的情况。含中子数或质子数为 2、8、20、28、50、82 以及中子数为 126 的原子核特别稳定，在自然界中的含量也比相邻的核素丰富。原子核的某些性质随中子(或质子)数的增加呈现的变化也在经过上述值后发生突变。这些特殊的数称为幻数，如 ${}^{4}_{2}He_{2}$、${}^{16}_{8}O_{8}$、${}^{40}_{20}Ca_{20}$、${}^{60}_{28}Ni_{32}$、${}^{88}_{38}Sr_{50}$、${}^{90}_{40}Zr_{50}$、${}^{120}_{50}Sn_{70}$、${}^{138}_{56}Ba_{82}$、${}^{140}_{58}Ce_{82}$、${}^{208}_{82}Pb_{126}$，这些核素的含量比附近核素的含量高，也较稳定。壳层模型是根据核性质的周期性提出的。该模型是由迈耶(Mayer)夫人和詹森(Jensen)在 1949 年各自独立提出的。由于发现壳层模型理论和对称性原理，他们于 1963 年获得了诺贝尔物理学奖。

壳层模型的基本思想为：将原子核内每个核子都看作在其余核子的平均势场中独立运动，而原子核为球形，因此可以将这种平均势场近似看成有心力场，这样就把核子看成是在独立的有心力场中运动，该模型又称为独立粒子模型。壳层模型与原子轨道的电子排布式类似，核的各个壳层所包含的能级数从低到高依次为2、6、12、8、22、32、44…，其填满各个壳层的核子数依次为2、8、20、28、50、82…，当质子和中子达到上述数值时为稳定核结构，即原子核的幻数。质子和中子的核壳层是相互独立的。因此，质子或中子可以只有其中一个为幻数，此时称为幻核，也可以两者皆是幻数，称为双幻核。壳层模型也可以说明在重、中原子核里中子数比质子数多的原因，由于质子间有排斥作用，其能量间隔就比中子能量间隔稍大，这样中子能级层数比质子的能级层数多，导致其填充中子数目也多。总之，壳层模型对解释原子核的幻数、基态的核自旋和宇称、同质异能岛等都取得了成功，但壳层模型对核内核子的运动情况的考虑过于简化，在解释远离双幻数区域的原子核的磁矩、电四极矩时遇到了困难，因此人们又提出了原子核的集体运动模型。

3. 集体运动模型

原子核的运动形式除了核内部的核子的独立运动外，还存在原子核的集体运动形式。壳层模型认为每个核子在一个球形的中心势场中运动，而核的集体运动模型是指核子在原子核中一群核子形成的变动的、非球形对称的势场中独立运动，集体运动模型既考虑了单个核子的独立运动，又考虑了所有核子的集体运动，因此又称为综合模型。该模型最早由雷恩沃特(Rainwater)提出，后来由玻尔和莫特尔松(Mottelson)进一步发展和完善。他们三人也因此共同荣获1975年的诺贝尔物理学奖。该模型保留了壳层模型的基本概念，认为核子在平均场中独立运动形成壳层结构。原子核可以发生形变，并产生转动和振动等集体运动。

集体运动模型可以解释核的电四极矩，由于原子核内大部分核子都在核心，因此核心占有大部分的电荷，即使出现小的形变，也会导致相当大的电四极矩，因此具有大的电四极矩的核素，其核会产生永久的形变。如果认为原子核是一个非球形的轴对称椭球，可以计算出核的转动能量为

$$E_{\mathrm{r}} = \frac{\hbar^2}{2J} I(I+1) \qquad (I = 0,2,4,6,\cdots) \tag{24-3}$$

式中，$\hbar$为约化普朗克常量；J为转动惯量；I为核的总角动量量子数，由于对称性要求，I只能取偶数。

原子核除了转动以外，也有振动。由于原子核存在极化变形，当变形性不大时，原子核与外层核子的作用会使核恢复到球形，这样就导致了原子核以球形为平衡状态做周期振荡，其振动形式主要为四极振动，振动能级出现在原子核变形小的近满壳层区域。对于偶-偶核，理论计算的振动能谱基本与实验一致，对于其他核的效果较差。

总之，集体运动模型对电四极矩、γ跃迁概率以及中、重核的低激发态能谱的许多实验事实都可以得到很好的解释，比壳层模型有了进一步的发展，但离核的最终模型仍有相当大的差距，还需要人们不断地努力。

24.1.3 亚原子粒子

物质的结构是分层次的，物质由原子构成，原子由原子核和核外电子构成，原子核由质

子和中子(统称核子)组成。质子和中子及其他粒子是由亚微粒子构成的。

1. 基本粒子的定义

随着物理学的发展，基本粒子的定义也在不断变化中。目前认为基本粒子可以分为夸克(quark)、轻子(lepton)、玻色子(boson)和希格斯粒子(Higgs particle)四大类。在粒子中，绝大多数是强子。强子是直接参与强相互作用的粒子。强子同时也可以参与电磁相互作用和弱相互作用。自旋为整数的强子统称为介子，自旋为半整数的强子称为重子或反重子，其中包括质子和中子。按照现代强子构成理论，所有的强子都是由更基本的粒子——夸克构成的。轻子是不参与强相互作用的粒子，如电子就属于轻子。最初粒子的分类按照粒子的质量分为三类：①质量大的称为重子，如质子、中子等；②质量小的称为轻子，如电子；③中微子、轻子类共存在 6 种及其各自的反粒子，共 12 个，分为电子型、μ 子型和 τ 子型。轻子类的质量差别很大，它们不参与强相互作用，只参与弱相互作用和电磁相互作用，中微子只参与弱相互作用。玻色子是依随玻色-爱因斯坦统计、自旋为整数的粒子，这是一类在粒子之间起媒介作用、传递相互作用的粒子。希格斯粒子是粒子物理学标准模型预言的一种自旋为零的玻色子，不带电荷、色荷，极不稳定，生成后会立刻衰变，是粒子物理学标准模型中唯一还没有在加速器上产生出来的粒子。粒子物理学家们认为希格斯粒子与其他粒子的相互作用使其他粒子具有质量。

2. 粒子间的相互作用

物质是由基本粒子组成的，而粒子之间的相互作用属于基本相互作用。物理学认为基本相互作用有四种：引力相互作用、电磁相互作用、强相互作用和弱相互作用。

万有引力在宏观天体现象中起着非常重要的作用，它是唯一控制天体运行的力，但万有引力是长程力，理论研究认为传递引力相互作用的媒介质是引力子，通过引力场实现。在四种基本作用力中万有引力最弱，在粒子物理学中完全可以忽略，不考虑这种力。

电磁相互作用直接存在于带电的粒子之间，它是电荷、电流在电磁场中所受力的总称。它也是长程作用，粒子间的电磁相互作用是通过电磁场来实现的。光子是组成电磁场的基本单元，是电磁相互作用的传播媒介。无论在宏观体系还是微观体系，电磁相互作用都起着重要作用。量子电动学是描述电磁相互作用的精确理论。

强相互作用是强子之间的作用力，它是一种短程力，力程约为 10^{-15} m 的数量级，因此强相互作用只在原子核内或微观系统中有显著作用。参与强相互作用的粒子称为强子。夸克是强子的基本组成，强相互作用是夸克之间的相互作用。胶子是强相互作用场的传播媒介。在这四种力中，强相互作用最强。研究强相互作用的理论称为量子色动力学。

弱相互作用是造成放射性原子核或自由中子衰变的作用力，它的力程更短，约为 10^{-18} m 的数量级。原子核的衰变是人们首次遇到的弱相互作用现象。弱相互作用的传播媒介是中间玻色子。弱相互作用的一个标志就是伴随中微子产生，只要有中微子出现的过程一定是弱相互作用。弱相互作用和电磁作用具有相同的本质，弱电统一理论将两者统一起来。提出弱电统一理论的温伯格(Weinberg)和萨拉姆(Salam)因此获得了 1979 年的诺贝尔物理学奖。

3. 原子核的结合能

原子核结合能是由自由核子结合成一个原子核所释放的能量，实验发现原子核的质量总是小于组成它的核子的质量和，原子核的质量亏损大于零，因此当核子形成原子核时总要放出能量。物质的质量和能量之间是有联系的，爱因斯坦的相对论给出了质量和能量之间的关系：

$$E = mc^2 \tag{24-4}$$

式中，E 为能量；m 为质量；c 为光速。一个质子的静质量 $m_p = 1.00726\ \text{u}$，1 个中子的静质量 $m_n = 1.00867\text{u}$，u是原子质量单位，以 ^{12}C 的原子质量定为12个原子单位u，$1\text{u} = 1.6605 \times 10^{-27}\ \text{kg}$，根据质能方程计算 $1\ \text{u} = 931.49404\ \text{MeV} \cdot \text{C}^2$，而一个 ^2D 原子核的质量为 2.01355 u，则 1 个 ^2D 原子核的结合能为

$$(1.00726+1.00867-2.01355) \times 931.49404 = 2.225\ (\text{MeV})$$

在化学反应中，反应前后质量改变非常小，因此在化学反应中质量守恒是可行的，但在核反应中，质能变化比在化学反应中大得多。

24.2 核转变化学

原子核的转变可以通过两种方式实现：一种是核衰变，即无须人为激发，天然存在的放射性核素自发地蜕变为另一种核素，并放出射线的情况；另一种是核反应，即人为地使原子核受到外界作用，如带电粒子的轰击，吸收中子或高能光子照射等，产生放射性核素，从而改变核素的性质，引起核结构改变。

24.2.1 核衰变

1. 核衰变的类型

核衰变主要有三种类型，分别为α、β、γ 衰变。

α 衰变多是不稳定的重原子核自发地放出 α 射线而转变为另一种核的过程，α 射线是由高速运动的氦原子核组成的，α 衰变的方程为

$${}^{A}_{Z}\text{X} \longrightarrow {}^{A-4}_{Z-2}\text{Y} + {}^{4}_{2}\text{He}$$

式中，X 为母核；Y 为子核。

衰变的同时会释放能量，这种能量称为衰变能。α 衰变所释放的能量在子核和 α 粒子之间分配，根据动量守恒定律计算，衰变能主要存在于 α 粒子的动能中，而子核的反冲能很小。α 衰变后，原子质量降低 4 个单位，核电荷数降低 2 个单位。

β 衰变产生于原子核内核子间的相互转化，原子核的核子数目不变，而核电荷数改变数为1。β 衰变有三种：β^- 衰变，β^+ 衰变，以及轨道电子俘获。

β^- 衰变是放射性原子核放射出电子和中微子而转变为另一种核的过程，β^- 衰变一般是中子过多的原子核内的一个中子转变为质子，同时放出一个电子和一个中微子的现象。其衰变的方程式为

$${}^{A}_{Z}\text{X} \longrightarrow {}_{Z+1}^{\ \ A}\text{Y} + {}^{\ 0}_{-1}\text{e}$$

根据能量守恒定律，可以写出 β^- 衰变的衰变能 E_0 与母核 M_X 和子核 M_Y 之间的关系为

$$E_0 = \left[M_{\text{X}}(Z,A) - M_{\text{Y}}(Z+1,A) \right] c^2 \tag{24-5}$$

衰变能等于母核与子核的静止能量差，产生 β^- 衰变的条件是 $M_{\text{X}}(Z,\ A) > M_{\text{Y}}(Z+1,\ A)$。只有当母核的相对原子质量大于子核的相对原子质量时才能产生 β^- 衰变。β^+ 衰变是放射性原子核放射出正电子和中微子而转变为另一种核的过程。β^+ 衰变是质子过多、中子不足的原子核的质子转变为中子，同时放出正电子和中微子的现象。正电子的质量与电子质量相同，所带电荷的符号相反。其衰变的方程式为

$${}^{A}_{Z}\text{X} \longrightarrow {}^{A}_{Z-1}\text{Y} + {}^{0}_{1}\text{e}$$

根据计算，可求出 β^+ 衰变能与母核 M_{X} 和子核 M_{Y} 之间的关系为

$$E_0 = \left[M_{\text{X}}(Z,A) - M_{\text{Y}}(Z-1,A) - 2m_{\text{e}} \right] c^2 \tag{24-6}$$

产生 β^+ 衰变的条件是：$M_{\text{X}}(Z,A) > M_{\text{Y}}(Z-1,A) + 2m_{\text{e}}$。只有当母核的相对原子质量与子核的相对原子质量之差大于两个电子的质量时才能产生 β^+ 衰变。

轨道电子俘获是原子核从核外电子壳层俘获一个核外电子(通常为 K 层的电子)，核内一个质子转化为一个中子，并放出中微子的过程。由于原子核俘获了一个 K 层电子，其他电子会跃迁到 K 层，同时以 X 射线的形式辐射能量。其衰变的方程式为

$${}^{A}_{Z}\text{X} + {}^{0}_{-1}\text{e} \longrightarrow {}^{A}_{Z-1}\text{Y}$$

根据计算，可求出轨道电子俘获与母核 M_{X}、子核 M_{Y} 及电子在原子核中的结合能 W_0 之间的关系为

$$E_0 = \left[M_{\text{X}}(Z,A) - M_{\text{Y}}(Z-1,A) \right] c^2 - W_0 \tag{24-7}$$

只有当母核的相对原子质量与子核的相对原子质量之差大于被俘获电子的结合能时才能产生轨道电子俘获。

γ 衰变是原子核通过发射 γ 光子从激发态跃迁到低能态的过程，也称为 γ 跃迁。γ 射线是波长很短、能量高的电磁辐射。在天然放射性元素中，当原子核发生 α、β 衰变时，生成的子核往往处于激发态，这些激发态的原子核不稳定，会从激发态向较低能态跃迁，并发射 γ 射线。如果这些激发态的原子核退激时，能量不是以射线的形式释放，而是通过把能量交给核外的电子而回到低能态，获得能量的核外电子将能量的一部分用于克服原子核对它的束缚，其余部分作为电子的动能而脱离原子，这种现象称为内转换，用 IC 表示。内转换是将激发能直接交给核外电子使电子离开原子的过程。原子核处于激发态时发生 γ 衰变与放出内转换电子是竞争反应。γ 光子不带电荷，在电磁场中不发生偏转。γ 衰变过程中只有原子核的能量发生变化，而原子核的质量数和原子序数都没有发生改变。

2. 核衰变的基本规律

原子核的衰变是需要一定的时间的，单个原子核的衰变是随机时间，无法预知它什么时候会发生衰变，但大量的原子核的衰变规律是确定的，符合统计学规律。大量原子核的衰变数目 $\mathrm{d}N$ 正比于原子核数目 N 和时间间隔 $\mathrm{d}t$，即

$$\mathrm{d}N = -\lambda N \mathrm{d}t \tag{24-8}$$

式中，λ 表示单位时间内每个原子核发生衰变的概率，称为衰变常数。λ 的值与核素的种类有

关。对上式积分可得衰变定律：

$$N(t) = N_0 e^{-\lambda t} \tag{24-9}$$

式中，N 是在 t 时刻的原子核数目，N_0 表示 $t = 0$ 时原子核的数目。该规律只有在原子核数目 N 很大的时候才成立。母核减少，射线强度降低，都遵从指数衰减。

放射性核的数目实际上难以测定，更多的是测定放射性核素的活度 A：

$$A = -\frac{dN}{dt} = \lambda N = A_0 e^{-\lambda t} \tag{24-10}$$

式中，A 表示放射性的强弱程度，定义为单位时间内发生衰变的核的数目。A_0 表示 $t = 0$ 时原子核的放射性活度。活度表示单位时间内衰变的原子核数目。国际上规定的放射性活度单位是 Bq(贝克勒尔)，若 1 s 内有 1 个核衰变，则此时的放射性活度就是 1 Bq。常用单位 Ci(居里)，$1\ \text{Ci} = 3.7 \times 10^{10}\ \text{Bq}$。

半衰期 $T_{1/2}$ 是母核数目衰减到原来数目一半时所需要的时间，它是研究原子核衰变的一个重要的物理量，表示放射性随时间衰减的快慢。

$$T_{1/2} = \frac{\ln 2}{\lambda} \tag{24-11}$$

放射性原子核衰变的半衰期的差别很大，有的长达几百亿年，有的不足一秒。

自然界中放射性原子核发生衰变后生成的子核往往不稳定，它会继续衰变，直到最后达到稳定为止。这种衰变称为递次衰变，如图 24-1 所示。递次衰变后母核与各级子核称为放射系。天然存在的放射系有三个：它们是铀系、钍系和锕系。铀系是从 U-238 经过 α 衰变到 Th-231，再发生衰变到 Pa-231，继续 α 衰变到 Ac-227，直至生成稳定的核 Pb-206。铀系、钍系和锕系的母体的半衰期都很长，与地球的年龄(约 10^9 a)接近。此外还有一个人工制造的放射系：镎系。镎系是自 1940 年人工合成第一种超铀元素镎后发现的。

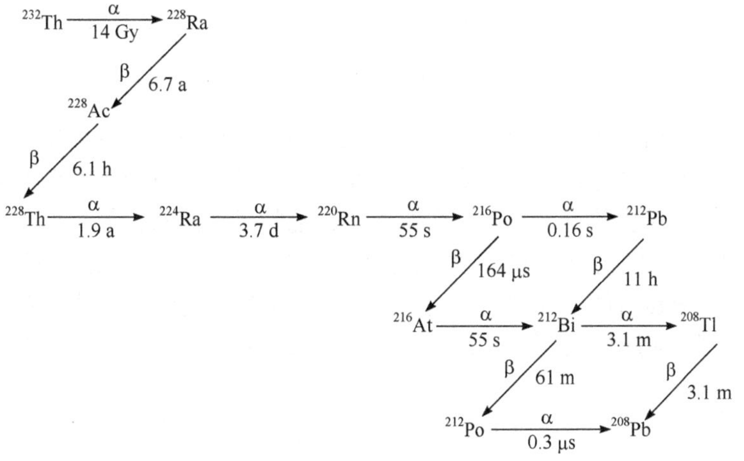

图 24-1　钍放射系

24.2.2　核反应

核反应特指人为采用一定能量的粒子轰击靶原子核以产生放射性核素，从而改变核素的性质的反应。核反应是核化学研究的主要内容，通过核反应可以了解原子核的结构和性质；

核反应可以引起原子核结构的改变并产生新的核素，同时核反应可以释放出大量的能量，是核能应用的基础。核反应是获得核能和放射性核素的重要途径。因此，核反应的研究对人们有着重大的理论与现实意义。

第一个人工核反应是 1919 年卢瑟福进行的，他利用 α 粒子轰击氮核，使氮核变为氧核，并释放出质子。核反应方程式如下：

$$^{14}_{7}N + ^{4}_{2}He \longrightarrow ^{17}_{8}O + ^{1}_{1}H$$

1957 年，韦斯科普夫(Weisskopf)提出了核反应机制，将核反应分为以下三个阶段。

1. 独立粒子阶段(起始阶段)

当发射出的入射粒子接近靶核时，入射粒子可能会被靶核直接散射，此时靶核内部不发生任何变化，也可能被靶核吸收而进入靶核内部，这样就进入了第二阶段。

2. 复合体系阶段(中间阶段)

在此阶段，入射粒子进入了靶核内部，入射粒子和靶核之间彼此交换能量，形成了复合体系。两者交换能量的方式可以是入射粒子将能量部分传递给核子，核子被激发到费米能级以上的能级，使靶核处于激发态后射出。也可以是入射粒子的能量在核子之间分配达到平衡，入射粒子与靶核融为一体，形成复合核。

3. 最后阶段

此阶段是复合体系解体阶段，复合核分解为出射粒子和剩余核。核反应可以表示为

$$^{A}_{Z}X + m \longrightarrow ^{A'}_{Z'}Y + n$$

式中，$^{A}_{Z}X$ 表示靶核；m 表示入射粒子；$^{A'}_{Z'}Y$ 表示剩余核；n 表示出射粒子。

人类合成第一个放射性核素是 1934 年由居里夫妇用 α 粒子轰击铝核得到的，其核反应为

$$^{27}_{13}Al + ^{4}_{2}He \longrightarrow ^{30}_{15}P + ^{1}_{0}n$$

实现核反应可以通过用放射源产生的高速粒子轰击原子核，或者采用宇宙射线进行核反应，还可以用带电粒子加速器或反应堆进行核反应。为了使带电粒子的动能大幅度提高，使其可以与靶核碰撞而诱发核反应，人们研制出了带电粒子加速器，简称加速器。粒子加速器是利用电磁场的作用使粒子加速的，被加速的粒子必须是带电的。能量可以为 MeV、GeV、TeV 量级。粒子加速器有静电加速器、直线加速器、回旋加速器和同步加速器等类型，粒子加速器是研究原子核物理和核化学的重要工具。加速器和反应堆是原子核科学不可缺少的工具。

按照入射粒子的不同，核反应可以分为中子反应、带电粒子核反应、光核反应三种类型。在医学和科研上使用的计量同位素就是利用中子为发射体轰击靶核得到的。中子不带电，与原子核作用时没有排斥作用，因此能量很低的中子就可以引发核反应。通常中子的能量不大时，俘获中子的核反应产生的概率较大。带电粒子核反应是由带电粒子入射原子核引起的核反应，带电粒子包括质子、氘核、α 粒子、重离子。为了诱发核反应，带电粒子必须具有足够大的动能才能克服斥力而相互撞击，发生核反应。要获得高速粒子就需要采用加速器对其进行加速。光核反应是高能量的 γ 光子入射原子核引起的核反应，但效果不如质子、中子好。

24.3　核能的释放

核能是当原子核结构发生变化时释放出的能量。人类开放核能的途径有：①重元素的裂变；②轻元素的聚变。在利用重元素的裂变技术方面已经得到实际性的应用，现已建成各种类型的核反应堆和核电站，而对于核聚变反应，目前尚不能控制，该技术正在积极研究中。

24.3.1　原子核裂变能

由于中等质量的原子核比重核具有更高的平均结合能，因此当重的原子核分裂为较轻的核时，会释放出能量。核裂变是指重核经过核反应分裂为几个较轻的核的过程。当中子发现后，人们意识到中子不带电，势必更容易接近靶核而引发核反应。于是科学家们开始利用中子轰击铀核，1939 年德国科学家哈恩和斯特拉斯(Strassmann)在中子轰击铀核的实验产物中发现了钡和镧，哈恩与女物理学家迈特纳(Meitner)讨论，迈特纳认为是重核分裂为两个轻核的过程，称为裂变。哈恩也因此获得了 1944 年的诺贝尔化学奖。铀核的裂变可以表示为

$$^{235}_{92}\mathrm{U} + {}^{1}_{0}\mathrm{n} \longrightarrow {}^{236}_{92}\mathrm{U} \longrightarrow \mathrm{X} + \mathrm{Y}$$

重核的裂变产物通常为 2 个质量中等的原子核。当一个 U-235 吸收了一个慢中子时，它的核将产生裂变，裂变成两个质量中等的核和几个快速中子，同时释放出能量，这些快中子经过慢化之后有可能引起其他铀核发生裂变，不断继续这个过程，如果中子没有损失，裂变反应会持续下去，这样的裂变过程称为链式反应。显然，维持链式反应的条件是中子的再生率要大于或等于 1。为了满足这个条件，需要在铀堆周围加上反射层，减少中子的逃逸；同时要求铀堆的体积大于维持链式反应的临界体积；在铀堆中加入减速剂，使核裂变产生的快中子减速为慢中子。1947 年，我国物理学家钱三强、何泽慧首先观察到中子轰击铀核时出现三分裂现象，除了生成 2 个质量中等的原子核外，还有一个 α 粒子碎片。三分裂的概率很小，通常为二分裂的 3‰，而四分裂的概率更小，通常为二分裂的 0.3‰。引起裂变的入射粒子除了中子以外，质子、α 粒子、氚核及光子都可以引发核裂变，甚至没有入射粒子引发，重核也可能会发生缓慢的自发裂变。发生裂变的原子核除了铀核外，也可以是其他重核。

原子核的裂变可以用液滴模型解释：液滴模型将原子核看成是球状的带电液滴，其中质子和中子在不断地运动着，这种运动会造成原子核瞬间出现非球形的形状，但在原子核的凝聚作用下能很快恢复球形。当有中子进入原子核时，对于较轻的核，核子间的静电斥力小，原子核可以恢复球形；而对于较重的核，由于核内静电斥力大，当中子进入原子核，核内运动加剧，当原子核发生的形变超过临界值时，原子核无法再恢复到球形而分裂，于是发生了原子核的裂变。U-235 用能量很低的热中子就可以使核产生裂变，而 U-238 则需要能量很高的快中子才能引发核裂变。

原子核发生裂变生成中等质量的原子核时，由于裂变后结合能比裂变前的结合能高，因此当原子核发生裂变时会释放能量，这个能量称为裂变能。一个 U-235 原子核裂变为两个中等质量的核时，其释放的能量约为 210 MeV，1 kg 的 U-235全部发生裂变放出的能量相当于 2500 t 煤完全燃烧时释放的能量，相当于 9×10^6 kg TNT 炸药爆炸释放的能量。人们通过利用原子核裂变释放的能量建立了各种类型的原子核反应堆和原子能发电站。对核能的合理利用可以有效地缓解能源危机，但如何安全有效地使用核能，仍需要不断地进行探索。

24.3.2 原子核聚变能

原子核聚变是两个及两个以上的轻原子核相遇时聚合为比两者任意一个都重的原子核的过程。从原子核结合能数据可以知道，由排在 Fe 以前的质量较小的两个原子核聚变为质量较大的原子核，可以放出相当大的能量。核聚变反应没有辐射产生，也不会产生核废料，不会造成环境污染，是一种清洁的能源。相比核裂变的燃料铀、钚等，核聚变材料极为丰富。例如，海水中氘全部发生聚变，放出的能量为 10^{31} J，这个能量足以供地球上的人类使用上百亿年。

常见的核聚变反应有：

$$^2_1H + ^2_1H \longrightarrow ^3_2He + ^1_0n + 3.25\ \text{MeV}$$

$$^3_1H + ^2_1H \longrightarrow ^4_2He + ^1_0n + 17.6\ \text{MeV}$$

$$^3_2He + ^2_1H \longrightarrow ^4_2He + ^1_1H + 18.3\ \text{MeV}$$

$$^4_2He + ^{12}_6C \longrightarrow ^{16}_8O + 7.148\ \text{MeV}$$

$$^{12}_6C + ^{12}_6C \longrightarrow ^{24}_{12}Mg + 13.85\ \text{MeV}$$

$$^{16}_8O + ^{16}_8O \longrightarrow ^{32}_{16}S + 16.5\ \text{MeV}$$

自然界中，太阳等恒星内部正在进行着氢核生成氦核的聚变反应，这个过程很复杂，并且经过了很多中间阶段，并放出大量的能量，其辐射功率约为 3.78×10^{26} J·s^{-1}。

人工核聚变目前只能在氢弹爆炸或由加速器产生的高能粒子碰撞中实现。氢弹是在原子弹周围放置聚变材料氘化锂，引爆原子弹放出的高温使氘和氚发生聚变：

$$^3_1H + ^2_1H \longrightarrow ^4_2He + ^1_0n + 16.5\ \text{MeV}$$

氢弹不受临界体积的限制，相同质量的核聚变燃料放出的能量比核裂变大得多，因此氢弹爆炸的威力比原子弹更强。但目前可控制的核聚变尚未实现，仍需要进行大量理论和实践的研究。

24.4 放射性物质的分离、合成及应用

放射性物质中只有少部分属于天然放射性核素，大部分是人工放射性核素。放射性核素大多含量低、共存组分多、体系复杂，又具有放射性，因此放射性物质的分离也显得特别重要。目前广泛采用的分离方法主要有共沉淀法、溶剂萃取法、色谱法等。

24.4.1 放射性化合物的分离

共沉淀法是放射化学中最早应用的分离方法，居里夫妇提取镭就是采用共沉淀法。它是在微量放射性物质的溶液中加入常量物质，当常量物质形成沉淀时同时将微量的放射性物质从溶液中载带出来，该方法按照沉淀的类型不同又分为无机沉淀法和有机沉淀法。在共沉淀中，要达到好的分离效果，一般应尽量选择同位素载体，在化学性质上与被分离的放射性核

素相同或相近的物质，用量不宜过多，一般为几毫克到几十毫克。该方法设备简单、浓缩系数高，但具有分离效率低、化学产率差、废液多、操作烦琐等缺点。

溶剂萃取法是利用萃取的方法，将放射性物质从一种溶剂转入另一种溶剂的方法。该方法特别适用于短寿命的放射性核素的分离，萃取种类按萃取机理可以分为简单分子萃取、中性络合萃取、酸性络合萃取、离子缔合萃取和协同萃取。简单分子萃取是萃取前后被萃取的物质没有发生化学作用，仅是被萃取物质在两相中的分配竞争过程。中性络合萃取是被萃取物质与萃取剂之间形成中性配合物而被萃取。通常萃取剂有中性膦类、含氧萃取剂、酰胺等。酸性萃取的萃取剂为有机弱酸，是被萃取金属离子与萃取剂之间发生阳离子交换而被萃取的方法，螯合萃取、酸性膦类萃取多属于这种类型。离子缔合萃取是水中的配离子与萃取剂以离子缔合的方式结合成萃取物而被萃取。协同萃取则是利用两种或两种以上的萃取剂来萃取，其萃取效果高于原来单个萃取剂的萃取效果。溶剂萃取法具有选择性好、回收率高的优点，该方法是核燃料生产和放射性核素分离提取中最常用的方法之一，其在环境和生物样品的放射化学分析中应用也十分广泛。

色谱法在放射化学分离中应用很广，特别是在医用放射性核素的制备及放射化学分析中十分有用。该方法操作简便、选择性高，既可用于常量物质分离，又可用于微量物质分离，特别适用于从大体积样品中富集微量物质，可以远距离操作，实现辐射防护。

除了以上介绍的分离方法外，还有利用物质沸点或升华点不同实现分离的挥发法；利用两相间同位素交换的同位素交换法；利用放射性核素生成胶体而分离的胶体分离法；利用元素的电化学行为进行分离的电化学分离法；以及核反应中在电场中收集反冲核等方法。

24.4.2　放射性标记化合物的合成

化合物中一个或多个原子被放射性同位素所取代得到的产物就是放射性标记化合物。合成放射性标记化合物的方法主要有化学合成法、同位素交换法、生物合成法、热原子反冲标记法及金属配合法。

化学合成法是目前制备放射性化合物的经典方法之一。主要有以下几种合成方法：①逐步合成法，即采用最简单的含放射性核素的化合物按预定的合成路线一步步合成复杂的有机化合物。例如，以 $Ba^{14}CO_3$ 为初始原料，得到四种重要的化合物：$^{14}CO_2$、$K^{14}CN$、$BaN^{14}C_2$、$^{14}CNNH_2$，再在四种化合物的基础上经过一系列化学合成得到复杂的含 ^{14}C 的化合物。该方法产品纯度高，重现性好，标记位置、数量可控，^{14}C 标记化合物大多数是用化学法合成的，是制备放射性标记化合物最常用的方法之一。②加成法：利用双键或三键的不饱和有机化合物为前体，将放射性核素通过加成反应结合到前体上。化学合成含 ^{3}H 的标记化合物，首先通过反应堆生产的氚气对不饱和碳氢化合物进行催化加氢，其次通过卤代芳烃的催化还原法制备。放射性碘标记化合物的合成也可以用这种方法。③取代法：将有机物分子中的原子或原子团被放射性核素或其原子团取代来达到标记的目的。例如，含 ^{131}I 的化合物是通过有机化合物与 $^{131}I_2$ 发生碘代反应制备的。④间接标记法：将放射性核素先标记在某种试剂上，再通过偶联反应得到产物。例如，将金属放射性核素标记到蛋白质上，可以借助双官能团的螯合剂进行间接标记。对于难以直接标记的物质或直接标记会使标记物损伤较大时可以采用间接标记法。

同位素交换法是利用同一元素的放射性同位素与稳定的同位素在两种不同化学状态之间进行交换反应来制备标记化合物。它是制备含氚化合物的主要方法。方法一是氚气曝晒法：将待标记的化合物在高比活度的氚气中放置几天或几周，使氚与化合物中的氢发生同位素交换来制备氚标记化合物。方法二是将有机化合物溶于氚水中，氚与化合物中的氢原子发生同位素交换来制备标记化合物。如果化合物中有几个氢，则几个氢都有可能发生同位素交换。该方法也适用于合成放射性碘、磷、硫标记的化合物。同位素交换法的不足之处是无法严格定位到分子的特定位置。

生物合成法是利用动物、植物、微生物等的生理代谢或酶的活性将简单的放射性物质转变为复杂的标记化合物的过程。该方法常用的生物有细菌、绿藻、酵母等低等生物。该方法主要用于制备复杂的有机标记化合物，如制备同位素标记的蛋白质、核苷酸、激素等化合物，但同样不能进行定位标记，而且重复性较差。另外，由于生物体耐受辐射的程度有限，因此该方法的产率较低。

热原子反冲标记法是利用核反应过程中产生的放射性原子核的强大反冲能量使其从原来的化合物中挣脱出来，结合到被标记的化合物上。在此基础上，发展出用离子-分子束反应的标记化合物制备法，已经制得了一些 ^{14}C 和 ^{3}H 的标记化合物。

金属配合法是将金属放射性核素直接形成配合物的方法进行标记，它是核医学中应用广泛的金属放射性核素标记的药物的主要合成方法。与一般的配合物一致，如果形成的是螯合物则该配合物的稳定性很高。除此之外，还有加速离子标记法、辐射合成法等。

24.4.3 放射性标记化合物的应用

放射性标记化合物中放射性元素所发射的射线可以方便地用仪器进行检测。放射性标记化合物在化学领域有广泛的应用。将放射性标记化合物进行化学反应，通过探测放射性了解标记化合物的变化过程，可以从中了解反应历程，因此标记化合物常用于反应机理的研究。例如，有机化学在研究羧酸酯在碱性条件的水解机理时，就用 ^{18}O 作为标记，从而证明了反应是按照四面体中间体机制进行的。此外，标记化合物在分析化学中也应用广泛。采用同位素稀释法可以分析待测物的物质的量，该方法是在试样中加入一定量的含有标记化合物的示踪剂，混合均匀后，通过测定示踪剂被稀释的程度来推算被测物质的含量。该方法通常用于测定难以分离的复杂物质的组分。此外，同位素衍生物分析法、放射性释放分析法及饱和分析法都广泛应用于分析化学中。

放射性药物是在人体内进行医学诊断和治疗的放射性核素的化合物或生物制剂。放射性化合物在医学中有重要的应用。全世界生产的放射性同位素中，80%～90%都用于医学。一方面，放射性核素的放射性直接可以用于疾病的治疗，将放射性药物引入人体内，利用电离辐射的生物效应来杀灭病变细胞和非正常细胞。例如，用 $Na^{131}I$ 治疗甲状腺亢进，效果良好。此外，^{32}P、^{153}Sm 等可用于癌症的放射性治疗中。另一方面，放射性标记化合物还可作为示踪剂或显像剂用于疾病的研究和诊断。放射免疫分析法是利用同位素标记的与未标记的抗原和抗体发生竞争性抑制反应，并进行放射性同位素体外微量分析的方法，该方法获得了 1977 年的诺贝尔生理学或医学奖。体内放射性核素显像就是将放射性药物引入体内后，以脏器内外或正常组织与病变之间对放射性药物摄取的差别为基础，利用γ射线照相机和计算机断层照相机等显像仪器获得脏器或病变的影像。在药物研发中，由于检测的生命活性物质分子的浓度可以达到 pmol 甚至 fmol 量级，因此氚或碘-125 标记的化合物可以应用于配体受体的竞争结合实验中，应用于药物的筛选。同时在新药的药代研究，如药时曲线、药物的组织分布、药物的排泄及药物的代谢途径等，因为放射性的灵敏性检测，所以有助于研究创新药物的给药前后的物料平衡。利用氚或碳-14 标记的化合物可以研究其化合物在动物体内的生理途径，进行生理药理的研究。

在工业上，放射性核素作为放射源被制成放射性检测仪器，如在煤田地质勘探中，广泛采用了放射性测井方法来测定岩石的密度，从而可以准确地知道煤层的位置和厚度。在石油探测方面，也广泛采用中子测井技术来勘探石油和天然气，可以划分出油、气、水层。γ射线探伤仪可以检测金属构件内部的缺陷和裂缝等，在集装箱检测中采用射线照射进行无损检测得到了广泛的重视，采用反射性仪表可以自动连续检测生产过程中的金属板、镀层厚度、橡胶等，在密封管道中流动介质的密度和浓度等，在工业生产中具有实现简单、快速、无损伤、不接触及连续检测等优点。

习　题

24-1　放射化学的特点是什么？

24-2　元素、同位素、核素的概念有什么区别？

24-3　写出下列转变的核化学方程式。

(1) Ac-227 经α衰变；　(2) N-14 俘获一个中子变成 C-13；

(3) Ra-224 经α衰变；　(4) Ne-19 经β^+衰变；

(5) U-235 衰变为 Th-231；　(6) Tr-228 衰变为 Ra-224。

24-4　简述放射性物质常见的分离方法。

24-5　人体的血液量约为 60 dm^{-3}，将含有放射性 A_0 = 2000 Bq ^{24}Na 的溶液注入人体，^{24}Na 的半衰期为 15 h，5 h 后 ^{24}Na 的放射性活度 A 为多少？

参 考 文 献

北京师范大学无机化学教研室、华中师范大学无机化学教研室、南京师范大学无机化学教研室. 2002. 无机化学[M]. 4 版. 北京: 高等教育出版社.
曹锡章, 宋天佑, 王杏乔. 1994. 无机化学[M]. 3 版. 北京: 高等教育出版社.
傅献彩, 陈瑞华. 1979. 物理化学[M]. 北京: 高等教育出版社.
龚孟濂. 2011. 无机化学[M]. 北京: 科学出版社.
何丽珠, 邵渭泉. 2013. 热学[M]. 北京: 清华大学出版社.
胡忠鲠. 2014. 现代化学基础[M]. 4 版. 北京: 高等教育出版社.
华彤文, 王颖霞, 卞江, 等. 2013. 普通化学原理[M]. 4 版. 北京: 北京大学出版社.
黄佩丽, 田荷珍. 1994. 基础元素化学[M]. 北京: 北京师范大学出版社.
李瑞祥, 曾红梅, 周向葛. 2019. 无机化学[M]. 2 版. 北京: 化学工业出版社.
刘新锦, 朱亚先, 高飞. 2010. 无机元素化学[M]. 2 版. 北京: 科学出版社.
刘又年, 周建良. 2012. 配位化学[M]. 北京: 化学工业出版社.
罗勤慧. 2012. 配位化学[M]. 北京: 科学出版社.
麦松威, 周公度, 李伟基. 2006. 高等无机结构化学[M]. 2 版. 北京: 北京大学出版社.
孟长功. 2018. 无机化学[M]. 6 版. 北京: 高等教育出版社.
邵学俊, 董平安, 魏益海. 2002. 无机化学[M]. 2 版. 武汉: 武汉大学出版社.
沈钟. 2004. 胶体与表面化学[M]. 3 版. 北京: 化学工业出版社.
司学芝. 2007. 无机化学[M]. 郑州: 郑州大学出版社.
宋天佑, 徐家宁, 程功臻, 等. 2019. 无机化学(下册)[M]. 4 版. 北京: 高等教育出版社.
唐宗薰. 2011. 中级无机化学[M]. 2 版. 北京: 高等教育出版社.
王世华. 2000. 无机化学教程[M]. 北京: 科学出版社.
项斯芬, 姚光庆. 2008. 中级无机化学[M]. 北京: 北京大学出版社.
姚允斌, 裘祖楠. 1988. 胶体与表面化学导论[M]. 天津: 南开大学出版社.
易宪武, 黄春辉, 王慰, 等. 2011. 无机化学丛书第七卷——钪 稀土元素[M]. 北京: 科学出版社.
游效曾, 孟庆金, 韩万书. 2000. 配位化学进展[M]. 北京: 高等教育出版社.
于永鲜, 牟文生, 孟长功, 等. 2019. 无机化学精要与习题解析[M]. 6 版. 北京: 高等教育出版社.
张若桦. 1987. 稀土元素化学[M]. 天津: 天津科学技术出版社.
朱文祥. 2004. 中级无机化学[M]. 北京: 北京师范大学出版社.
卓立宏, 郭应臣. 2005. 简明配位化学[M]. 开封: 河南大学出版社.
Shriver D F, Atkins P W, Langford C H. 1997. 无机化学[M]. 2 版. 高忆慈, 史启祯, 曾克慰, 等译. 北京: 高等教育出版社.
Gopalan R. 2012. Textbook of Inorganic Chemistry[M]. Boca Raton: CRC Press.